과학기술과 전쟁
(Technology and War)

– B.C. 2000부터 오늘날까지

군사학 총서 ①

과학기술과 전쟁
(Technology and War)

– B.C. 2000부터 오늘날까지

마틴 반 클레벨트 지음 | 경남대 군사학과 교수 이동욱 옮김

황금알

■ 저자 서문

이 책을 쓰는데 수년이 걸렸으며, 그 사이 많은 사람들이 다양한 충고를 해주고, 초안을 읽고, 의견을 개진하고 토의에 응해 주었다. 이런 도움이 없었다면 이 책은 결코 햇빛을 볼 수 없었을 것이다. 여기서 다루는 주제는 필자의 다른 책들과 달리 필자의 창의적인 사고에서 나온 개념이다. 그러나 미국 국방부의 Office of Net Assessment 앤디 마셜(Andy Marshall) 부장의 지속적인 지원이 없었으면 필자는 몇 번이나 포기했을 것이다. 또한, 워싱턴 D.C.의 국방 분석가 스티브 캔비(Steve Canby) 박사는 많은 절망의 시간을 끈기있게 참아가며 필자의 집필을 지원해 주었다.

훌륭한 친구인 스테판 글릭(Stephen Glick), 세스 카루스(Seth Carus), 데이비드 토마스(David Thomas)와 함께 수많은 토의를 했었는데 그들의 전문지식과 사려 깊은 조언은 말로 표현할 수 없을 만큼 소중한 것이었다. 똑같은 고마움을 이도 헤시트(Eado Hecht), 암논 핀켈슈타인(Amnon Finkelstein), 예비역 중령 모세 벤 데이비드(Moshe Ben David) 등 세 명의 학생에게 돌리고자 한다. 이들은 자기가 할 수 있는 모든 것을 아끼지 않았다. 이스라엘 Weapon R&D Authority의 지위 보넨(Zeev Bonen), 예비역 장군 프란즈 울레 웨틀러(Franz Uhle Wettler), 프레드 리드(Fred Reed) 등의 인사들이 본 연구의 일부 또는 전부에 대하여 세밀한 비평과 건설적인 충고를 해주었다. 나는 이들 모두에게 감사한 마음을 전한다. 마지막으로 비록 어린 나이지만 몇 년 동안 종종 토의에서 유익한 의견을 제시해 준 필자의 아들 엘다드(Eldad)에게 감사의 뜻을 전한다. 그리고 연구가 진척되고, 저작 활동이 진행되도록 좋은 분위기를 만들어 준 필자의 양자 아디(Adi), 요니 류위(Yoni Lewy)에게도 고마움을 느낀다.

이 책의 잘 된 점은 모두 그들의 몫이며, 잘못 된 점은 모두 나 자신의 탓이다.

본 연구의 초기 단계에서 포드 재단의 지원을 받았음을 밝힌다.

■ 역자 서문

1831년 프러시아의 클라우제비츠는 본인의 유작으로 명저 "전쟁론"을 남겼습니다. 그 후 전쟁론은 오늘날에 이르기까지 심대한 영향을 미치고 있습니다. 그러나 손자병법 등 많은 고전이 그러하듯이 전체적인 흐름 보다는 몇 가지 인용 구절로서 전체를 대변하는 경우가 있습니다. 전쟁은 정치의 연장이요 수단이라고 정의한 클라우제비츠의 말을 아무런 비판 없이 사용하고 있지만 그것이 반드시 옳다고 할 수는 없습니다. 군사력이 정치와 별개의 영역에서 존재할 수는 없지만, 군사력은 상당 부분 정치에 영향을 미치고 있으며 극단적인 경우 전쟁으로 인하여 정치 행위가 제한되거나 정지될 수도 있습니다.

사람의 인지가 발달하여 정치 및 사회제도, 개인의 생명과 삶의 질에 대하여 많은 생각을 하게 되었고 저마다 주장을 펴기 위하여 노력하고 있습니다. 군사 부문에 종사하는 사람들을 직업 군인이라고 부르지만, 옛날에는 용병이라고 부르는 군대도 있었습니다. 아무런 이유 없이 불려가서 죽음을 맞이하는 징병도 있었습니다. 우리 사회를 지키기 위하여 목숨 바칠 것을 감수하는 군인들이 징병이 되어서도 안 되고 용병이 되어서도 안 될 것입니다. 사회의 한 구성원으로서 그 가치를 인정받고 더불어 살며 자기의 역할에 충실해야 할 것입니다. 그림 그리는 사람들을 위하여 미술학을 만들었고, 정치하는 사람들을 위하여 정치학이라는 학문을 만들어 연구하고 가르치고 있습니다. 이제 군인들을 위하여 군사학을 만들었습니다. 군사학은 군사에 관한 것을 다루는 학문입니다. 학문의 존재 이유 가운데 뺄 수 없는 것이 실용성입니다. 군사학을 하는 이유는 호전성을 키우자는 것이 아니고, 자주 국방의 실용성을 추구하려는 것입니다. 한 나라의 국방은 구호를 외치는 것만으로 자립할 수 없습니다. 군사 과학기술이라는 필요조건을 갖추어 놓고 운용의 묘라는 충분조건을 마련해야 자주국방이 가능할 것입니다. 전쟁은 입으로 하는 것이 아니고 전차와 비행기가 있어야 하고, 수많은 목숨을 댓가로 지불하는 것입니다. 작금의 현실에서 자주국방을 표방하면서 필요조건을 외면한 채 충분조건만 외치는 것은 크나큰 우려가 아닐 수 없습니다.

군사학이라는 학문이 대학에 자리 잡게 됨으로써 이 책 번역을 시작하게 되었습니다. 군사학을 전공하여 군인 되기를 열망하는 학생들을 가르치려고 대학에 나왔을 때, 그 많던 야전교범은 한낱 종이에 불과하였습니다. 군사학은 훈련이 아니고, 군인에게 필요한 것도 훈련이 전부가 아니었기 때문입니다. 흔히 말하는 안보문제 때문에 국내에서 군사 관련 연구라든지 자료는 다양하게 표현 · 출판될 수 없었고, 군사학에 대한 기초 자료가 턱없이 부족한 실정입니다. 외국에는 전쟁사를 비롯하여 군사 관련 연구들이 많이 있지만 국내에 소개된 것은 많지 않습니다. 이에 본인이 군인이었고, 군사학을 가르치기 위하여 명예 전역을 선택하였던 자부심으로 이 책의 번역을 시작하였습니다. 그러나 학문적 토대가 얕은 본인에게 수업과 번역의 두 가지 일을 소화하는 것은 사관학교 입교 전의 "beast training(기초 군사훈련 ; 여기에서 탈락한 학생은 육사에 입교하지 못함)"을 연상케 할 만큼 어렵고 고된 일이었습니다.

이 책을 번역하는 과정에서 사랑하는 아들 세교의 조언과 군사학과 사무실 서상렬 군의 도움은 박식하지 못한 본인에게 큰 힘이 되었습니다. 고대로부터 현대에 이르는 방대한 사료를 바탕으로 무기 발달과 전쟁에 미친 과학기술의 영향을 설파한 원저자의 숨겨 놓은 뜻을 다 헤아리지 못하였을 수도 있습니다. 본인의 능력을 넘어서는 부분에 대해서는 언제라도 독자의 혹독한 질타를 받아들이고자 합니다. 또한 이 책의 출판을 흔쾌히 받아주시고 공력을 아끼지 않은 도서출판 황금알 김영탁 대표께 진심으로 감사드립니다.

끝으로 이 책은 군사학 전공자들을 대상으로 번역하였지만 전쟁과 무기 발달에 대한 깊이 있는 지식을 추구하는 독자들의 갈증도 풀어 줄 것입니다.

월영골 교수 연구실에서 이동욱

■ 개 요

이 책은 문제 제기, 주장, 존재의 이유 등의 역할을 하는 아주 단순한 가정에 따라 기술하였다. 즉, 과학기술이 전쟁의 모든 분야에 침투해 있고, 전쟁은 과학기술의 지배를 받는다. 전쟁을 일으키는 원인과 전쟁을 하는 목적 ; 전쟁을 시작하는 공격과 전쟁을 매듭짓는 승리 ; 군인들이 몸 담고 있는 군대와 사회 간의 관계 ; 전쟁 기획 · 준비 · 수행 · 평가 ; 작전과 정보, 조직과 보급 ; 목표와 방법, 능력과 임무 ; 지휘와 통솔, 전략과 전술 ; 전쟁을 수행하고 사고하기 위하여 지적인 지도자들이 도입한 개념적인 사고의 틀까지 – 이 모든 것이 과학기술의 영향을 받았었고, 받고 있고, 그리고 앞으로도 받을 것이다.

이 책의 목적은 전쟁의 발달과 변화에 있어서 과학기술이 수행한 역할을 역사적으로 분석하여 제시하는 것이다. 그러나 이러한 주제에 대하여 씌어진 수많은 다른 저술과 달리, 무기 자체의 발달이나 전투에 미친 무기의 영향에 국한하지는 않을 것이다. 그와 달리 사물을 보고 문제를 해결하는 방법으로서, 군대에서 사용하는 하드웨어 뒤에 일반적으로 쓰이는 하드웨어가 있고, 일반적인 하드웨어 뒤에 또 다시 노하우로서의 과학기술이 있다고 가정한다. 어떤 형태의 전쟁이든지 과학기술의 영향을 받는다 – 결국 가용한 지면 때문에 이를 기술하는 것이 제한될 뿐이지만 과학기술의 영향을 받는다는 것은 설명 가능할 것이다.

간단한 예를 들어보면, 군사 과학기술은 연못에 던진 돌에서 생긴 물결이 퍼져 나가듯이 전쟁에 영향을 미친다. 물결의 동요는 충격 지점에서 가장 강하게 나타난다 – 물결이 퍼져 나갈수록 약해지고 마침내 알아볼 수 없을 정도가 된다. 물결이 멀리 퍼져 나갈수록 자신의 정체성을 잃어버릴 가능성은 커진다. 다른 돌이 만들어 놓은 물결과 섞이게 될 수도 있고 연못 둑에 부딪혀 되돌아오는 물결과 마주칠 수도 있기 때문이다. 마찬가지로 무기는 주로 전투를 하는 중에 그의 위력을 느끼게 한다. 그러나 전쟁은 무기 외에 많은 것들로 구성되어 있다. 전술을 제외하더라도 작전, 전략, 보급, 정보, C3(command, control, communication; 지휘, 통제, 통신), 조직 등 수없이 많다. 당연히 이 모든 것이 무기의 영향을 받지만, 절대적인 의미에서 보면 과학기술과 함께 또 다른 종류의 하드웨어에 의하여 영향을 받는다. 그러므로 도로, 자동차, 통신 수단, 시계, 지도 등 세상에 나와 있는 모든 것을 포함하여 생각하고, 기술 관리, 기술 혁신, 개념화 등에 대한 아주 복잡한 문제를 숙고하는 것으로써 끝을 맺으려고 한다.

본 저서는 무기 및 무기체계 자체만을 다루기보다는 전쟁에 사용된 전반적인 과학기술을 강조하기 위하여 통상적인 장절 편성 방법에서 탈피하고자 한다. 즉, "칼날 무기의 시대", "화약 무기의 시대" 등과 같이 장절을 편성하지 않았다. 전반적으로 과학기술의 발달이 미친 영향을 다루고자 한다. 따라서 제1부는, 아르키메데스의 도르래로부터 레오나르도 다빈치의 크랭크를 이용한 전쟁˚기계에 이르기까지 도구에 사용된 대부분의 에너지는 – 특히 군사 과학기술에 사용된 – 동물이나 인간의 근육에서 비롯되었다. 따라서 이 시대를 도구의 시대(the Age of Tools)라고 이름 붙였다.

제2부는 기계의 시대이다. 르네상스 시대에 시작하여 1830년대에 끝난다. 이 시대의 일관된 주제는 바람, 물, 화약 등과 같이 생물체가 아닌 원천으로부터 에너지를 끌어내 쓰는 기계가 결정적인 역할을 하는 수준에 과학기술이 도달하였다는 것이다. 누구나 상상할 수 있듯이 그러한 변화는 전술의 세계에서도 중요한 반향을 일으키기 마련이다. 한편, 전략 · 군수 · 군대 조직 · 통신 등

과 같은 분야에 미친 화약 무기의 충격은 상당히 한정되어 있었다. 따라서 제 2부의 목적은 소위 화약 무기의 혁명을 적절히 조망해 보는 것이다.

제3부는 1830년에 시작하여 1945년에 끝난다. 이 시기의 주제는 전쟁에서 기술적 시스템의 사용이며, 철도와 전신이 이를 개척하였다. 예전처럼 낱개로 작동하지 않고, 기능이 서로 의존되어 있어서 내부적으로 복잡한 상호 작용을 하는 일련의 부품 그룹으로 구성된 기계의 시대가 도래하였다. 이 시대의 두드러진 특징은 이전에 인간에게 적용하던 기술이 이제는 막연하게 조직이라고 알려진 것에 종속되게 되었다는 것이다.

마지막 제4부는 1945년 이후 현재까지를 다룬다. 물론 1945년은 최초의 원자 폭탄이 투하된 해로 기록되었지만, 돌이켜 보건데 그보다 더욱 중요한 것은 사이버네틱스(인공두뇌)와 피이드 백(자동제어)의 출현이다. 그러므로 이 장에서는 자동화된 전쟁으로 시작한다. 전쟁에 컴퓨터를 사용하여 시스템끼리 서로 연결되었을 뿐 아니라, 일정 범위 내에서는 그들 환경에 발생한 변화를 스스로 찾아내고, 그 변화에 반응하는 능력을 보유하게 되었다.

물론 이 책에서 개념적으로 상정하는 사고의 틀은 다소 논쟁의 소지가 있다. 첫째 상당부분 중복되는 것이 있다. 바람과 물과 같은 무생물로부터 에너지를 끌어다 쓰는 기계는, 육지보다 바다에서 기원전 1500년부터 오랫동안 광범위하게 사용되고 있었고, 그 시기는 어쩌면 기원전 2000년이 될 수도 있다. 화약 무기가 발명되어 서기 1500년부터 1830년 기간에 붙여진 이름을 정당화시켜 주기는 하지만, 그 시기에 말과 같은 동물의 에너지 사용이 사라지지 않았고, 20세기가 될 때까지 상당히 중요한 역할을 계속하고 있었다. 마찬가지로 자동화의 발전은 최근 40년에 한정된 것은 아니다. 자동화의 시초는 적어도 제임스 와트(James Watt)가 증기 기선의 속도를 조절하기 위하여 고안하였던 원심력 장치까지 거슬러 올라간다. 결국 모든 군사 과학기술의 발달이 동일한 속도로 발전되는 것이 아니고, 군사 과학기술 및 비 군사 과학기술의 역사가 시기적으로 반드시 일치하는 것도 아니다.

그러나 다른 면에서 이 책의 구성은 좋은 점이 많다. 대체로 제1부의 시기는 군사적인 기술을 포함하여 기술을 구현하는 도구로 사용하였던 가장 중요한 자연 물질, 나무 시대와 일치하는데, 이 시기의 기술 발전이 너무 더디어서 처음 사용하였던 도구 가운데 많은 것이 제1부의 마지막 시기까지 거의 변하지 않았다. 제2부의 기간 동안 기술 혁신이 가속화되고, 특히 금속이 군사 기술을 구현하는 원료 물질로서 나무를 대신하는 경향이 나타났다. 제3부의 시기에는 기술 혁신의 제도화가 진행되었고, 원료 물질이 강철로 바뀌었다. 마지막 제4부의 시대 수십 년 동안에는 강철로부터 복잡한 합금, 세라믹, 인공 소재 등으로 발전하였다. 그러므로 전반적으로 여기서 채택한 분류 체계는 어느 분류 못지않게 훌륭한 것이 될 것이다. 어쨌든 여기서 제시하는 구성은 역사를 일정한 틀에 구속하려는 것이 아니고 단지 사고의 틀을 제공하려는 것이다.

이 책의 각 부는 다시 5개 절로 구성되어 있다. 전체적으로는 연대순으로 기술하고 있으며, 각 부의 처음 4절은 전쟁의 분야별로 기술이 미친 영향을 연구한다 – 야지 전투, 공성 전투, 전쟁의 기반 구조, 해상 전투, 기타. 그러나 각 부의 다섯째 절은 이러한 연속적인 시간의 흐름으로 짜맞추기 어려운 주제를 선정하여 다루고 있다. 다섯째 절에서 연구하려고 선정한 4가지 주제는 나타난 연대순대로 열거하면 비합리적 또는 비 기능적 기술, 전문 직업 군인의 출현, 거듭된 발명, 실제 전쟁(겉꾸밈 전쟁의 반대 개념) 등이다. 전체적으로 보면 이 책은 연대별 및 테마별 순서를 배합하여 구성하였다.

과학기술의 정의 그 자체는 동일한 문장의 단락 안에서 서로 다른 문명(고대 로마, 콜럼비아 이전의 페루, 중세 중국, 현세의 미국 등)에 적용할 때 문제가 야기된다. *t* 라는 문자를 갖고 있는 고유한 기술이 존재하느냐, 또는 시대와 장소가 다른 만큼 많은 기술이 존재하느냐 하는 것은 반드시 답을 찾아야 할 문제이다. 인간이 무엇인가 일을 하고, 그리고 어떤 목적을 달성하기 위하여 도구를 만들고 사용하는 한 그 해답은 긍정적이다. 그러나 간단한 조개 껍데기로부터 가장 복잡한 슈퍼 컴퓨터에 이르는 도구들의 공통점이 별로 없다는 점, 그리고 동일한 도구일지라도 다른 사회에서는 전혀 다른 방법으로 이해되고 사용될 수 있다는 점을 반드시 알아야 한다.

극단적인 예로서, "비합리적"인 기술을 들어보자. 비합리적인 기술들은 그들이 하는 일에서 유용하기 때문에 사용되기 시작한 것도 아니고, 자연의 법칙에 기초를 두고 작동하는 것도 아니다. 비합리적인 기술은 현대인의 눈에는 이상하게 보이지만 최초의 이름을 붙인 그리스인들에게는 이상하지 않았다. 모든 도구는 하늘에서 창조하여 신들이 그 사용법을 인간에게 가르쳤다고 그리스인들은 믿었다. *techne* 라는 말 자체는 "과학적인 지식"을 합리적으로 실용성 있는 능력으로 변형하는 것을 상징한다는 것과는 거리가 멀지만, 일부는 신학적인 면과 그리고 일부는 애초부터 마술적인 면을 지니고 있었다. 따라서 그리스신화는 저절로 작동하는 자동 장치에 대한 이야기로 가득 차 있을 뿐 아니라 그런 장치들을 신전에 설치 및 전시하여 그 장치의 움직임을 신이 존재한다는 증거로 간주하였다. 그리스시대 동안 고전적인 문명의 세속화로 인하여 비합리적인 함축성이 약화되었지만 전적으로 폐기된 것은 아니었다. 다시 용어의 정의 문제로 돌아가서, 이 책에서는 모든 시대와 장소에 동일하게 적용할 수 있는 추상적인 개념의 "Technology"라는 것이 존재한다고 가정한다. 그러나 실제에 있어서 기술은 매우 다른 형태로 존재한다.

이쯤에서 한 가지 경고를 해두는 것도 괜찮을 것 같다. 의심할 바 없이 우리는 우리가 살고 있는 시대를 기술적으로 가장 앞선 시대라고 생각하는 것을 당연하다고 할 것이다. 이것은 현대의 과학기술이 우리의 생활을 엄청나게 지배하고 있을 뿐 아니라 – 말과 마차가 그 사회에 주었던 충격은 자동차와 전차가 주는 충격만큼 클 수 있음 – 급속한 과학기술의 변화가 우리의 마음을 과학기술이 주는 이익과 해로움에 빼앗기게 하였기 때문이다. 그러므로 우리가 과학기술에 대하여 갖고 있는 편견을 역사 속으로 후진 투사해 보면 (오늘날 일어나고 있는 것은 진실인 것처럼 보이기 때문에) 과학기술은 항상 진실되고 앞으로도 진실될 것이고, 진실되어야 한다는 가정에는 위험이 있다.

그러한 접근 방법에 대한 위험을 예시하는 전례를 살펴보자. 헤겔은 지배권을 두고 투쟁하는 국가들을 관찰한 뒤에, 국가는 항상 최고의 인간적 창작물이라고 결론 내렸다. 마르크스와 엥겔스는 당대의 사회가 압박자와 피압박자로 나누어지는 것을 보고, 인간의 모든 역사는 계급 간의 투쟁에 불과하다고 추론하였다. 그 어느 것도 우리 세계에서 경험하지 아니한 것은 없다. 독일군 참모총장 슐리펜은 벨기에를 가로지르는 측방 공격이 제1차 세계대전에서 독일이 이길 수 있는 유일한 길이라고 결정한 뒤 곧바로 그 원칙을 칸네(Cannae) 전투의 역사에 후진 투사하여, 사실을 왜곡하곤 하였다. 제1차 세계대전은 간접 접근 방법에 의하여 수행되어야 한다고 생각하고 있었던 리델 하트(Basil Liddell Hart)는 지체하지 않고 간접 접근 방법이 과거 전쟁사에서 승리한 모든 지휘관들의 뒤에 숨어 있는 유일한 원칙이라고 주장하였다 – 놀랄만한 일은 아니지만 리델 하트는 어쩔 수 없이 자기의 주장이 무의미해질 때까지 간접 접근 개념의 정의를 확장하여 연속된 논문에 게재하였다.

역사라는 것은 어떤 관점에서 접근해야 하기 때문에, 이런 종류의 오류를 어느 정도까지는 피할 수 없다. 그러나 현대 사회 생활의 모든 분야에서 과학기술의 영향이 항상 따라 붙어 다니기 때문에 이런 집착된 생각을 어디서나 모든 사람이 공유하고 있다고 생각하는 것도 잘못된 것이다. 과학기술이 전쟁을 구상하는데 아주 좋은 출발점이 될 수 있기 때문에 과학기술이 유일한 출발점이 된다거나 최선의 출발점을 나타낸다고 믿는 것은 오해의 소지가 있다. 단지 과학기술이 전쟁에서 매우 중요한 역할을 한다는 이유 때문에 과학기술 하나만으로 전쟁을 좌우한다거나 승리할 수 있다는 것은 성립될 수 없다. 진리를 탐구하는데 있어서, 우리는 항상 우리 노력의 한계를 알려고 노력함으로써 시작해야 한다. 그렇게 하지 않으면 심각한 오해를 초래할 수 있고 사고 그 자체가 불가능하게 될 수 있다.

마지막으로 이 책의 목적. 가장 중요한 통찰력은 지식과 과거에 대한 이해로부터 얻을 수 있는 것인데, 현재 상태가 항상 그대로 존속한다거나 필연적으로 그대로 존속되어야 한다거나, 존속될 수 있는 것으로 이해되어서는 안된다는 것이다. 과거에도 그러하였듯이 자기 자신의 그림자를 뛰어넘을 수 있는 능력과 비교해 볼 때, 역사로부터 얻을 수 있는 어떤 이익도 통찰력을 앞설 수는 없다 – 그럼에도 불구하고 명시적이든 암묵적이든 간에 역사의 매 페이지마다 따라야 할 많은 교훈들이 숨어 있다. 결국 이 책은 독자들의 흥미를 북돋우고 기쁨을 줄 수 있을 것이다 – 단지 정보를 얻기 위해 숱하게 많은 것을 쓰고 읽는 지금 시대에 이 책의 목적은 분명히 가치 있는 것이 될 것이다.

■ 차 례

시스템의 시대(the age of systems) - 1830~1945년

자동화 시대(the age of automation) - 1945~현재

제 1 부

도구의 시대(the age of tools)

- 선사시대~기원 후 1500년

제1절 야지 전투

언제 그리고 어디에서 기술이 시작되었는가? 문자 발명 이전 어떤 시기에 대한 우리의 지식은 전적으로 고고학적인 유물로부터 유추할 수밖에 없으며, 그러한 이유 때문에 선사시대라고 부르고 있다. 도구와 연장이 선사시대에 대한 지식의 기초로 사용되려면 수백만 년은 아니더라도 수만 년 정도는 견딜 수 있는 단단한 물질로 만들어져야 한다. 선사시대에서 이와 같은 요구 사항을 충족시켜 줄 수 있는 가장 중요한 재료는 돌이었으므로, 선사시대는 통상 석기시대라 하며, 세 가지로 구분한다. - 구석기 시대, 중석기 시대, 신석기 시대- 이들 기간 중 돌 이외의 다른 물질, 가령 목재나 뿔 또는 뼈와 같은 물질로 만들어진 도구에 기초하는 문명이 있었지만 저자는 그러한 문명을 무시했다.

태고 시대 도구들의 정확한 본질이 무엇이었든 간에 분명히 그 도구들은 인간이 쉽게 접할 수 있는 환경에서 구할 수 있는 자연 물질로 만들어졌을 것이며, 간단한 조작으로 유용하게 쓸 수 있었을 것이다. 아마도 이러한 물질에 기초를 둔 기술은 최초에는 군사 또는 비군사적 목적으로 전문화되지 않았으며, 이러한 용어들을 우리가 알고 있는 조직적인 전쟁이 있던 시대에 적용할 수도 있겠지만, 군사적인 목적과 비군사적인 목적과 같은 사실 자체를 모를 수도 있다. 석제 손도끼는 양식을 쪼아 내거나 또는 유사시 적의 목을 치는데 사용했을 것이다. 이와 마찬가지로 고깃덩이를 베거나 이웃과의 싸움에 날카로운 돌을 사용하게 되었을 것이다. 만약 석기시대 사람들이 현재까지 남아서 생활 풍습을 보여 준다면 전쟁, 개인간의 싸움, 사냥, 의식 및 스포츠 등과 같은 활동이 중첩되어 있어서, 결과적으로 이 사람에게 이런 목적으로 쓰인 도구가 저 사람들에게 저런 목적으로 쓰여질 수 있는 현상을 목격할 것이다.

그럼에도 불구하고 과학기술의 역사는 어느 면에서 점증하는 전문화의 발전이라고 할 수 있다. 심지어 선사시대에서도 어떤 도구는 다른 도구보다 특별한 목적에 더 적합하도록 만들어졌음을 알 수 있다. 인간은 먹이 수집가로서 오랜 시간을 보낸 후 점차 그의 활동에 사냥을 추가하였음을 알 수 있으며, 이와 같은 목적에 도구를 사용하였음을 쉽게 상상할 수 있다. 원시인들이 사냥할 때 사용한 무기 – 작살(harpoon), 던지는 창(javelin), 짧은 창(spear) – 를 다소 조직적인 방법으로 그들의 동족들에게 사용하게 되었다. 무기가 있어서 전쟁이 발생하였는지, 또는 전쟁이 발생하여 무기가 만들어졌는지를 생각할 필요는 없다. 아마 이 두 개는 같이 발전되어 오면서 무기는 전쟁을 부추겼고 역으로 전쟁이 무기를 부추겼을 것이다. 우리의 관점을 역사 시대에 국한시켜 보더라도 성서 또는 길가메시(Gilgamesh) 서사시에 기술된 태고 시대의 문명인들은 전쟁을 위하여 특별히 제작된 도구를 이미 보유하고 있었다.

B.C. 2500년 경 중국, 인도, 수메리아(Sumerian) 및 이집트 문명인들은 모두가 자연 발생적인 물질로 만든 여러 종류의 도구들을 보유하고 있었는데, 이러한 도구들은 물질생활의 기반을 이루었다. 도구의 대부분은 손으로 사용하는 것들이었다. 그러나 이집트 고분에 있는 그림들은 이러한 경향에 예외가 있었음을 보여준다. 무거운 물건을 운반하기 위하여 일정한 간격으로 둥근 나무 막대를 깔아둔 썰매를 이미 발명하였다. 이는 최초의 바퀴로서 화물과 땅

사이에 설치된 굴림대 형태를 갖추었다. 이러한 발명품들은 인간의 등이나 어깨로 운반할 수 있는 것보다 훨씬 더 무거운 물건을 수송할 수 있을 뿐만 아니라, 무엇보다도 대규모 협동을 요구하고 가능케 하였기 때문에 대단한 기술상의 진보를 보여 준 것이었다. 조직은 빠른 속도로 엄청나게 커지고 여기에 하드웨어가 결합되어 특정 목적을 갖고 작업에 투입되었다. 이집트의 피라미드 건설에서 알 수 있듯이 조직이 만들 수 있는 가용한 에너지의 양은 종전에 있었던 어느 것과 비교해도 전례가 없을 정도로 거대하였으며, 실로 거의 무한대에 가까웠다.

위에서 언급된 4대 문명 지역의 무기, 그림, 문학에 관한 서적들은 오늘날의 합리적인 관념에서 볼 때 생소한 종교 의식과 마술에 관한 사고로 가득 차 있지만, 이미 조직적인 전쟁이 모두에게 아주 친숙한 것이었음을 나타내고 있다. 군사적 조직이 비군사적 조직보다 뒤쳐져 있었다고 생각할 이유는 없다. 나중에 군대가 민간 기관의 모델로서 사용되었던 시대로 보건대, 그 반대의 경우도 무리는 아니다. 비록 가용한 모든 기술들이 군사적 목적에 적합한 것은 아니었지만, 전쟁이 많은 종류의 도구들을 필요로 함으로써 그 도구들 중 일부는 전쟁의 특성에 맞도록 독특하게 개발되었다. 반면에 다른 도구는 다른 목적에 맞게 사용되었다. 돌 이외에 사용된 주 재료는 식물 또는 동물들로부터 얻었는데, 가령 창대(spear-shaft)와 방패 제작에 사용하였던 나무 막대기와 버드나무가지, 투석기(sling)와 갑옷(body-cover) 제작에 사용하였던 동물가죽과 힘줄 등이었다. 그러나 구리, 청동 형태의 금속으로 만든 가장 진보된 무기가 등장한 것도 바로 이 기간 중이었다. 돌, 나무 및 동물로부터 얻는 재료와는 달리 구리나 청동, 주석과 같은 재료들은 아무 곳에서나 발견될 수 있는 것이 아니었다. 이러한 사실은 그 재료들을 이용 가능한 형태로 만들기 위하여 비교적 복잡한 과정을 거쳐야 한다는 사실에 덧붙여, 그로 인하여 구리와 청동을 상당히 긴 기간 동안 값비싼 존재로 남도록 하였다. 처음부터 생활에 가장 중요하다고 여겨지는 도구들은 금속으로 만들었으며, 무기도 이러한 중요한 도구에 포함되었다. 따라서 무기는 문자 그대로 당대 물질문명의 최첨단을 대표하였던 것이다.

이때까지 기술을 사용하는데 쓰인 가장 중요하고 오랜 기간 동안 유일하였던 동력의 출처(불은 제외)는 인간 그 자체였다. 일을 하기 위하여 근육의 힘을 물질에 적용하였으며, 바로 이러한 것 때문에 우리는 이 시대를 도구의 시대(the Age of Tools)라고 부르는 것이다. 기술에 필요한 동력을 인간 아닌 다른 출처들로부터 얻는다는 생각은 아마도 만년 전의 신석기시대(동물이 최초로 사육되기 시작하던 시대) 이전에는 생각할 수 없었을 것이다. 최초로 동물이 감시활동을 하고, 우유를 생산하고, 짐을 운반해 주던 시대로부터 동물이 하나의 하드웨어로서 간주될 때까지 천년이라는 기간이 경과되었다. 그러나 고고학적 방법이 지니고 있는 본래의 제한 때문에 언제 이러한 현상이 발생하였는지 그 시기를 정확하게 말할 수는 없다. 그렇다 하더라도 동물의 힘을 이용하는 기술이 최초로 사용된 것은 기원전 3천 년대의 전반부였다는 사실을 알 수 있다. 이 기간 중 무겁고 단단한 바퀴로 차축을 형성하는 엉성한 목재 소달구지가 수메르에서 발명되었다. 수백 명 또는 수천 명의 협동을 필요로 하는 굴림대 썰매와 달리, 소달구지에 적용할 수 있는 힘은 한정되었다. 한편, 인간과 달리 소달구지는 수십 킬로미터(km), 심지어는 수백 킬로미터(km)로 추정되는 먼 거리를 전쟁에 필요한 물건을 포함한 무거운 짐을 운반할 수 있었다. 하지만 아직도 그 소달구지가 전쟁에 사용되는 무기의 하나라고 말할 수 없다. 왜냐 하면 그것은 너무 느리고, 다루기 힘들고, 취약점이 많았기 때문이다.

B.C. 1800년을 즈음하여 기술 발전에 큰 진전이 있었으며 그것은 2륜 전차의 발명이었다. 이 전차는 처음에 당나귀가 끌다가 나중에 말이 끌게 되었는데, 소달구지에 비해 획기적인 기술상의 진보를 이룩하였다. 그 후 수천 년에 걸쳐 전쟁에서 유용하게 사용되었기 때문에 군사적으로 중요한 사건이었다.

바퀴에 살을 달고 고정 축을 중심으로 회전하는 원통형 차륜으로 만들어진 이 전차는 가볍고, 기동성 및 견고성이 우수하여 당시 어떤 수단으로도 얻을 수 없는 뛰어난 기동력을 제공하였다. 비교적 복잡한 하드웨어의 부품으로 만들어진 이 전차는 제작하기 어려웠으며, 많은 돈을 요구하는 특수 숙련공들에게 제작을 의뢰하지 않으면 안 되었다. 결과적으로 전차를 소유하고, 정비하는데 너무 많은 비용이 들었기 때문에 특정 부류의 사람들만 전차를 소유할 수 있었다. 소유권이 사적으로 인정되는 곳에서는 전차의 등장으로 인하여 호머가 기술한 바와 같이 봉건 계층과 비슷한 전사라는 귀족층이 형성되었으며, 신 이집트 왕국과 같이 사적 재산이 인정되지 않는 지역에서 전차는 강력한 중앙 집권적 정부가 출현하는 것을 도왔다.

전차는 소유주에게 대단한 기동력(특히 전략적 기동에 반대되는 전술적 개념의)을 부여하였으므로 전차의 등장 그 자체로도 전투의 혁신을 일으키기에 충분하였다. 그러나 실제에 있어서 전차는 그 자체로써 위력을 발휘한 것이 아니라 전차에 활을 결합시켰기 때문에 큰 위력을 발휘할 수 있었다. 나무로 만든 간단한 활은 불을 피우거나 구멍을 만드는데 사용한 민간인들의 도구 및 악기와 유사한 점을 보여주는 아주 오래된 무기이다. 이와 같은 특수 도구인 활이 최초로 등장한 그 시기와 장소는 알려지지 않고 있으나 수천 년 동안 전쟁 및 사냥에 사용하였다. 전차의 등장에 뒤이어(실제 정확하지는 않지만) 매우 다른 무기인 복합 활이 발명되었다. 목재와 뿔 등을 접합시키고, 힘과 융통성을 최대로 발휘하기 위하여 각 재료를 절묘하게 조화시킨 이 복합 활은 마치 후장식 소총을 전장식 소총에 비교할 만큼 종전의 단순한 활에 비해 획기적으로 발전된 것으로 간주되었다. 빠른 속도로 200~300야드(180~270m)의 유효사거리를 쏠 수 있는 복합 활은 위력과 효용성 면에서 수천 년 간 필적한 만한 것이 없었다.

단순 활을 사용하였느냐 또는 복합 활을 사용하였느냐에 무관하게 가벼운 전차의 등장은 혁명적인 전술상의 변화를 일으켰다. 고대 수메르, 이집트, 베다 인도 등의 벽화 및 구전에 의하면 종전에는 인간이 도보로 전쟁을 수행하였음을 알 수 있다. 군인들의 기본 무장은 밀고, 찌르며, 베는 무기들로 구성되어 있었는데, 이러한 무기를 제대로 사용하고 상호 엄호 및 적에 대항하는 힘(staying power)을 최대한 발휘하기 위하여 밀집대형을 만들었다. 개활하고 평탄한 지형에서 활을 쏘는 가벼운 전차는 이러한 밀집 대형을 진퇴양난에 빠뜨렸으며, 네모난 밀집대형은 어쩔 수 없이 등을 마주하고 두 개의 상반된 방향으로 기동하였다. 보병들이 밀집하여 대형을 갖추고 있으면, 대응할 엄두를 낼 수 없을 정도로 먼 거리에서 쏘는 화살의 양호한 표적이 되었다. 반대로 흩어져 있게 되면 속도가 빠른 전차에게 쉽게 유린당하였다.

이러한 군사적인 장점으로 인하여 전차를 타는 사람들이 폭발적으로 증가하였다. 남부 중앙 아시아 대초원 지대에서 태어난 전차는 온 사방으로 퍼져나갔다. 전차가 가는 곳마다 원주민들을 격파하여 원주민들은 전차가 갈 수 없는 숲이나 산악지대로 쫓겨났다. 북부 인도, 이집트, 소아시아 및 유럽이 전차에게 유린당하고 정복되는데 수 세기가 걸리지 않았다. 이와 같이 기술은 그 발전 초기 단계에서 이미 전쟁의 중요 요소로서 부각되었다. 왜냐하면 기술은 군대가 무엇을 할 수 있고 어떤 방법으로 할 수 있는가를 결정할 수 있는 능력이 있었기 때문이다. 또한 기술상의 우위는 기술 그 자체가 현저히 정교한 것이 아닐 때에도 승리하는데 결정적인 기여를 할 수 있었다.

B.C. 2000년대 말경 오늘날의 동북 아나톨리아(Anatolia) 지역에서 발명된 철을 녹이는 기술은 그것을 익힌 사람들에게 일시적이나마 군사적인 우위를 부여하였다. 철광석 매장 지대는 주석에 비해 훨씬 광범위하며 채굴도 비교적 쉬웠다. 한편 철 제련은 구리나 청동의 제련보다 더 높은 온도를 요구하였으며, 보다 정교한 고도의 기술을 필요로 하였다. 어떤 면에서 볼 때 철의 출현은 혁신적인 발전이라기보다는 진화적인 발전이라고 볼 수 있다. 비록 이

새로운 금속이 종전의 물질들에 비해 단단하고 날카롭고 영구성 있는 칼날을 만들 수 있기 때문에 유용하였지만, 철은 새로운 동력의 원천은 차치하고라도 본질적으로 새로운 종류의 무기를 등장시키지는 않았다. 성서에서 언급된 것과 같은 단도, 칼, 던지는 창(javelin), 짧은 창(spear) 및 전차 등이 시민 생활에 필요한 도구들과 함께 이제는 일부 또는 전부를 이 새로운 금속으로 만들었다. 그렇게 되자 철 제련 비용이 중요한 요소로 되었다. 만약 사람들이 비싼 철로 만들어진 물건을 사용하였다면, 그 철제 도구는 생활에 꼭 필요한 도구였음이 틀림없다.

금속이 사용되기 시작한 시기를 중첩시켜 보면, 우리는 기록의 시대, 더 정확하게 말하면 역사의 시작을 발견하게 된다. 읽고 쓰는 능력이 결코 일률적으로 발전되지는 않았지만 (쓰는 기술이 최초로 발명되었다가, 그 다음 없어졌다가, 또 다시 발명된 장소들이 있었다.), 대체로 그 능력은 점차 기록을 보존하도록 만들었다. 그리고 기록이 보존됨에 따라 인간들의 지식이 상당한 수준까지 증대되었다. 시간이 경과하여 인간이 발전함에 따라 군사 및 비군사 기술도 전반적으로 점차 세분하여 발전하게 되었다.

B.C. 600년 경, 상호 결합을 통하여 향후 2000년간 전장을 지배할 매우 중요한 무기들이 발명되고 광범위하게 사용되었다. 유럽, 중동, 동남아시아 또는 아시아 지역에서의 어떠한 문화를 탐구해 보아도 유사한 무기들을 만나게 되는데, 거의 동일한 재료와 동일한 에너지를 사용하여 무기를 만들었기 때문에 이는 놀라운 일이 아니다. 페르시아 인들과 같이 선진화된 사람들과 잉글랜드 인들과 같이 미개한 사람들이 B.C. 300년과 A.D. 50년까지 각각 전차에 집착하였지만, 대체로 그 후 전차는 쇠퇴의 길을 걷게 된다. 전장에서 보다 빠른 기동력을 확보하기 위한 수단으로써 기병이 전차를 대체하였으며, 어떤 지역에서는 낙타가 기동수단으로 등장하였다. 기병은 인력 운용 면에서 전차보다 경제적이었는데 한 사람이 말을 타고 싸울 수 있었기 때문이다. 또한 기

동력이 좋고 전차의 약점을 극복할 수 있었다. 즉, 기병은 전차가 갈 수 없는 험한 지형에서도 전투할 수 있었다.

옛날의 기병과 보병이 지니고 다녔던 최첨단 방어 장비는 일부 또는 전부를 금속으로 만들었지만 가죽, 깃털, 목재 그리고 잔가지 세공 등 값이 싼 대용물도 광범위하게 계속 사용되었다. 이러한 물질들로부터 갑옷, 방패, 투구 등이 만들어졌는데 이 제품들은 형태와 모양 면에서 매우 다양하게 제작되었으며 종종 적에게 공포감을 주도록 무서운 모습으로 장식되기도 하였다. 전장에서 사용하는 공격용 무기의 종류도 비슷하게 제한되었다. 거의 대부분 철퇴(mace), 도끼(ax), 단검(dagger), 칼(sword), 짧은 창(spear), 긴 창(pike), 기병 창(lance), 던지는 창(javelin), 던지는 화살(dart) 등으로 구성되었으며 이들은 다시 끝없이 다양한 형태로 만들어져 전술적인 요구뿐 아니라 문화적인 전통을 반영하였다.

고대 모든 문화인들의 장거리 투사 무기는 돌팔매(sling)에 국한되었지만, 점차 단순 활에서 복합 활에 이르는 다양한 활을 만들게 되었다. 석궁(crossbow)은 사라졌다가 중세에 다시 발명되었지만, 예수 탄생 시기 즈음에는 중국과 그리스 로마 지역에서 석궁을 사용하였다. 이들 무기 중 어떤 것은 보병과 기병들이 사용하였고, 어떤 것들은 보병만 사용하였다. 이들 무기들은 모두 전쟁 목적으로 특수하게 제조되었으며 비록 민수분야와 여러 가지 면에서 중복된 것은 있었지만, 비군사용 도구들과는 명백히 구분되었다.

사용하는 무기의 수는 상당히 적었지만 그것으로 만들어 낼 수 있는 전쟁의 형태와 수는 실로 엄청난 것이었다. 지역에 따라 환경이 달라졌기 때문에 지역적, 민족적인 특수성을 추구하는 경향이 곧 나타났다. 몇 가지 무기를 조합한 것이 보다 효과적이긴 하였지만 A.D.1500년 이후 현대적인 세계의 특징처럼 유일하고 월등한 군사 기술은 출현하지 않았다. B.C. 500년 경 크레타인 , 그리스 인, 로마 인, 골 인, 누비아 인; 이집트 인, 페르시아 인, 인도 인, 중국 인 등 이루 말할 수 없을 정도로 많은 종족들이 자신이 선호하는 무기를 보유하고 있었으며 그들만의 독특한 전투 방식을 가지고 있었다. 거의 2000년이 경과한 후 이와 동일한 현상이 중국 인, 맘룩크 인, 비잔틴 인, 서부 유럽 인들에게 일어났으며, 이들 중 일부는 보다 예리한 지역적 차이를 보여주었다. 이와 같은 일관성의 결여는 당시 지역간 장거리 통신 수단이 없었던 탓도 있겠지만, 분명 이것만이 유일한 원인은 아니었다. 심지어 일일 통신이 가능하였던 가까운 지역(예를 들면 중세 스페인의 기독교 지역과 이슬람교 지역)에서도, 전쟁의 통상적인 결과는 하나의 전투 형태가 다른 것을 모두 이기는 것이 아니라 새롭고 그리고 더욱 복잡하게 무기를 조합한 전투 형태가 승리하였다. 이와 같은 현상은 B.C. 400년 경 이후 그리스 군대가 갑옷을 입은 보병(hoplite)을 지원하기 위하여 기병, 경보병 및 궁수들을 사용하였을 때, 그리고 페르시아 왕들이 그리스 용병을 우수한 무기와 함께 페르시아 군대 안에서 통합하기 시작하였을 때 발생하였다.

유라시아 대륙은 대체로 3개의 거대한 지역(동부, 중부 및 서부)으로 구분될 수 있다. 태고 시대 이래로 가장 선진화된 정착 민족들은 반 건조성 기후와 큰 강들이 만나는 거대한 연안지역을 따라 살면서 강력한 "하천문명"을 이루었다. 강이 있는 곳에서는 수상 수송이 발생하였으며 수상 수송이 있는 곳에서는 대규모 교역과 대도시 건설이 가능했다. 한쪽 끝인 동부 지역에는 중국이, 또 다른 끝인 서부 지역에는 지중해 국가들이 도보 전투와 무거운 금속제 무기와 갑옷 · 투구 등에 의지하였으며 때때로 기병이 중요하고 결정적인 역할을 했지만 보조부대에 불과하였다. 유목민들은 이전에는 변두리에서 생활을 하다가 강이 별로 없고 광대한 대지와 개활지가 많은 중부지역으로 이동하여 수세기에 걸쳐서 번창하였다. 유목민의 생활 방식과 정착민 생활 방식은 양립할 수 없었고 유목민의 말과 활을 결합한 기술적 우세는 비교적 최근까지도 계속되었다. 3개 지역의 경계선에서 양쪽 방향으로 세력 변동이 발생할 수 있고 발생하였지만, 대체로 그들 사이의 지역 분할은 비교적 안정을 유지하였는데 이것은 어떠한 단일 군사 기술도 절대적으로 지배적일 수 없음을 나타낸 것이다. 로마인들이 개활한 사막이나 숲에서 작전을 할 때마다 그들은 힘의 한계를 발견하였다. 결국 그들은 힘이 미치는 범위를 로마제국 이내로 한정시켰다. 역으로, 인구가 밀집된 도시지역에 대한 유목민의 공격도 대부분 국경지역에 한정되었다.

지중해 지역 국가에 초점을 맞추어 제노폰, 폴리비우스, 시저, 조세프스 또는 아미아누스 마르세르누스 등이 기술한 고대 야지 전투를 조망해 보면 이 당시 전투는 상이한 무기와 장비를 사용한 복잡한 전투였다. 그리스 및 로마 군대의 핵심은 금속제 갑옷, 투구 및 방패 등을 갖춘 중무장 보병이었다. 그리스 방진의 주요 공격 무기는 짧은 창(spear) 또는 긴 창(pike)이었으며, 칼은 보조 역할에 불과하였다. 그러나 로마 레기온(legion)을 그렇게 강하게 만든 것은 던지는 창(javelin)과 칼의 조합이었다. 던지는 창과 칼은 적이 레기온 가까이 오거나 거리를 두거나 간에 똑같은 위험 아래에 놓이도록 만들었으며 레기온은 적을 거의 꼼짝하지 못할 정도로 궁지에 몰아넣었다. 방진(Phalanx)과 레기온은 발전 초기 단계에서 2개의 대형이 독립적으로 전투한 것으로 보인다. 후에 이 진형은 저개발 사회 · 경제 계층 또는 동맹국에 소속된 사람들로 구성된 보조 진형의 지원을 받게 된다. 동일한 출신 부족끼리 구성된 이 보조 진형은 활, 돌팔매, 그리고 때로는 던지는 화살(dart)과 같은 사거리가 긴 다양한 무기로 편성되었다. 경기병과 중기병은 전술적 기동성을 확보하기 위하여 사용되었는데 중기병은 미늘 갑옷을 입고 칼 및 창으로 무장하였다. B.C.400년 초 야지 전투에서도 역시 기계식 전쟁 도구를 제한적으로 사용하였다.

역사적으로 보면 이 시대 기간 중 종종 상대편이 대응할 수 없는 새로운 무기를 개발할 수 있었다. 그러나 대체로 그리스인, 로마인 및 카르타고인들과 같이 선진화된 지중해 인들은 매우 유사한 기술적 수준을 유지하였다. 고대 전투가 복잡하게 된 것은, 어떤 단일 무기로서 우세를 확보하는 문제라기보다는 각 무기의 상대적인 약점을 가리고 강점을 최대한 발휘토록 여러 가지 기술을 적절히 협력시키는 문제임을 의미한다. 복잡한 전투는 적절히 구성된 조직과 그 기능을 잘 이해하는 지휘관을 필요로 하였다. 시간이 지남에 따라 간단하고 동질의 기술보다 다양하고, 복잡하고, 융통성 있는 기술이 전투에서 유리하고 우세를 점할 수 있도록 작용하였다. 마케도니아 군대가 좋은 예를 보여 주었는데 마케도니아는 방진(Phalanx)과 펠타스트(peltast 역주; 갑옷을 입지 아니한 투창병), 그리고 중기병과 경기병을 적절히 혼합함으로써 그리스 군대를 격파하였다. 그 뒤 로마 레기온은 충격과 창 던지기를 적절히 결합하여 사용함으로써 단순한 충격 위주의 전투를 구사하는 그리스 군대를 격파할 수 있었다.

지중해 지역 국가들의 보병과 기병 간의 균형은 A.D. 4세기에 변화하기 시작하여 아드리아노플(Adrianople) 전투에서 전환점을 맞이하였다. 6세기 중엽 유스티니아(Justinian)와 벨리사리우스(Belisarius) 시대까지 비잔틴 군대의 주력은 말을 탄 궁수들이었으며, 이들은 전형적인 타격 및 도주 수법(hit and run)인 "떼를 지어 다니는 전술(swarming)"을 구사하였다. 전적으로 도보에만 의존하여 전투를 하던 프랑크족들도 이로부터 240년 후 비록 형태는 달랐지만 말에 의존하는 기병으로 전환하였다. 기병이 보병에 대해 우세를 확보하게 된 정확한 단계는 알 수 없다. 의심할 여지없이 많은 요인들이 관련되어 있었겠지만, 기술도 많은 요인 가운데 한 가지였을 것이다. A.D. 500년과 A.D. 1000년 사이 어느 때 등자와 높은 안장이 – 대초원 지대의 사람들에 의해 유래되었지만, 이들 중 어느 것도 대표적인 군사 기술이라고 말할 수 없다. – 유럽에 확산되었을 것이라는 것에 대하여 세부적인 내용에서 의견이 다르지만 지금의 저자들은 동의하고 있다. 그 다음 기원을 정확히 알 수 없는 말발굽이 추가되었으며 그리고 나면 고대 보병에 대한 기병의 우세는 쉽게 짐작할 수 있다.

“기사 제도의 시대” 라는 용어가 말해 주듯이, 유럽의 중세 시대 - 중동 지역에서도 마찬가지 - 에서는 전례가 없을 정도로 말이 월등하게 전장을 지배하였다. 주민들은 두 가지 부류로 나뉘어졌는데, 하나는 말을 타고 싸우는 기사, 다른 하나는 도보로 싸우는 병사들이었다. 기사가 사회 전체를 구성하였고 그 밖의 사람들은 하찮은 것으로 취급되었는데, 이와 같은 현상은 당시 체스 게임에 잘 나타나 있다. 왕, 여왕, 주교 및 주요 인물들의 체스 조각은 정교하게 조각한 것이었는데 반해, 병사 체스 조각은 얼굴 없는 돌멩이로 되어 있었다. 서부 유럽에서 기사의 주된 무기는 창(lance)이었다. A.D. 1050년 경까지 창을 머리 위에서 휘두르거나 손을 늘어 뜨려 잡았으나 후에는 점차 창이 길고 무거워져서 겨드랑이 밑에 끼게 되었다. 중동지역에서 가장 중요한 무기는 복합 활이었는데 이 무기는 고도의 기술 집약형 작품으로 궁술 공학의 백미를 이루었다. 서부 유럽과 중동 지역에서 기사 훈련은 일찍 시작되어 평생동안 지속되었다. 그러나 이 준비 시간의 대부분은 군사 훈련이라기보다 문화, 종교, 사회적 규범 등 기사도 정신을 심어주기 위한 정신적 훈련이었다. 이 양쪽 문화 지역에서 보병, 특히 도보 병사에 대한 기사의 우월성은 전쟁이란 기사들 간의 싸움이라고 할 정도로 높았다. 기사들 간의 싸움 이외의 것은 폭동, 경찰 업무, 도살 등의 성질을 갖는 것으로 간주되었고, 그리하여 전혀 다른 규칙을 적용하였다. 십자군 원정 기간 중 스페인에서 있었던 것처럼 기독교 체제와 이슬람교 체제가 접촉하여 충돌을 일으켰다. 그 후 기독교 지역과 이슬람 지역에 나타난 십자군 전쟁의 결과는 같지 않았다. - 이들 중 어느 한쪽이 “기술적으로 우세하였다”라고 주장하는 것은 모순되고, A.D. 711년부터 A.D. 1492년까지 지속된 십자군 전쟁 기간이 800년이라는 것 때문에 더욱 그러하다. 왜냐하면 800년이라는 이 기간 동안 무한한 변천과 변화가 일어났기 때문이다.

위와 같은 것을 고려함에도 중세 전장, 특히 서부 유럽 지역에서 기병의 역할은 종종 과장되곤 하였다. 당시 말과 기사가 착용한 갑옷은 매우 비쌌다. 기병들은 군대의 일부분에 불과하였다. 공성전투 또는 지형을 점령 · 고수하는 전투에서 기병을 운용하기에는 부적합하였다. 이런 저런 이유로 보병의 참여 없는 기병만의 단독 전투는 사실상 불가능했다. 어떤 때는 기병이 말에서 내려 도보 전투를 하였는데, 이 좋은 예가 1356년의 포이티어스(Poitiers) 전투이다. 당시의 보병들은 다양한 임시 변통 무기와 심지어 농기구로 무장한 농민 및 도시 거주민들로 혼합 구성된 잡동사니 군대였다. 그러나 이 보병들을 적절하게 편성하고, 장궁(longbow), 긴 창(pike) 또는 충격 및 투석 무기로(스위스의 경우) 장비하면 전장에서 결정적인 역할을 수행할 수도 있었다.

고대 전쟁에서 우수한 무기의 확실한 위력으로 승리를 거둔 주요 전투 사례를 지적하는 것은 어렵다. 오히려 대부분 승리하는 군대는 일반적인 보병 및 기병 무기의 장점을 최대로 발휘할 있도록 적절히 혼합하여 사용한 군대라고 해야 할 것이다. 문제는 어떻게 적을 궁지에 몰아넣느냐에 달린 것이었다. 이와 같은 원칙의 훌륭한 예는 헤스팅스(Hastings)에서의 정복자 윌리엄(William), 아르사우트(Arsout)에서의 리차드(Richard Coeur de lion)와 같은 위대한 전사들이 보여 주었다.

기병의 상승과는 별도로 최소한 부분적으로는 기술상의 요인들로 인하여, 고대로부터 중세로의 전환기에 여러 가지 다른 변화가 있었다. A.D. 800년 경 중국에서, 그리고 A.D. 1300년 경 서부 유럽에서 풀무를 사용하여 철을 만들기 시작하였다. 이 때 만든 철은 로마 인들이 만든 것보다 질과 양적인 면에서 훨씬 우수하였으며, 더 훌륭한 무기와 갑옷을 만들 수 있었다. 11세기에 석궁이 서부 유럽에서 다시 발명되었는데, 이전의 목재, 뿔, 힘줄 등을 대신하여 철로 만든 용수철을 사용하였고, 이에 추가하여 콕킹(뒤로 걸기) 윈치를 사용함으로써 위력은 증대되었지만, 석궁에 화살을 재우는 것은 더디었다. 그러나 이와 같은 단점과는 별개로 석궁은 고대인들에게 알려진 그 어느 무기보다 위력이 강해 무시무시한 무기로 알려졌으며, 제조 금지 조치가 내려지기도 했고, 이교도 집단 세력에 대하여 제한적으로 사용되도록 선포되기도 하였다. 값싸고 품질 좋은 철이 개발되어 미늘 갑옷이 판금 갑옷으로 대체되는 등 고도로 예술적이고 값이 비싼 갑옷들이 독일 및 이탈리아에서 1450년과 1520년 사이에 제작되었다. 그러나 금속이 군사적인 사용 목적의 원자재로서 중요하였지만, 목재 및 기타 유기 물질도 여전히 긴요하게 사용되었다. 전투를 할 때, 목재 및 기타 유기 물질이 결코 철보다 못한 것은 아니었다.

지금까지 복잡하고 수많은 무기의 발전을 언급하였지만, B.C. 500년 경부터 A.D. 1500년까지의 2000년 동안 야지 전투에 도입한 기술적인 변화는 극히 적었다고 주장할 수 있다. 결국 칼은 칼로, 창은 창으로 그리고 방패는 방패로 여전히 남아 있었다. 호머 시대의 가죽옷을 입은 그리스 인들과, 11세기에서의 노르만 인들이나 14세기 또는 15세기의 영국 궁수들은 분간하지 못할 정도로 서로 닮았다. A.D. 500년경의 페르시아인과 비잔틴인들이 등자를 가지고 있지 않았는지는 모르나 그들이 갑옷을 착용하였고 주된 무기로서 창을 휘둘렀다는 점에서 중세의 기사를 아주 닮았다. 알렉산더 대왕이 소아시아를 점령했을 때 그는 트로이 전쟁(Trojan War) 시대의 것으로 보이는 갑옷 한 벌을 선물로 받았다. 그 때 그는 실제 900년 전의 이 갑옷을 전투에서 입었으며, 그것이 닳아서 꿰맬 때까지 사용하였다.

중세 말경 어떤 무기들은 진부해져서 폐기되었다. 그러한 것들로는 짧은 창(spear; 이 창은 보다 무거운 창 lance 와 pike로 대치되었다), 전투용 도끼(battle-ax; 마찬가지로 보다 큰 도끼 대용물 halberd로 교체 되었다), 투창(javelin) 및 돌팔매(sling) 등이 있었다. 그러나 시대의 특성이 그러하듯이 어떤 무기의 폐기와 다른 무기에 의한 대치가 산업혁명과 관련된 지속적인 기술발전의 결과라고 볼 수 없다. 그 좋은 예로 태고 시대에서 그 유래를 찾아 볼 수 있는 철퇴와 같은 원시적인 무기가 1400년대까지도 꾸준히 사용되었다는 것이다. 심지어 퇴보 현상도 종종 발생했다. 석궁이나 유명한 그리스 화약과 같은 기술적으로 정교한 무기들에 대한 지식을 잃어버린 경우도 있었다.

따라서 전반적으로 이 기간은 완전히 새로운 무기의 발명이라고 하기 보다는 기존 무기의 끊임없는 개조 및 결합으로 표현될 수 있다. 예상한 바와 같이 무기 면에서의 유사성은 전술 면에서의 유사성으로 이어졌다. 한 극단적인 경우를 들어보면, A.D. 1200년 경 십자군이 수행한 사라센(Saracen) 전쟁과, B.C. 53년 카르해(Carrhae)에서 로마의 파르치아(Parthian) 적들이 수행한 전쟁과는 구분하기가 어렵다. 더욱이 B.C. 300년 마케도니아 스타일의 전쟁과 A.D. 1400년의 스위스 스타일 전쟁은 아주 닮았으며, 쥴리어스 시이저(Julius Caesar) 휘하의 로마 레기온과 곤잘보 디 코르도바(Gonsalvo de Cordoba) 휘하의 스페인의 칼 및 방패(sword-and-buckler) 부대도 강력한 유사성을 띄고 있다. 물론 그 당시 사람들은 유사성을 알고 있었다. 그들에게 모든 역사는 동시대의 역사였고, 영감을 얻으려고 사람을 데려올 수 있었고, 심지어 명백하게 형태를 모방하기도 했다. 따라서 중세 시대 내내 베게티우스(Vegetius)의 로마 군대 교범이 지휘관의 지침서로 많이 사용되었는데, 리차드(Richard Coeur de Lion)와 그의 라이벌인 필립 아우구스투스(Philip Augustus)가 로마 교범을 가장 많이 읽었다. 더욱 중요한 사실은 마키아벨리, 낫소의 마우리스, 그리고 구스타프스 아돌프스 등과 같은 16세기 및 17세기의 지휘관들도 고대 군대로부터 교훈을 얻으려고 하였고, 심지어 무기, 전투대형 및 전술을 직접 모방하는 정도에까지 이르렀다. 군사 기술의 발전은 매우 한정되었기 때문에 현대 초기 유럽의 군사 전문가들은 현대의 군대가 가장 훌륭한 고대의 군대들과 무력 시합에 나설 수 있느냐에 대해 다소 회의적이었다. 1729년 체벌리어 드 폴라드(Chevalier de Folard)는 세기의 가장 유명한 전술 논문들을 출간할 때 폴리비우스(Polybius) 주석의 형태를 취하였다. 화약 무기의 완성과 뒤이은 기관총의 전장 지배는 오스트리아 왕위 계승 전쟁에 즈음하여 궁극적으로 모든 구식 무기들을 고철로 만들어 버렸다. 이러한 신무기의 개발은 우리가 지금 알고 있는 전쟁의 역사라는 용어 발명에 기여했다.

이 기간의 기본적인 일관성은 최초에 가졌던 어떤 무기의 최대 에너지가 동등해지는 결과에 도달했다는 것이다. 무기의 사정거리가 한정되어 있는 한 야지 전투와 관련된 모든 무기는 기동력을 가져야 할 필요가 있다. 민간 지역 공사 및 요새 공사에 적용된 몇 가지 형태의 기술과 대규모 조직이 모두 전장에 사용될 수 있는 것은 아니라는 것을 뜻한다. 사실 이륜 전차는 말의 에너지를 최대화하기 위한 시도로 이해될 수 있고, 방진은 인간의 에너지를 최대화하기 위한 시도였다고 볼 수 있다. 이 두 개의 발명은 최초에는 성공적이었으나, 밀집된 힘은 결과적으로 다루기 어려워져 스스로 자멸을 초래하였다. 그리스 방진, 로마의 쐐기꼴 전투 대형, 초기 게르만인들이 사용한 유사한 대형들과 같은 인간을 밀집하여 전투 대형을 크게 만드는 것 , 또는 동물을 인간과 같이 팀을 이루도록 하는 것은, 사람들 누구에게나 간단하게 만들 수 있는 것이었으며 가용한 마력의 량으로 표현되는 경제적 및 물질적 발전의 상대적인 정도와는 상관없는 것이었다. 따라서 군대를 야전에 배치하고 전투를 하게 되었을 때, 유용하고 동원할 수 있는 최대의 에너지는 거의 동일하였다. 이것은 건축, 저술업 또는 농업과 같은 다른 분야에서 도달할 수 있는 기술 수준과는 관계없는 사실이다.

이러한 추론이 타당하다면, 다른 종류의 단일성으로 무기 발전의 시대를 구분할 수 있다. 그것은 힉소스 왕조(물질문명이 너무나 원시적이어서 그들에 관하여 거의 알려진 것이 없는 세퍼드 왕)가 어떻게 이집트 중세 왕조를 몰락시킬 수 있었는지를 설명할 수 있다. 또한 아마 300년 후에 나팔을 무기로 사용하던 유랑민들인 히브리족들이 어떻게 기술적으로 우세한 도시 거주 가나 안의 셈족들을 추방할 수 있었는지를 설명할 수 있다. 그리고 게르만족과 훈족(이들은 고기를 날것으로 먹을 정도로 원시적이었음)이 어떻게 로마 제국을 멸망시킬 수 있었는지를 설명할 수 있다. 이 모든 사례에서 결정적인 요소는 바로 기동력이었다. 이 기동력의 중요성은 미개인들에 대한 문명인들의 우위에 관계없이 전쟁에 결정적인 영향을 미쳤다. 그러나 기동이 불필요한 공성전투 및 요새전투에서는 유목민들이 정착 문명과 경쟁할 수가 없었다.

제2절 공성 전투

야지 전투와 아주 다르지만, 공성전투의 기원과 그의 기술적인 기초 역시 신석기 시대로 거슬러 올라간다. 신석기 시대의 흙벽과 울타리가 중세 후기의 시골 여기저기에 흩어져 있는 높고 복잡한 석재 구조물로 발전되어 가는 과정 즉, 요새지의 역사에 대한 기록은 너무 많이 남아 있어서 요약하는 것조차 쉬운 일이 아니다. 여기서는 주로 A.D. 1500년 전에 가장 보편적이었던 축성물에 초점을 맞추고자 한다.

기억할 수 없는 오랜 옛날부터 적의 공격에 대항할 수 있는 힘과 능력을 증진하기 위하여 사용한 축성물은 3가지 형태로 분류될 수 있다. 가장 기초적인 축성물 가운데 대표적인 것은 야전축성이다. 이것은 전투를 하기 직전에 만드는 장애물로서 전투가 계속되는 동안 임시 사용할 목적으로 구축하였을 것이다. 최초 야전축성은 사냥에서 비롯되었으며 선사시대 이후 짐승을 사로잡거나 짐승의 이동을 제한하는 과정에서 다양한 도구들을 사용하였다. 따라서 이러한 축성물들은 구덩이 또는 도랑 형태를 취하였다. 그러나 축성물에 보다 정교한 도구들이 사용되기도 하였다. 이중 대표적인 발명이 말뚝인데, 말뚝을 그대로 땅에 박든가 여기에 옆으로 막대기를 덧대어 울타리를 만들었다. 4개의 못을 연결하여 만든 4면체 마름쇠도 정교한 발명품이다. 이런 종류의 마름쇠를 수없이 많이 땅에 뿌려서 적의 말이 밟았을 때 불구가 되도록 하였다. 마지막으로 적지 않게 중요한 임시 목재 축성물 역시 초기 시대부터 개발되었다. 1066년 노르만족들이 영국에 상륙했을 때 제일 먼저 한 일은 조립식 목재 망루를 하역하여 해변에 세운 것이다.

이러한 장치의 대부분은 기술적으로 아주 원시적이었지만 그렇다고 해서 비효율적인 것이라고 생각해서는 안 된다. 아무리 간단한 야전축성이라도 적절한 시간과 장소에서는 확실한 장애물 역할을 하였는데, 이는 적 병력을 야전축성 극복과 야전축성으로부터 자신들의 보호라는 두 가지 방향으로 나누어지도록 하였기 때문이다. 크레시(Crecy;1346), 포이티어(Poitiers;1356), 아긴코트(Agincourt;1415) 등과 같은 전투에서 영국의 사수들은 프랑스 기사들의 공격으로부터 자신을 방호하기 위하여 말뚝에 의존하였는데, 많은 전투에서 야전축성은 문제 해결에 도움을 주었다. 또한 야전축성의 일부는 선사시대까지 그 기원이 거슬러 올라가지만 왜 그렇게 발전이 느리고, 오늘날까지 거의 변형되지 않고 그대로 사용되고 있는가 하는 것은 우연하게도 야전축성의 효용성이 이를 설명하는데 도움을 준다.

반쯤 개화된 민족에게도 야전축성이 기술적으로 어려운 문제는 아니었지만 전술적인 견지에서 볼 때 적이 다른 곳으로 가지 않고 야전축성물로 돌진하도록 할 때에만 효과가 있었다. 적이 측방으로 기동하여 전략적 효과를 달성하는 것을 방지하기 위하여 길게 이어진 울타리를 설치할 필요가 있었다. 수로를 만들고 흙벽으로 보강한 긴 방어선 구축 개념은 그렇게 어려운 것은 아니었다. 그러나 그것은 운영 조직상의 기술과 자원, 그리고 수천 또는 수만 명의 인력을 동원하여 그들을 동시에 먹이고, 입히며, 잠재우고, 관리해 가면서 일정한 목적 하에 잘 협조된 대형으로 작업시키도록 하는 능력을 필요로 하였다. 이러한 것들은 고대 사회에서 많이 있었는데, 특히 반 건조성 기후 지역에서 대규모 수로(水路) 관리에 생존을 의지하였던 소위, 하천사회에서 볼 수 있었다.

여러 시대에서 다양하게, 중국, 수메르, 그리스 및 로마 제국들은 모두 연결된 방벽 구축에 중점 투자하였는데, 특히 로마인들의 기술은 전무후무할 정도로 발달하였다. 공화정 시대 후기와 제국주의 시대 기간 중 로마 레기온(region) 안에 중무장 보병 못지않게 많은 수의 "Marius Mules" 라고 불리어지는 전투 공병이 편성되어 있었는데, 이들 전투 공병은 말뚝, 톱, 곡괭이, 삽, 못, 측량기구 등과 함께 무기를 휴대하고 있었다. 로마 군인들의 이러한 장비와 거기에 더하여 잘 편성된 조직 덕택에 하룻밤 사이에 거대한 레기온 캠프를 설치할 수 있었고, 이태리 바로 앞에 참호를 파서 한니발 군대를 봉쇄할 수 있었다. 전투에서 피를 적게 흘리기 위하여 땀을 흘리는 것이었다.

로마의 국경이나 중국의 만리장성 같은 예에서 볼 수 있듯이 방벽은 지역, 혹은 국가 전체를 방호하기 위하여 대규모로 구축하는 경우도 종종 있었다. 이러한 유물, 특히 만리장성 같은 것들은 매우 인상적이다. 그러나 우리는 이 방벽들의 거대한 규모 때문에 방벽의 특성과 한계를 놓치면 안 된다. 첫째, 언제 어디서나 이처럼 거대한 규모의 축성물을 구축할 수 있는 것은 영토가 크고 최고로 중앙집권화 되어 있는 제국 뿐이었다. 둘째, 방벽을 구축하고 유지하는 곳에서 당시의 대규모 공사 경비를 감당할 수 있다하더라도, 전 지역을 감싸는 완벽한 군사기술을 손에 넣지 않으면 소용이 없었다. 앞에서 열거한 가장 강력한 축성물도 뚫릴 수 있었다. 어떤 경우에도, 이 방벽들의 가치는 그 특유의 물리적인 견고성에 있는 것이 아니라 순찰, 봉화 시설, 수비대 (성안에 진주하여 뚫린 지점을 봉쇄함)에 의하여 얻어졌다. 그리고 그들이 막으려고 했던 이민족들 - 칼레도니아 인, 게르만 인 및 몽고 인 등과 같은 - 은 대부분이 문화적으로 덜 발달된 민족들이었으며, 이들이 가지고 있는 공성 기술도 발달된 것(죄수들을 사용한 경우를 제외하고)이 아니었다.

그러나, 공성 기술이 어느 정도 발달된 곳에서는, 흙으로 만든 비탈길이나 돌로 만든 방벽(하드리아(Hadrian) 인이 북부 잉글랜드 지방 전역에 건설한)은 죽기를 각오한 침입자를 막는 데 충분하지 않았다. 이러한 상황 하에서, 경제적인 고려 때문에 대규모 보다는 개별 지점 위주로 상당 기간 적의 공격을 방어할 수 있도록 강력하게 방벽을 둘러치게 되었다. 개별적인 방어 거점의 생존은 어렵지만 전체를 요새로 만들어 요새지대를 형성하면 생존하기 쉽다는 오늘날의 상황과는 정반대이다. 어쨌든 당시 경제적인 고려 때문에 전체 지역을 요새화 할 수 없었고, 필연적으로 폐쇄된 원형 성곽, 즉 위곽(프랑스어로는 enceinte라고 함)에 의존하게 되었다.

그 사회의 성격이 군주국이냐 또는 민주국이냐에 따라, 그리고 도시형이냐 또는 시골형이냐에 따라, 위곽은 성채(간혹 마을의 주요 공공건물을 포함), 전체 도시, 또는 영주에게 소속되어 있는 개별 성을 방호하였고 주변 주민들에게 피난처를 제공하였다. 이 위곽의 존재는 광활한 야지와 인간 정착지 간의 관계가 지난 수세기 동안 우리가 익숙해진 야지와 다른 관계라는 것을 의미한다. 적이 아무리 야지에서 우세를 누리고 전투에서 많은 승리를 했다 하더라도 성채를 점령하지 않고는 그 국가를 점령하였다고 할 수 없었다. 따라서 이러한 성채들은 적의 공성 전투에 대항할 목적으로 구축되었으며, 성 밖의 주변 야지가 적에게 유린당하고 아군이 사방으로 적에게 포위되더라도 지탱할 수 있도록 설계되었다. 이러한 목적 때문에 성채를 얼마나 견고하게 축조하는가에 관계없이 원형으로 구축하였다. 여기에 추가하여 필요한 것은 여러 가지 보급품 저장 공간과 물을 확보하는 것이었다.

요새와 관련된 여러 종류의 기술적인 문제점들은 원칙적으로 아주 간단했다. 신석기시대 부락들은 이미 적의 접근이 불가능한 지역에 거주하거나, 도랑, 울타리 그리고 때로는 쉽게 치울 수 있는 다리가 설치된 해자 등으로 둘러싸인 지역에 위치하고 있었다. 최근 그것이 홍수 통제 목적으로 구축되었다는 주장이 있지만, 영구적인 돌 축성물로 완전히 둘러싸인 최초의 마을은 B.C. 5000년 경의 여리고(Jericho) 마을로 짐작된다. 이집트 고대 왕국 초기부터 도시를 요새화 하였다고 추측되나 확실한 증거는 없다. B.C. 2500~1500년 시대로 추정되는 축성물 유적들이 이집트, 수메르 및 팔레스타인 등지에서 발굴되고 있다. 공성 전투와 관련된 세부적인 증거는 B.C. 1300~1200년으로 거슬러 올라간다. 한편 영국 박물관에 소장되어 있는 앗시리아 인의 양각 벽화는 B.C. 850년 즈음 요새 건립에 필요한 대부분의 기본 원칙을 아시리아 인들이 잘 알고 있었음을 보여주고 있다. 양각 벽화에는 화살을 쏘기 위한 작은 창문(loophole), 총안 흉벽(crenelation), 흉벽(parapet), 철통같은 출입문(gate) 등이 있는 간막이 벽(curtain wall)이 있고, 투사물을 던지고 사격지대를 교차함으로써 간막이 벽의 기저를 엄호하는 망루 등도 포함되어 있다.

B.C. 800년 경 나타나기 시작한, 여러 가지 면에서 동쪽 문명에 뒤져 있던 그리스 도시 국가들은 요새화되어 있지 않았다. 통상 한가운데 높은 지대에 위치한 도시 국가만이 방벽으로 둘러싸여 있었으며 전시에 피난처로 이용되었다. 그러나 B.C. 430년 직전 아테네는 페리클레스(Pericles)의 조언을 받아들여 피레우스(Piraeus) 항구와 도시를 연결하는 긴 방벽을 구축하였는데, 이 방벽 덕분에 변두리 지역에 있는 적의 거듭된 침략에도 불구하고 오랫동안 전쟁을 치룰 수 있었다. 다른 도시 국가들도 곧장 이를 따르게 되었다. 상당한 규모의 많은 요새 건축계획이 시작되었고, 결과적으로 오늘날에도 따라가지 못할 정도의 우수한 요새 건축 기술이 발달하게 되었다. 로데스(Rhodes) 또는 페르가몬(Pergamon)과 같은 강력한 요새들은 상호 엄호를 제공하는 다중 벽으로 만들어졌으며, 특히 궁수들을 위한 둥근 천장(vault)과 비상 출격문(sally port) 등도 포함되어 있었다. 또한 이 요새들은 한편에서 반대편 쪽으로 신속하게 상호 증원이 가능토록 내부 의사소통체제를 갖추고 있었다. 이러한 체제 내에서 필요한 물건들을 모두 갖춘 요새들은 마치 현대의 군함처럼 요새의 일부를 봉쇄하고 버틸 수 있는 능력이 있었다. - 간혹 출입문에 나타

나는 취약점을 보완하기 위해 특별 방호 대책이 세밀하게 강구되기도 하였다.

중세 초기에 이르러(비록 많은 도시들이 그들의 오랜 로마식 방벽을 거의 손상 없이 보존하고 있었지만) 축성물 건설 기술이 퇴보하였다가 그들 중 일부는 A.D. 1000년에 와서 다시 발명되었다. 가장 견고한 중세의 요새지(fortress)가 도시 방벽(town wall) 대신 성(castle)으로 구성되었다는 사실 외에는 새로운 요소가 거의 추가되지 않았다. 중세의 성들은 중앙에 거대한 돌탑, 즉 성곽의 탑(donjon)을 설치했다는 점에서 그리스-로마 도시들과 달랐다. 이 성들은 통상적으로 엄폐된 배란다(gallery), 버팀벽(bettress), 흉벽, 총안 흉벽, 돌출 총안(machicolation), 측방 망루(flanking tower), 비상 출격구, 방호된 대문(gate) 등으로 구성되어 있는 다중 간막이 벽으로 둘러싸여 있었는데, 이들 다중 간막이 벽의 구성요소들은 시간이 흐름에 따라 계속적으로 개선 발전되어 더욱 정교해져 갔다. 이들 다중 성벽으로 둘러싸인 지역은 비교적 협소하였고, 지중해 지역보다 북서 유럽 지역은 물이 풍부하였기 때문에 그 주변을 도랑으로 둘러싸는 것이 보다 실용적이었으며, 이 도랑은 영구적으로 또는 공성 전투에 대비하여 물로 채웠다.

그러나 많은 중세의 성들은 다음 한 가지 점에서 도시를 둘러싸고 있는 고대의 축성물과는 분명히 달랐다. - 그것은 중세 성들의 기능은 방호와 피난처 제공뿐 아니라 주변의 야지를 통제하는 것이었다. 이 성들은 평지 위에 세워진 것이 아니라, 대부분 언덕 돌출 부분에 세워져 추가적인 방호를 제공하였다. 전술적인 견지에서 이것은 세부적인 발전으로 볼 수 있다. 여기에서 우리들이 기억해야 할 가장 중요한 것은 위곽과 그의 상대역인 공성 전투의 기본 원칙들이 어느 곳에서나 항상 유지되어 왔다는 사실이다.

우리는 최초의 전문화된 공성 무기들이 언제, 어디에서 시작되었는지 알지 못한다. 공성 전투는 일찍이 B.C. 3000년 경 수메르(Sumer)에서 최초 발생한 것으로 추측된다. 훨씬 더 상세한 증거들이 B.C. 1300~1200년 경 이집트 유물에서 나오고 있다. 양각 벽화에 의하면, 이스라엘의 북 왕국을 봉쇄하고 남 유다(역자 주 : 이스라엘은 솔로몬 왕 이후 남북으로 나뉘었다.)에 대해서도 거의 같은 행동을 한 아시리아(Assyrian) 군대가 이미 정규 치중대 수준에 이르는 양의 공성용 무기들을 보유했었다는 사실을 알 수 있다. 이 무기 가운데는 갈고리가 달린 밧줄, 쇠 지뢰(crowbar), 공성 사다리, 충차(ram), 공성 탑(siege tower), 그리고 방패막이(mantelet) 등이 포함되어 있었는데, 특히 방패막이는 앞쪽이 방패로 가려진 일종의 마차(wagon)로서 성벽 가까이까지 밀고 들어갈 수 있으며 궁수들의 엄폐물로 사용되었다. 성벽 밑에 지하 갱도를 파는 것도 이 시기에 사용되었다.

그 당시 사람들이 마주쳤던 축성물과는 달리, 이들 공성 무기의 주요 원자재는 그 당시나 중세 말기에 이르러서나 모두 유기체로부터 획득한 것이었기 때문에 쉽게 사라질 수밖에 없었다. 결과적으로 현재까지 훼손되지 않은 채 남아 있는 것은 하나도 없으며, 단지 그림이나 기록을 보고 알 수 있을 뿐이다. 물론 나무가 그 당시 가장 중요하고 대표적이라고 할 수 있는 유일한 원자재였으며, 통상 사람을 보호할 목적으로 사용하는 도구는 나무에 가죽이나 잔가지 세공(wickerwork) 등을 결합하여 만들었다. 간혹 철판을 공성 탑 전면에 부착하여 방호 역할을 하기도 하였다. 대체로 철은 매우 귀하고 비싼 것이었기 때문에 주로 공격용 충차(battering ram)의 앞부분에 쓰거나 못, 대갈못(rivet), 굴대(axle), 공격용 무기의 돌쩌귀(hinge) 등에 쓰였다.

앞에 기술한 공성 무기들이 각개 병사의 휴대용 무기보다 훨씬 컸지만, 공성 무기 역시 인간의 근육으로 움직인다는 점에서 휴대용 무기들과 닮은 점이 있다. 알렉산더 대왕 시대로부터 영국의 에드워드 3세 시대까지 사용된 공성 무기들, 특히 공성 탑은 건물 몇 층 높이였고 무게가 수 톤이나 되었지만 인간의 힘을 이용한다는 이유로 인하여 형태가 특이하지만 도구로 분류된다. 새로운 에너지원을 개발하지 못한 상태에서, 그 도구가 위력을 발휘하려면 규모가 커지고 조작이 굼뜰 수밖에 없었다. 충차, 방패막이, 공성 탑, 여러 가지 형태의 권양기(사람 힘으로 움직이며 병력을 성벽에 올려놓기 위해 사용하는) 등의 장비들을 옮기는 것은 무척 힘든 일이었다. 따라서 이 장비를 배치하기 전에 거대한 흙으로 만든 경사를 만들었다. 이 공사에 수 주 혹은 수 개월이 걸렸으며, 포위된 부대는 모든 수단을 동원하여 결사적으로 저항하였다.

공성 장비 치중대를 구성하여 전술적으로 사용하는 것도 문제가 되었지만 이 마을에서 저 마을로 공성 장비를 옮기는 것은 훨씬 더 어려웠다. 일부 장비는 분리하여 수레나 짐승의 등에 실어서 운반하였다. 그러나 부피가 큰 장비는 현장에서 만들어 세울 수밖에 없었으며, 이에 적합한 기술자와 원자재를 보유하고 대갈못, 못, 꺽쇠 등등 현지에서 쉽게 구할 수 없는 품목을 보급하는 것은 필수적이었다. 물론 너무 무거워서 운반할 수 없는 장비들은 야지 전투에서 쓸모가 없었다. 한편, 개활한 야지에서 모든 물품을 휴대한 채 이동하는 몽고족과 같은 유목민들이 성(城)이 밀집되어 있는 중세 서유럽(프랑스에만도 수만 개의 성이 있었음) 지역에 들어갔을 때 난관에 봉착했음은 이러한 이유로 쉽게 추측할 수 있다.

성경의 역대기 하권에 유대의 왕 웃시야(Uziah)가 예루살렘을 보호하기 위하여 투석기를 만들었다고 기록되어 있지만, 당시 지중해 지역에 살고 있었던 다른 민족들의 기록에는 그와 같은 사실이 언급되어 있지 않다. 이는 자칫 우리로 하여금 시대착오적 발상에 빠지게 할 가능성도 있다. 그리스인들이 종전에 그들의 동쪽에 인접한 국가들로부터 많은 장비들을 모방했던 것과는 달리 이 투석기만은 모방하지 않고 독자적으로 발명하였다는 가정은 확실해지고 있다. A.D. 200년 경 알렉산드리아에 살았던 공병기술자 헤로(Hero)에 의하면 이 투석기는 B.C. 400년 경 시실리(Sicily)의 시라큐스(Syracuse)에서 발명되었으며, 실패로 끝난 아테네(Athenian) 공성 전투에 사용되었다.

역사적인 관점에서 볼 때 기술 발전이 거꾸로 돌아서 진행되고 큰 것에서 작은 무기가 비롯된 것처럼 보이겠지만, 초기 그리스에서 만든 발리스타(ballista 역자 주; 석궁의 일종)는 커다란 석궁(crossbow)으로 묘사하는 것이 가장 적합하다. 이 발리스타는 나무로 만든 받침대 위에 장착하고 지렛대 또는 윈치로써 화살을 재우고(cock), 무거운 화살을 대략 200m에서 300m의 거리까지 쏘았지만, 정확도가 과장되어 있었고 발사 속도가 너무 느려 통상적으로 야지 전투에서 사용하기에는 적합하지 못했다. 이러한 기계에 이어 밧줄을 다발로 꼬아 저장된 에너지를 사용하는 무기들이 등장하였다. 또한 핀과 톱니바퀴 원리를 이용하여 몇 사람이 조를 짜서 사용하는 격철이 발명되었다. – 즉, 방아쇠(trigger)라는 수단에 의하여 발사하게 되었다. 무기 전체를 돌려서 조준하거나, 또는 간접사격에 의존하는 중화기의 경우에는 힘의 세기를 조절하기 위해 구멍을 뚫어 놓은 고리 쇠를 이용하였다. 화살이나 돌을 – 그 중 어떤 것은 자그마치 60파운드나 되었다 – 크기와 세부적인 구조의 차이에 의해 수십 미터에서 수백 미터까지 투척할 수 있었다.

기계식 대포(mechanical artillery 역자 주 ; 현재와 같은 화약의 힘이 아닌, 기계적인 방법으로 포탄을 던지는 대포의 개념)는 기술상의 업적을 보여주는 대표적인 걸작품인데 오늘날에도 이를 모방하는 것이 쉽지 않다. – 기계식 대포는 다음 한 가지 면에서 다른 전쟁 도구들과 결정적인 차이가 있다. 기계식 대포가 에너지를 저장할 수 있는 능력을 갖추었기 때문에, 포탄이 발사되는 힘과 포탄을 작동시키는데 투입한 인간 근육의 힘 사이의 직접적인 연결이 끊어지게 되었다는 것이다. 또한 대포의 수행 기능은 그것을 조작하는 사람의 신체적인 상태와 관계없이, 용감하거나 비겁하거나, 피곤하거나 흥분되어 있는가에 관계없이 독립적으로 이루어졌다. 반면에 공성 전투 및 야지 전투에서 대포의 등장은 인간의 용맹성 대신에 기술을 가진 직업적인 전문가를 요구하게 되었다. “엔지니어”라는 단어의 파생어가 상기시켜 주듯이, 그러한 전문가는 또 다른 형태의 전사를 등장시켰다. 스파르타의 왕 아르키다마스(Archidamas)가 대포를 처음 보았을 때 이렇게 말했다고 한다. – “오! 헤라클레스(Heracles) 신이시여, 인간의 용맹은 끝났나이다.”

기계식 대포는 기원전 200년 경 기술적인 발달의 정점에 도달하였으며, 이때 대포의 힘과 크기를 연결시키기 위하여 수학 공식을 만들었다. – 그러나 그 후 대포는 더 이상 발달하지 못하고 오랫동안 침체기를 맞이하게 된다. 심지어 대포 제조기술이 중세 초에 잊혀졌을 가능성이 많다. 그러다가 1050년경 기독교도와 이슬람교도들이 대포 제조기술을 다시 발명하여 전투에 사용하였으며, 어떤 때는 수백 대의 대포를 전투에 투입하기도 하였다. 다시 150년 후 트레뷰세(trebuchet)라는 투석기(유명한 데메트리우스 폴리오르세테스(Demetrius Poliorcetes)에게 알려진 것보다 훨씬 더 강력한, 평형추에 의해 작동되는 투석기)가 마고넬(mangonel 역자 주; 투석기의 일종), 카타펄트(catapult 역자 주; 석궁의 일종), 아르발레스트(arbalest 역자 주; 커다란 활) 등 – 잡다한 형태를 구분한다는 것은 힘들고, 아마도 무익한 학문적 관심사이지만 – 의 대열에 합류되었지만 공성 전투의 특성이 근본적으로 바뀌지는 않았다. 이것은 당시의 기계식 대포가 아무리 잘 만들어졌다고 하더라도 그 후에 개발된 화약이나 캐논 대포처럼 성벽 전체를 허물어뜨릴 수 있는 힘을 갖지 못하였기 때문이다. 무거운 돌을 던져서 운 좋게 안쪽 흉벽이나 돌출 흉벽의 일부를 맞혀 파괴하기도 하였지만, 높은 각도의 사격은 주로 도시나 성 내부에 대한 테러 무기로서 유용하였다. 평평한 탄도를 형성하는 화살 공격의 주된 기능은 성벽 일정 구역에서 방어자를 몰아내어 공격자가 사다리를 타고 성벽에 올라가거나 공성 탑을 설치하거나 충차 및 굴착기를 작동할 수 있는 안전 지역을 확보하는 것이었다. 마지막으로 기계식 대포는 발화성 투사물을 발사하고, 생물학전의 초기 형태라고 할 수 있는 살아있는 뱀이나 죽은 말, 경우에 따라서는 사람 시체까지도 투사하였다.

발리스타, 카타펄트, 그리고 나머지 모든 무기들이 대부분 도시와 요새지 공격에 관련하여 자주 언급되고 있지만, 이 무기들이 방어 목적으로 쓰일 수 있다는 사실을 종종 간과하고 있다. 사실 이들 무기들이 최초에 어떻게 사용되었는가에 대해서 분명히 알 수가 없다. B.C. 400년부터 많은 그리스 도시 성벽에는 무기를 저장하기 위한 특별한 공간이 만들어졌다. 1500년이 경과한 후 중세의 일부 성에도 이와 같은 공간을 만들었다. 피아간 동일한 무기들이 많이 사용되었기 때문에 공격자와 방어자 어느 한쪽의 분명한 기술적 우위가 나타나는 것은 사실상 어려웠다. 달리 어쩔 수가 없지만 어느 한 편이 더 우세한 무기를 개발함으로써 먼저 개발된 무기는 사라지곤 하였다. 이와 마찬가지로 위곽(enceintes)의 발전은 공성무기의 발전과 보조를 맞추어 발전하는 것처럼 보였다. B.C.400년부터 200년까지의 기간 중에는 축성 기술과 공성 기술이 함께 빠른 속도로 발전하였다. – 그 후 A.D. 400년부터 1000년 사이는 침체기였으며 일부 분야는 퇴보 현상을 보였다. – 그러다가 A.D. 1000년부터 1300년 사이에는 다시 새로운 발전을 보게 되어 축성 기술과 공성 기술의 개발이 호각을 다투었으며, 14세기 초에 이르러서 절정기를 맞이하였다. 강력하고 견고하게 잘 구축된 요새를 탈취하기란 결코 쉬운 일이 아니었고 제1부에서 다루는 시기 동안 수월해질 징조도 분명하지 않았다.

성벽을 파괴하는 것이 전혀 불가능한 것은 아니었지만, 힘든 일이었기 때문에 고대나 중세에 있었던 많은 공성 전투는 어느 한 쪽의 자원 고갈로 끝을 맺기 마련이었다. 뒤에서 상세하게 기술하겠지만, 기계적인 수송수단이 발명되기 이전의 1000년의 기간 중(본 책자의 제2부에서 망라되는 시대들을 포함) 포위된 성이나 마을 앞에 상당한 병력을 배치하여 움직이지 않고 내부 자원을 고갈시켜서 성을 공격한다는 것은 상당한 군사–행정적 성과였다. 성 내부에서 자원을 관리 및 절약한다는 것은 훨씬 더 어려운 일이었겠지만, 자원 관리가 어려웠기 때문에 공성 전투는 공격자이건 방어자이건 누가 더 오래 버티느

냐가 승리의 관건이었다. 이렇게 전쟁이 끝나지 않으면 공격자와 방어자 간의 승리를 결정지을 수 있는 기술적인 우세 이외의 다른 요인들이 있었다. 요새지의 함락은 성벽으로 들어가는 수도관이나 성 밖으로 나가는 하수구와 같은 약점을 발견함으로써 오히려 쉽게 이루어졌다. 이러한 약점을 이용한다는 것은 단순한 지모, 대담성의 문제였으며, 또는 내부 배반을 포함하기도 하였다.

결론적으로 B.C. 750년부터 A.D. 1500년 사이의 2000년이 넘는 기간 동안 길고도, 불규칙하며, 중첩되고, 때로는 대단히 신속한 축성 및 공성기술의 발전을 눈여겨보는 것은 중요하다. 그러나 이러한 발전 때문에 전체 기간이 하나의 일관성을 형성하고 있다는 사실을 간과해서는 안 된다. 이 기간 중 야전축성의 변화는 거의 없었다고 볼 수 있다. 지역 혹은 국가 전체에 걸쳐서 요새들이 간혹 구축되었으며 유목민(그들은 생활 형태상 강력한 공성 무기를 개발할 수 없었다)들의 공격을 막는데 주로 사용되었다. 그러나 이러한 요새지대는 이 책에서 언급한 제3부 및 제4부 기간 중 위곽이 도태될 때까지도 장차 사용 목적을 가지고 계속 유지되었다는 사실을 명심할 필요가 있다. 여러 시간과 장소에서 발생된 수많은 단기간의 변동에도 불구하고 공성 전투 그 자체에 관한한 공성 기술과 축성의 상대적 힘이 근본적으로 같은 것으로 남아 있다. 가장 강력한 축성물들이 돌 또는 벽돌로써 만들어져 도처에 세워졌다는 것과, 이 축성물들이 인간의 근육에서 나오는 에너지를 사용하는 목재 무기들(충차, 굴착기와 같은 것들)로부터 공격을 받았다고 하더라도 이것은 특별히 놀랄만한 것이 못된다. 정작 놀라운 사실은 이러한 무기들 가운데 많은 것이 화약의 시대가 도래한 후 상당한 기간 동안 변하지 않고 남아 있었다는 것이었다.

제3절 전쟁의 기반구조

다른 시기와 마찬가지로 이 기간(태고~A.D.1500) 동안 비 군사적인 기술이 전쟁 및 전략에서 결정적인 역할을 하였다. 비 군사기술에는 무기와 보호장비뿐만 아니라 모든 종류의 기술이 포함되며, 일방적으로 한쪽 편에 영향을 끼쳐온 것도 아니다. 군사적인 능력이 부분적으로 기술의 지배를 받았지만, 기술 그 자체도 군사적 요구에 부응하여 부분적으로 발전하였다. 항상 그래왔듯이, 이 두 개의 요소는 서로 영향을 미쳐 왔고, 그런 것을 통하여 지속적으로 발전하였다.

이와 같은 맥락에서 반드시 짚고 넘어가야 할 비 군사적인 기술 가운데 가장 중요하다고 볼 수 있는 것은 문자이다. 사실 문자야말로 최초의, 그리고 가장 오랜 기간 지식을 보존하고 전달하는 유일한 수단이었다. 옛날부터 문자는 항상 부락 및 도시생활과 밀접한 관련이 있었다. 부락 및 도시생활이 번창했던 곳에서는 문자가 널리 보급되었고, 부락 및 도시생활이 쇠락하는 곳에서는 문자도 사라져 가는 경향이 있었다. 더욱이 이러한 과정은 거꾸로 작용하기도 하였다. 문자를 사용할 수 있는 능력이 도시 생활의 기반으로써 작용하였지만, 대략 A.D. 600년 이후 서부 유럽이 쇠퇴한 것은 지중해의 파피루스(종이) 생산지로부터 차단되었기 때문이라는 가설이 이를 설명하는데 도움이 될 것이다.

이집트, 수메르, 아시리아, 중국, 인도, 그리스 및 로마 제국처럼 찬란한 문화를 형성했던 나라마다 문자가 없었다면 대규모의 영구적인 중앙집권화 된 군대 보유를 생각조차 할 수 없다. 문자와 값싼 기록 재료의 가용성은 이들이 제국을 건설하고 행정 · 정치 · 경제적으로는 물론 군사적으로 국가를 잘 유지시키기 위한 요인들이 되었다. 이러한 사실을 잘 알고 있던 당대의 통치자들은 훈련이 잘 된 달필가, 비서, 성직자들을 신하 및 참모로 활용하였다.

중세 초에 이르러 읽고 쓰는 능력은 거의 대부분 종교 기관들에 국한되었는데, 이 종교 기관들은 풍차나 물레방아(그리고 후에는 기계적 시계)와 같이 당대의 가장 발달된 공학의 중심지로서 두각을 나타내었다. 아직 문자가 널리 보급되지 못했던 중세 초기의 군사 조직들은 경영 및 관료적인 원칙에 따라 조직된 것이 아니었다. 정치적 역량이 거의 개인의 정실 관계에 의해 좌우되었던 당대의 실정에 따라 군사 조직도 개인적인 정실 관계에 의해 결정될 수밖에 없었다. 군대의 규모는 급격하게 축소되었다. 중세의 어떤 왕이나 왕자도 자기의 군기 아래 20,000명 이상의 병력을 집결시킬 수 있는 능력이 없었다. 여기에서 군기라는 표현이 중요하다. 왜냐하면 병력을 끌어 모으는데 사용하였던 군기가 너무 간단하여 나중에 문자를 사용하는 명부로 대체되었기 때문이다. 더욱이 이와 같은 적은 규모의 군대는 오랜 기간 동안 유지되지는 못하였는데, 그 이유는 아마도 중세 봉건시대의 법이 군복무 기간을 일년 중 며칠 이내로 제한하였거나, 또는 그 군대가 개인적인 유대 관계에 기초를 두었거나, 군대 조직 내에서 반란이 성행하였거나, 중앙집권화 된 경제 및 행정적인 통제가 결여되었기 때문이었을 것이다. 비록 11세기부터 여건이 호전되기는 하였으나, 대체로 이런 문제점들은 중세 시대 전반을 통하여 전쟁 중에 계속 발생하여 군대 지휘관을 괴롭혔다.

문자 다음으로 중요하고 문자와 밀접하게 관련된 것은 군대에서 사용하는 통신 수단인데, 문제는 통신 수단이 전쟁에 끼친 결정적인 역할을 최근까지 역사가들이 무시했다는 것이다. 단 한 명으로 구성된 군대가 아니라면 분명히 어떤 군대도 통신 수단이 없이 작전은 물론, 존속할 수 없다. 또한 사용하고 있는 통신 수단의 본질이 전달하려는 정보의 종류 뿐 아니라 송신자나 수신자의 행동에 중대하고도 결정적인 영향을 미친다. 특히 큰 규모의 군대가 집결하여 일치된 행동을 할 때 통신의 역할은 아무리 강조해도 지나침이 없다.

A.D. 1500년이 될 때까지 전장에서 문자의 역할은 상당히 제한되었고, 어떤 때는 문자가 존재하지도 않았다. 이것은 전술적 의사소통에 중대한 문제점을 야기하였다. 알렉산더, 한니발, 시저, 윌리암 왕과 같은 지휘관들은 전투 시 문자 메시지로써 군대를 통제하지 않았다. 특히 알렉산더 대왕과 윌리엄 왕 시대에는 전투 시 생명을 걸고 싸우는데 바빠서 메시지를 전달할 틈이 없었다. – 한니발과 시저는 그렇지 않았지만 – 전장에서 통상적인 의사소통 방법은 말을 탄 전령 또는 도보 전령으로 이루어졌다. 놀랍게도 지휘관 휘하에 영구적인 전령 조직을 두어야 한다는 생각을 군대가 받아들이지 않았고, 전 세계적으로 채택되지 않았다. 전령들은 상당히 느리고 때로는 믿을 수가 없었다. 그들의 주요한 강점 – 질문에 답변하고 그들이 휴대한 메시지를 해석하여 주는 능력 – 이 오류와 오해를 불러일으킬 때는 오히려 약점이 될 수도 있었다. 또한 전령의 행동이 적에게 차단 당할 가능성이 있었고, 종종 차단되었다. 한마디로 전령은 없어서는 안 될 존재였지만 유일한 통신수단으로 활용된 것은 아니었다.

전령의 취약점을 보완하기 위하여 군대는 전투 시 음향 및 시호 통신 등 다른 수단들을 사용하였다. 음향 통신에는 뿔, 트럼펫, 나팔, 그리고 중국에서는 징, 심벌즈, 종 등이 있었다. 시호 통신에는 군기(장대에 매어 달거나 휘날리는 문양 포함), 깃발, 햇볕의 반사작용을 일으키기 위하여 거울처럼 잘 닦은 방패, 연기 및 불 등이 사용되었다. 이러한 통신 수단은 전령에 비해 정보를 실시간에 전달할 수 있는 이점이 있었다. 한편 이러한 통신수단을 조합하여 사용하였지만, 전달할 수 있는 정보의 양은 제한되었는데, 미리 약정해 둔 몇 가지 이상은 전달할 수 없기 때문이었다. 또한 사전에 적절한 통신 수단을 약정 해두지 못하면, 혼란한 전투 및 스트레스 때문에 병사들이 보거나 듣지 못할 때가 있었다.

중국이나 로마의 잘 훈련된 군대와 같이, 다양한 음향 및 시호 통신수단들을 적절한 통합시스템에서 조합하여 사용할 때, 지휘관들이 융통성 있는 전술과 행동의 자유를 가질 수 있었다. 그러나 그렇지 못한 경우 의사소통의 한계 때문에 효율적인 전투 지휘활동이란 거의 불가능하였다. 그런 경우 통상 다음의 두 가지 해결책 중 하나를 채택하였다. 첫 번째 해결책은 부대를 하나의 견고한 집단 또는 방진(phalanx)으로 밀집시켜 적진을 향해 돌진하게 하는 방법이고, 두 번째 해결책은 각개 병사 또는 예하 부대로 하여금 그들 독자적으로 싸우게 하는 방법이었다. 어떠한 방법이든지 간에 지휘관은 전투개시 명령을 내리고 난 후 할 일이 없어서 결국 방패를 들고 말을 타고 적진 속으로 뛰어들 뿐이었다. 때로는 절충안이 채택되기도 했다. 군대 전체를 지휘할 수 없고 그렇다고 전반적인 전술 통제권을 포기할 수도 없어서 장군들은 결정적으로 중요한 전투가 될 것이라 희망하는 쪽의 선두에 서서 지휘하고 나머지에 대한 지휘는 경험 있는 휘하 장수들에게 위임하는 방법이었다. 부대 선두에서 지휘하였기 때문에 나머지 부대와 접촉이 끊어지고 심지어 이들의 존재를 잊어버릴 때도 있었다. 지휘관이 부대의 상황을 전부 파악할 수 없기 때문에 위대한 승리가 쓰라린 패배로 뒤바뀌기도 하였는데 그 좋은 예가 코로네아(Coronea) 전투(B.C.394)이다. 스파르타의 왕 아게실라우스(Agesilaus)가 그의 신하들로부터 승리의 왕관을 받는 의식을 하고 있을 때 패배의 소식이 식장으로 날아들어 온 것이었다.

음향 및 시호 통신수단은 얼마나 정밀한 특성을 가졌느냐에 관계없이 통달 거리 면에서 분명히 제한이 있었다. 이것은 각개 전술부대가 가질 수 있는 부대의 최대 규모를 제한하였다. - 일반적으로 기동력이 큰 부대일수록, 각개 병사가 차지하고 있는 공간이 클수록, 음향 및 시호 통신수단의 통제를 받는 병사의 수는 적어지게 된다. 또한 각개 전투 대형에 적용되는 것은 군대 전체에 적용된다. 그 당시 100만 명이 넘는 엄청난 규모의 군대가 존재했다는 사실이 중국과 인도의 기록에서 종종 언급되어 있고, 또한 중세의 연대기에서 발견할 수 있다. 헤로도투스(Herodotus)가 기록한, 150만 명이 넘는 군대가(동일한 숫자의 영내 부양가족 제외) 크세르세스(Xerxes) 왕을 따라 테르모필레(Thermopylae 역자 주; 그리스 동부 해변에 위치) 전투에 참가했다는 것에 대해서는 의문의 여지가 있다.

반쯤 전설 같은 이야기는 그만두고, 여하튼 사용하고 있던 전술 통신수단의 제한사항이 부대 규모에 매우 큰 영향을 미쳤다는 것은 분명하다. B.C. 500년부터 A.D. 1500년 기간 중 1개 지점에 집결하여 전투를 벌인 최대 병력이 10만 명을 초과하는 경우는 거의 없었다. 또한 부대 정면의 넓이가 6~7km를 초과하여 전투를 전개한 경우도 찾아볼 수 없었는데 이러한 현상은 B.C. 217년 라파(Rapha)에서 안티오쿠스(Antiochus) 3세 시대로부터 A.D. 1805년의 오스테릴리츠(Austerilitz) 전투의 나폴레옹 시대까지 거의 변하지 않았다. 통상 부대의 지휘 본부로부터 예하 말단 부대에 이르는 지휘 폭의 최대 거리는 3~4km에 지나지 않았다. 지휘 폭이 3~4km에 불과한 때에도, 전방 전선이 상호 연결되지 않는 여러 부분들로 붕괴되는 위험이 존재하고 있었는데, 이러한 상황은 알렉산더 대왕으로부터 구스타브스 아돌프스(Gustavus Adolphus) 왕, 그리고 그 이후에도 자주 발생하였다. 이보다 먼 거리에서 전술적 통제를 구사하는 것은 불가능하였다.

전략 통신수단도 역시 심각한 한계를 갖고 있었다. 초기의 전략 통신수단

가운데 비둘기를 꼽을 수 있는데, 당시 여러 다른 문명지역에서 광범위하게 사용되었다. 귀환 비둘기는 속도가 빠르지만 기상에 좌우되어 믿을 수가 없었다. 이점은 비둘기의 사용에 영향을 미치는 또 다른 문제점이 되었는데, 그것은 비둘기가 도착하는 시간을 사전에 예측할 수 없다는 불확실성이었다. 불 또는 연기를 사용하는 메시지 중계용 시각 통신방법 역시 비둘기 못지않게 빠른 속도로 정보를 전달할 수 있었으나, 기상에 크게 좌우되었다. 전달되는 메시지들이 도중에 노출되지 않기 위해서는 시간을 잘 맞추어야 되었다. 또 다른 심각한 문제는 이러한 수단에 의하여 전달할 수 있는 정보가 제한된다는 것이었다. 적시성에 대한 문제 해결은 적어도 신뢰할 수 있는 시계가 발명된 뒤에 어느 정도 가능하게 되었다. – 제한된 정보에 대한 문제 해결은 망원경의 발명에 의해서 결국 가능하게 되었는데, 망원경은 500m 이상 거리에서 상호 다른 신호를 식별할 수 있게 해 주었다. 이러한 제한 사항이 고대 페르시아, 그리스 왕국 및 로마 등에서 시각적 통신수단을 사용하지 못하도록 한꺼번에 영향을 미친 것은 아니지만, 아무튼 전략 통신수단의 사용에는 제한이 있었다. 따라서 신뢰성을 증진시키기 위해서 말 또는 도보 전령을 사용하든가, 개별 전령 또는 도로를 따라 설치된 중계역을 거치는 릴레이식 중계방법 등을 사용하였다.

서로 다른 통신수단들은 반드시 나름대로 장점과 단점을 갖고 있다. 개별 전령은 비교적 비용이 적게 들고, 도착하고 난 뒤 여러 가지 질문에 답변할 수 있는 장점이 있었다. 반면 전령이 쉬지 않고 이동할 수 없기 때문에 속도가 느린 단점이 있었다. 릴레이식으로 운용되는 전령은 밤낮을 가리지 않고 이동하기 때문에 훨씬 빨리 정보를 전달할 수 있었지만, 그들의 보고서는 문서에 국한되고 구두 보충 설명이 불가능하였다. 릴레이식 중계시스템의 설립과 유지에는 대단히 많은 비용이 들어 그 운용은 대부분 부강한 국가들에 국한되었다. 이들 국가들은 대개 중계시스템 운용비용을 각 지방 주민들에게 부담시켰다. 이러한 문제점에도 불구하고, 릴레이식 중계시스템은 그리스 제국을 거쳐

아케매니드 페르시아(Aechemenid Persia)로부터 잉카 페루(Inca Peru) 및 사무라이 일본에 이르기까지 많은 나라에서 널리 운용되었다. 비록 일일 행정 처리를 할 만큼 안정된 신뢰성과 속도를 갖지 못하였지만 릴레이식 중계시스템이 최대 능력으로 운용될 때 하루 150km에서 최대 200km 정도까지 전문을 전달할 수 있었다.

전쟁에 사용한다는 관점에서 볼 때, 앞에서 논의된 모든 장거리 통신수단들은 하나의 공통점을 가지고 있다. – 그것은 장거리 통신수단들이 너무 느리거나 믿을 수 없고, 또한 공간적으로 한 곳에 머물기 때문에 동일한 장소가 아닌 다른 지역에서 야전에 떨어져 있는 군대를 지휘하는 것이 어렵다는 점이다. 물론, 이러한 사실은 전략을 형성하는데 도움을 주었다. 또한 정치 분야에도 영향이 나타났다. A.D. 1500년 이전의 통치자들이 자기 군대의 작전에 대한 전반적인 통제를 행사하려면 부대 중앙에 위치하여, 총사령관으로서 또는 전략 및 전술 지휘관으로서 행동하지 않으면 안 되었다. 또는 명목상 감독기능을 수행하기 위하여 군대를 따라다닐 수도 있었다. 군대를 따라다닐 때, 통치자 자신의 군사 지식과 군대에 간섭하지 않고 자신을 절제할 수 있는 능력 그 자체가 좋은 해결책이 되었다. – 그러나 대부분의 경우 통치자가 군대를 따라가서 아주 불행한 결과를 초래하였다. 어떤 면에서 통치자가 전장에 나타나는 것은 도움되기도 하고 위험하기도 하였다. 통치자가 전장에 나왔다는 사실이 전투원의 사기를 높이는 데 도움을 줄 수 있지만, 통치자에게 불행한 일이 생긴다면 모든 것을 한꺼번에 잃어버릴 위험도 있다.

수도에서 멀리 떨어져 있는 군대를 지휘할 수 없다는 것은 멀리 떨어져 있는 군대가 통치자의 지휘를 받지 않는다는 것과 마찬가지이다. 군대를 직접 따라다니기로 결심한 통치자는 일종의 움직이는 수도를 자기 통제에 두기 위하여 주요 관리들을 동행시켰다. 그렇게 하더라도 거리상의 문제는 정치적 통제를 상실할 수 있는 위험이 될 수 있다. 결국 통치자는 이러한 것을 고려하여 출전하지 않고 국내에 머무르게 됨으로써 정치와 군사 통제권이 분리되었다. 이러한 상황에서 두 가지 해결책이 있다. 통치자는 현지 총사령관에게 훈령을 하달하여 군대를 통제하거나 또는 그에게 전권을 위임하는 방법이다. 첫 번째 방법은 현지 사령관의 행동 재량권을 지나치게 속박할 가능성을 안고 있으며, 반면에 두 번째 방법은 B.C. 57년 로마 폼페이(Pompey) 장군이 원로원의 승인을 받지 않고 – 실제로 그는 이 사실을 보고조차 하지 않았다. – 중동의 절반을 합병해 버린 것과 비슷한 상황이 일어날 가능성이 있다.

대체로 야전부대 지휘를 어렵게 했던 기술적인 문제점은 예하부대 지휘에도 똑같이 적용되었다. 실로 이러한 문제점은 광범위하게 발생하였는데, 그 이유는 예하 부대들이 정지된 상태가 아니라 항상 서로 움직이는 상태에 있었기 때문이었다. 멀리 떨어져서 서로 빠른 속도로 이동하는 부대 사이에 적절한 협조가 이루어진다는 것은 매우 힘든 일이었다. 더욱이 가용한 통신수단의 원시적인 특징 외에도 믿을 만한 시간 엄수 장치(시계)가 없었던 점 등은 이러한 상황을 더욱 악화시켰다. 폴리비우스(Polybius)가 밝혔듯이, 고대의 지휘관들이 사용했던 가장 중요한 시간 측정 수단은 해시계였는데, 해시계의 사용 또한 고도의 전문기술을 필요로 했을 뿐만 아니라 기상에 좌우되었다. 안나 코메나(Anna Comnena)의 자서전에 의하면 고도의 문명을 가진 비잔틴제국도 A.D. 11세기까지 궁중 생활을 닭이 우는 시각에 맞추어 규제하고 있었다는 것을 알 수 있다. 물시계와 같은 기계장치로 된 시계는 중국이나 이집트와 같은 고대국가에서 보편적으로 사용되었으나, 겨울에 물이 어는 중세 서부 유럽에서는 작동이 제한될 수밖에 없었다. 사용 방법이 알려진 지역에서도 물시계를 휴대할 수 없었으므로 대규모 전략적 협조 목적으로 사용하기에 어려웠다. 횃불 표시, 성가 부르기 등 시간을 맞추기 위해 통상적으로 사용하였던 다른 방법들도 분명히 결점이 있었다. 요약하면, 신뢰할 만한 시간 측정 장치의 부재는 상호 볼 수 있는 거리 범위를 넘어서 작전하는 부대들 간의 협조를 어렵게 하거나 불가능하게 했다. 이 기간 동안 내내 시간 측정의 어려움은 그대로 남아 있었고, 다른 분야의 발전과 상관없이 작전 행동을 어렵게 만들었다.

통신수단 및 신뢰할 만한 시간 측정 장치와는 별도로, 전략적 협조를 하는데 기본적으로 필요한 것 가운데 하나는 지도이다. 지형을 기술하고 여행을 촉진하기 위하여 스케치 하려는 아이디어는 매우 오래된 것이었다. 그러나 대부분의 지도들은 쉽게 없어지거나 또는 값비싼 재료 위에 그려졌기 때문에 - 야전에서 사용하기보다는 전시하기 위하여 만들었다. - 남아 있는 것이 거의 없다. 현존하는 지도 중에서 가장 오래 된 전략용 지도는 수메리아의 진흙판 형태의 지도이다. 이 지도는 바빌론에서 페르시아만에 이르는 여러 경로의 길을 보여주고 있지만, 현대적 의미의 지도라고 볼 수 없다. 차라리 여행 안내서라고 부르는 것이 낫다. 최초의 지도는 여행 안내서에서 비롯되었을 뿐 아니라, 여행자를 위하여 현대적 의미의 안내의 방법으로 여러 가지를 덧붙여 적었다.

A.D. 400년 기간 중 로마에서 만들어진 것으로 추정되는 유명한 타블라 포이팅게리아나(tabula peutingeriana) 지도는 남아 있는 고대 세계의 지도 가운데 가장 큰 것인데 이러한 지도의 기원을 명확하게 보여주고 있다. 좁고 길다란 족자 위에 그려진 이 타블라(tabula) 지도는 여행자가 특정 도로를 선택할 때 예상되는 장애물이나 자원을 나타내며, 한 장소에서 다음 장소로 이동하는 데에 필요한 정보를 제공하고 있다. 타블라 지도의 제작 목적이 알려지지 않았지만, 여하튼 이 지도는 한 지역에서 다른 지역으로 이동하는 군대의 움직임을 나타낼 때 유용하게 사용되었다. 그러나 이 지도는 공간적인 면에서 부정확하였다. 나폴레옹시대 이전, 전략적 기동 거리라고 생각되는 상당한 거리를 두고 떨어져 있는 독립적인 대규모 부대 이동을 협조시킬 때 필요한 특성인 파노라마와 2차원적 개념이 완전히 빠져 있었다.

그러나 대부분의 중세 육상 지도들과 비교하여 볼 때, 이 타블라 지도는 매우 훌륭한 작품으로 평가 받고 있다. 중세시대에 제작된 몇몇 지도들은 여행자들에게 방향을 제시해 주기 위한 목적으로 제작된 것이 아니고 지도 소유자가 다른 나라 또는 전반적인 세계가 어떻게 생겼는가에 대한 생각을 어렴풋하게라도 떠올리려는 의도로 제작된 것이었다. 따라서 그 당시 지도나 그 이후 17세기까지 대부분의 지도들은 오늘날의 내셔널 지오그래픽(National Geographic) 잡지의 사진과 유사한 역할을 하였다. 지도들은 내셔널 지오그래픽 잡지처럼 여러 종류의 그림으로 가득 차 있었으나, 잡지와 달리 그림은 괴이하고 설명은 훌륭했다. 여행 안내서들은 중세기 동안 계속 사용되었는데 그들의 제한사항은 항상 같았다. 16세기 말 북부 이탈리아에서 네덜란드 남부로 군대를 기동시킨 스페인 지휘관들이 사용한 것으로 보이는 지도 역시 아주 조잡하였고, 방향 및 축척의 정확도 면에서 스케치에 불과하였다. 더욱 중요한 것은, 인쇄 기술이 등장하기 전까지 왜곡하지 않고 지도를 복사할 수 없었다는 것이다.

현대의 군사적인 관점에서 볼 때, 지도와 관련되었거나 지도가 없었기 때문에 생긴 어려움은 항상 심각한 것이었으며, 때로는 어처구니없는 것도 있었다. 본국에서 멀리 떨어져 작전을 펼치는 군대는 어쩔 수 없이 지방 안내인에게 의존하였고, 간혹 안내인의 배반으로 말미암아 비참한 결과를 맞이하기도 했다. 그 좋은 예가 B.C. 55년에 로마의 집정관 크라수스(Crassus)가 파르티아(Parthia)를 침공했을 때 지방 안내인의 배반으로 비참한 패배를 당한 경우이다. 예상했던 바이지만, 지도 및 통신수단의 취약성 때문에 양쪽 군대가 미리 결정된 시간과 장소에서 전투하는 것에 동의하는 것이 필수적이었다. 한편 예기치 못하고 순전히 우발적인 전투를 하는 경우도 있었다. 예를 들면, 그와 같은 우발전투는 B.C. 197년에 시노스세팔레(Cynoscephalae)에서 로마 군대와 마케도니아 군대의 교전을 들 수 있으며, 또한 1356년에 포이티에르(Poitiers)에서의 영국 군대와 프랑스 군대의 교전을 들 수 있다. 이 교전을 기술한 프로이싸르(Froissart)는 스코틀랜드를 향하던 영국 군대가 도중에 길을 잃고 황무지에서 며칠간 해매이던 사건을 우리에게 전해주고 있다.

지도의 문제점과 밀접하게 관련되어 있으며, 또한 전투에 광범위하게 영향을 미친 것은 도로이다. 도로가 없으면 어떠한 종류의 전략적 기동도 불가능하고, 기동 규모가 크면 클수록 도로 상태가 좋아야 한다. 광범위한 요새지대처럼 도로 건설과 유지에도 대단히 많은 비용이 든다. 따라서 대부분의 도로망은 페르시아, 중국, 잉카 및 로마 제국과 같은 강력한 제국들이 구축할 수 있었다. 로마의 터널, 교량 및 육교에서 알 수 있듯이 도로 건설의 기술적인 문제점이 그렇게 간단한 것은 아니었기에 도로 건설은 보다 강력하고 조직적인 도전이 되었다. 도시국가 시대의 그리스나 중세 유럽의 경우와 같이 대규모 조직체가 제대로 힘을 발휘하지 못하거나 없는 곳에서는 도로가 훼손되거나 더 이상 건설되지 않았다. 파르테논(Parthenon) 신전을 건립한 사람들과 후에 여러 성당들을 건축한 사람들이 수직 벽을 쌓을 수 있는 로마 사람들의 도로 건축 기술을 갖고 있었음은 틀림없는 사실이다.

수송 수단을 살펴보면, 말굽뿐 아니라 말 어깨에 멍에를 얹고 앞바퀴가 선회하는 4륜 마차를 개발한 중세유럽이 로마에 비해 훨씬 우수하였다는 사실에 의하여 수송에 있어서도 조직체의 중요성은 여실히 입증되고 있다. 이러한 발명의 결실로 말이 실어 나르는 짐은 배가되었고, 그와 별도로 더 튼튼한 동물(말)을 사육하는 현상이 나타났다. 부분적이긴 하지만, 종종 도로가 물에 잠기고 많은 교량 설치가 요구되는 등 양호한 도로가 없었던 것은 지형적인 특성 때문이 아닌가 한다. 이유가 무엇이었든지 간에, 도로의 부족 때문에 다른 모든 기술 발전이 전략에 미치는 영향은 제한되었다.

군수 문제는 똑같이 중요하지만 아직까지 논의되지 않았다. 어떠한 군대도 보급 없이 존재할 수 없다. 하루에 3,000 칼로리 정도를 빼앗긴다면, 그 부대는 굶어죽기 훨씬 이전에 부대로서의 기능을 상실하게 될 것이다. 수상 운송이 가능한 곳을 제외하면, 야전에서 보급품을 수송하는 방법은 병사들의 등짐, 동물의 등짐 그리고 각종 형태의 짐수레 등에 국한되었다. 이러한 수단들은 고대부터 계속 사용하고 있었는데, 간혹 한 가지 수송수단만 사용할 때도 있었지만 대부분 조합하여 사용하였다. 그러나 운반할 수 있는 보급품의 물량은 항상 엄격하게 제한되었다. 대략 계산해 보면 운반 능력과 소모율의 관계는 부대가 겨우 2~3일간 지탱할 수 있는 보급품 밖에 운반하지 못한다는 것을 알 수 있다. 그 외에도 많은 종류의 식량들은 2~3일 이상 저장할 수 없었다.

요약하면, 출발지에서 멀리 떨어진 곳에서 작전을 펼치는 부대는 언제나 현지조달에 보급품을 의존하였다. 여러 가지 형태의 보급품 획득방법을 상상해 볼 수 있다. 때로는 시장이 열리면 그들의 봉급 또는 생활 보조금으로 식량을 살 수 있었다. 또한 군납업이 운용되기도 하였다. 종종 징발이나 노골적인 약탈이 성행하기도 하였다. 조달 방법이 무엇이었든지 간에, 부여된 작전 구역에서 효율적인 조달은 항상 예지와 조직에 의해 좌우되었다. 현지 지방 주민들에게 폐해를 끼치지 않으면서도 자신들의 보급품을 조달하는 방법을 알고 있을 만큼 잘 편성되고 훈련된 군대는 상대적으로 자원이 빈약한 곳에서도 생존할 수 있지만, 그렇지 못한 군대는 자원이 더 풍부한 곳에서도 굶주리게 마련이다.

다른 지역보다 특정한 지역에서 많은 식량이 조달된다고 할 때 – 그 지역이 시골이냐 도시냐 하는 문제가 비례 등식에 영향을 미치긴 했지만, 일반적으로 식량의 양은 지역의 인구 밀도에 비례했다. – 이러한 형태의 군수는 전략에 중대하고 결정적인 영향력을 행사하였다. 역설적으로 이러한 사실은 사람보다 동물에게 더욱 절실했다. 특히 말은 음식에 매우 민감하였는데 이 때문에 수송 목적을 달성하기 위해 노새, 당나귀, 소 등으로 대체되기도 하였다. 소의 경우, 느리지만 식용으로 사용할 수도 있었다. 어떤 동물이 사용되었든지 간에, 동물이 먹는 사료는 싣고 가는 보급품 가운데 극히 일부분에 불과하였다. 이것은 동물 사료 획득 여부가 작전을 펼치는 장소에 대하여 지리적 제한을 주었음을 뜻한다. 더욱이 식량과 사료는 연중 특정 시기에 더 쉽게 얻을 수 있었다. 특히, 동물 사료의 필요성 때문에 전쟁이 계절적인 활동으로 바뀌었다. 이에 따라 공화정 초기의 로마와 같이 국사(國事)에서 전쟁의 역할이 대단히 컸던 곳에서는, 말 위장에 관한 고려사항이 공식적인 달력에 영향을 미쳤다. 연중 최초의 달 - Mars, 전쟁을 뜻함 - 은 풀이 들판을 뒤덮고 전투 시즌이 시작되는 달이었다. 마치 계절이 군수에 영향을 미치듯이, 13세기 몽고군의 작전을 결정적으로 유리하게 만든 하나의 요소는 눈 쌓인 땅에서 먹이를 찾아내는 몽고 말의 독특한 능력이었다.

군대의 또 다른 중요한 요소이며, 전쟁사를 다루고 있는 논문에서 거의 언급되지 않는 것은 취사에 쓰이는 땔감이었다. 식량 및 사료와 같이 땔감은 무겁고 부피가 커 멀리 운반할 수가 없었다. 따라서 통상 땔감을 현지에서 조달하여 사용하거나, 지방주민들의 가옥과 가구를 땔감 대신 사용하였다. 식수를 제외한 땔감, 사료 및 식량들을 통털어 합친 것이 군대의 일일 보급품 소모량의 90% 이상을 차지하였음에 비해 다른 보급품의 양은 매우 적고, 보잘 것 없었다.

간혹 군대가 운반해야 하는 화물의 양이 지나칠 정도로 많아서 전략적 기동에 심각한 장애가 되기도 했다. 그러나 그러한 화물의 대부분은 텐트, 침구류, 조리 기구, 연장 및 기타 등과 같은 비소모성 품목이었다. 물론, 날이 있는 무기들은 지속적인 탄약 보급이 필요하지 않을 뿐 아니라, 예비 부속품도 필요하지 않았다. 이러한 문제를 안고 있는 대규모 군대가 주둔하는 곳에서는 병력을 입히는 것이 또 다른 문제였다.(병사들이 자기 피복을 직접 휴대하기 때문에 이런 어려움이 없을 수도 있었다.) 그러나, 피복 교체주기는 항상 극도로 열악했다. 대규모 병력이 모여 있는 곳에서는, 무게와 부피에 관한한 어떤 군수상의 문제도 식량, 사료, 땔감보다 심각한 문제는 없었다.

싼 값으로 대규모 수송을 할 수 있는 수로가 있는 지역을 제외하면 보급 자체가 전략에 상당한 제한 요소로 작용하였으며, 전쟁하러 나온 군대는 기지로부터 거의 보급받지 못했다. 따라서 1500년 이전 대부분의 군대는 베른호스트(Berenhorst), 반 뷜로(Van Bulow), 조미니, 클라우제비츠 등과 같은 18세기 말과 19세기 초의 군사 대가들이 설정한 개념인 전략적 기지를 사실상 갖고 있지 않았다. 대신 그들이 보유한 것은 단지 야영지 뿐이었는데, 이 야영지는 다음 이동에 대비해 임시로 설치한 막사와 천막의 집합체였다. 여기에서 잠자고, 먹고, 무기를 손질하고, 그리고 여가를 보냈다. 그 밖의 야영지는 무거운 화물을 보관하고 현지로부터 조달된 보급품을 저장하는 장소로 사용되었다.

야영지 기능이 없으면 전쟁을 못할 만큼 군대는 야영지에 의존하였다. 그러나 이것은 어떤 점에 국한될 뿐이었다. 크세노폰으로부터 지금까지 많은 역사적인 기록이 보여주듯이 군의 사기가 유지되는 한 야영지를 잃는 것은 별 문제가 되지 않았고 오히려 세력이 더 강화되기도 하였다. 적의 정면 공격을 받아 뒤로 돌아서서 후퇴하는 극한 상황 속에서도 야영지로부터 차단당하는 것이 전투의 패배를 의미하지 않았다. 그보다는 당시 주어진 기술 여건에서 직접적인 사기 저하 및 육체적 손실은 별개의 것이고 진정한 패배란 더 이상 보급품을 조달할 수 있는 들판을 지배할 수 없음을 의미하는 것이었다. 때때로 들판을 빼앗긴 후 항복하게 되었는데, B.C. 413년 시라큐스(Syracuse) 전선에서 아테네 군대의 경우를 들 수 있다. 그러나 사실은 기지나 적절한 병참선을 갖지 못하는 경우가 빈번했다. 이 때문에 알렉산더, 한니발 또는 시저와 같은 지휘관들은 어쩌다 받아보는 편지나 병력 보충을 제외하고는 본국으로부터 일체의 연락이 두절된 채 외국에서 수년간 작전을 펼칠 수밖에 없었다. 일반적으로 고대 군대에 적용되었던 것은 그보다 규모가 큰 중세 군대에도 적용되었다. 통상 규모가 작은 군대는 고정 기지에 대한 의존도가 낮은 편이었다.

군수, 수송, 도로 및 지도 – 시간 측정 장치, 표준, 트럼펫, 그리고 기록 능력 등 총체적인 면에서 이러한 비 군사기술들은 전략적인 차원에서 무기와 장비가 전쟁에 기여한 만큼 많이 기여했을 것이다. 비 군사적인 기술에 관한한 차단해야 할 병참선이 없었으며, 방호하거나 점령해야 할 기지가 없었기 때문에 이들을 결합한 효과는 대단하였다. 또한, 방향 유지, 시간 측정, 의사 소통 등에 나타나는 기술적인 문제 때문에 따로 떨어져서 작전하는 부대들의 행동을 협조 및 공동 목표에 지향하도록 하는 것이 어려웠다. 결국 이러한 모든 문제들로 인하여 군대는 대부분 상호 동의, 무언 그리고 때로는 노골적으로 드러내 놓은 상태에서 전투를 할 수밖에 없었다. 일단 부대들이 서로 접촉을 하게 되면, 무기의 유효사거리는 – 이 거리는 서로 신체적인 손상을 줄 수 있는 거리이기도 하지만 – 여전히 200m~300m로 제한될 수밖에 없었다.

이 모든 이유로 인하여 전투와 전쟁은 동시에 발생하는 경향이 있었다. – 전쟁은 전투가 합쳐질 때 비로소 시작되었다. 그렇지 않다면 그리스 시대에 대하여 어떤 저자가 말했듯이, 전역(campaign)이란 도보 여행을 길게 늘여뜨려 놓은 것에 불과하다는 것이다. 더욱이 클라우제비츠가 이해하고 있는 전략의 개념 즉, 전쟁의 목적을 달성하기 위하여 전투를 운용하는 것은 존재하지 않았다. 이것은 현대적 의미의 "전략"이라는 용어가 1800년 경 비로소 영어에 등장했음을 설명해 주는 것이다. 도구의 시대, 즉 태고 시대로부터 A.D.1500년 사이에 벌어졌던 모든 전쟁의 국면들은 군사적인 기술보다는 비 군사적인 기술과 더 많은 관계를 맺고 있다. 고대와 중세 사이의 두드러진 차이점에서 알 수 있는 것처럼 전쟁이 지속되는 것과 끊어지게 되는 것에 크게 영향을 미친 것은 군사기술이 아니라 비 군사기술이었다는 것이다. 이러한 현상은 바다에서의 전쟁에서도 마찬가지이다.

제4절 해군 전투 (Naval Warfare)

지상전투에 사용된 기술과 마찬가지로, 선박과 항해술의 기원도 아득히 먼 옛날 속에 묻혀 있다. 처음 선사시대의 사람은 물 위에 떠 있는 통나무에 매달려서 바다로 나갔을 것이다. 또한 선사시대 어느 때쯤 불로써 통나무 속을 파내어 오늘날까지 일부 원시 족들이 사용하고 있는 형태의 카누를 만들었을 것이다. 이것 외에 다른 방법도 사용하였다. 통나무로 보트를 만드는 대신, 몇 개의 통나무를 함께 묶어서 뗏목을 만드는 것이다. 역시 선사시대에 시작되어, 기술적으로 좀더 발달된 단계의 선박 형태로서 목재 또는 잔가지 세공(wickerwork)으로 가벼운 골격을 만들고 여기에 동물의 가죽을 붙여 만든 것을 들 수 있다. 이러한 형태의 선박은 20세기에 인도 및 메소포타미아에서 볼 수 있었다. 초기의 선박은 항해하기 좋은 내륙 지대 수로에 국한되어 사용되었던 것으로 보인다. 하지만 강이 없는 해안 지역의 주민들은 곧바로 바다로 나갔을 것이라는 최소한의 이론적 가능성은 있다. 어떠한 경우라도, 비록 최초의 뗏목이나 보트가 우연히 전투에 사용되었을 수는 있겠지만(중국에서 보트에 대한 가장 오래된 그림 가운데 어떤 것은 활을 쏘는 전사들이 배를 타고 있는 모습을 보여주고 있음) 전쟁을 위한 특수 목적으로 만들었다고 볼 수 없다.

모든 가능성을 종합해 볼 때, 선사시대 사람들이 바다로 나가게 된 데에는 많은 요인들이 작용하였으며, 그 중 일부는 육지에서 사냥으로 생계를 유지하는 것처럼, 바다에서 고기를 잡아서 생계를 유지하였다. 물론 매우 발달된 사회의 경우, 고기잡이의 경제적 중요성은 하찮은 것에 불과하지만 고기잡이는 오늘날까지 중요한 생계 활동으로 남아 있다. 그들의 선조가 몇 천년간 바다에서 활동하였듯이 왜 그 지역의 사람들이 계속 바다로 진출하였는가에 대한 주된 이유는 바다에서 획득한 자원 때문이라기보다는 - 비록 이러한 인식은 현대의 깊은 바다 탐지 기술로 바다 밑을 개발함에 따라 바뀌고 있지만 - 해상 운송의 경제성 때문이다. 바꾸어 말하면 모든 것들은 화물 수송 능력과 항해에 필요한 추진력간의 관계와 밀접한 연관을 맺고 있다. 해상 운송은 육로 수송에 비해 언제나 비용이 적게 들며, 그 현상은 오늘날까지도 계속되고 있다.

크기와 기동력 사이에 선택적 교환이 존재하는 한, 사람이 만들어 놓은 것 가운데 규모가 가장 큰 기술상의 산물로는 피라미드, 운하, 수로 등과 같은 민간분야 건축물이나 또는 요새지가 대표적인 것이다. 이것은 처음부터 한 장소에서 다른 장소로 옮길 의도로 만들어진 것이 아니기 때문에 될 수 있는 대로 크게 만들었다. 규모면에서 다음가는 것은 배였는데, 물에 떠 있는 배는 육지의 수송 수단과는 달리 자체 중량은 큰 문제가 되지 않았기 때문이다. 어떤 형태이든 일반적으로 선박, 그 중에서도 특히 군함은 지상의 수송 수단에 비해 상대적으로 규모가 크지만, 그것은 종종 그 당시 사회에서 만든 가장 크고, 가장 복잡한 대표적인 기동수단이었다. 이와 같은 사실은 근세 이전 중국의 정크(junk)선, 고대 지중해의 갤리(galley)선 및 돛단배(sailing ship) 그리고 중세 유럽의 코그(cog)선에 관한한 사실이다. 90,000톤의 화물을 적재할 수 있는 핵추진 항공모함을 보면 그러한 것은 오늘날까지 사실로 남아 있다.

각 지역의 선박들은 각기 다른 재료로써 만들어졌지만 - 고대 이집트에서는 파피루스(papyrus)를 사용하였고, A.D.1~2세기 기간 중 커러(curraghs)

라고 알려진 아일랜드 배들은 가죽을 사용하였음. – 태고부터 오늘날까지 배를 만드는데 사용된 주요 재료는 목재이다. 여러 종류의 목재들로 인하여 매우 다양한 선박 건조 방법이 있었지만 목재 때문에 그 크기에 한계가 있었다. 증거물에 대한 오늘날의 해석이 정확하다면, 그리스 및 로마제국시대 말기에 대략 2,000톤 선적 한계를 이미 도달한 것으로 보이며, 당시 칼리굴라(Caligula) 황제가 알렉산드리아부터 로마까지 방첨탑(obelisk)을 수송하기 위하여 진수한 선박도 이러한 규모 가운데 하나에 속한다. 선박의 크기 못지 않게 중요한 것은, 거대하고 강력한 해군 함정을 제작하는데 필요한 크기와 질을 갖춘 나무를 구하는 것인데 결코 쉽지 않았다. – 이것은 활발한 해상 활동 및 강력한 해상 세력으로 발전할 수 있는지 여부를 결정하는데 매우 중요한 요소로 작용하였다.

돛(sail) 과 노(oar)는 선박에 사용된 주요 추진 시스템이다. 이 두 가지 기술은 이미 오래전부터 존재해 왔으며 그러한 예는 제1부 기간(태고시대~A.D.1500) 중 이집트 선박을 묘사한 그림에 나와 있듯이 B.C. 2500년까지 지속적으로 발달되었다.(예: 접는 돛대) 물론 이 두 시스템의 특성은 매우 다르다. 돛은 값이 싸고 비교적 승무원이 적은데 비해 돛이 낼 수 있는 힘은 대단히 크다. – 따라서 돛단배의 크기는 오로지 선박 재료와 제작 기술에 달려 있다. 한편 삭구를 잘 갖춘 선박일지라도 여러 가지 종류의 바람 속에서 기동하는 능력에는 제한 사항이 있었다. 오늘날의 키(rudder)에 해당하는 것이 이 기간((태고시대~A.D.1500) 말기에 발명되었다는 사실을 보더라도 여러 가지 문제점이 있었음을 알 수 있다. 이전에는 선박의 꼬리 부분 양쪽에 붙어 있는 한 쌍의 노로써 선박의 전진 방향을 조정하였는데 이것은 기술적으로 어설픈 장치여서, 바다에서 항해가 아주 부정확할 수밖에 없었다.

갤리(galley 역자 주 ; 노예, 죄수들이 노를 젓던 배)선이라고 알려진 노 젓는 선박은 이런 제한을 받지 않았다. 이 선박은 가속력이 좋고, 기동력이 아주 양호하였으며, 바람이 없는 날에도 운항할 수 있었다. 이 선박의 주요 결함은 노가 낼 수 있는 힘을 최대로 이용하기 위하여 될 수 있는 대로 작게 그리고 가볍게 만들어야 한다는 것이다. 건현(freeboard)을 추가하려면 선박의 무게 증가를 감수해야 하기 때문에(또한 힘의 손실 없이 노가 물에 들어갈 수 있는 각도에는 한계가 있기 때문에) 갤리 선은 될 수 있는 한 형태를 낮게 하여 내항력을 갖추었다. 한편, 한 사람당 약 1/8 마력의 힘을 낼 수 있었는데, 갤리 선의 크기와 화물량에 따라 필요한 선원의 수가 엄청나게 불어났다. 선상에 승무원들이 잠잘 수 있는 공간이 없었기 때문에 선박의 운항 거리와 운항 일수는 항상 제한될 수밖에 없었다.

이 두 개 형태(돛과 노)가 낼 수 있는 속도에 대한 의견은 분분하다. 어느 것이 더 빠른가에 대한 답은 운항 거리와 사용된 삭구의 형태에 달려 있다. 사람의 근육에서 동력을 얻는 선박은 오랫동안 최대 속도로 항해할 수 없으며, 짧은 거리에서 낼 수 있는 최대 속도와 평균 순항 속도 사이에는 상당한 차이가 있기 마련이다. 돛단배의 경우, 역풍으로 인하여 한 지점에서 다른 지점으로 이동할 때 직선이 아닌 지그재그 식으로 이루어진다면 순항해야 할 거리가 배가될 것이므로, 이 문제, 즉 속도 차이는 별 의미가 없다. 따라서 돛단배와 노젓는 배 가운데 어느 것이 빠른지를 결정한다는 것은 어려운 일이다. 그렇지만 아주 넓은 장소에서 이 두 가지 형태의 배가 얻을 수 있는 속도를 비교해 보는 것은 합리적인 것이라고 할 수 있다.

해상 세력(seapower)의 주요한 쓰임새는 다음의 세 가지 경우를 들 수가 있으며 이들 모두 아득히 먼 옛날부터 지금까지 존재하고 있다. 첫째, 항해 환경이 적합한 곳에서 사람과 화물을 한 장소에서 다른 장소로 수송하는데 사용되었는데, 이것은 초기 군사적인 사용이라고 볼 수 있다. 둘째, 수송을 방해하는 적의 선박과 교전하는데 사용되었다. 마지막 셋째로 알렉산더 대왕이 티르(Tyre)에 대하여 그랬었고, 로마의 집정관 마셀러스(Macellus)가 시라큐스

(Syracuse)에 대하여 그러했듯이, 육지에 병력을 집중하기 위하여 선박을 사용하였다. 서로 다른 사용 목적에 각기 다른 형태의 선박이 필요하다는 것은 분명하다. 수송(군사적인 수송 포함)에 적합한 선박이라고 해서 모두 전투에 사용할 수 있는 것은 아니며, 전투에 적합한 선박이 수송에 적합할 것 같지도 않았다. 세 번째 용도에는 통상 수송 및 전투 임무가 모두 포함되어 있다. 그래서 첫 번째나 두 번째보다 더 특수한 선박이 필요하였다.

일반적으로 수송 목적에 사용되는 선박은 내항성이 있어야 하고, 화물 공간이 커야 하며, 운영비가 적게 들어야 한다. 따라서 수송에 쓰이는 선박은 주로 돛을 사용하였다. 한편, 군함들은 빠른 속도 – 최소한 수송선을 따라잡을 수 있을 만큼 빨라야 함 –로써 적선을 강타하고 적의 타격을 회피할 수 있도록 기동력을 갖추고 있어야 한다. 이러한 요구사항에는 노 젓는 갤리선이 보다 적절하였다. 그러나 노 젓는 갤리선은 악천후 시 항속거리, 내구성 및 내항성 면에서 손해를 감수해야 했다. 갤리선은 상당히 많은 수의 승무원이 필요하여 운영비가 많이 들었는데, 이것은 군사 기술이 성능 때문에 비용을 희생시킨 고전적인 사례이다.

물론 이 두 개의 형태, 돛단배와 노 젓는 갤리선 사이의 구별은 어느 정도 인위적인 것이다. 실제로 돛단배들이 보조 동력 수단으로서 노를 사용하지 않은 것은 아니며, 반면에 갤리선도 마스트와 돛을 장착하여 일상적인 항해에 사용하였고, 전투를 준비할 때 접거나 버릴 수 있었다. 공격을 받았을 때 돛단배가 반격할 수 있는 능력을 갖추려는 노력은 돛단배의 설계에 영향을 미쳤으며, 궁극적으로 돛단배가 상업 부문뿐 아니라 전쟁에 있어서도 패자가 될 수 있었던 요인이 되었다. 이와 반대로, 갤리선은 메시지나 상대적으로 작은 화물, 특히 중량에 비해 매우 값어치가 있거나, 말과 같이 바다에서 오랫동안 견디기 어려운 것을 운반하는데 사용되었다. 이러한 사실은 최소한 어떤 상황에서는 갤리선의 속도가 돛단배의 속도보다 빨랐다는 것을 추가적으로 입증해 주는 것이다.

돛단배로 구성되었던, 또는 갤리선으로 구성되었던 간에 이 기간 중(태고시대~A.D.1500년) 해군이 보유하고 있던 선박의 내항성과 항해 능력은 의문의 소지가 있었다. 그렇다고 먼 바다 항해가 빈번하지 않았음을 의미하는 것은 아니다. 그리스시대 초 이집트 인은 아프리카 대륙을 돌아 항해했던 것으로 믿어지고 있으며, 또한 수많은 권위 있는 서적들이 이집트 인, 카르타고인, 아일랜드 인 및 바이킹 족들에게 콜럼버스와 같은 위대한 탐험가 및 신대륙을 발견할 자질이 있었다고 인정한다. 이러한 주장들의 일부가 현실적인 근거를 가지고 있는 것처럼 보일지 모르지만, 이집트, 카르타고, 아일랜드 인들의 항해와 콜럼버스 및 바스코 다 가마(Vasco da Gama)의 항해는 비교할 수 없다. 왜냐하면 당시에는 단지 이 두 개의 시스템(돛 및 노)에 의해서 탐험과 이주가 이루어졌기 때문이다. 15세기 기간 중에 스페인과 포르투갈이 보유한 항해기술 능력은 절대적으로 우수했던 것은 아니지만 상당히 우수하였다.

해상 전략 및 가능한 것과 가능하지 않은 것을 좌우했던 항해 기술 요소들을 이해하려면, 항해 기술을 분리하고 상호 작용을 고찰해 보는 것이 필요하다. 첫 번째로 언급될 만한 요소는 고대 및 중세 선박의 제한된 내항성이다. 해군 선박들은 폭풍에 견딜 만큼 견고하지 못하였고, 오랜 항해는 불가능하였다. 그래서 기록에 남아 있는 가장 큰 배들은 바람에 불려 항로를 벗어나고 길을 잃고 사고를 만나 사라졌다. 또한 항해는 계절적인 활동이 되는 경향이 있었다. 지중해나 유럽에 접한 바다에서는 항해가 특정한 달(month)에 한정되었고, 계절풍이 부는 동남아시아에서는 연중 특정한 방향으로만 항해하는 현상이 있었다. 따라서 해상에서 펼치는 군사 작전의 기간과 방향이 한정되었다. 자체적으로 군수문제를 해결할 능력이 없으면 해군 선박이 해외에서 오랫동안 버틸 수 없었다.

두 번째로 고려해야 할 사항은 선박이 아무리 견고하게 제작되었다 할지라도, 돛단배가 – 사실 그 당시의 돛단배들은 오랫동안 항해를 할 수 있는 능력을 갖춘 유일한 것이었음 – 바람에 맞서서 항진할 능력은, 그것이 정확히 어느 정도인지는 모르지만 매우 제한되었다는 것이다. 한 장소에서 다른 장소로 가기 위하여 선단은 순풍이 올 때까지 기다리거나 먼 거리를 우회하지 않으면 안 되었다. 어느 방법을 택하든 특정 거리를 항해하는데 소요되는 시간을 사전에 측정하는 것은 불가능한 것은 아니지만 매우 어려운 일이었다. 해군 선박들이 함께 머물도록 잘 관리하지 않으면 선원들은 기다림에 지쳐서 서로 흩어져서 각기 다른 방향, 다른 속도로 항해하는 일이 일어났다. 페르시아만 해안을 항진했던 알렉산더 대왕은 해대지(sea-to-land) 합동작전에 이러한 문제가 발생하여 상당한 대가를 지불했다. 아무런 방해를 받지 않는 지상군이 하루에 수 마일을 이동할 수 있는 것은 당연하지만, 해군은 항상 예상치 못한 사건에 휘말려서 예정하였던 시간과 장소에 도착할 수 없었다.

세 번째로 대부분의 이 기간(태고 시대~A.D. 1500) 동안, 기술상의 이유로 인하여 거의 모든 항해가 연안을 따라 항해하거나, 혹은 섬과 섬 사이만을 왕래하는 항해에 국한되었다. 그러한 좋은 예는, 신약성서에 나와 있듯이 투옥된 사도 바울을 재판에 회부하기 위하여 로마로 호송할 때 택한 해상 루트에서 찾아볼 수 있다. 중세 말까지 해도는 보잘것 없었는데, 그 가운데 그리스인들이 만든 페리플러(periplour, 문자 그대로 "순회하다"라는 뜻임) 라고 부른 해도는 근본적으로 지상에서 사용되고 있던 여행안내서와 같았으며, 해안을 따라 나와 있는 이정표의 목록으로 구성되어 있었다. 1150년 경 중국에서 나침반이 최초로 발명되었으나, 그것이 서부 유럽에 보급될 때까지 100년이 걸렸다. 또한 당시 나침반을 사용했던 사람들조차 검은 마술(나침반)에 잠깐 손을 댄 것에 대한 비난이 두려워 다른 사람의 시선이 닿지 않는 곳에 나침반을 둠으로써 나침반의 발달을 방해하였다. 따라서 육지가 시야에서 사라질 때마다 항해는 천체를 관측하는 방법과 무감각적인 추측 항법에 의존할 수밖에 없었다. 천체 관측은 기상에 좌우되었다. 선박의 속도를 측정하는 속도 측정기가 16세기에 발명되었다는 사실만 보더라도 무감각적인 추측 항법이 얼마나 어려웠는가를 알 수 있다. 정확한 측정기구가 없었고, 그리고 기간 중(태고시대~A.D. 1500년)에 있었던 측정기구도 쓸만한 것이 없어서, 천체를 관측하는 방법과 무감각적인 추측항법은 부정확하고 신뢰성이 없었다. 먼 바다 항해를 시작하면서 누구도 항해가 어디에서 끝날지 알 수가 없었다. 바다에서 일정 기간을 보낸 후 최초 계획하였던 육지에서 멀리 떨어진 곳에 도착하였으므로 선박을 돌려 연안을 따라 다시 항해하기가 일쑤였다. 결과적으로 항해는 언제나 최초 계획했던 것보다 오래 걸렸다. 더구나, 주어진 항해 코스를 완주하는데 필요한 시간을 정확하게 측정하기란 거의 불가능하였다.

네 번째로 고려해야 할 사항은, 원격 통신 수단이 없어서 함대 함 그리고 함대 해안 간에는 깃발, 돛의 움직임, 거울, 불 및 연기 등과 같은 다양한 시각적 수단으로 메시지를 전달하였다는 것이다. 이들 모두 사전에 엄격하게 제한하여 준비된 메시지만을 전달할 수 있었다. 바다에서 일어날 수 있는 다양한 형태의 기상에 비추어 볼 때 어느 전달 수단도 믿을 만한 것이 못 되었으며, 가까운 거리에서만 사용할 수 있었다. 장거리에 걸친 해군 전략이 있을 때마다 전령 선박을 사용하게 되었는데, 지나치게 비용이 많이 들 뿐만 아니라 쓸만한 지도라든가 함대의 정확한 위치 측정 능력이 없었다는 입장에서 볼 때 전령 선박 역시 믿을 만한 것이 못 되었다.

마지막으로 군수 문제는 지상 전투에서와 같이 해상 전투에서도 상당한 영향을 미치고 있다. 여기서도 역시 할 수 있는 것과 할 수 없는 것을 결정하는데 기술적인 요소가 중요한 역할을 하였다. 당시 함대는 지상군과 달리 그들의 주변에서 필요한 보급품을 획득할 수 없었기 때문에 다음 육지에 도달할 때까지 필요한 장비와 식량을 충분하게 싣고 다녀야 했었다. 이런 점에서 선박은 그들의 형태에 따라 현저한 차이를 나타냈다. 돛단배들이 수 주간 혹은 수 개월간을 바다에서 머무를 수 있는 능력이 있었던(비록 신선한 물의 보급이 문제가 되긴 하지만) 반면, 비교적 많은 승무원을 태운 갤리선은 그렇지 못하였다. 따라서 갤리선은 주로 내해 운항에 국한되었으며 먼 바다 장거리 항해는 할 수 없었다. 비록 적의 병참선을 차단할 수 있는 지정학적으로 유리한 위치를 가지고 있다 하더라도 펠로폰네시아(Peloponnesian) 전쟁 중 코린트 지역에서 아테네 인들처럼 갤리선들이 장기간에 걸쳐 해상을 봉쇄하는 것은 의문시 된다.

예상했던 바이지만, 수송 선박과 전투 선박은 본질적으로 다른 기술상의 특성과 기능 때문에 전략 협조 및 협력 면에서 많은 재미있는 문제들을 일으켰다. 바다의 통신이 육지만큼이나 어려웠고, 아군과 적군의 정확한 위치 탐지는 훨씬 더 어려웠기 때문에 통상 아군 군함 간의 협조는 모든 함정을 한 곳에 집결시켜야 가능하였다. 하지만 그러한 경우에도 돌발적인 폭풍우가 함대를 강타하여 군함들 간의 접촉이 끊어질 가능성은 여전히 있었다. 결국 시저가 아프리카로 출발하기에 앞서 예하 선장들에게 미리 봉인된 명령을 하달하는 것과 같은 일이 발생하였다. 한편, 전투 선박과 수송 선박의 서로 다른 항해 능력은 각기 목적지를 향한 항해 코스가 달라야 함을 의미하였다. 돛단배는 좁은 해협을 출·입항 시 갤리선의 양호한 표적이 되었지만, 먼 바다에서는 갤리선에 필적하거나 앞지를 수 있기 때문에 다른 항해 코스를 선택하는데 따른 위험은 수용할 수 있었다.

돛단배와 노젓는 배의 문제점을 극복하기 위한 방법 가운데 하나는 여러 종류의 선박 특징을 혼합하는 기술상의 절충이었다. 그 예로 카타프랙트(cataphracts) 함정을 들 수 있는데 이 함정은 후기 그리스 및 로마 갤리선을 배경으로 하는 현실성이 있는 아이디어인 것처럼 보인다. 카타프랙트 함정은 선박 전체를 갑판으로 덮고, 높이 올려진 망루, 전투용 장비 및 많은 인원을 태울 수 있었지만, 충각(ram)으로 적의 함정을 공격하는 면에서 전형적인 3

단 노의 갤리선보다 전문성이 떨어졌다. 또한 주된 동력으로써 돛을 사용하였으며, 노는 보조 동력수단으로 사용되거나 또는 특수한 전술적 기동 목적에만 사용되었다. 결과적으로 6내지 10줄의 노를 갖춘 대규모 카타프랙트 함정의 화물 수송 능력은 상당한 수준에 도달하였다. 로마 함대는 이러한 특성을 최대한 이용하여 병력 수송과 전투 임무를 동시에 수행할 수 있었다. 또, 전투 선박과 수송 선박의 구분을 없앴기 때문에 상호 협조가 수월하였다. - 이것은 매우 중요한 장점이 되었다.

해군 함정 간 교전하는데 쓰인 기술과 수단은 숫자 면에서 상당히 적었고 위력 면에서도 제한되었다. 선박을 만드는데 사용된 가장 중요한 재료는 목재이기 때문에, 소이 물질 - 불화살의 형태로 활로 쏘거나 또는 관(tube)을 사용하여 잡다한 액체 형태로 분사하거나 간에 -이 선박을 파괴하는데 중요한 역할을 하였다. 많이 사용했던 다른 방법은 충각이었는데, 빠른 속도와 기동력 그리고 지휘관 및 승무원들의 숙련된 기술이 필요하였다. 이것은 아테네 해군이 전성기에 사용했던 기술이었다. 간혹 석궁과 쇠뇌와 같은 전투 장치들이 그리스 및 로마의 선박에 장착되었는데, 함대함 전투에서 이 무기들의 역할은 시간이 흐를수록 증대된 것으로 보인다.

마지막으로 흔한 것은 아니지만 지상에서와 같이 선박 위에서 전투를 하는 방법을 들 수 있다. 이미 B.C. 5세기 및 4세기의 그리스의 트라이램(trirem 역자 주 ; 3단 노를 갖춘 갤리선)선은 많은 병력을 배에 태우고 다녔는데 후에 로마 인들이 더욱 발전시켰으며 로마의 짧은 무기는 그리스의 긴 창보다 선상 전투에 적합하였다. B.C. 3세기에 이르러 로마 해군은 코르버스(corvus)라는 새로운 무기를 도입하여 카르타고 해군을 격파하였는데, 이 무기는 머리 부분에 스파이크가 부착된 다리로서, 이를 돛대에 매달아 두었다가 도르래로 끌어 내려서 적선을 붙들어 놓고 아군 선박과 적군 선박 사이에 걸쳐서 상대방 선박에 올라가는 통로로써 사용하였다. 그 후 로마 해군은 전투

시 갈고리를 쏘아 던지는 기법을 개발하여 사용하였다. 이 네 가지 방법은 시간과 장소에 따라 각각 상대적인 중요도가 달라지긴 했지만, 기간 중(태고시대~A.C. 1500년) 계속 사용되었다.

몇몇 전투함들은 바다에서 전투할 목적으로 만든 것이 아니라 육지를 정복하는데 사용하려고 만들었다. 이 기간 중(태고시대~ A.D. 1500년) 상륙작전은 통상적인 전쟁의 일부분이었다. 그러나 페리클레스(Pericles) 장군은 그의 연설에서 적 지역에 상륙하는 것이 해상 세력의 기능이 아니라고 분명하게 밝혔다. 이와 반대로, 해상 세력은 육지에 있는 적의 측면을 공격함으로써 그러한 상륙작전이 불필요하였다. 대다수의 경우 군대가 해외로 이동할 때에는 적의 방어가 없는 해안에 상륙하였다. 적이 해안을 방어하고 있는 경우에는 우방국의 항구를 이용하였다. 바다 위에서 상륙을 준비하다가 적에게 탐지되어 저지되는 경우가 종종 있었다. 이 경우 미리 우발계획으로 준비하였던 것은 아니고, 상륙 자체를 포기하거나 다른 지역에 상륙하였다. 당시 대부분의 선박은 흘수선이 얕아 타고 내리는 것이 용이하였으므로 상륙 부대에 비교할 수 있는 기동을 가지려고 특별히 상륙용 선박을 만들 필요가 없었다. 기껏해야 말이 선박에 타고 내리기 쉽도록 이동용 트랩을 만드는 정도였는데, 이러한 예는 1066년에 노르만족들이 영국을 정복하기 위하여 항해했을 때 사용했던 선박에서 볼 수 있다.

해군 무기의 사정거리가 짧았기 때문에 침략 활동을 제외하고 바다에서 육지를 공격하는 것은 매우 제한되었다. 그러나 바다 근처에 위치한 마을을 공격하는 경우에는, 아시리아 부조에서 보듯이 공성 무기 및 공성용 사다리를 사용할 때 선박이 발진기지 역할을 하였다. 공성 무기가 무겁고 사다리가 매우 컸기 때문에 몇 개의 선박을 하나로 묶어서 이들을 운반하기도 하였는데, 이 예는 B.C. 214~212년에 로마의 시라큐스(syracuse) 공성전투에서 볼 수 있다. 그 밖의 지역에서도 특수 목적의 선박이 건조되었다. 그 가운데 로마인들이 건조한 삼부카(Sambuca 또는 하프)는 외형 면에서 아주 독특하였다. 여러 형태의 선박들을 모아 놓은 함대는 운용상 어려움이 있었고, 내항성 면에서도 좋은 편이 아니었다. 항상 그러하듯이 일정 수준의 기술 발전 내에서 위력을 증가시키면 기동력을 떨어뜨리는 대가를 지불한다.

B.C. 31년에 있었던 악티움(Actium) 전투는 로마 해군 발전의 극치를 보여 준 것이었다. 아우구스투스(Augustus)의 지지자들과 안토니우스(Antonius) 지지자들로 나누어진 양측은 주로 노래기(millipede)처럼 보이는 다중 열의 노가 장착되어 있는 갤리선으로 함대를 구성하였다. 당시 양쪽 모두 공성 무기, 궁수 및 상륙군 등을 태우고 있었다. 악티움 전투 이후 지중해에서 적대 세력이 사라지자 선박의 크기는 점점 작아졌다. 리버니안(Liburnian)이라고 알려진 작은 선박이 큰 선박을 대신하였으며, 초계 및 순찰활동에 적합하였다. 그 뒤 리버니안 선박은 "달리는 자"를 뜻하는 드로몬(dromon)이라는 선박으로 발전되었다. 드로몬 선박은 아주 작고, 방호 대책이 없는 갤리선으로서 2~3열의 노가 장착되어 있었으며, 비잔티움 시대에 주요 전투함으로 활용되었다. 선박의 크기가 점점 작아졌다는 것은 위력에 대한 요구가 적어졌음을 의미하였다. 로마인들이 널빤지를 서로 묶어 배를 만들었던 방법(장부 잇기 건조방법 : mortise and tenon construction)이 사라졌다. 대신, 늑골을 먼저 세운 다음 못으로 널빤지를 결합시키는 값싼 방법이 등장하였다. A.D. 4세기부터 실론 및 인도네시아에서 전해진 삼각형 돛이 로마인이 사용하던 사각형 돛을 대치하기 시작하였다. A.D. 800년 경 삼각형 돛의 사용이 보편화되었으며, 선박의 항해 능력이 향상되어 20도 각도로 바람을 맞으면서 항해할 수 있었다.

7세기 후반부터 지중해에서 활동하기 시작한 아랍 해군에 대해서는 알려진 것이 별로 없다. 페니키아(phoenician) 해안을 따라 거주했던 것으로 보아 비잔틴인들처럼 생계활동을 바다에 의존하는 민족이고, 비잔틴 사람들과 같은 원자재 및 항구를 사용했던 것으로 보아 아랍 해군이 비잔틴 해군과 비슷할 것이라고 추측할 따름이다. 일찍이 아랍의 함대들은 동 지중해를 지배하였다. 그러나 11세기 초 이후 비잔틴인들이 크레타 섬과 키프로스 섬을 다시 정복하자 아랍인들은 목재를 획득하는 것이 어렵게 되어, 멀리 북 인도로부터 목재를 수입하였다. 결과적으로, 아랍인들은 종전처럼 좋은 선박을 만들 수 없게 되었다. 아랍인들은 이탈리아의 도시 국가들에게 뒤지게 되었고 그 후 급부상한 터키 및 스페인의 해상 세력에게 밀리게 되었다. 터키와 스페인은 아랍 국가들처럼 선박용 목재를 구하는데 어려움은 없었다.

1300년 경 지중해의 갤리선이 다시 커지기 시작하여 그리스 및 로마의 시대의 갤리선보다 더 커지게 되었다. 이 때의 갤리선은 선체 건조 방식에서 골조 건조방식으로 전환하여 중앙부분이 휘어지는 종전의 결함을 극복하였고, 선박의 길이와 폭의 비율을 6~8 대 1로 하여 길이가 45m나 되는 선박을 만들 수 있었다. 비록 다중 열의 노를 젓는 방식으로 다시 돌아가지는 않았지만, 각 노에는 2~3명의 선원들을 배치하였다. 승무원 대 화물의 비율은 매우 낮았기 때문에, 전투 및 메시지 전달 목적 또는 고가의 화물 및 승객들을 실어 나르는데 사용하였다. 기술적 이유라기보다는 상업적 이유에서 해군전술도 변화하였다. 중세 후반 수백 명의 선원을 태우고 다녔던 대규모의 갤리선은 대표적인 전투기계였다. 이렇게 많은 선원에 더하여, 적의 함정을 침몰시키는 것보다 포획하는데 전투의 목적을 둠으로써, 적의 함정에 승선하는 것을 강조하게 되었다. 적의 함정에 승선하기에 앞서 석궁, 활 등의 무기로 돌 및 화살을 쏘았다. 방어용으로서 "희랍의 불(Greek fire)"이라는 물질이 있었는데, 이것을 관(tube)으로 쏘아 물과 접촉하면 발화되는 신비한 가연성 물질의 혼합체였다. 시리아(Syrian)계 그리스인이 이것을 발명하여, 아랍인 및 러시아인들이 콘스탄티노플을 공격할 때 그리스인이 여러 번 사용하였으며 이들을 격퇴하는데 아주 놀라운 효과를 발휘하였다고 전해지고 있다. 한편 충각은 점점 짧아지게 되었는데, 이로 인하여 선박은 내항성이 좋아지고 쉽게 해안에 접근할 수 있는 추가적인 장점을 얻게 되었다.

비록 노를 젓는 배가 돛단배에게 그 자리를 넘겨줄 운명에 처했지만, 그 과정이 아주 더디어서 1500년 이전에 자리바꿈을 기대할 수 없었다. 16세기 전반에 걸쳐 이 두 형태의 선박들은 상호 경쟁하며 대규모 해군 원정 함대의 통상적인 부분을 형성하였다. 1571년 말 레판토(Lepanto) 해전에 참가한 4개의 함대(오토만, 스페인, 제노바, 로마 교황)는 모두 갤리선으로 구성되어 있었다. 전형적인 전술에 따라, 양쪽 함대들은 거대한 초승달 모양의 대형을 형성하여 상호 포사격, 갈고리 걸기, 적선에 승선하여 선상 육박전 전투를 감행하였다. 오토만 함대가 패하여 파괴되자 술탄은 똑 같은 갤리선을 건조하였다. 비록 유용성이 점차 감소되었지만, 갤리선은 해군력의 상징으로 간주되었고 지중해 국가들의 해군, 특히 프랑스 및 스페인 해군은 18세기 초까지 갤리선을 계속 사용하였다.

내해에서의 항해는 위험하였지만, 겨울까지 전투를 연장하지 않는 한, 지중해의 통상적인 환경에서 갤리선이 효과적으로 전쟁을 수행할 수 있었다. 반면, 북서 유럽을 둘러싸고 있는 바다들은 예기치 못한 바람, 빈번한 거센 폭풍, 강한 조류 및 높은 파도 등으로 인하여 일년 내내 위험하였다. 따라서 지중해에서 사용하는 형태의 갤리 선은 다른 바다에 적합하지 않았다. 게르만 이주 족, 특히 영국을 침공했던 색슨족들은 길이와 폭의 비율이 6:1인 선박을 개발하였는데, 이 선박은 선체 공법에 의하여 만들어진 개방형이었으며 뱃전을 겹쳐 댄 노 젓는 방식이었다. 사람들을 한 장소에서 다른 장소로 이동시키기 위하여 만든 선박은 원래 바닥이 평평하였다. A.D. 700년 경 이후 용골이 정착되면서 먼 바다 항해 능력은 물론, 보다 양호한 힘과 안정성을 갖게 되었다. 8세기 중 용골을 갖춘 선박으로 인하여 아이슬란드 및 그린랜드에 정착하게 되었다. 아메리카 대륙에는 원주민들이 이미 정착해 있었지만 철제 무기를 보유한 바이킹족들이 그때까지 이 지역에 대해 큰 영향을 미치지 못했다.

스칸디나비아인들의 수송선박과 전투선박은 거의 다른 점이 없었다. 별도의 전투용 형태가 존재하였다고 한다면 군사 목적의 선박은 길이와 폭의 비율이 약간 컸으며, 전투에 들어갈 때 돛을 접고 노를 사용하는 정도이었다. 이 선박은 흘수가 얕고 노를 사용하였기 때문에 습격 목적으로 사용하기에 아주 이상적이었다. 왜냐하면 하구나 강을 거슬러 올라갈 수 있었기 때문이다. 당시 충각이 장착되어 있지 않았고 공격 무기를 실을 만한 갑판도 없었기 때문에, 스칸디나비아 해군은 수적으로 우세할 때 갈고리 걸기, 병력 승선, 육박전을 전개하는 전술을 선호하였다.

중세 초 개방형의 용머리를 선박 앞부분에 단 스칸디나비아인들의 긴 배(Long ship)가 서 유럽에 공포감을 주긴 했지만, 그리 오래가지 못하였다. 궁극적으로 스칸디나비아형과 지중해형의 선박을 정복한 것은 켈트족으로부터 유래되어 게르만족이 평퍼짐한 수송선박으로 개조시킨, 보잘 것 없이 큰 감옥선 (hulk)과 작은 코그(cog) 선박이었다. 우리가 알고 있는 최초의 감옥선과 코그선의 유래는 A.D. 6세기 및 7세기로 거슬러 올라가는데, 그 당시에는 로마의 수송선박보다 훨씬 작았다. 그 후 감옥선 및 코그선은 그 크기가 400톤에 이르기까지 점차 커졌으며 선박 전체 길이에 해당하는 갑판을 2개 내지 3개를 가지게 되었는데, 이와 같은 모양은 A.D. 1050년경에 이르러 보편화되었다. 스칸디나비아형의 긴 선박과 달리 이 선박들은 전적으로 돛에 의존하였다. 또한 사람을 수송하거나 전투를 하기 위한 목적이 아닌 대량 수송에서 이익을 얻을 수 있는 저가 상품 수송을 목적으로 설계되었다. 따라서 그 당시 사용했던 다른 선박의 형태와 비교하여 볼 때, 평퍼짐한 코그선은 길이 대 폭의 비율이 매우 낮았으며 선박 크기에 비하여 승무원의 수는 아주 적었다. 거대한 갤리선에는 2톤당 1명의 선원이 필요한데 반해 이 선박에는 8톤당 1명의 선원이 필요하였다.

코그선의 크기가 점점 커짐에 따라 오래된 조종 방법 - 선박 꼬리 부분 양옆에 부착된 노를 사용하여 조종 - 은 더 이상 사용할 수 없었다. 따라서 1200년에 이르러 선박 설계가들은 키(rudder)를 장착하여 실험하였다. 이것은 선박의 꼬리 부분에 크고 평평한 널빤지를 수직으로 부착하여 손잡이를 연결하여 작동하는 것이었다. 키의 사용이 실용화되는 발전 단계와 그것이 북유럽, 지중해 또는 중국에서 유래하였는지 그 기원에 대하여 확실하지 않다. 어쨌든 세상일이 그러하듯이 14세기 중반까지 최초 키는 노를 대신하기보다는 보완할 목적으로 사용되었으며 그 후에 완전히 노를 대신하게 되었다. 키는 모든 선박의 조종 및 항해 능력을 크게 증대시켰으며, 특히 특정 조건에서만 노젓는 선박 수준에 도달하기 시작했던 보잘것 없는 서부 유럽 선박의 기동력을 향상시켰다.

특별한 관점에서 보면, 그림으로만 전해지고 있는 12~13세기의 코그선들은 주로 상업용 선박이었으며 결코 전쟁 목적으로 특별히 제작되지 않았다는 것은 다소 역설적이라 할 수 있다. 한편, 당시의 혼란스러운 정치적 상황에서 모든 선박이 항상 자신을 방호할 수 있는 능력을 갖추지 않으면 안 되었다. 이러한 사실에 비추어 볼 때, 코그선은 몇 가지 유리한 점을 갖고 있었다. 노가 아닌 돛으로부터 추진 동력을 얻었기 때문에 갑판을 수면 위에 높게 올려서 상대방이 쉽게 배에 오를 수 없었다. 이것으로 충분치 않으면 전투용 보루를 구축하였고 이는 점차 선체의 일부분이 되어 근접 전투 시 유리하였다. 동력 대 화물 선적 비율이 양호했던 코그선은 선원 - 톤당 1명 - 을 많이 태울 수 있었으며, 노젓는 데 선원을 배치할 필요가 없기 때문에 자유롭게 전투할 수 있었다. 또한 갑판에는 공격 무기를 충분히 장착할 수 있었고, 적의 인화물질 공격으로부터 보호하기 위하여 물에 젖은 가죽으로 선박의 표면을 덮기도 했다.

전투용 선박과 상선을 구분하기 어려웠다. 대부분 중세 해군의 선박은 상선으로 구성되어 있었는데, 왕이 상선을 징발하여 적절하게 전투용 선박으로 개조하였기 때문이었다. 적 선박 승선 공격에 앞서 활 및 석궁으로 공격하였지만, 그 때까지 승선 공격이 해군 전술의 가장 중요한 전술로 남아 있었다. 그와 같은 해군 전술이 겨우 명맥을 유지하고 있었다. 그들이 익숙하던 지상전투와 비슷한 상황을 만들기 위하여, 1304년 슬위(Sluys)에서 프랑스 해군이 했던 것처럼 선박을 사슬로 연결하여 항진하기도 했다.

1100년 경 작은 코그선들은 점차 커져서 자체 방어능력을 갖추었을 뿐만 아니라 스칸디나비아인들의 긴 배 (Long Ship)를 격파하게 되었다. 북부 지방 민족들이 고대의 부족 조직을 버리고 점차 중세의 정치, 경제 및 사회 구조를 도입하면서 긴 배(long ship)도 사양길에 접어들게 되어 결국 서유럽형의 선박으로 대치되었다. 남부 지방에서 작은 코그선이 경쟁 선박들을 제압하는데 훨씬 더 오랜 시간이 걸렸다. 십자군들은 이탈리아 도시 국가에서 제공한 선박을 주로 사용하였다. 1304년 최초로 코그선이 지중해에 진입한 것으로 전해지고 있지만, 북부 및 남부 민족들은 그보다 훨씬 앞서 다른 형태의 선박을 잘 알고 있었음이 틀림없다. 지중해에 진입한 후 단일 돛대, 사각형 삭구의 코그선은 곧 커다한 삼각 돛이 부착된 뒷 돛대(mizzenmast)를 개발함으로써 바람에 맞서서 항해하는 것이 한결 수월하였다. 그러나 이것만으로 코그선이 전투 선박으로서 갤리선을 완전히 대체할 수 없었지만 14세기까지 공해 상에서 교전이 발생하였을 때 코그선이 최소한 갤리선을 맞아 싸울 수 있는 능력을 확보하였다.

선박 및 해군 전투 기술의 발전에 대한 것은 많이 생략하였다. 실제로 사용된 다양한 형태들은 여기서 언급된 것보다 훨씬 더 많다. 더욱이 이러한 발전은 독립적으로 이루어진 것이 아니라 상호 연관된 작용 아래 이루어진 것임을 강조하지 않으면 안 된다. 로마의 선박 제조 기술, 그리고 이 기술에 바탕을 둔 전투기법은 셀틱 골(Celtic Gaul)족과 게르만족을 언급하지 않고 그냥 지나칠 수는 없으며, 특히 티베리우스(Tiberius) 통치 기간 중 적어도 세 번이나 영국을 침공하고 발틱 해협을 관통함으로써 로마 선박 제조 기술의 우수성이 증명되었다. 로마의 선박 제조 방법에 관한 지식의 일부가 9세기에 영국의 알프래드 대왕에게 전해져 갤리선을 만들어 함대를 보유하였을 것이라는 가능성은 있다. 물론 갤리선 제조 방법은 그 후 잃어버렸다. 갤리선들은 널리 보급되지는 못했지만, 1300년 경 북부 해역에서 작전 활동을 수행하였다. 스칸디나비아와 비잔틴의 선박 제조 기술이 각각 독자적으로 발전된 것이라는 주장은 거의 분명한 사실이다. 노르웨이인들이 11세기 전반에 지중해를 침입하였을 때 독립된 두 세력은 최초로 접촉하게 되었다. 첫 번째의 교전은 노르웨이인들의 패배로 끝났으며, 그 후 선박의 형태를 갤리선으로 바꾼 것이 분명하다. 흑해에서 두 세력은 다시 한 번 부딪치게 되는데, 러시아 사람들 또는 스웨덴 선장들은 이 때 스칸디나비아형의 배들을 사용하였다.

A.D. 1500년까지 1000년이라는 기간 동안 해상 기술 및 해군 전술에 대단히 큰 변화와 발전이 있었다. 그러나 이 시대의 전 기간을 통하여 어떤 일정한 특징이 두드러지게 남아 있었다. 그 중에서 가장 중요한 것은 선박의 내항성 부족이었다. 내항성이 부족하여 정기 및 지속적으로 먼 바다 항해는 불가능하였다. 다소 부족한 내항성, 맞바람을 타고 항해하기 어려운 점, 군수 문제, 그리고 지휘 통제 통신 및 방향유지와 관련된 여러 가지 어려움들로 인하여 마한 (Mahan)이 의미하는 현대적인 해전의 지휘를 불가능하게 하였다. 현대적인 해전과 같은 지휘가 불가능하였다는 것은 해상에서의 전투는 바다 위 좁은 지역에 국한되었고 육지로부터 보이는 곳 - 모든 해전의 이름이 말해 주듯이 - 에서 일어날 수밖에 없다는 것을 의미한다. 어떠한 경우에도 해군의 주요 기능은 해군끼리의 교전이 아니었다. 오히려 초계 및 순찰 활동, 지상 엄호 활동 - 아주 드물게 해상 교전 활동도 있었지만 - 등을 주로 하였고 지상 작전을 보좌하였다.

충각 공격은 화살 공격 및 적함 승선 공격에 비하여 중요성이 감소되기는 하였지만, 기본적으로 전투가 벌어지는 곳에서는 동일하게 충각 공격 전술이 사용되었다. 이미 알고 있는 바와 같이, 사람과 장비를 수송하는데 사용되었던 돛과 삭구가 전투에는 적합하지 않았기 때문에 곧 노에 의존하게 되었다. 노의 정확한 기능과 돛과의 관계가 무엇이든 간에, 사람의 근육에 의하여 작동되는 노는 계속 사용되었을 뿐 아니라 어디에서 돛과 경쟁을 하든지 전투적인 목적으로는 돛보다 사용하기 편리하였다는 것은 사실이었다. 이보다 이 기간의 기본적이고 일관된 특징을 더 잘 나타내는 것은 없을 것이다. 그러나 중세 시대가 끝나고 근대 시대가 다가옴에 따라 이것 역시 역사의 뒤안길로 사라지게 되었다. 그것은 1400년 경부터 1500년 사이의 기간을 지상에서는 물론 해상에서도 매우 중대한 전환점으로 여기는 이유이다.

제5절 불합리한 기술

도구의 시대, 이후 시대에도 마찬가지이지만, 무기 및 장비의 발전은 전적으로 기술적 유용성, 능력 및 효용성을 합리적으로 고려하여 이루어진 것은 아니었다. 기능주의가 최우선이 되지 않고 무기의 고안 및 사용에는 수많은 인류학적, 심리학적 및 문화적 요소가 서로 뒤얽혀 있으며, 이들 요소가 상호작용하는 상태에 있었다. 이러한 요소들은 자주 무기의 발전을 생소하고, 겉보기에 비논리적인 길로 밀어 넣었다. 더욱이, 이러한 요소 자체가 어떤 주어진 시간과 장소에서 무엇이 합리적인 것인지를 결정하였다. 이와 같이 불합리성이 전쟁의 활동과 명백하게 연관되어 있음에도 불구하고, 놀랍게도 이에 대한 진지하고 학구적인 관심을 기울이지 않았다.

무기 및 무기체계의 설계에 중요한 역할을 한 수많은 비유용성 요소들 중에 가장 중요한 것은 미학(aesthetics)일 것이다. 유용하지는 않으나 어딘가 사람의 눈을 즐겁게 해 주는 형태를 창조하고 장식하려는 충동은 사람의 타고난 본성인 것 같으며, 전쟁의 기술에서 언제나 특별하고 중요한 출구를 찾아 나섰다. 고대 이집트 왕들은 마차를 아름답게 장식하기 위하여 돈을 썼다. 일리아드(Iliad)에는 아킬레스(Achilles) 같은 위대한 영웅들이 소유했던 무기와 장비의 장식에 관한 주제가 작가의 감정에 대한 것보다 많다. 유태의 랍비(rabbi)들에게도 장식은 중요한 것이었다. A.D. 2세기 및 3세기 유태인들이 탈무드(Talmud)를 집필할 때 안식일에 무기(무기에 해당하는 헤브류 말 edin은 아랍어의 장식을 의미하고, 아랍어는 헤브류 말과 밀접하게 연관되어 있다. 역자 주 ; 안식일에 무기 휴대가 금지되어 있었으나 무기를 장식품으로 간주한다면 휴대하는 것이 합당할 것임)를 합법적으로 휴대할 수 있는지에 대한 문제를 진지하게 논의하였다. 로마 병사들과 중세의 기사들은 화려하게 장식한 갑옷, 상감 세공을 한 무기, 은 방패, 금 쇠발톱 등을 손에 넣기 위하여 많은 돈을 썼고, 자기의 장비에 높은 가치를 부여하여 전시용으로 아름답게 보이도록 만들었다. 이것들 중 어느 것도 유용성에 이바지한 것은 없었다. 깃털, 볏 및 갑옷에 부착되어 있는 날개 모양의 새로운 장식은 효용성 면에서 방해가 되었다.

무기 및 장비를 장식하기 좋아하는 경향은, 흔히 각성과 양식의 시대라고 일컬어지는 15세기 중반부터 17세기 말까지의 근대 초기에 그 절정을 이루었다. 미켈란젤로 및 베르니니(Bernini)와 같은 당시 가장 훌륭했던 예술가들이 소총으로부터 갑옷 및 대포에 이르는 무기의 설계에 몰두하였다. 이러한 현상은 대단히 질 높은 훌륭한 작품을 만들어 내는 결과를 초래하여, 그러한 작품들은 지금도 박물관 및 대부호의 거실에 소장되어 있다. 축성물도 대개 미적 감각을 고려하여 구축되었다. 이러한 경향은 유럽(15세기 말 이탈리아는 여러 면에서 두각을 나타냈음)뿐 아니라 일본에서도 나타났다. 일본 귀족들의 눈을 즐겁게 하는 것은 지상을 떠나 하늘로 올라가는 듯한 구조물이었다. 17세기 말 프랑스 왕궁의 해군 사령관들은 루이 16세 왕을 위해 황금 잎과 목각으로 선박을 장식해 달라고 당시 유명한 화가 푸제(Puget)에게 청하였다. 이 문제로 인하여 프랑스 조정에서 수년간 논쟁이 계속되었는데, 결국 푸제를 다시는 조선에 발을 들여 놓지 않는다는 조건 아래 그에게 돈을 지불하고 선박을 장식하도록 하였다.

장식 문제와 관련되어 있으나 분명히 구분되는 것은 크기의 문제이다. 보다 큰 도구를 지향하는 세계적인 추세는 부분적이긴 하지만, 머리를 맞대고 결사적인 전투를 하는 곳, 특히 전쟁에서 큰 장비들이 보다 더 유용하다는 논거로 설명될 수 있다. 특정 수준의 기술 발전 단계에서는 큰 것이 종종 이전 무기보다 센 것을 의미한다. 따라서 창의 길이가 점점 길어지고 방패가 점점 무거워지며, 각종 수송수단 및 기구들의 크기가 커지고, 전투함의 형태와 급수(class)가 점점 커지는 현상의 이면에는 이와 같은 전술상의 고려사항이 있었음을 쉽게 발견할 수 있다.

크기에 대한 추세가 합리적인 논거에 의존하고 있지만, 크기가 어떤 수준을 초과하면 효용성이 증대하는 것이 아니라 오히려 감소하는 경향이 있다. 전쟁의 연대기에서는 그 지점에 도달한 후 초과하여 나중에 전혀 쓸모없는 괴물 같은 물건이 된 것을 흔히 발견하게 된다. 그 좋은 예가 그리스 군주국의 자랑거리였던 다중 열의 노가 있는 거대한 선박들이다. 이 선박들은 전쟁에서 쓸모없는 것으로 판명되었으며, 흔히 로마 승리의 전리품이 되고 마는 운명으로 끝나곤 하였다. 또 다른 예로 중세말의 갑옷을 들 수가 있는데, 전하는 바에 따르면 주체하기 힘들 정도로 갑옷이 무거워서 기사가 말을 탈 때 기중기로 옮겨야 했고, 제대로 전투를 할 수 없을 뿐만 아니라, 말에서 내리면 움직일 수조차 없었다고 한다. 마지막으로 영국의 마리 로즈(Mary Rose)호 및 스웨덴의 바사(Vasa)호 같은 현대 초기의 함정들은 선박의 적재하중을 초과하여 병기(그 배의 아주 비싼 장식품들은 말할 것도 없고)들을 실었기 때문에 처녀항해 기간에 침몰하였다.

물론, 위의 예들이 극단적인 예라는 것은 인정한다. 그 중 몇 개의 사례, 특히 마지막 두 개의 예는 새로운 기술의 출현에 수반되는 호사스러운 성장이라는 말로 설명될 수 있을 것이다. 초기 자동차들을 수집해 놓은 것을 관찰해 보면, 2개의 전륜은 회전축 형이고 2개의 후륜은 고정축 형인 4륜 자동차가 3개나 5개, 6개 바퀴 등 어떤 바퀴 조합의 자동차보다 가장 훌륭한 승용차라는 것을 사람들이 인식하는데 시간이 걸렸음을 알 수 있다. 그러나 다른 경우 – 지나치게 큰 그리스 갤리(galley)선과 중세 말의 갑옷 등이 그 좋은 예들로서 – 그 크기의 정도가 지나친 무기들은 대개 퇴보의 시작을 알려 주었다. 오늘날의 극소 전자학이 조그마한 것을 아름답게 만들기 때문에, 현대 일부 거대한 무기 및 무기체계를 이와 유사한 견지에서 이해한다는 것이 아주 불합리한 것일까?

인간에게 불합리한 요소가 무기 및 장비의 명목상 쓸모없는 형태의 원인이 되었지만, 다른 경우에는 유용한 기술이 불합리한 것으로 간주되기도 하였다. 예를 들어 현재는 주로 배에만 남아 있지만 한 때는 거의 모든 종류의 무기 및 장비마다 각각 명칭을 부여했던 관습이 있었다. B.C.2000년 베다 인디아(Vedic India)의 무사 귀족이 사용했던 복합 활은 여자 이름을 따서 명명하였다. 복합 활을 찬양하기 위해 씌어진 에로틱한 시에서 활의 시위를 떠난 화살이 내는 소리는 그들의 첩들이 섹스를 할 때 내는 신음 소리에 비유하였다. 고대의 거대한 충차, 발리스타, 카타펄트도 종종 각각 명칭이 부여되었으며, 이러한 관습은 중세 전반을 통해 계속되었다. 샹송곡 롤란(Roland)에 매우 사랑스럽게 묘사된 칼들은 그 후 일본의 사무라이들이 사용했던 것처럼 각각의 이름을 지녔을 뿐만 아니라 계보를 가졌었다. 신이나 신의 속성을 지닌 인간들이 만들었다고 주장하는 이 칼들은 “즐거움(joyous)”, “잔인함(grim)”, “악마(evil)” 등과 같이 개성을 지닌 것으로 생각하였다. 그 칼들은 자신들을 보물처럼 다루고 여러 시들로 칼의 질을 찬양한 소유주에게 뿐만 아니라, 그 칼에 의해 죽거나 부상을 당한 자들에게도 영광을 주는 것으로 여겨졌다. 물론 이러한 명성은 전투에서 발휘되는 칼의 심리적 가치 때문에 생겨난 것이었다.

또한 비 기능적 기술영역에 속하는 것으로서, 비합리적인 충동과 본능에 의해 설명할 수 있는 것이 있는데, 이것은 역사에 종종 나타나는 복잡성 지향의 경향이다. 특히 이탈리아의 르네상스 기간 중, 설계가와 엔지니어들이 먼저 매료되어 실린더와 피스톤 및 크랭크, 그리고 축과 톱니바퀴와 캡과 나사못 및 베벨 기어 등이 만들어낼 수 있는 어떤 가능성에 사로잡혀 있었다. 따라서 그들은 수많은 복잡한 기계 제작에 자신들의 상상력을 적용하였는데, 실제 목적은 이 장치들이 유용한 작업을 하도록 하는 것이 아니라 복잡한 기계들이 서로 결합될 수 있는 방법을 탐구하는 데에 있었던 것으로 보인다. 이 기계들 중 일부는 실용적이었지만 많은 군사 발명품을 포함한 대부분은 실용적이지 못하였다. 자금을 획득할 목적으로 큰 낫이 달린 2륜 전차, 크랭크로 움직이는 탱크, 노젓는 잠수함, 펄럭거리는 날개 달린 비행기구, 그리고 돛의 힘으로 움직이는 공성용 무기 등의 설계도를 세력가들에게 제출하였다. 비록 눈에 띌 만큼 성공을 거두지는 못했지만, 이와 같은 설계를 실제로 만들어 보려는 노력은 도처에 있었다. 지나친 유추해석은 위험하다. 그러나 사람들은 이러한 기술상의 풍부한 상상력이 레오나르도(Leonardo)와 함께 사라졌다고 생각한다.

마지막으로, 이러한 불합리한 기술들의 잡다한 목록을 마무리 지으려면, 그 사용이 다소 부당한 것으로 생각되는 무기들의 전반적인 분야를 간략히 살펴볼 필요가 있다. 만약 모든 무기 및 군사 장비들을 단지 실용성만을 고려하여 설계하고, 또한 전쟁 그 자체가 냉혈적인 이익들 간의 충돌에 지나지 않는다면, 그런 불합리한 기술을 사용하는 무기가 나타나지 않았을 것이다. 그러나 사실상 각 시대마다 부당한 무기들은 존재하였었다. A.D. 1500년 경까지 서구 문명에서 부당한 무기로 간주되는 중요한 기준은 그 무기의 사용자가 상대방을 멀리 떨어진 거리에서 혹은 방호막 뒤에 숨어서 죽이는 것이었다. 희생자는 보복을 할 수 없었으므로 이러한 무기들은 전쟁과 단순한 살인과의 명백한 구분을 모호하게 만들어 버렸다고 생각하였을 것이다. 그러한 무기 중의 하나가, 트로이(Troy) 전쟁에서 파리스(Paris)가 아킬레스(Achilles)를 죽인 이야기에 나오는 활이다. 또 하나의 무기는 카타펄트로서, 이것을 갖고 있으면 전쟁에서 용기가 필요하지 않다고 보았기 때문이다. 중세 시대에 기사들도 활과 카타펄트에 대하여 같은 인식을 가지고 있었는데, 그 때문에 포로로 잡은 궁수들을 처형하거나 손발을 절단하는 일이 벌어졌다. 르네상스 기간 및 17세기 초기 화약무기에 대한 경멸 역시, 이러한 잔학 행위를 불러 일으켰을 뿐만 아니라 아리오스토(Ariosto), 세르반테스, 세익스피어 및 밀튼과 같은 작가들의 작품에 반영되기까지 하였다. 그때부터 지금까지 "비겁한(cowardly)" 것이란 말로(19세기까지는 "비열한(dastardly)"으로 특별히 호칭되었음) 호칭되었으며 오래 전부터 부당한 것으로 취급되어 온 무기들이 많다. 지뢰, 철조망, 어뢰 및 잠수함 등 이루 헤아릴 수 없이 많은 종류의 무기들이 부당한 무기로 분류되었다.

부당한 무기 가운데 특히 심각한 범주에 속하는 것은, 다른 것보다 부당한 본성에 대하여 주목을 많이 받았던 것인데, 무기가 지나치게 흉포(읽을 때는 효과가 너무 지나쳐서)하여 사용할 수 없는 무기들이었다. 이러한 무기의 예는 석궁이다. 석궁은 1139년 레테란 공의회(Lateran Council)의 결정에 의하여 이교도들에게 이 무기를 사용하는 것은 허용 및 권장하였지만, 기독교도들에게 사용하는 것은 법으로 금지하였다. 다른 무기로서 붉고 뜨거운 포탄(red hot cannon balls)이라는 것이 있었는데 이것은 기구에서 투하하는 폭발물(군인과 민간인을 구분하지 않고 살상하여 논쟁의 대상이 되었음)의 일종이었다. 또, 유명한 덤덤탄(domdom bullet)이 있었는데, 크고 힘세고 사나운 동물은 통상적인 소구경탄으로 제압할 수 없다는 논리에 바탕을 두고 영국인들이 최초로 발명하였다. 통상 이러한 무기들에 대한 반박논리는 "불필요한" 고통을 준다는 것이었다. 실제로는 불필요하다고 단정하기 어렵기 때문에, 주도적인 상황에서 우리 쪽보다는 상대방에게 도움이 된다는 이유를 붙여서 부당한 무기라고 불렀다. 물론 위에서 언급한 어느 것도 무기로서 채택할 것을 결정하기 전에 합리적 유용성을 전혀 고려하지 않았다는 것은 아니다. 그러나 역사적으로 볼 때 실제로 일어났던 것에 대하여 내부 조사의 설명만으로 믿기에는 불충분하다.

부당한 것으로 치부했던 무기에 대하여 연구할 가치가 있고 흥미로운 이유는, 시대 및 문화적 차이로 인하여 어떤 무기가 합당, 또는 부당하다는 결정이 내려졌기 때문이다. 예를 들어, 오늘날 네이팜(napalm) 폭탄은 공포의 무기로서 지탄을 받고 있으며 민감한 사안이다. 그러나 11세기, 지금의 네이팜 폭탄에 해당하는 그리스의 불(Greek fire)에 대하여 안나 콤네나(Anna Comnena)는 효용성과는 별개의 기준에 따라 판단하여, 그리스의 불을 전쟁에서 완벽하고 바람직한 도구라고 생각하고 그것을 발명한 사람을 존경하였다. 이것은 화학 및 생물학전 무기에 대해서도 마찬가지다. 오늘날 생화학 무기의 사용은 비난의 대상이 되고 있지만 이러한 무기는 길고도 영광스러운 역사를 가지고 있으며, 악취탄(stink bomb), 적이 성벽 밑에 땅굴 파기를 포기하고 땅굴에서 쫓아내기 위하여 사용한 연막, 심지어는 포위된 적 마을에 투석기를 이용하여 투하한 썩은 말고기 등의 형태로 나타났었다. 이러한 방법들이 단순히 옛날의 야만성으로서 정당화될 수 있는 것도 아니다. "객관적" 견지에서 보면, 사람을 찢어 죽이려고 고성능 폭탄을 사용하는 것이 태워 죽이거나 질식시켜 죽이는 것보다 더 인도적이라고 생각해야 하는 이유가 분명하지 않다.

간단히 말하면, 특정 시대와 장소에서 왜 특정 무기들이 다른 무기들보다 더 많이 채택되었는가 하는 문제는 그 무기 자체의 특성이 아닌 다른 요인에 달려 있다. 사실 그에 대한 답은 당시의 문명과 모든 것을 군사적인 충돌로써 해결하려는 마음가짐의 깊숙한 곳에서 찾아볼 수 있다. 그 좋은 예를 칼에서 볼 수 있다. 이미 그리스 및 로마시대에 시작되었지만 전쟁을 양자 간의 결투, 무기의 시험장으로 보는 것은 서구 문명의 특징이다. 따라서 이러한 서구 문명은 손으로 잡는 날이 있는 무기를 채택하게 되었으며, 심지어 칼이 전쟁을 상징하는 정도에 이르렀다. 그러나 서구 이외의 사람들에게는 백병전(face to face combat)을 선호하는 편견이 이상한 것으로 보였다. 중국의 위대한 전략가 손자의 견해로는 전쟁은 결투도 아니고 스포츠와 같은 경쟁도 아니었다. 오히려, 별로 바람직하지 않지만 사회 및 정치 집단 간의 분쟁을 해결하는 방편 가운데 하나로써 전쟁을 꼽았다. 손자에게 있어서 전쟁이란 서로 얼굴을 마주보며 적을 영광스럽게 대하는 것이 아니라, 우주의 조화를 가능한 최소한으로 혼란시키면서 분쟁을 해결하는 것이었다.

예상했던 바와 같이 전쟁을 결투로 여기지 않는 견해는 군사기술에 중대한 영향을 미쳤다. 다른 모든 것 중에서, 전혀 다른 지위를 활에 부여하였다. 서구인들은 활에 대하여 다소 떳떳치 못하고 사회적으로 신분이 낮은 군인들이 사용하는 데에 적합하다고 생각하였다. 반면 페르시아인, 아랍인, 인도인, 중국인 및 일본인들은 활을 매우 고귀한 것으로 여겼다. 그들에게 있어서 활은 고위 신분의 전사가 휴대하는 존경스러운 무기였다. 종종, 동양인들은 활에 대하여 서구인의 칼에 해당하는 상징적인 기능을 부여하였다. 이와 같은 태도는 그들의 전술에도 영향을 미쳤다. 서구인들과는 매우 대조적으로, 동양인들은 매복에 대하여 아주 바람직할 뿐만 아니라 가장 효과적인 전투 수단이라고 생각하였다. 이러한 생각은 온갖 종류의 계략을 강조하는 것으로 이어졌으며, 그러한 예는 몽고군의 장기인 거짓 퇴각으로부터 월남에서 미군들을 괴롭힌 배설물을 바른 죽창에 이르기까지 다양하다. 전쟁이 이처럼 사고 패턴이 서로 다른 문명들 간의 투쟁으로 전개될 때, 그 전쟁의 결과는 대단히 야만스러운 것이 되고 말았다. 적의 어떠한 행위를 용납할 만한 것인지 아닌지를 판정하는 문제에 있어서 서로간의 견해가 달랐기 않았기 때문에 오로지 적의 행동을 보복하기 위한 구실로 삼았다.

지금까지 우리는 "실용적" 및 "비실용적" 형태의 군사기술을 구분할 수 있고, 특히 후자에 대하여는 약간의 설명이 요구된다고 가정하였다. 그러나 인간은 이성적이라고 가정하지만 특히 전쟁에 있어서 인간은 완전한 이성적인 동물이 아니기 때문에, 불합리한 기술의 존재 그 자체는 실로 그다지 놀랄만 한 일이 못된다. 한편, 어떤 것은 다른 문명에서 정당하다고 간주되는 사실에 의하여, 군사 기술의 합리성에 대한 생각은 문화적인 배경에 따라 결정될 수 있다는 가능성이 제기될 수 있다. 그러면, 이제껏 논의된 비능률적인 기술을 생산했던 초기의 사람들이 당시 자신들이 무엇을 하고 있었는지 알고 있었다고 가정해 보자. 그러한 가정을 마음 속에 간직하고 그 증거를 다시 한 번 검토해 보자.

이러한 견지에서 보면, 너무나 복잡하여 실제로 사용할 수 없었던 무기, 그 무기는 전쟁에 쓸 하드웨어로 볼 때에만 불합리한 것이었다. 그러나 전쟁이 작업과 유사하다는 생각은 현대 산업시대의 특징이다. 전쟁이 작업으로부터 해방을 준다고 믿기 때문에 사람들이 제1차 세계대전의 발발을 반겨했던 것에서 보는 것처럼, 전쟁과 작업을 상반되는 것으로 보는 개념은 이전 사회에서 널리 공유되지 못했다. 사실 역사의 오랜 기간 동안 사람들은 전쟁을 정치적 목적을 추구하기 위한 폭력 수단이라고 보기보다는 휴식이나, 게임, 다소 위험한 스포츠라고 생각했다. 그 결과 종종 전쟁을 하기 위해 구상된 기술이 장난감과 같은 특성을 띄게 되었고, 또한 복잡해야 한다는 강박관념에 사로잡히기도 하였다. 전쟁이 게임과 닮았다는 것은 그전에도 이미 있었던 일이지만, 특히 레오나르도 다빈치 시대에서 정확하게 드러났다. 그 당시에는 용병들이 전쟁을 하였고, 전투 시 피를 흘리지 않거나 피를 흘리는 경우가 거의 없었다. 전쟁을 게임으로, 무기를 장난감으로 보려는 경향은 이탈리아의 초기 르네상스 이외의 시기에도 증명되고 있다.

비슷한 것으로 무기에 이름을 붙이는 관습이 있다. 과학적인 준거의 틀에서 볼 때 무기에 붙이는 이름은 전쟁의 목적에 기여하는 바가 없다. 그러므로 이러한 관습을 유지하는 이유는 전통을 간직하려는 필요에서 나왔으며, 대부분의 경우 합당한 이유가 전혀 없다고 말하는 것과 동일하다. 모든 경우가 다 그런 것은 아니다. 아내를 통하여 위엄을 추켜세우는 기회로 삼는 것과는 달리, 무기에 이름을 부여하는 의식은 이름 그 자체가 함축하고 있는 바람직스러운 자질을 그 무기에게 부여하기 위하여 대단히 성스럽게 거행된 행사였다. 중세의 기사들이 그들의 갑옷에 새겨 넣은 성인들의 이름은 매우 현실적인 필요를 채우기 위해, 즉 말 그대로 성인들의 보호를 받기 위한 것으로 생각되며, 반면 로마의 병사들이 그들의 화살과 돌팔매 탄알에 적의 이름을 새겨 넣은 것은 투사체가 자신의 표적을 찾아내는 것을 도와달라는 의도였던 것 같다. 성인과 마술을 더 이상 믿으려는 사람들은 별로 없지만 이러한 관습은 계속되었다. 이 두 개의 관습은 분명히 부대의 사기를 진작시키는데 유용하였는데, 전쟁에서 만사가 항상 뜻대로 되지 않는다는 것을 지적하고 있다.

다른 관점에서 무기에 명칭을 부여하는 관습을 생각해 볼 수 있다. 프랑크 카롤링(Carolingian) 왕조 시대, 유명한 칼을 칭송하는 시를 퍼뜨리는 음유 시인을 데리고 다니거나 칼이 지닌 명성이 전쟁에서 심리적인 가치와 관련이 있다는 것을 참작할 수 있다. 중세 후기나 근대 초의 대포처럼 고대의 공성 무기에는 “디몰리셔(Demoliser 파괴자)”, “테러블(Terrible 공포)”, “메드 우먼(Mad woman 미친 여자)” 등과 같은 이름을 붙였지만, 그 이유는 단지 적을 놀라게 하거나 겁을 주려는 것에 불과하였다. 중세 역대기에서 확인할 수 있듯이 그러한 시도는 종종 성공적이었다. 패튼(Patton)장군의 말을 인용하면, 전쟁은 적을 공포에 몰아넣으면 승리할 수 있다고 한다. 도망가는 적을 죽일 필요가 없으며, 적을 도망치도록 하는 것이 죽이는 방법보다 비용 면에서 효과적이다. 이러한 관점에서 보면, 많은 사람들이 불합리한 것으로 간주했던 관습이 돌연 결과적으로는 합리적인 것임이 드러난다.

명칭 부여와 달리, 모든 종류의 무기들은 그 크기를 증대시킴으로써 놀라게 하는 효과를 거둘 수 있다. 개를 소유한 사람이라면 누구나 알고 있듯이, 큰 개가 강하다는 특성이 생물학적으로 결정되는지 또는 문화적으로 길들여졌는가를 판단하려고 추정하지는 않았지만 큰 것은 강하다는 느낌은 결코 우리 인간들에게만 독특한 것은 아니다. 역사상 빈번하게 대규모의 무기를 제조하는 목적은 적에게 강한 인상을 줌으로써 전쟁의 발생을 예방하거나, 그럼에도 불구하고 전쟁이 발생하였을 때 심리적인 우세를 얻기 위한 것으로 보여진다. 그 좋은 예가 다중 열의 노가 장착된 그리스 시대의 갤리(galley)선인데, 이배는 외교 임무를 지닌 대사들을 호송하고 또한 병력을 투사하는데 주로 사용되었다. 그밖에 보통의 것보다 큰 충차, 카타펄트, 공성 탑, 캐논 대포 등과 같은 거대한 무기들도 동일한 목적으로 사용된 것 같다. A.D. 68년 요셉(Josephus)의 로마 요드파트(Jodphat) 성 공격에서 통상적인 것보다 훨씬 큰 무기를 과시하여 방어자들이 겁을 먹도록 한 효과는 성공적이었다고 한다. 그렇다고 해서 오늘날의 무기들 – 특히 전투함들 – 에게도 이러한 것이 적용되는 것은 결코 아니다.

오늘날에는 장식 문제에 대하여 별로 관심을 두고 있지 않지만, 그 영향이 아직까지 계속되고 있다고 생각한다. 예를 들면 1967년 이전의 이스라엘 공군은 "죽음의 미"라는 밀랍 서정시에 친숙했었다. 미국과 소련의 전함들은 월터 그로피우스(Walter Gropius)와 미스 반 데르 로(Mies van der Rohe)와 같은 건축가들의 영향으로 기능만큼이나 외형상 현저한 차이를 나타내게 되었다. 한때 영국 해군이 함포를 전함의 페인트를 깨는 잔인한 짐승으로 보았듯이, 오늘날의 미국 해군도 함포, 안테나, 접시형 레이더 등을 갑판을 어지럽히고 가지런한 함대 정열을 훼방하는 표적으로 간주하고 있다.

역사적으로도, 미에 대한 문제는 대개 중요한 것으로 간주하고 있다. 장식은 무기 제조 비용에서 커다란 비중을 차지했을 뿐만 아니라, 무기의 효율성을 침해하는 것도 마다하지 않았다. 장식은 그 자체로서도 중요하였지만, 마술을 걸거나 악마를 피해야 하는 등의 필요가 있었기 때문에 장식에 쏟았던 많은 노력들이 효용성에 근거하였다고 볼 수 있다. 다른 경우에는 적으로 하여금 공포를 느끼도록 하는 데에 있었으며, 용으로부터 마녀 메두사(Medusa)의 머리 모양을 한 거대한 무기를 적 앞에 내 놓았다. 한번 쳐다보면 구경꾼이 돌로 변한다는 전설의 마녀 메두사(Medusa)의 머리 모양은 매우 효과적인 무기의 대표작이었으며 신의 변덕이 현신한 것으로 간주하였다.

엄청난 크기와 기괴한 모양 이외에 다른 방법으로 공포를 느끼도록 만든 것이 있었다. 때로는 소음이 이용되었고, 때로는 불이 사용되었다. 예를 들면, 모슬렘족들이 항아리에 가연성 물질은 채워 넣어, 그것을 인화시켜 다미에타(Damietta) 전투에서 루이 9세의 프랑스군 진영에 던졌다, 결국 프랑스 군은 공포에 떨며 항복하였는데, 이를 조인빌(Joinville)이 전해주고 있다. A.D. 1300년 이후 사용된 화약 무기들은 소음과 화력을 결합시킴으로써 무한한 장점을 가지게 되었다. 이러한 장점은 화약 무기가 신뢰성, 발사속도 그리고 위력 면에서 우세했던 옛날 무기에 대항할 수 있었던 이유이다. 오늘날에도 소음과 화력의 위협적인 효과는 무시되지 않고 있다. 알베르트 스피어(Albert speer)는 그의 회고록에서, 굉음을 내고 화염을 내뿜는 V -2 로켓트의 필름을 보고 난 뒤 외관에서는 좀 떨어지지만 비용이 훨씬 싼 V-1 로켓트를 폐기하고 대신 V-2 로켓트를 개발키로 결정하는 히틀러의 모습이 대단히 인상적이었다고 기술하고 있다. 이와 마찬가지로, 제2차 세계대전 당시 사이렌을 장착한 독일 스투카(Stuka) 폭격기는 급강하 시 신경을 파괴하는 듯한 찢어지는 소리를 냄으로써 무기의 효율성을 높였다고 평가 받았다.

결론적으로, 지금까지 앞에서 제시한 다양하고 많은 예들이 결코 문명이 발달되지 못했던 시대에만 국한된 것이 아니라는 사실 때문에 현재의 무기와 무기체계를 이와 비슷한 관점에서 검토하는 것은 의의가 있다. 도구의 시대, 서기 500년 말 이래로 사람은 일반적으로, 특히 군인은 괄목할 만큼 합리적인 성장을 거듭해 왔다. 만약 불합리한 요인들이 그 당시의 군사적인 하드웨어의 설계와 사용에 빈번하게 영향을 미쳤다면, 모든 가능성을 종합해 볼 때 불합리한 요인들은 오늘날에도 계속 영향을 미칠 것이다. 불합리한 무기의 생산을 결정하는 정치가들, 불합리한 무기가 전쟁에 미치는 효과를 평가하는 분석가들, 전투에서 불합리한 무기를 사용하는 군인들, 이들 모두가 불합리한 요인들을 충분히 고려하도록 조언 받았을 것이다.

더욱이 전쟁과 전투에 관한 한 실제로 관련성이 있다면 유용한 요소와 비유용한 요소 간의 구분은 당연히 공개적인 문제로 다루어야 한다. 흔히 말하는 합리성의 개념은 너무나 좁기 때문에 전쟁과 전쟁에서 사용되고 있는 기술의 합리성 문제를 정확히 파악할 수 없었음을 역사가 말해 주고 있다. 세상에 어떤 사람도 합리적인 판단으로 자신의 목숨을 내다 버리려고 하지는 않을 것이므로 이미 전쟁이 최초 명령하는 행동부터 불합리성 투성이라고 강조하였다. 상황이 그럴진대 전쟁에서 기술을 최대한 잘 이용하는 길은 불합리한 요소들을 잘 받아들이고, 그 불합리한 요소들을 신중하게 조정하여 오히려 장점으로 활용할 수 있도록 해야 한다. 이것은 특히 전쟁 억제가 전략의 초석이 되는 시대에, 또한 적에게 강한 인상을 주는데 실패한 대가가 자살행위나 마찬가지일 때에는 더욱 그러해야 한다. 우리가 마음 속에 그러한 목적을 지니고 무기와 장비를 설계한다는 것은 대단히 큰 의의가 있다.

그러나 진정한 의도가 단순한 억제가 아닌 전투에 있다 하더라도, 적의 신경을 파괴도록 무기를 설계하는 것이 최상이다. 역사의 보고에는 여기에 대한 교훈이 많이 있다. 최근의 예로 공격헬기를 들 수 있는데, 이스라엘군이 레바논에서 시리아군에 대항하여 싸울 때 이스라엘군의 공격헬기는 크고 무시무시한 곤충 모양을 가짐으로써 상대방 전차의 승무원들에게 심리적인 위압감을 주어 큰 효과를 발휘했다. 인간은 빨리 배우는 속성을 가지고 있기 때문에, 그 효과가 입증되지 않은 무기는 오랜 기간 동안 적에게 공포감을 줄 수 없다. 한편, 그 무기의 효과가 없다는 것이 발견되기 전에 전쟁이 끝날 수도 있다. 따라서 전쟁이 짧으면 짧을수록 "실제 효과"보다 "심리적 효과"가 큰 무기가 더 유리하다고 볼 수 있다. 또한 비밀 유지가 중요하다. 어느 한 편이 자기편 무기의 실제 질과 성능을 완전히 비밀로 하여 숨기고 있다면, 이로써 생긴 신비함은 상대편이 문제를 결정할 때 실질적인 기술상의 우세만큼 많은 작용을 할 것이다.

역사적인 맥락에서 목적의 논리성에 대하여 논쟁을 하게 되면 기술의 유용성과 비유용성의 구분은 명확하지 않고 종종 혼돈이 일어나게 된다. 시민 생활에서, "매력적(sexy)"인 상품이 더 잘 팔린다. 군대의 세계에서도, "매력적(sexy)"인 무기가 더 낫고 어느 정도까지는 아군의 사기를 올리고 적군의 사기를 떨어뜨리는데 도움을 준다. 한 국면에서 불합리한 것이 다른 국면에서는 합리적인 것이 될 수도 있으며 이것의 역도 마찬가지이다. 더욱 역설적인 것은, 전쟁 및 전쟁에 사용되는 기술을 모두 놓고 본다면 합리성 그 자체는 부분적이나마 불합리성과 항상 연관되어 시작한다. 전쟁에서 불합리한 요소를 제거하는 지혜도 필요하지만 불합리성을 이해하고 그것을 적극적으로 이용하는 지혜도 필요하다.

제2부

기계의 시대(the age of machines)

- 기원 후 1500~1830년

- 제6절 야지 전투(field warfare)
- 제7절 공성 전투(siege warfare)
- 제8절 전쟁의 기반구조(the infrastructure of war)
- 제9절 해상 지휘(command of the sea)
- 제10절 전문 직업군인의 출현(the rise of professionalism)

제6절 야지 전투

도구 사용 시대에 전장에서 사용했던 에너지의 주된 원천은 사람이나 동물의 근육에서 나오는 힘이었으며 이를 개별 혹은 집단적 방법으로 사용하였다. 사실 이러한 법칙에는 중대한 예외도 있었다. 팔랑스(phalanx)에 숨어 있는 목적들 중의 하나는 많은 사람을 블록으로 만들어, 전방으로 나아가도록 밀어부침으로써 구성원의 힘을 최대한 발휘하는 것이었다. 이런 경우에는 기술이라고 하기보다는 조직이라고 말하는 것이 더 적절하겠지만 충차(ram)와 같은 공성기계들을 만들 때에는 상당히 많은 사람들의 에너지를 모아서 협조적인 방법으로 사용하였다. 카타펄트(catapult)와 트레뷰세(trebuchet)는 스프링에 저장된 힘이나 무거운 평형추를 사용하였지만, 카타펄트를 장전하고 무거운 평형추를 올려놓는 것은 결국 사람의 근육에서 나오는 힘이었다.

군사적인 수송을 포함하여 지상에서 수송 수단으로 돛을 사용하려고 여러 번 시도하였지만, 항시 어려운 장애물에 부딪혀 실패하고 말았다. 물론 바다에서는 고대로부터 돛을 사용하였다. 이런 환경일지라도 1598년 한국의 노 젓는 철갑선이 한국을 침범한 일본 돛단배 선단을 성공적으로 격퇴 할 때 까지, 적어도 생물 에너지가 경쟁력이 있었다. 전반적으로 생물 에너지가 그 시대의 기술을 주도하고 일관된 특성을 부여하였다.

1500년 이후에 사용된 가장 중요한 무기들은 생물적인 요소보다는 무생물, 특히 화학 물질로부터 그 에너지를 얻게 되었다. 이러한 의미에서 화학물질에서 에너지를 얻는 무기를 기계(machine)라고 부른다. 어떤 형태의 총포라도 양쪽 방향이 아닌 한쪽 방향으로만 움직이는 내부 연소 기관이라고 이해하면 된다. 새로운 화약무기의 의의는 2개 분야에서 혁신적인 것이었다. 첫째, 혁신적인 방법이 개발된 이후에 사용된 화학적 수단(역자 주 ; 화학물질로부터 에너지를 얻는 무기)은 가장 큰 카타펄트 및 트레뷰세보다 훨씬 더 큰 힘을 저장할 수 있고, 더 큰 힘으로 더 무거운 물체를 던질 수 있었다. 둘째, 화학적 수단을 전장에 도입하였을 때, 적을 죽이는 능력이 더 이상 개인의 신체적인 무술 기량과 직접 관련되지 않고 훈련과 전문 기술에 관련되었다. 이러한 요소들이 결합하여 다음 수세기 동안에 걸쳐 전투의 양상을 형성하게 되었다.

르네상스 이전의 수많은 발명들과 마찬가지로 화약의 기원도 신비에 싸여 있다. 화약의 발명 이전 및 이후의 어느 기간 동안에도, 화약과 비슷한 성질을 갖고 비슷한 목적으로 널리 사용되던 콤파운드(compound)와 화약은 명확하게 구분되지 않았다. 그러한 콤파운드 가운데 대표적인 것이 "소이탄"이다. 어떤 소이탄은 가연성 물질들로 반죽하여 화살과 같은 발사수단으로 쏠 수 있도록 천과 삼베 조각 같은 것으로 간단히 조립되었다. 또 어떤 것들은 질그릇(중국에서는 대나무 통 속에 넣었다.) 속에 가연성 액체를 넣어 만들었다. 여기에 도화선을 삽입하여 손으로 던지거나 기계식 대포(mechanical artillery 역자 주 ; 추진 장약이 아닌 기계장치를 사용하여 탄환을 던지는 대포)로써 적에게 쏘았다. 마지막에는 펌프에서 가연성 액체를 내뿜는 장치가 나왔는데, 주로 해전에서 사용되었다. 소이탄을 만드는데 사용된 재료에는 역청(피치), 송진, 유황, 석유, 생석회 등이 있었고, 생석회는 물과 접촉하는 순간 발화할 수 있었다. 전쟁에서 소이탄을 사용하는 것 - 특히 해전이나 공성 전투, 거기에는 불에 타기 쉬운 목조 구조물이 많았다. - 은 옛날부터 아주 흔한 일이었다. 당연히 화약과 콤파운드를 구분하는데 시간이 걸렸으며 화약도 역시 불을 사용하였으나 사람들은 마음 속으로 여러가지 사용 방법을 구체화하였다.

화약과 관련이 있고 종종 화약과 혼동되었던 또 다른 종류의 콤파운드는 폭죽과 로켓 재료로 사용되던 물질이다. 이 물질의 제조법은 11세기 중국 필사본에 나와 있다. 이것은 기름 같은 물질(탄화수소)만 빼면 흑색 화약과 닮았었다. 이러한 혼합 물질들은 아주 천천히 연소하였다. 따라서 불꽃을 내며 타오르는 형태의 폭죽을 만드는데 적합하였다. 중국인과 인도인들은 로켓 충전물로서 이 혼합물들을 사용하였다. 원래 폭죽의 의도는 악령을 몰아내기 위한 것이었다. 악령들이 인간의 형상을 가장하고 있으며 악령과 적을 혼동하고 있는 경우가 흔하였을 때에 폭죽을 사용하는 것은 "비합리적인" 기술 사용의 또 다른 사례이다. 폭죽이 비합리적인 기술에 속하였고 로켓이 군사적인 목적으로 사용되었지만 효과는 제한되었다. 왜냐하면 로켓의 추진력이 크지 않았으며 정확성도 의심스러웠기 때문이다.

언제, 어디서, 누구에 의해서 소이탄과 가연성 물질들이 처음으로 만들어지고, 흑색화약으로 정제되고, 또 발사관으로부터 쏘게 되었는지는 알 수 없다. 12세기 중국인들은 대나무 통과 종이들을 사용하여 원시적인 수류탄을 발명하였다. 돌, 깨진 자기, 쇠 조각들을 화약과 함께 채워 적에게 투척하였다. 총(gun)을 만들 수 있는 세 가지 충전물을 손에 넣을 수 있었기 때문에 남겨진 일은 세 가지 충전물의 용도를 바꾸어서 발사관(tube)에서 쏠 수 있도록 관에 점화구멍을 뚫고 돌, 쇠 조각, 기타 물질들이 발사되게 하는 것이었다. 이것은 "새로운 것"을 창조해 내는 방법이 아니고 기존의 요소들을 새로운 방법으로 결합시키는 고전적 발명과 같은 것이었다. 이러한 발명은 재능이라기보다는 어떤 사건을 통하여 우연히 얻은 것이었다. 그러한 아이디어는 13세기 중반에 중국인에게서 나타났다. 그 때는 원시적인 대나무 총이 사용되었고, 곧 금속으로 만들어진 총으로 대체되었다.(현존하는 가장 오래된 금속 총은 1356년에 나타났다.) 거의 같은 시기에 이슬람 세계에서도 원시적인 총이 출현했고, 로저 베이컨은 화약 제조 공식이 담겨 있는 암호를 실어서 책을 펴냈다. 종이, 나침반, 목판 인쇄 등이 거의 같은 시기에 발명되었으나, 이들 각각의 연관된 방식은 알 수 없다. 아마도 화약을 유럽에 전달한 것은 1240년 경 몽고인일 것이며, 그렇지 않다면 아랍과 비잔틴 세계를 통해서 화약 사용 방법이 퍼져 나가게 되었을 것이다. 총도 이와 같은 방법으로 전파되었거나, 서로 다른 지역에서 독립적으로 발명되었을 수도 있다.

14세기 이전까지의 천 년 동안 세계 각 지역에서 사용된 군사기술들은 동일하지 않고, 아주 다양하며 서로 다른 문화와 삶의 방식에 밀접하게 연관되어 있었다. 일부 격리된 지역(오스트레일리아, 미국, 아프리카의 일부)은 발전이 늦었으나, 전반적으로 문화가 개발된 지역은 균형을 유지하고 있었으므로 다른 지역에 비하여 월등하게 그리고 지속적으로 우세한 것은 나타나지 않았다. 그러나 유럽의 화약과 화약무기의 발달은 이러한 상황에서 근본적인 변화를 가져 왔으므로 유럽대륙에 관심을 집중할 필요가 있다. 유럽 내에서는 새로운 무기가 군대의 동질성을 초래하였다. 중세 시대 동안 사용자의 사회적 지위나 국적을 상징하는 군대의 장비와 함께 깃털모자의 장식이 널리 유행하였다. 그러나 16세기 말에 이르러서는 진보된 군대들은 다소 비슷한 장비를 갖추게 되었다. 이러한 사실로 인하여 후세에 클라우제비츠는 "광범위한 질적 동질성 전제를 가정한다면, 현대전에 있어서 수적 우세의 중요성은 나날이 증가하고 있다."고 주장하였다.

유럽에 관심을 집중하고 나머지 세계를 곁눈질해 보면 전쟁에 사용하려고 화약무기(firearms)를 제작하고 구매한 최초의 기록은 14세기 말까지 거슬러 올라간다. 처음부터 화약 무기는 2가지로 나누어졌다. – 하나는 작은 휴대용 소총(handgun)이고, 다른 하나는 많은 사람이 운용하는 대포(cannon)이다. 이 두 종류 사이의 구분은 오늘날까지도 지속되고 있으며, 토의하는데 편리한 기준이 되었다. 그러나 그 때문에 이 둘 사이의 중간 형태의 무기가 계속 존재해 왔고 지금도 남아 있다는 사실을 외면해서는 안 된다.

소총은 한 쪽 끝을 막은 간단한 금속 관(tube)으로 되어 있었다. 최초 소총의 길이는 25㎝ 이하였고, 직경은 25~45㎜였다. 그 당시의 총(gun)이라는 말은 매우 원시적인 화약무기를 나타내는 단어였지만, 왼손에 총을 들고 도화선에 불을 붙이면 점화구(touchhole)로 타들어가는 방법으로 발사되었다. 연속적으로 발사하면 총이 뜨거워져 잡을 수 없게 되었으므로 총을 나무판에 고정시키거나 작은 휴대용 화로 통 같은 개머리판에 고정시켰으며 그 둘 가운데 개머리판 쪽을 모델로 삼아 발전하였다. 개머리판을 왼쪽 겨드랑이 밑에 고정시키게 되었다. 또 다른 것으로는 전체적으로 작은 박격포와 같은 장치를 만들어서 두 갈래진 받침대 위에 얹고 이것을 땅에 고정시켰다. 처음에는 화약을 제일 먼저 넣고, 솜뭉치, 탄환을 넣고, 다시 솜뭉치를 넣었다. 당시에는 총열이 짧아 탄환의 위치가 총구 가까이 있었다. 결과적으로 힘, 거리, 정확성 등이 아주 형편없었다.

새로운 방안들이 처음으로 나타날 때 흔히 그러하였듯이, 총의 주요 구성품에 대한 "수용 개념"과 겉모습은 아직 존재하지 않았다. "낡은 패턴을 깨는 것", 이것이 바로 발명의 본질로서 실험에 의해 개선될 여지가 많았으며, 초창기 화약 무기들이 보여준 창의성은 정말로 놀라운 것이었다. 15세기가 지나기 전에 이미 탄환이 길쭉해지고, 총열에 강선을 만들고, 총미 장전식 총(후장식 총의 원시적 형태는 원저 성에 전시되어 있음)을 만드는 등 여러 가지 시도가 있었다. 총열을 여러 개 함께 묶고 이를 수레 위에 장착한 연발총들이 발명되었으나, 야전에서는 일부 제한적으로 사용되었던 것으로 보인다. 이 모든 고안물들이 결국에는 쓸모가 없는 것이 되거나, 혹은 - 라이플 소총의 경우처럼 – 사냥과 같은 특수한 목적의 극히 제한된 범위에서만 사용되었다. 그것은 그 고안물에 대한 아이디어가 부실했기 때문이 아니라 그것을 손으로 만들기 어렵거나 불가능했기 때문이었다. 그러나 19세기에 들어와서 이러한 모든 아이디어들이 다시 살아나게 되었다.

휴대용 화약무기의 발전 단계는 정확치 않고 상호 관계에 대한 이해가 어려우나 대략적인 윤곽은 잘 알려져 있다. 1500년 경 가장 지배적인 모델은 아퀴버스(arquebus) 또는 하퀴버스(harquebus)였는데 "굽은 튜브" 라는 뜻이었다. 그것은 현재의 총 뒷부분에 부착되어 있는 개머리판의 모양에서 그 이름이 유래된 것이며, 인간 체형에 맞도록 편하게 고안되어, 지금까지 견착식 무기의 특징이 되고 있다. 무거운 개머리판은 100~130cm 길이의 총열을 지지할 수 있었다. 탄약 꽂을대가 추가되어 복잡하였지만 개머리판 때문에 화약무기의 위력과 정확도는 획기적으로 향상되었다. 총의 입구가 아닌 후미 점화구에 불을 붙임으로써 계속 사격할 수 있게 되었고, 점화구는 원래 위치인 총열 꼭대기에서 오른쪽 옆으로 옮겨졌다. 도화선을 손에 들고 다니는 대신 방아쇠에 부착하였다. 방아쇠를 당기면 도화선이 점화구에 닿도록 만들어졌다. 격발장치가 발명되어 아퀴버스(arquebus) 총은 알아볼 수 있을 정도로 현대식 모습을 갖추게 되었다. 이후 300년 동안 점화방식이 거듭 개선되었다. 화승 격발장치(firelock)는 회전격발장치(wheel lock)로 대체되었으나 비용이 너무 많이 들고 일반적으로 사용하기에 어려워 스냅헨스(snaphance)라고 알려진 부싯돌 격발방식(flintlock)으로 바뀌었다. 부싯돌 격발방식은 19세기까지 지속적으로 사용되었다.

점화방식에 일어난 변화와 별도로 휴대용 화약무기의 진보는 또 다른 관점에서 이해할 수 있다. 발전이 일정한 단계에 도달하게 되면 기술적 장치의 힘은 무게와 크기의 함수로 바뀌게 된다. 무기에 있어서도 중요한 것은 무게와 크기의 적절한 균형을 찾는 것이었다. 이 균형이 전술을 결정하였고, 또 다시 균형이 전술에 의하여 결정되었다. 초기의 화약무기는 작았으나 위력을 증가시키기 위해서 지속적으로 크기가 커졌다. 16세기 아퀴버스 화승총의 경우 발사되는 동안에 팔로써 지탱할 수 있었지만, 17세기 초의 머스킷(musket) 총은 그럴 수가 없었다. 총의 무게가 12내지 14파운드나 되어 양각 지지대로 받쳐야 쏠 수 있었다. 무게 때문에 휴대하기 힘들고 공격 시에 사용할 수 없었으므로 환영 받지 못했다. 총검은 16세기 경에 발명되었으나, 양각 지지대를 없애고 손으로 자유롭게 머스킷 총을 휘두를 수 있을 정도로 가벼워질 때까지 쓸모가 없었다. 머스킷 총은 무게를 줄이는 대신 위력이 떨어지게 되었다. 그러나 모든 사람들이 그러한 변화를 좋아하는 것은 아니었다. 18세기 중반 경에 마르셀 드 삭스(Marchel de Saxe)는 벽에 붙여 회전식으로 사용하거나 수레에 부착하여 사용하는 훨씬 무거운 머스킷 총인 "경야포" 도입을 요청하기도 했다. 이렇듯 서로 다른 질적 요구들이 충돌과 상호작용을 하면서 발전하게 되었다.

문(文)과 무(武)는 전통적으로 사이가 나쁘지만 숙식을 같이 하는 동료와 같기 때문에, 메츠(1324), 플로렌스(1326), 브리튼(1327) 등지에서 발견된 대포에 관련된 현존하는 최고의 문서는 대포의 군사적 사용보다는 제작과 판매에 관한 내용으로 가득 차 있다. 휴대용 화약무기와 마찬가지로 대포는 화약을 채우고 점화구를 통하여 불을 붙였다. 초창기의 대포라고 생각되지만, 대포는 휴대용 화약무기와는 달리 튜브 형태로 만들어진 것이 아니고, 목재 받침대 위에 놓인 단지(pot) 안에서 무거운 탄환을 발사하였다. 초기의 아주 형편없는 상태에서 시작하여 이제 더 이상 당시의 가용한 수단으로는 주조할 수 없을 정도로까지 기술이 급성장하였다. 새로운 제조방법들이 발견되어야만 했다. 초기에 관(tube)이라고 불리었던 총(gun)은 총열(barrel) 형태로 발전되었다. 총열(barrel)은 술통처럼 세로 판자를 가로 막대기로 함께 묶어 놓은 것이었다. 이러한 제조방법으로 만들어진 초기의 대포(cannon)는 적과 사용자 모두에게 피해를 줄 수 있는 위험이 있었다. 그러나 15세기 동안 대포는 위력과 크기 면에서 상당한 발전을 보였다. 15세기 후반, 봄바르드(bombard) 대포가 직경 1m 정도의 돌을 (무게 1톤 이상) 쏘았다. 대포는 너무 무거워서 이동할 수 없었으며, 1453년 터키인들이 콘스탄티노플을 공격할 때 사용하였던, 현지에서 만들어 사용하는 공성무기를 닮았었다. 봄바르드 대포를 받치는 무거운 목재 썰매를 분리하여 수송하였을 뿐만 아니라 때때로 포열 자체도 두 개의 조각으로 나누어 이동하고 나사로 조립하도록 하였었다.

초기 대포는 엄청난 무게 때문에 주로 공성전투에 사용되었다. 일반적으로 대포의 무게를 줄이는 것이 야지에서 효과적으로 사용할 수 있는 관건이었으며, 대포 무게 자체도 중요하지만 가벼워야 마차 바퀴 위에 총열을 얹을 수 있었기 때문이다. 두 가지 발전이 대포를 실용적인 것으로 만들었다. 그 하나는 16세기 경 흑색 화약(fine powder)을 낱알 화약(corned powder)으로 교체함으로써 가능해진 연소 속도 향상인데, 연소 속도가 빨라져서 동일한 크기의 탄환을 훨씬 강하게 발사할 수 있게 되었다. 다른 하나는 단일 조각의 철이나 동으로 된 총열을 만들 수 있는 주조기술의 발전이다. 돌 탄환은 점차 사라졌고 성벽에 맞을 때 산산조각 나지 않는 철제 탄환으로 바뀌었다.

캐논 대포의 크기가 계속 작아지게 되었다. 구스타프 아돌프스는 – 전장에서 쉽게 다룰 수 있도록 놋쇠 총열과 가죽 카바로 된 3파운드짜리 대포와 같은 가벼운 가죽 대포를 만들기도 하였다.– 공성 작전에는 48파운드의 탄환으로 성벽을 깨는 번거로운 공성기계를 사용하고 있었다. 그리고 18세기 그의 후계자들은 24파운드짜리 탄환을 사용하였으나 이는 물을 이용하지 않으면 거의 이동할 수 없었다. 1759년과 1780년 사이에 획기적인 발전이 있었는데, 캐논 대포의 무게가 감소하게 되자 프레드릭 대왕과 그 후 프랑스 기술자인 그리발디는 말이 끄는 포병을 창설하고 전장에서의 기동성을 높였다. 그러나 이러한 모든 것들은 지엽적인 것이었다. 300년 전에 찰스 3세가 사용했었던 것과 1796년에 나폴레옹이 이탈리아를 침공할 때 사용했었던 것과 근본적인 면에서는 별로 차이가 없었다.

휴대용 화약 무기와 마찬가지로 캐논 대포의 초기 시절에도 획기적이고 다양한 발명들이 있었다. 이러한 발명이란 대포 자체에 관한 것 보다는 탄환에 집중되었다. 철제 탄환이 돌 탄환을 대체한 것은 이미 언급하였다. 가끔 돌 탄환을 철제 살대에 끼워서 사용했던 중간단계도 있었다. 14세기가 끝나기 전에 폭약을 채우고 퓨즈를 장착한 속이 빈 철제 탄환이 발명되었다. 17세기에는 연결 탄환을 만들어 실험하였으며, 2개 탄환을 체인으로 연결하여 하나의 총열에서 발사하였다.(두 개의 총열에서 동시에 사격하려고 시도하였으나 정확한 조정이 어렵고 너무 위험하였다.) 18세기 초기에는 포도탄과 산탄통이 발명 되었는데, 이는 한 개의 총열로부터 수많은 작은 탄환을 쏘는 방식으로 둘 다 근거리에서 대인살상용으로 적합했었다. 이러한 발명에 관한 자료는 대부분 없어졌다. 19세기 후반에 이르러서 포탄에 불을 붙이는 문제, 즉 대포를 쏠 때 포열 안의 추진 화약에 불은 붙이는 것보다 표적에 떨어진 포탄이 폭발하도록 불을 붙이는 쪽으로 발전하였다. 연쇄탄(chain shot)은 해전에서 대단히 유용한 것으로 입증되었는데, 세로로 나란히 날아가는 포탄들은 적 선박의 돛대와 목재로 된 구조물들을 관통하여 크게 절단하였기 때문이다. 따라서 포도탄(grape), 산탄통(canister), 둥근 고체탄환(solid roundshot) 등이 일반적으로 사용되었다. 고체탄환(solid ammunition)은 공성전투, 해전 등에서 벌겋게 달구어 소이탄 용도로 종종 사용되었다.

15세기 동안 그리고 그 이후 새로운 무기들은 엄청난 저항을 만났다. 이러한 반대의 목소리들은 그 당시의 군사기록물에서 뿐만 아니라 문학작품을 통해서도 발견할 수 있다. 이를 반대하는 견해는 서로 복잡하게 얽혀 있지만 크게 2가지로 구분된다. 첫째는 소총을 사격할 때 귀족계급과 서민계급을 가리지 않고 쏘게 되었다. 방아쇠 하나를 당김으로써 평민이 귀족을 살해할 수 있어 그들이 전쟁에 나가는 것을 즐거워하게 되었고, 이것이 후에 정치 문화 사회적 기반을 변화시키는데 촉매 역할을 하게 되었다. 둘째는 말 등에서 화약무기를 장전하고 조준하는 것이 곤란하였다. 아퀴버스 총의 변형으로서 훨씬 작은 피스톨(pistol) 총과 칼빈(carbine) 총을 만들어 16세기 동안에 사용하였지만 둘 다 앞의 문제점을 해결하지는 못하였다. 창(lance)과 칼(saber)로 무장한 약간의 기병대가 필요하긴 했지만 군대의 대부분이 마음 내키지 않는 선택을 하게 되었다. 기병은 말에서 내려 도보로 싸워야 했다. 그렇지 않으면 기병의 군사적 효용가치가 없어지게 되었기 때문이다. 중세시대의 기병과 보병 간의 오랜 세력 다툼이 있은 후 그 어느 때보다도 훨씬 더 보병이 강력하다고 다시 주장할 수 있게 되었고, 이는 중세 후반 르네상스 시대의 사회적 기반이 되었다. 이것은 이집트의 통치 계급인 맘럭 왕정이 무사계급들의 군사적인 효과를 다소 희생시키더라도 그들의 말을 기르고자 했었던 것과 다른 것이었다. 이집트는 기병을 버리지 못하고 집착하여 1514~1515년 오토만 터키에게 패하고 정복당하는 원인의 하나가 되었다. 그렇지만 이집트 맘럭 왕정이 무사계급을 존속시킨 것은 300년 후의 나폴레옹 정복이 있을 때까지도 사실상 왕정 세력을 보전하도록 해주는 합리적인 결정이었다.

사회적 문화적 배경에 뿌리를 둔 화약무기에 대한 저항이 일반적으로 화약무기의 수용이 느렸던 이유의 전부는 아니었다. 활 및 기계식 대포(mechanical artillery)와 비교할 때 초기의 화약무기는 크건 작건 간에 신뢰성, 정확성, 발사속도, 화력 등에서 형편없었다. 초기의 화약무기들은 심리적 효과 때문에 사용되었고, 그래서 화약무기의 가장 가치 있는 특성은 소음이었다는 설도 있었다. 그러한 것도 사실이었다. - 그러나 새로운 기술의 심리적 충격도 확고하게 나타나지 않으면 그 효력이 곧 사라져버린다. 사실상 서로 다른 무기에 대한 상대적인 효과에 대한 논의들이 1350년 이후 계속되었다. 즉 장궁, 석궁, 휴대용 화약무기 등이 15세기에도 나란히 사용되었고, 영국은 실제로 1627년에 프랑스와의 전쟁에서 장궁을 사용하였다. 그 이후 18세기 벌겋게 달군 대포 탄환이 발명되기 이전까지 기계적인 포병이 불을 지르는 유일한 수단으로 사용(불화살의 용도)되었고, 이것 역시 매우 느리게 발전하였다. 17세기 초반까지 제한된 용도로 사용되고 있었다.

화약무기가 활이나 기계식 대포의 효과를 능가하는 것은 그만두고 따라잡는 데에도 오랜 기간이 걸렸으므로, 화약무기가 전장에 미친 영향은 갑작스럽지 않고 점진적이었다. 기술적인 단순함에도 불구하고 매우 효과적이었던 고대 무기에 압도되어 사라졌던 무기들이 다시 부활하는 것과 일치하였기 때문에 화약무기가 점진적으로 발전되었음이 증명되었다. 15~16세기 동안에 스위스는 창(pike)과 이 창을 휴대하는 팔랑스 같은 전투 대형을 부활하였다. 이들은 합스부르크 군대와의 전투에서 이를 처음 사용했고, 부르군디 공의 군대와 대결할 때 사용하였으며, 후에는 프랑스 왕의 용병이 되어 사용하였다. 창병(pike) 부대에 대응하기 위하여 스페인은 로마식 검과 방패를 지닌 무사 집단을 창설 시험하였다. 이는 많은 휴머니스트들처럼 로마의 향수에 사로 잡혀 있던 마키아벨리가 격찬을 했던 해결책이었다. 그러나 스페인도 스위스도 이러한 무기에만 의존하지 않았다. 할버드(halberd), 아르발레스트(arbalest), 권총(handgun), 심지어 캐논(cannon) 대포에 이르기까지 자유롭게 소지하였다.

이 혼성 조합 가운데 어느 것이 우수한지를 찾아내는 데는 상당한 시간이 걸렸으며, 오늘날처럼 그 당시 무기를 휴대할 수 있는 환경이 다양했기 때문에 더욱 시간이 많이 걸렸다. 다양한 무기를 조합하여 사용하게 된 것이 자주 찬반 양론의 주장이나 토론을 낳게 했으며, 전쟁 승패의 본질이 무기의 고유한 성능에 있는 것이 아니고 오히려 그것들이 어떤 장소와 시간에, 어떤 군대에 의해서 잘 운용되었는가, 혹은 잘못 운영되었는가에 달려있다고 주장하게 되었다. 마키아벨리가 지적하였듯이 그러한 토론에서 오늘날과 같은 군사적 효용성에 대한 것은 거의 언급되지 않았고 특별한 요청을 포함한 정치 사회 문화적 고려사항들이 포함되었다.

그리하여 15세기에는 엄청난 혼란에 빠지게 되어 각국의 군대는 무기와 전술을 나름대로 특이하게 배합하여 이를 고수하였으며, 16세기에 이르러 질서와 획일성의 외관을 다시 갖추게 되었다. 특히, 1525년 파비아(Pavia) 전투에서 프란시스 1세의 군대는 스페인 합스부르크의 칼 대제 군대에게 크게 패하였다. 아퀴버스 총을 휴대한 1500명의 칼 대제 병사들이 프랑스 기병을 공격하여 완전히 혼란에 빠뜨린 것이 전쟁의 승패를 가늠하는 결정적인 순간이 되었다. 그 이후 화약무기가 장차 전장을 휩쓸게 된 것은 의심할 여지가 없다. 군대는 효용성을 고려하여 창병(pike)부대, 소총(handgun), 포병(artillery), 기병(cavalry) 등을 조합하여 운용하였으며, 정확한 정보가 있건 없건 간에 병종간의 정확한 배합 비율은 매번 토론거리가 되었다. 사용하는 무기는 각각 나름대로의 강점과 한계가 있었다. 따라서 군대 지휘관의 실질적인 전투 기술은 무기의 우수성을 확보하는 것보다는 일반적인 적군, 특히 전투 중인 적군에 대하여 각 무기들을 효율적으로 조합하여 취약점을 제거하고 강점을 발휘하도록 하는 것이었다. 가장 큰 승리는 단순한 기술의 우위에 달려 있는 것이 아니고 이편의 장점을 저편의 약점에 신중하게 결부시켜, 양쪽 사이에 가능한 큰 갭을 만드는 데 달려 있었다.

다양한 무기를 조합하는 데는 항시 어려움이 따랐고 그러한 문제들을 해결하기 위하여 많은 방법들이 구상되었다. 창병부대가 좋은 예이다. 창(pike)은 17세기 중반까지 가장 많이 사용된 유일한 무기였다. 창의 우수성은 "전장에 참여하다(to participate in the war)"란 말의 동의어로서 "창을 끌고 가다(to trail a pike)"라는 어구를 사용하는 데서 잘 알 수 있다. 창병부대는 근접전에 적합하였는데 거대한 조직의 힘과 빽빽한 창숲을 결집하였기 때문에 적이 대항하기 어려웠다. 그러나 창병부대의 위력은 절대적으로 대형 속에 있는 병사들에게 좌우되었지만, 18피트(5.4미터) 길이의 창을 가진 창병들은 가볍고 민첩한 적 앞에서 거의 무력했다. 창병으로 구성된 경직된 전투 대형을 연병장이 아닌 거친 지형에서 운용하는 것은 어려웠다. 특히, 스페인식의 야전 축성으로 강화된 이탈리아 지형에서 창병 전투 대형을 운용하는 것은 어려웠다. 거대한 창병 전투 대형은 화약무기, 특히 포병들의 아주 좋은 표적이 되었다. 프랑스 포병은 마침내 1515년 마랭고 전투에서 창병으로 구성된 스위스 팔랑스를 격퇴하였다.

창병으로만 구성된 군대는 적과 부딪쳐 밀어내는 것 외에 다른 방법으로 타격할 수 없었다. 결국 국가적 무기로써 창병 제도를 만든 스위스까지도 전투를 개시하기 전에 적의 전투 대형을 허물어뜨리기 위하여 석궁과 같은 투사무기를 휴대한 부대와 창병을 조합하여 전투를 하게 되었다. 그러나 석궁은 1450년부터 점차 소총(handgun)으로 바뀌었다. 만약 소총이 실제로 효과가 있었다면, 전쟁에서 소위 창병의 밀어내기식 근접전은 가능하지 않았을 것이다. 효과가 별로 없었기 때문에 15세기 동안 아퀴버스(화승총) 부대와 창병들을 혼합 및 상호 보완하는 방법에 따라 전쟁에서 승리가 좌우되었다. 따라서 16세기 후반에서 17세기 초반의 군대는 창병 팔랑스를 아퀴버스(화승총) 부대가 둘러쌌다. 화승총병은 마지막 한발까지 발사하고 난 뒤 창병 뒤로 철수하거나 팔랑스 대형 안으로 들어갔다. 시간이 지남에 따라 창병과 화승총병 간의 비율은 바뀌었으며 창병은 줄고 화승총병이 늘었다. 이어서 하나의 무기에 창과 화승총의 장점을 결합한 대검 소총이 발명되었고, 결국 창병 팔랑스를 버리고 동일한 형태의 보병부대 체제를 창설하게 되었다.

화승총과 창병으로 구성된 팔랑스는 팔랑스 간의 공격과 방어에는 적합하였으나, 기동력이 거의 없어서 기병을 만나게 되면 기병이 공격하지 않는 한 퇴치할 방법이 없었다. 기병의 위협 때문에 팔랑스는 대형의 간격을 좁히게 되었는데, 이번에는 적 포병의 포탄이 팔랑스 속으로 떨어지게 되었다. 포병도 기동력이 부족하여 전반적으로 공격보다는 방어에 적합하였다. 포병을 사용함으로써 적의 팔랑스를 흐트러 놓을 수 있으므로 이상적으로 전투를 하려면 기병과 밀접하게 협조해야 되었다. 이러한 기병의 역할을 보완하기 위해서 기병은 짧은 화약무기와 날카로운 창검을 휴대하도록 했다. 그러나 화약무기와 창검을 조합하여 사용하는 것은 만족할 만한 것이 못되었다. 말을 타고 이동하면서 화약무기를 조준 사격하는 것이 어려웠고, 질서 정연한 보병 전투대형을 창검의 위력으로 격파하는 것은 역부족이었다. 따라서 그 당시 "전술"이라는 것은 전투를 개시할 때 기병을 사용하여 적으로 하여금 팔랑스나 사각형 밀집대형을 만들도록 하고, 그 다음 포병을 사용하여 적의 밀집대형을 깨고, 이후 약화된 적을 보병으로 공격하고, 마지막으로 기병을 보내어 최후의 일격을 가하는 것이었다.

물론 이것은 이상적인 순서를 말하는 것이다. 실제 적용 순서와 방법에는 제한이 없었다. 보병은 기병과 포병으로부터 자신을 방어하기 위해서 험한 지형의 엄폐물 뒤에 몸을 숨겼으며, 포병에 대해서는 엎드리는 것만으로 자신을 보호할 수 있었다. 대포의 사정거리가 짧고 발사 속도가 느렸기 때문에 말 탄 기병이 돌격하여 대포를 노획할 수 있었다. 대포를 포획한 다음 방향을 돌려서 대포를 소유하였던 적을 공격하거나 점화구에 못을 박아서 못 쓰게 만들었다. 운 좋게도 기병이 밀집대형 밖에 떨어져 나와 있는 보병을 잡게 되면 전투 아닌 대량 학살이 벌어진다. 실제로 모든 전투마다 전선을 따라 다른 지역에서 이런 일이 동시에 일어났고, 예비 부대를 보유하고 있다가 혼란, 소음, 연기 속에서 상황이 파악되는 대로 적절하게 예비대를 사용하는 쪽이 승리하였다. 다양한 환경과 지형의 영향으로 수많은 전투 대형과 전술의 조합이 나타났으며, 너무나 다양해서 예상했던 전투에서 전세를 주도할 수 있는 무기를 선택할 수 없었다. 그럼에도 불구하고 어떤 대형과 전술들은 다른 것 보다는 효과적이라는 것을 알게 되었다.

16세기의 전술적 혁신 중 가장 중요한 것은 훈련이었는데, 이는 기술 발전의 원인이자 결과였다. 훈련은 그리스, 로마 군대에 잘 알려져 있었으며 훈련을 통하여 잘 협조된 보병 전투 대형을 편성하고 기동하였으나, 중세 들어 군대가 기사 위주로 구성되면서 훈련은 눈에 띄게 감소하였다. 초기의 화약무기는 몇 가지 서로 연관된 이유 때문에 훈련이 필요하였다. 첫째 이유는, 화약무기의 상대적인 복잡성으로 인하여 실수할 소지가 많아졌다. 병사들을 사전에 조심스럽게 훈련시켜 놓지 않으면 화약의 양을 두 배만큼 많이 넣거나 탄약 꽂을대를 빼지 않고 사격하여 자신과 동료들에게 불행한 결과를 초래하기 때문이었다. 둘째 이유는, 훈련에 의하여 군대를 정확하게 정렬시켜서 서로 사격선을 막지 않도록 함으로써 사고를 줄이고 화력을 극대화할 수 있었다. 셋째 이유는, 느린 발사 속도와 부정확성 때문에 부대 단위로 협조된 상태에서 화약무기를 사용할 수밖에 없었고, 있는 대로 탄환을 장전하여 어떤 때라도 발사하도록 보장하는 것이 절실하게 요구되었다. 넷째 이유는, 창병과 머스킷 총을 휴대한 병사로 구성된 전투 대형은 수시로 전투 대열을 열고 닫아야 했으며 - 종종 반복되었고 - 다른 복잡한 진화처럼 반복해야 되었다. 총검이 발명되어 이 문제에 종지부를 찍게 되었다. - 그러나 나머지 문제점은 해결되지 않은 채 오래도록 남아 있었다. 이 해결되지 않은 문제들에 대한 답은 훈련이었으며, 이를 위해 15세기에는 북을 도입하고 17세기에 제복을 도입하게 되었다. 최초의 현대적인 위대한 훈련가로서 나쏘의 모리스 왕자를 손꼽을 수 있으며, 최초의 훈련서적이 17세기 네덜란드에서 출간되었다. 훈련에 관한 세부적인 동작과 전개 방법 등을 기록한 책이 나오자, 곧 직업전문가 및 아마추어들은 이를 전문적인 문헌으로 확산하였으며, 아마추어들도 전쟁을 신사 교육의 일부분으로 간주하는 시대정신에 부응하여 행동하였다. 작가들 사이에 경쟁이 벌어져 많은 지적 산물이 나타났으나 너무 복잡하여 실제 사용할 수 없거나 종종 상상 속에서만 가능한 것들이었다. 나폴레옹 이후의 해설가들은 초기 현대전과 특히 18세기 전쟁의 형식주의를 비웃는 경향이 있었지만, 그 당시의 훈련 교범들은 실제 필요한 사항들을 반영하였다. 그 시대 무기의 특성을 감안할 때 훈련을 받지 않은 병사들이 대규모 전투 대형에서 이런 무기를 사용하는 것은 거의 불가능하였다.

그 시대의 가장 중요한 발전은 사용 무기의 사격 속도와 신뢰성을 점차적으로 증가시킨 데 있었다. 발사장치의 지속적인 발전뿐만 아니라, 화약과 솜뭉치, 탄환을 종이로 만든 통에 담은 탄환통 – 구스타프 아돌프스가 손수 만들었다고 함 – 이 개발됨으로써 사격속도 및 신뢰성이 증가하게 되었다. 개선된 무기와 탄약으로 인하여 보병들은 전장에서 널리 흩어져 더 큰 위력을 발휘할 수 있게 되었다. 따라서 전투대형에서 횡렬 대열의 수는 감소하였으며 스피놀라와 나쏘의 모리스와 같은 17세기 지휘관들의 군대의 경우 횡렬 대열이 8~10개였으나, 말보르 군대 때에는 4~5개로 감소하였다. 1740년, 나무로 만든 탄약 꽂을대가 쇠로 바뀌어 사격 속도가 증가되었으며, 3개 횡렬 대열을 채택할 수 있게 되었다. 18세기 말에는 2개의 횡렬 대열이 가끔 사용되었는데, 첫째 열이 사격하고 둘째 열은 탄환을 장전하였다. 이때까지 보병은 계속 성장하여 전초병을 구성하는 수준에 도달하였지만, 밀집된 보병으로서 질서 정연한 전투대형을 만드는 원칙은 그대로 적용되었다. 조미니의 『전쟁술 개요』는 그 시대의 가장 훌륭한 군사 서적 가운데 하나이며 필독서였다.

전투 시 필요한 대열의 수가 정확하게 몇 개이든 간에 그 대열의 수는 환경과 군대에 따라 각기 달라질 수 있으므로 안전과 효과 양 쪽 모두를 고려할 때 정확하게 협조된 전투대형으로 무기를 사용할 필요가 있었다. 적의 화력 앞에서 대단한 집중과 성벽과 같은 부동의 자세가 요구되었으며, 이러한 자질은 수년간의 훈련 및 철저한 반복을 통해 얻어질 수 있었다. 사용하는 무기의 부정확성, 그에 따라 적에게 최대한 근접하여 사격하라는 지휘관들의 요구 – 적 눈의 흰자위가 보일 때까지라는 어구가 말해주듯이 – 때문에 훈련이 필요하였다. 최대한 가까운 거리에서 사격하기 위하여 양쪽 편은 가능한 순간까지 사격을 억제하였다. 마지막에 사격을 하는 것이 몇 가지 장점이 있었으며, 유명한 폰테노이(Fontenoy, 1743) 전투의 사격처럼 서로 사격을 주고받게 되었다. 그 전투에서 영국과 프랑스는 정중하게 상대방에게 먼저 사격하라고 권하였다. 장애물이 없는 경우, 유효 사격 거리에서 일제히 사격하면 상대방에게 10~15%의 사상자 피해를 줄 수 있었다. 이러한 상황 하에서는 훈련이나 창으로 무장한 장교들이 뒤에서 통제하여 잡아두지 않으면, 병사들은 당연히 뒤로 돌아 도망가게 마련이다. 이런 상황에서 병사들을 혼이 없는 로봇식의 거위걸음으로 분당 90보씩 전방으로 어김없이 걷게 만드는 군대가 가장 훌륭하였다는 것은 놀라운 일이 아니다. 분당 90보 속도를 처음 초과한 것은 프랑스 군대의 마띠네 장군이었다. "졸병 왕"으로 알려진 프러시아의 프레드릭 빌헬름 왕이 병사들을 발로 차고 때리는 등 잔인하게 지휘하여 분당 90보 속도를 능가하였으며, 그의 아들인 프레드릭 대왕은 그 당시 중앙 유럽 전장에서 최고의 전투력을 입증하였다.

화약무기 역할이 점점 커지자 보병들이 사용하던 칼날 무기(edged weapon)가 점차 기능을 상실하게 되었다. 첫 번째로 두 손으로 잡는 자루가 긴 도끼와 미늘창(halberd)이 17세기 초기에 완전히 사라졌다. 곧이어 칼도 사라지게 되어 20세기에 이르러서 칼과 창은 의전 행사용으로 사용되었다. 18세기 초, 창이 사라지면서 창을 소지하였던 보병 처리 문제가 상당히 신속하게 진행되었으며, 클라우제비츠는 이것을 주요한 전환점으로 간주하였다. 이 시점에 총검이 나왔는데, 총검은 기병과 보병에 대항하는데 중요한 무기였다. 1830년 이전에도 총검 돌격이 희귀한 것은 아니었으나, 그 빈도는 시간이 지남에 따라 감소했다. 나폴레옹의 외과 의사였던 라레이는 당시 그가 치료한 사상자의 비율은 총검 부상자 한 명당 소총 및 대포 부상자는 백 명 꼴이었다고 기록에 남겼다. 여전히 총검은 칼이나 창과 같은 지원 무기가 없으면 안 되었다. 18세기의 무기와 다른 점은 있지만 총검은 오늘날까지 한정된 임무에 사용되고 있다. 그 가운데 캔 오프너로서 사용되는 경우가 가장 많겠지만.

보병 무기의 화력이 증대되고 기병의 역할이 자연히 감소하기 시작했으므로, 전반적인 시대 조망은 기병 수가 감소하는 관점에서 바라보아야 한다. 기병은 중세 전장에서 명예로운 자리를 차지하였다. 18세기 초, 가장 우수한 군대에서 기병이 차지하는 비율은 대략 1/3 정도였으며, 그 이후 100년 동안 그 비율은 1/4에서 1/6까지 감소하였다. 경 기병이건 중 기병이건 기병부대는 보병부대처럼 화약무기와 칼날 무기(edged weapon)를 조합하여 무장하였으며, 경우에 따라 칼날 무기(edged weapon)의 중요성이 높을 때도 있었다. 보병처럼 기병도 갑옷을 벗어버리게 되었으나 그 속도는 훨씬 느렸다. 몸 전체를 감싸던 갑옷은 단지 무릎만 가리는 갑옷으로 교체되었으며, 그 과정은 17세기와 18세기에 걸쳐서 진행되었다. 1815년 워털루 전투까지 투구와 가슴받이 갑옷이 남아 있었으나, 19세기 후반에는 전 세기의 유물로 전락해버렸다.

그럼에도 불구하고 기동력이라는 유일한 특성 때문에 기병은 계속해서 중요한 역할을 수행하였다. 전초, 수색정찰, 추격 등 다른 부대가 수행하기 곤란한 일들을 수행하였다. 흔히 있는 일이지만, 역시 구스타프 아돌프스(Gustavus Adolphus), 크롬웰(Cromwell), 말보루(Marlborough), 찌텐(Ziethen), 무라트(Murat) 같은 명장들은 전투가 절정에 달했을 때 기병 돌격을 감행하여 적의 전투대형을 깨트리고, 결정적인 승리를 쟁취하였다. 1800년 경에는 기병 없는 군대는 있는 군대에 대하여 매우 불리하였다. 그렇지만 기병은 보병, 포병, 기병의 3개 부대 가운데 가장 중요성이 떨어졌다.

점차 기병의 역할이 감소되면서 포병의 역할이 증대하였다. 18세기 초기, 400명당 캐논(cannon) 대포 1문을 보유한 부대라면 전투력이 강하고 공성전투도 잘 수행할 수 있다고 생각하였다. 이와 대조적으로 1812년 보르디노 전투에서 프랑스 군대는 200명당 캐논 대포 1문을 갖고 있었다. 이는 1500년 이후 사용된 캐논 대포와 비교하여 기본적으로 크게 다른 것은 아니었으나 주조기술의 발전(보다 가벼우면서도 큰 압력에 견딜 수 있도록)과 군대조직의 변화 때문에 상당한 기동성을 갖게 되었다. 결국 공격용 무기로서 포병의 유용성은 점차 증가하였다. 직접 사격방법으로 캐논(cannon) 대포를 사격하였지만 유효사거리는 머스킷 총의 5~6배에 도달하였다. 나폴레옹과 같은 포병 천재 덕택에 대포는 전장을 종횡무진 누비게 되었으며, 적의 맞은편 개활지에 집결하여 적의 보병 전투대형에 커다란 구멍을 만들었다. 제일 먼저 총검을 든 보병 대열이 구멍을 확장하고, 곧이어 중 기병들이 투입되어 돌파된 적 대형 양측면의 병사들을 난도질하여 혼란에 빠뜨렸다. 잘 훈련된 포병부대는 어느 군대에도 없어서는 안 될 존재가 되었다. 그러나 포병은 세 가지 병종 부대 중에서 자체 힘으로 전투하기에는 가장 약한 존재였다.

전반적으로 1500년과 1830년 사이의 기간은 상당히 꾸준하게 기술적 진보가 있었던 시기라고 특징지을 수 있다. 이는, 이전 시기와 대조적으로 고대 무기로 되돌아가는 것이 없었음을 의미한다. 현대 수준에 이르기까지 완만한 발전 상태가 계속되는 과정에서, 어떤 무기는 점차 진부화 되어 새로운 무기에 밀려 사라져 갔다. 결론적으로 세월의 흐름에 따라 기술적으로 가장 앞선 정치 집단만이 경쟁에서 살아남을 수 있었고, 그 나머지는 중도 탈락했다. 18세기 전반기에 살았던 몽테스퀴외(Montesquieu)는 그 때까지도 로마 군대를 지지 하였지만, 핵심은 구스타프 아돌프스 군대가 나폴레옹이나 맥(Mack) 장군의 군대와 싸워서 승리할 가능성이 없는 지점에 도달했다는 것이다. 당시 사람들은 현재의 적과 잠정적인 적에 대하여 기술적으로 뒤지지 않고 – 가능하면 앞서 가는 것도 좋지만 – 발전해야 하는 것의 중요성을 확실하게 인식하고 있었다. 그 중에서 헨리 8세, 나쏘의 요한(그의 사촌이 모리스 장군임), 구스타브 아돌프스, 삭슨의 모리스 등은 새로운 무기에 대해서 다양하게 실험하고 실질적인 교훈을 얻었다.

그러나 다른 측면에서 보면, 군사기술의 발전 속도는 아직도 더디어 지휘관들은 자기 전 생애 동안 새로운 무기를 보지 못하고 거의 동일한 무기를 사용하게 되었다. 따라서 기술의 우위에 의해서 결정적인 승리를 획득한 지휘관은 한 명도 없었기 때문에 기술의 발전이 승리에 기여하였다고 보기 어렵다. 위대한 지휘관들이 종종 창안하여 사용했던 아주 다양한 전술들을 기술적인 면만으로 설명할 수는 없다. 예를 들자면, 스피놀라(Spinola)와 모리스(Maurice of Nassau) 장군은 둘 다 아퀴버스(arquebus) 화승총을 주로 사용했지만, 모리스는 전술제대로서 대대를 만들어서 아퀴버스 총의 전술적인 사용을 시험했고, 반면에 스피놀라는 그렇지 않았다. 이와 같은 예는 프레드릭 대왕의 사선 전술(oblique order)에서도 찾아볼 수 있는데, 프레드릭 대왕의 부대가 사용한 머스킷 총과 적의 무기와의 차이에서 이러한 전술이 머리에 떠올랐다기 보다는 테베의 명장 에파미논다스(Epaminondas)의 저서를 탐독한 결과에서 나온 것 같다. 나폴레옹도 적보다 결정적으로 우세한 기술을 보유하지 않았기 때문에 종종 적의 보급 창고를 점령하여 자기의 군대에 편입시키는 정도에 불과하였다. 무기와 장비 수준이 거의 비슷할 때, 강대국 간의 충돌에서는 통상적인 것이지만, 그 전쟁의 승패를 결정짓는 요소는 기술이 아니고 하드웨어, 훈련, 군사 원칙, 조직 등을 하나의 결정적인 통합체로 조합해서 만드는 능력에 달려 있다. 이 결정적인 통합체는 완전해야 한다. 서로 다른 각각의 구성요소들이 잘 결합될 수 있도록 짜맞추는 감각은 물론이고, 당면하고 있는 적과 환경 그리고 목표와 관련해서 항시 적보다 우위에 있도록 하는 면에서 이 결정적인 통합체는 완전해야 한다. 1500~1830년 기간 동안에는 그러하였으며, 지금도 항시 그렇고 미래에도 이와 같이 될 것이다.

제7절 공성 전투

화약이 등장함으로써 야지 전투에 획기적인 혁명이 일어났지만, 당시 사람들은 화약이 공성 전투에 미치는 효과도 잘 알고 있었다. 16세기 초 요새와 대포의 경쟁 관계에 대하여 상호 비교 및 분석한 것이 많았으며, 한동안 신사 정규교육 과목 가운데 하나가 되었다. 그 후 18세기 동안 이에 대한 논쟁 범위가 급격히 확대되어 군사 분야에 한정되지 않고 사회, 경제, 정치 분야에 미친 영향까지 다루게 되었다. 화약이 등장한 후 대포가 성을 무너뜨렸으며 그 결과 봉건주의가 무너졌다는 논쟁이 일어나 이를 오늘날까지 주장하고 있다. 그러나 그것은 토론의 여지가 있다.

유럽에 화약무기가 등장한 것은 14세기 초로 거슬러 올라간다. 초기의 화약무기는 요새지보다는 사람을 대상으로 사용하였음이 분명하며, 그 효과는 물리적인 만큼 심리적인 것도 있었다. 대포와 성에 관련된 최초의 기록은 포병이 출현한 후 30년 이내의 것이지만, 이 기록에 의하면 성을 공격하는 것이 아닌 방어하는 데 대포를 사용하였다는 것에서 중요한 의미가 있다. 1356년 노르망디 브레띄이으(Breteuil)의 영국 수비대가 존 2세 왕이 지휘하는 프랑스군에 의해서 포위되었다. 프랑스군은 당시 보편적인 기술들을 사용하여 해자를 메우고, 그 위로 공성 탑을 성벽으로 밀고 갔다. 처음 수비대는 공격자와 육박전을 하였는데 불 기계를 사용하기 위하여 갑자기 철수하였다. 이 에피소드의 내용을 기록하고 있는 프로이싸르(Froissart)의 교재는 확실한 것은 아니다. 거대한 탄환을 쏘아대는 대포를 말하는 것 같기도 하고, 또 전투용 탑에 불을 지르는 데 사용하였던 불화살을 이야기하는 것 같기도 하다. 그가 기록한 것이 정확하게 무엇을 의미하든 간에, 공성 전투와 관련하여 포병이 사용된 첫 번째 기록으로서 대포를 사용하여 방어한 쪽의 승리로 끝났다. 왜냐하면 프랑스의 전투용 탑이 불타고 나머지 병력들은 해자 안에 버려졌기 때문이다. 이 사건이 지난 며칠 후, 타지역의 위협을 느낀 프랑스 왕은 공성 전투를 빨리 끝내려고 하였다. 프랑스 왕은 강화 조건을 제시하고 수비대와 강화 조약을 체결하였다.

이후 대포를 사용하여 요새를 공격하거나 방어하는 방법에 대한 설명이 급속히 증가하였다. 14세기 후반에 씌어진 서적 『로니카 디 피사』에 1362년 피사 인들이 피에트라 부오나 성을 공격할 때 무게가 1000kg이나 되는 봄바르드(bombard) 대포를 사용했다고 기록되어 있다. 그러나 이 봄바르드 대포가 성벽을 얼마나 깨뜨렸는지에 대한 기록은 없다. 1357년 부르군디 공(the Duke of Burgundy)은 대포(gun)를 사용하여 깡를(Camrolles) 성을 손에 넣으려 하였다. 부르군디 공이 사용한 대포는 흥미롭게도 깡를 성 근처의 샤르뜨로(Chartres) 자치 시로부터 빌린 것이었다. 12년 후 아라 자치 시는 각 성문마다 대포(cannon)를 1대씩 배치하여 입구를 보호하는 대책을 세웠다. 1379~1380년 베네치아와 제노아 사이에 발생한 치오가(Chiogga) 전쟁의 공성 전투에서 양쪽 모두 많은 봄바르드 대포를 사용하였다. 고대시대의 발리스타(ballista)와 카타펄트(catapult)처럼, 대포는 공격과 방어 양쪽에 대처할 수 있도록 제작되었고 이것은 초기부터 이루어진 것이다.

최초의 캐논 대포는 다른 관점에서 보면 예전의 공성무기들과 유사했다. 초기 대포는 성벽을 부술만한 위력이 없었기 때문에 성벽에 굴을 파고, 벽을 뚫고, 공성 탑을 접근시키기 용이하도록 성벽 위에 있는 방어자들을 쫓아내는 데 주로 사용되었다. 세월이 지남에 따라서 캐논 대포와 공성기계들의 크기와 위력이 점차 증가하였으며 더불어 새로운 전술도 발전하게 되었다. 프로이싸르는 1377년 부르군디 공이 오드크루이크(Odkruik) 공성 전투에 140문 정도의 캐논 대포를 배치하였다고 설명하고 있다. 이 중 어떤 것은 직경이 35cm나 되며 100kg의 돌 탄환을 발사했다. 이것은 대포(artillery)가 성벽을 부순 최초의 성공 사례이며, 따라서 성을 점령했다. 이전의 돌 던지는 기계와 비교해 볼 때 대포의 성벽 파괴 능력이 커진 것은 힘보다는 캐논 포의 평평한 탄도 때문이었다. 평평한 탄도 덕택에 캐논 대포는 성벽의 한 지점을 조준하여 지속적으로 반복 타격할 수 있게 되었으며, 결국 성벽을 파괴하게 되었다.

중세의 성을 둘러싸고 있는 수직 성벽은 포병의 화력을 견디기에는 부적합하였다. 그 당시의 성벽은 적이 기어오르는 것을 막기 위하여 높게 만들었지만 포병의 좋은 공격 목표가 되었다. 땅굴을 파거나 충돌하여 성벽을 깨는 것을 방지하도록 설계하였기 때문에 기초부분보다 윗부분이 훨씬 얇았다. 이러한 것을 잘 알고 있는 공격자들은 높은 석조물을 아래로 무너뜨려서 성벽을 깨트림과 동시에 공격에 필요한 오르막 통로를 만들었다. 성벽을 쉽게 허물어뜨릴 수 있게 되자 성벽에서 부스러진 돌더미로 해자를 채우게 되어 해자를 극복하는 것은 더 쉬워졌다. 성벽의 윗부분은 높고 좁았으므로 그 위에서 대포(gun)를 사용하여 방어하는 것은 아주 곤란했다.

전쟁을 좋아하던 유럽 중세 후반 사람들은 이러한 단점들을 금방 알아챘다. 따라서 기존 구조를 개조하려고 시도하였으며, 그 과정은 몇 가지 단계로 나누어진다. 15세기 초에는 가로수 길로 알려진 넓은 통로를 차단함으로써 대문이 후방으로부터 보호 받도록 하였다. 다음에는 탑을 잘라 없애버리고 밖을 향하여 조준할 수 있는 포대를 만들기 위하여 흙을 채웠다. 그러나 중세시대 성탑들은 대부분 너무 촘촘하게 위치하여 포대를 만들 수 없었기 때문에 포 받침대를 장치하려는 시도는 방벽 쪽으로 옮겨갔다. 방벽의 높이를 낮추고 육중한 흙 경사지로 지지하였다. 이 작업은 기술 용어인 "rampiring"이라는 이름을 얻을 만큼 흔하게 일어났다. *rampiring*은 성벽이 포격을 견디어 내는데 도움을 주었지만, 조그마한 구멍이 생겨도 성벽이 밖으로 무너져내려 적의 돌격과 침입이 용이하게 되는 문제점이 있었다. 이러한 전 과정은 자연스럽게 일어나는 변천이었으며, 성으로 대표되는 거대한 사회 경제적 투자처를 구출하려는 시도라고 이해하는 것이 가장 적절할 것이다.

이러한 임시방편 조치들과 병행하여, 14세기 후반에는 캐논 대포 공격에 견딜 수 있는 새로운 요새지대를 건설하려는 시도가 있었다. 첫째, 요새지대가 대포 사격을 견디어 낼 수 있도록 방벽을 건설할 필요가 있었으며 둘째, 방어자가 대포를 사용할 수 있는 공간이 마련되어야 했었다. 이러한 두 개의 요구에 대한 대책으로 이탈리아, 프랑스, 영국 등에서는 방벽을 낮추고 두껍게 만들었는데, 방벽의 두께가 15~20m에 이르는 경우도 있었다. 다음은 라운델(roundel)이라고 알려진 둥근 욕조모양의 구조물을 만들기 위해 성탑을 없앴다. 라운델의 암벽은 땅에 수직으로 서 있지 않은 점에서 기존의 성벽과 차이가 있었으며 포탄이 튕겨나가도록 벽면을 안쪽으로 경사지에 만들었다. 그리고 라운델의 평평한 꼭대기에는 포 받침대가 있을 뿐만 아니라, 얼마 후 성벽에 붙박이 흉벽 총안과 둥근 포곽을 설치하였다. 이 곳에서 대포를 밖으로 향하게 하고, 포수들은 사각지대를 없애기 위해 교차사격 지역을 만들었다. 이러한 혁신에도 불구하고 15세기 후반의 요새들이 땅 위로 높이 솟아 있다는 점에서 그전의 요새들과 같았다. 높은 것이 강하다는 생각은 아주 오래전부터 전통적으로 확립되어 온 것이며 이 생각을 버리는 데 어느 정도 시간이 걸렸음은 당연한 일이다.

프랑스의 찰스 8세가 1494년 이탈리아를 침공했을 때 그 당시로서는 전례 없이 놀라운 공성기계를 동원하였다. 그가 맞닥뜨린 가장 현대적인 요새들은 위에서 기술한 형태들이었다. 이를 두고 미키아벨리는 군주론에서 "손안에 든 분필"처럼 무너졌다고 조롱하듯이 말했는데, 이는 이탈리아 수비대의 항복을 받는데 프랑스 장교가 성문에 분필로 표시하는 것으로 충분하였다는 것이다. 그러나 전쟁에서 흔히 있듯이 일방적인 승리는 오래가지 못하였다. 이에 대한 반작용으로 강력하고 효과적인 대응이 생겨났다. 16세기 처음 10년간 피사인과 베네치아인은 성의 외벽과 내벽을 도랑으로 분리하는 방법을 채택하였다. 그 결과, 외벽이 무너져 내리면 그것은 흙과 섞이지 않는 뾰족하고 울퉁불퉁한 돌로 만들어진 장애물을 만들게 되었다. 또한 이 장애물은 뒤쪽에서 내려다보는 성벽 위에 장치된 포구의 바로 밑에 놓이게 되었다. 1504년 조그맣고 허약한 도시인 피사가 그 당시 가능한 모든 수단을 동원한 프랑스군의 포위 공격을 견디어 낼 수 있었던 것은 바로 이러한 시스템 유지 때문이었다. 외벽과 내벽을 도랑으로 분리한 새로운 방책의 저력은 1509년에 더 극적으로 나타났었는데, 베니스를 분할할 목적으로 신성로마제국, 프랑스, 파팔국 등이 사악한 동맹을 형성하고 베니스를 공격하였다. 결국 동맹국들은 파두아를 포위했지만, 베니스를 함락하지 못하고 공격하던 군대를 철수하고 말았다. 그것은 축성이 견고한 탓도 있었고, 독일의 기사들이 말에서 내려 도보로 싸우기를 거부한 탓도 있었다.

그러나 소위 "피사의 방벽(rampart)"은 앞으로 등장할 것의 시작에 불과하였다. 1510년 이후, 한동안 흙과 나무로 된 요새들에 대하여 많은 실험을 했다. 1595년에 피트몬드의 산티아에서 벌어진 스페인의 공성 전투에서 산티아와 같은 요새는 수천 발의 포탄을 맞고도 끄떡없었다. 안토니오 다 산갈로와 미첼 디 상미첼리와 같은 이탈리아 기술자들은 항구적인 해결책을 찾으려고 열심히 노력했다. 1520년경의 어느 때인가 – 선구적인 것은 1470년과 1480년대로 거슬러 올라가지만 – 엄청난 방어 효과를 갖춘 혁명적이고 혁신적인 소위 "이탈리아형의 요새"가 탄생했다.

새로운 요새지대 체제는 세 가지 간단한 요소로 구성되어 있다. 첫째, 전체 구조물이 상당히 폭이 넓은 도랑 안쪽에 건축되었다. 땅 위에서 쏘는 투사물은 요새지까지 닿지 않으므로 결과적으로 공격부대 포병의 표적이 될 수 없었다. 둘째, 몽땅하고 쐐기모양의 탑과 길고 곧은 성벽을 조합하여 축성하였고, 특별히 만든 흉벽 총안의 대포, 또는 낮고 평평한 성벽 꼭대기에 탑재된 대포에서 도랑 전체를 내려다 보고 사격할 수 있게 되었다. 셋째, 능보(bastion)는 처음부터 성벽뿐만 아니라 능보 상호간 지원할 수 있도록 설계되었다. 따라서 능보는 모든 방향에서 밖으로 향하는 둔각 형태의 대칭적 양식으로 건축되었다. 이렇게하여 특색 있는 별모양 형태의 요새지가 탄생하게 되었고, 유럽 전역에 수백 개의 이탈리아형 요새지가 산재하게 되었다. 새로운 요소가 한꺼번에 모두 나타나는 것은 물론 아니었다. 그러나 1560년 경 뛰랭(Turin)의 요새지 건설 책임을 맡았던 프란시스코 파치오토 다 우르비노의 작품에서 이러한 핵심적 요소를 전부 발견할 수 있다.

이후 3세기에 걸쳐서 이탈리아형 요새는 이탈리아에서 프랑스, 영국, 독일 그리고 베네룩스 3국으로 퍼져 나갔고, 특히 이러한 요새지의 3중선은 큰 강이 있는 지형에 적합하고 지역적 조건에 잘 적용되었으므로 네덜란드는 이 요새지에 근거를 두고 반란을 일으켜 승리할 수 있었다. 일부는 공격자들의 증가된 위력을 보여주는 실제적인 도전 때문에 그리고 일부는 새로운 문제를 풀기 위해 항상 연구하는 기술자들의 선천적 천재성 때문에 요새는 주요한 2가지 방향으로 발전해 나갔다. 첫째, 점차 증가하는 캐논 대포의 사정거리 때문에 요새지를 더 크게 만들었고 구축하는 데 비용이 많이 들었다. 둘째, 요새지 외곽에 보조 방어물을 갖추기 시작했으며, 그것은 공격자가 대포를 사정거리 안으로 끌고 오는 것을 더욱 어렵게 만들었다. 처음에는 이 외곽 보조 방어물들이 별 모양의 끝점을 방어하기 위하여 위치한 고립된 능보형 구조물로서 이루어졌었다. 그러나 오래지 않아 외곽 보조 방어물과 요새지를 단일 구성체로 결합시키려고 시도하였다. 단일 구성체가 됨에 따라 그 후 훨씬 더 많은 외곽 보조 방어물이 생겨났다. 시간이 지나면서 이 과정은 여러 번 되풀이되었다.

그래서 17세기 초기까지의 요새들은 많은 요소들이 혼란스럽게 배치되어 엄청나게 복잡해졌다. 능보와 외곽 보조 방어물은 거의 모두 삼각 보루(ravelin), 안경 보루(redoubt), 오목한 보루(bonette), 볼록한 보루(lunette), 외누벽(tenaille), 각면 보루(tenaillon), 덮개(counterguard), 각보(hornwork), 관 요새(crownwork) 등을 갖추었다. 여행객들이 밖에서 요새지 안으로 들어가려면 초병선, 사격 발판, 해자 외벽 등은 말할 것도 없고, 덮여진 길, 소 말받이, 위장 권양기, 해자의 내벽들과 지나치게 된다. 이 많은 장애물들이 우리는 물론, 트리스트 램 섄디에 나오는 토비 아저씨처럼 온 땅을 우스꽝스러운 것으로 가득 채웠던 당시 사람들을 떼어 놓고 생각하기란 어렵다. 기초적인 원리는 어디서나 같았지만, 많은 변형물이 지형적 특성과 국민적 취향에 맞게 발전하였다. 당연히 군사 요새지를 건축하는 것은 평범한 일이 되었고, 당시에 통용되던 많은 편람들에 근거해서 만들어졌다. 그러나 파치오토와 코혼, 보방과 같은 유명한 건축가들은 모방한 것에 추가적인 모형을 덧붙이는 동시에 훨씬 복잡 미묘한 것을 더하여 그들만의 독특한 양식을 발전시켰다.

물론, 요새지가 이런 식으로 발전했다는 사실 자체는 공격 및 공격에 사용된 기술 수단이 확고하게 정립되지 않았다는 것을 의미한다. 1550년 이후 캐논 대포와 탄약이 그렇게 많이 변화되진 않았지만 포병은 점점 더 강력해졌다. 포병의 가장 큰 발전은 공성 전투 조직과 체계화에서 나타났다. 16세기 후반과 17세기 초반에 요새지를 포위하고 성벽을 돌파하고 공격하는 것을 나름대로 규정한 절차들이 나타났다. 시간이 지남에 따라서 이러한 절차들은 고정되고, 정확하게 규제된 동작과 대응 동작으로 구성된 의식 율동의 특징을 가장하게 되었다.

공격부대 지휘관이 점령해야 할 지역에 도착하여 수행하는 첫째 과업은 도시를 에워싸고 접근로를 차단하는 것이었다. 성곽 포위 및 접근로 차단이 끝난 후 그 성곽 수비대의 항복을 받지 못하면, 그 다음 단계는 공성용 대포를 설치하는 데 가장 적절한 장소를 찾기 위하여 지형정찰을 실시하였다. 성벽과 평행하게 첫 번째 참호를 구축하여, 흙을 채운 잔가지 세공 구조물의 보호를 받으며 포좌를 잡는다. 지속적인 포격은 방어자들을 성벽 뒤편으로 내몰았고, 공격자들은 지그재그로 판 참호를 이용하여 요새지를 향하여 전진할 수 있었다. 어느 정도 거리에 두 번째 평행한 참호를 구축하였다. 그 다음 포를 앞으로 끌고 오며, 이 같은 과정을 거듭 되풀이하였다. 방어자들이 방어 참호를 파서 방해하지 않는다면, 공격자들은 두세 번의 참호 파기 전진 방법으로 통상 성벽을 부술 수 있는 사정거리까지 대포를 이동시키고, 성벽을 부수는 과정이 시작되었다. 성벽에 파열이 만들어지면 그 장소로 돌격을 집중하였다. 보방과 같은 숙련된 지휘관은 다양한 지역적 조건을 감안하여 포위 기간 및 요새지 함락 날짜를 정확히 계산할 수가 있었다. 결과적으로 영예로운 요새지 함락 과정은 정교한 의식 행사와 규정집 같은 것에 전문적으로 실려 있는 "기예"로 발전되었다.

땅굴 파기, 충각으로 들이받기, 공격 탑 등 오랜 옛날에 사용했던 공성 전투 기술 중 일부는 16세기 중반 경에 완전히 사라졌지만, 나머지는 여전히 사용되었다. 고대 공성 전투 기술 가운데 주요한 것은 병력 보충을 방지하고 수비대를 주변지역과 차단하기 위하여 바깥에 성벽이나 보루를 쌓는 원칙이었다. 이것들은 역 누벽으로 알려진 두 번째 방벽에 둘러싸여 있기도 하는데 증원군의 공격을 좌절시키기 위한 것이었다. 마침내 포병이 요새지를 깨뜨리는 가장 중요한 수단으로 사용되었으나, 여전히 땅굴 파기와 역 땅굴 파기가 사용되었고, 폭발물인 화약을 사용함으로써 공성 무기의 효과가 더욱 증대되었다. 성벽 기어오르기는 가끔씩 사용하였지만, 할 수 있는 모든 은밀한 방법을 사용하여 성 안으로 진입하려고 하였다. 공성 전투는 매우 가까운 거리에서 벌어졌기 때문에 양측은 전갈을 보내기 위해서 화살을 사용하거나(1600년), 서로 소리치면서 조롱과 약속, 협박 등을 자주 교환할 수 있었다. 언제나 그래 왔듯이 전쟁에서 공격자와 방어자는 자유롭게 서로의 전쟁 방법을 모방하였다. 그 결과, 부분적이긴 하지만 그들 사이의 전투는 막상막하가 되어 어느 한 쪽으로 쏠리는 법이 없었다.

넓은 관점에서 본다면 공성 전투 기술은 물론이고 포위 개념 자체도 본질적으로 변하지 않았다. 대부분의 강력한 요새지들은 더 이상 지면 위로 솟아 올라가지 않았고, 일부는 땅 속에 숨겨 놓았지만 기습을 방지하고 공격자들을 물리치기 위하여 요새지에 위곽을 설치하였다. 이와 반대로 공성 전투는 먼저 방어자들을 주변 지역으로부터 고립시키고, 그 다음 원형의 성벽을 돌파하거나 성 안의 방어자를 굶겨 죽이는 것을 여전히 목표로 하였다. 특히 1550년과 1650년 사이 종교 전쟁 시대의 요새지는 전통적인 피난처로서의 기능을 계속 수행했었다. 그 때까지 캐논 대포의 유효사거리는 1200m 정도를 넘지 못하였기 때문에 각 요새지는 당연히 대표적인 방어 거점이 되었고, 화력으로 상호지원하기 위하여 근거리에 요새지를 건설하였다. 나라 안으로 들어오는 가능한 모든 접근로를 막기 위하여 여기저기에 요새지대를 건설하게 되었다. - 그러나 제1차 세계대전 때 흔히 볼 수 있었던 것과 같은 장애물을 설치하지는 않았다. 요새지의 숫자가 많아졌기 때문에 요새지의 전략적 역할이 중세시대보다 더 커지게 되었다. 특히 1560년에서 1700년 사이의 전쟁은 야지 전투보다는 끝없이 이어지는 공성 전투가 많았다. 18세기 초 어떤 저자는 실패한 공성 전투를 제외하더라도 매 전투당 3번 정도의 공성 전투가 있었다고 계산 결과를 내놓았다.

따라서 캐논 대포의 출현으로 공격자와 요새지 방어자 간의 균형이 변화되었다는 일반적 견해는 증거가 불충분하다. 사실상 양측이 다함께 크게 진보하였다. 가장 강력한 요새지를 건설한 그 기술자가 그 요새지를 공격할 수 있는 가장 정교한 방법을 고안해내곤 하였다. 통상적이었지만 이러한 것의 좋은 예가 보방의 경우이다. 포위 기간이 매우 가변적이었기 때문에 요새지를 점령하는 것이 쉽다거나 또는 더 어려워졌다고 단정할 수 없었다. 부르군디의 용사 찰스는 방어자에 대해 공격자가 얻을 수 있었던 이점을 분명히 알지 못하고 '노이스' 라는 도시를 일년 동안(1475~76)이나 포위하였다가 결국 철수할 수밖에 없었다. 1700년 경 리가(Riga) 시는 7개월을 지탱했고, 1718~19년 동안에 밀라조(Milazzo) 시는 거의 같은 기간을 버텼다. 극단적인 경우이긴 하지만 1691년 몽(Mons) 시와 1705년 휘이(Huy) 시처럼 가끔 책략과 뇌물을 써서 도시들을 단지 며칠 만에 함락시키기도 하였다. 대부분의 공성 전투는 대체로 40~60일 정도 걸렸다. 보방의 말을 인용하면 48일 정도 지속된 저항은 대단한 것이었다고 할 수 있다.

세부적인 통계가 없었기 때문에 공격자의 위력이 신장된 것을 증명할 수는 없다. 그러나 공성 전투에 끼친 포병의 가장 중요한 효과는 다른 영역에서 나타났다. 즉 요새지의 건설 규모가 커졌다는 점과 공성 전투 시행 등에서 였다. 15세기 중반 경에는 캐논 대포가 위력과 사정거리 면에서 다른 공성기계보다 뛰어났기 때문에, 캐논 대포에 대응하기 위해서 성벽을 훨씬 더 크고 두껍게 축조하였다. 생활 필수품과 탄약의 저장량이 거기에 따라 증가하였다. 반면에 일급 요새지를 공격하는 것은 군수면에서 볼 때 결코 단순한 작전이 아니었다. 대규모 부대를 단일 지점에 집중하고 그 부대에 몇 달 동안은 아니더라도 몇 주 동안 식량을 계속 공급해 주어야 한다. 하루 병사 1인당 1.5kg, 말 1필당 15kg의 보급품이 최소한의 수치라 할 때, 당시의 전문가 퓌이세귀가 병사 3명당 말 2필의 비율로 조합하여 계산한 추정치를 적용하면, 5000명의 부대에 공급해야 할 1일 식량소요는 대략 475톤에 이른다. 그리고 성 공격에 필요한 화약과 탄약, 기계 부품의 양은 식량에 비하면 상대적으로 작은 부분에 불과하지만 절대량에서는 그것 또한 적은 양이 아니었다.

그리하여 포병의 등장과 요새지의 동반된 발전에 대한 효과는 공격자와 요새지 방어자 양측을 모두 매우 복잡하고 비용이 많이 들게 하는 것으로 나타났다. 결코 난공불락은 아니었지만 공격자들을 상당 기간 지연시켰던 "두꺼운 벽"으로 둘러싸서 왕자와 귀족, 군주들을 보호하였던 시대는 지나갔다. 그리고 가장 중요한 무기, 또는 약간 위력적인 무기라고 할지라도 마을의 대장장이가 무기를 만들던 시절도 지나갔다. 군사 기술의 발전은 일반적인 전쟁, 특히 공성 전투를 통하여 재정적인 힘, 관료 조직, 그리고 기술 전문가의 조합을 요구하는 상황을 만들었다. 이것은 봉건 지역보다 부르주아 자본주의 도시 경제에서 많이 볼 수 있었으며, 자본주의 도시 경제는 남에서 북으로, 서에서 동으로 퍼져 나가면서 점차 역할이 증대되었다.

교회와 영주의 귀족들이 반대하는 가운데, 도시의 부르주아들은 군주들 가운데 힘이 될만한 동맹자를 찾아 나섰다. 캐논 대포를 만들고 유지할 수 있었던 유일한 사람은 군주들이었다. 결국 군주들의 권력은 계속 커져서 절대적인 것이 되었다. 궁극적으로 이러한 발전의 순수한 효과는 군사적으로 독립하는데 필요한 정치 집단의 최소한의 규모를 상당히 증대시킨 것이었다. 전쟁은 더 이상 봉신(封臣)을 거느리고 있는 군주의 오락물이 아니고, 시민 공동체라고 불리는 도시의 임시적인 수단이 아니었으며, 전쟁 수행은 왕과 그리고 후에는 민족국가의 수중에 집중되는 경향이 나타났다.

크고 다양한 형태의 새로운 전쟁을 치룰 수 있는 능력을 가진 보다 큰 정치 단위가 형성되는 경향이 두드러지게 꾸준히 지속되었지만, 결코 간단하거나 직선적으로 이루어질 수 있는 것이 아니었다. 1450년에서 1650년까지는 정치적으로 불안하였고, 중세시대 어느 때만큼이나 전쟁이 많았다. 농민 봉기와 국가적 반란, 종교적 갈등 그리고 내전 등이 너무 자주 일어나서 당시 사람들조차 누구와 싸우고 왜 싸우는지 알 수 없을 정도로 혼란스러웠다. 공성 전투가 자주 일어났지만, 소규모 단위의 유격전은 시골 지역 요새지들 사이에서 발생하는 풍토병과 같았다. 이것은 단순한 도적질과 구분이 되지 않았다. 17세기의 군 지휘관인 발렌쉬타인과 같은 군사 청부업자들의 수중에서, 한 동안 전쟁 자체가 부와 그리고 어떤 지위(가장 성공적인 청부업자에게)까지 약속해 주는 자립적 자본주의 기업 형태로 전환되었다. 이러한 상황이 방어에 대한 공격의 우위를 반영하는 것인지, 그 반대의 경우인지를 말하기는 어렵다. 어쨌든 군사적 기술은 수많은 요소들 가운데 하나의 요소였다. 전쟁은 아주 복잡한 자수 천과 같아서 한 가닥의 실로 좌우되지 않는다. 너무 두껍고 너무 현란하다.

새로운 균형이 17세기 후반기 동안에 형성되었다. 군대가 지속적으로 전문화됨에 따라 완전히 사라진 것은 아니었지만 비정규전의 역할은 점차 감소되었다. 요새지와 공성작전은 전쟁의 매우 중요한 요소로서 지속되었다. 이들의 규모가 계속 증대하였으나 새로운 원칙은 거의 추가되지 않았다. 따라서 프랑스 군대는 그 후 1832년 앤트워프 공성 전투에서도 보방의 책을 읽으면서 전통적인 공성 전투 방법을 사용하였다. 이 시기보다 더 오래 전, 대부분의 국가들은 요새지대 구조물을 2중, 3중으로 설치하여 국경을 보호하였다. 따라서 어떤 나라가 한 나라를 완전히 정복한다는 것은 실현될 수 없음이 일반화 되었다. 유동적이긴 하였지만 힘의 균형에 기초한 새로운 정치질서가 창조되어 유지되었다. 대부분의 국가들이 최선의 접근로를 엄호할 수 있는 지점에 요새지를 만들어 보호함에 따라 국가 전체가 준 요새지대로 변하였고 요새지대는 도로망, 나중에 철도에 의해서 상호지원 되도록 연결되었다. 그래서 "전방"과 "후방"이라는 명백한 분리 개념이 생겼고, 전투원과 비전투원이라는 현대적 구분 개념으로 발전하는 요소로서 작용하였다. 이러한 개념은 항공기의 발명이 이루어질 때까지 지속되었다. 군대가 항공기를 이용하여 국경선을 넘어서 적의 내부까지 침투해 갈 수 있게 되자 지금까지 통용되고 있는 국제법을 위반하는 사태가 벌어졌으며, 아직도 우리는 이러한 위반에 대해서 논쟁하고 있다.

각 국가들 내에서 포병은 경쟁자들에 대하여 왕의 권력을 행사하도록 도와주었을 뿐만 아니라, 실제적으로 왕권의 상징물이 되었다. 왕자가 태어날 때 캐논 대포가 예포를 울렸고, 대포는 왕이 재임하는 동안 왕궁을 장식했으며, 왕이 죽었을 때 장례식에까지 등장했다. 심지어 루이 14세는 그의 대포에 "Ultima ratio regis" 라는 말로 문장을 새겨 넣었다. 이것은 그 기능에 대한 냉소적인 묘사이긴 하였지만, 정확한 것이었다. 왕이 실제 대포를 전시에 사용하게 되자, 예전의 전통적인 작은 대포와 똑같은 것을 주문 제작하여 전시하거나, 여건이 안 되는 곳에는 벽난로 선반 위에 모형을 전시하기도 하였다. 이러한 군사적 전시가 있었음에도 불구하고 전쟁은 장엄한 요새지 및 대포와 더불어 평범한 비군사적 기술에 의하여 계속 지배되었다. 궁극적으로 나폴레옹 이름과 관련되어 이루어진 전략상의 혁명은 바로 비군사적 기술의 발전에 의한 것이라 할 수 있다.

제8절 전쟁의 기반구조

화약이 전쟁에 끼친 충격을 전술분야에서는 충분히 느낄 수 있었다. 그러나 조직, 군수, 정보, 지휘통제, 그리고 전략분야에 미친 효과는 훨씬 작았으며 대부분 간접적이었다. 이러한 분야에서 전쟁에 혁신을 일으킨 기술적 실체들을 이해하려면 비군사적 기술 분야로 방향을 돌릴 필요가 있다.

세계사적인 면에서 화약 발명은 하나의 혁명적인 사건으로 간주되고 있다. 프란시스 베이컨이 17세기 초에 화약 제조 방법을 서술한 이후 화약은 널리 퍼졌다. 과거 천 년 동안 전쟁은 사실상 전투와 거의 같았기 때문에 그러한 관점이 어떻게 생겼는가를 이해하는 것은 쉬운 일이다. - 그러나 그것은 시대에 뒤떨어진 것이 되었고, 전쟁과 전투의 실제를 이해하는 데 장애가 된다고 생각한다. 전쟁을 전투와 동일하다고 보는 낡은 사고방식이 사라지자 새로운 관점이 출현했다. 즉 전투는 전쟁을 하기 위해 사용하는 기술적 수단 중의 하나이지 궁극적인 목표가 아니라고 생각하게 되었다.

우리는 중세 전쟁에서 아주 취약한 개인적 유대관계로서 군대 조직을 구성하였던 것을 볼 수 있었으며, 이러한 취약점은 값싼 필기 재료의 부재와 그로 인한 문자의 소멸과 같은 기술적 요인 때문에 생겨났음을 알 수 있었다. 군대가 행정적인 원칙보다는 개인적 유대에 기초하여 조직되었다는 사실은 1000년 전 중세시대 전쟁의 혼돈된 본질을 잘 설명해 준다. 그러나 그 시점으로부터 그와 반대의 경향이 있었던 것도 분명하다. 도시 중심의 생활과 함께 상업, 화폐 경제가 서서히 확대됨에 따라 봉건제도 아래의 군대는 스크타지움(scutagium) 또는 방패 비용(shield money)으로 알려진 돈을 주고 유지되는 용병으로 점차 바뀌었다. 용병이 증가하자 근무기록, 영수증, 근무 당번표 등도 많아졌다. 동방에서 종이가 유입되어 기록 문헌들의 확산은 촉진되었고, 이것은 화약의 등장과 거의 같은 시기에 일어났으며, 실제로 종이와 화약의 유입이 서로 관계가 있는 것으로 보인다. 연이어 종이는 인쇄술과 이동식 활자를 시험하는 길을 열어주었으며, 1453년 마침내 인쇄술이 성공하였다. 1500년과 1830년 사이 인쇄 기술에서 커다란 발전은 없었으나, 인쇄의 효율성은 3~4배 정도 높아졌다. 인쇄 기술의 보급은 군대 관료들과 현대적 군대로 발전하는 데 매우 중요한 역할을 하였다. 이탈리아의 복식 부기 발명과 아라비아 숫자가 로마 숫자를 대체한 것은 인쇄술 발명만큼 중요한 것이었다. 아라비아 숫자 도입에 이어 윌리엄 네이피어(William Napier)가 대수, 시몽 스떼뱅(Simon Stevin)이 분수 기록 10진법 등을 발견하였다. 스떼뱅이 당시 뛰어난 군사 기술자들 중의 한사람이었다는 것은 의미 있는 일이다. 스떼뱅은 포병술에 관한 편람을 저술했고, 오랜지 공 (Prince of Orange)의 가정교사로 근무했다.

군대의 규모가 급진적으로 성장한 것을 전적으로 이러한 발견과 발명 탓이라고 할 수는 없지만, 이러한 발명과 발견 없이는 성장할 수 없었을 것이다. - 기술의 발전은 필요조건이기 때문이다. 16세기 후반 스페인, 프랑스, 오스트리아 군주들은 각각 국내 외에서 10만 명 이상의 병력을 동원할 수 있었다. 30년 전쟁이 절정에 달했을 때, 독일의 구스타프 아돌프스(Gustavus Adolphus)는 그의 휘하에 총 20만 명의 병력을 두었다고 한다. 스페인 왕위 계승 전쟁 중에 프랑스는 약 40만 명을 동원하였으며, 합스부르크 왕가의 오스트리아 군대도 이에 못지 않았다. 국가마다 징집 방법과 복무 조건이 달랐지만, 사실상 이들은 거의 모두 보수를 받는 군인들이었다. 대부분 전쟁이 끝나면 고향으로 돌아갔지만, 군대마다 장기 복무자로서 규율이 강하고 항구적인 핵심 병력이 점차 증가하였다. 따라서 18세기의 가장 강력한 국가들은 10만 명 정도의 무장 군인을 쉽게 유지할 수 있었다. 그러나 인사 관리, 보수, 식사 등을 제공해 주고, 입히고, 무기를 지급하며, 숙소를 제공해야 했으며, 연금, 병원, 고아원 등을 설립하여 돌보아야 했다. 대부분의 군대가 일년 내내 한 장소에 집결되어 있는 것이 아니고 수비지역에 흩어져 있었으며, 이로 인해 동질성을 유지하는 문제와 더불어 중앙 집중식 군대 행정 문제가 야기되었다. 동질성과 중앙 집중식 군대 행정은 군대의 전반적인 성공을 좌우하였다.

발전된 기술적 하부구조들로 인하여 군대의 규모가 증대됨에 따라 단일지점에 집중하여 전투를 지속적으로 수행할 수 있는 병력의 수도 증가하게 되었다. 17세기 중반 3만 내지 4만 명이 참여하는 전투는 상당히 큰 것이라고 생각하였으나, 1세기가 지난 뒤 이는 다반사가 되었다. 참가하는 병력의 수가 훨씬 더 많은 전투가 있었는데, 예를 들면 1709년 9만 명의 프랑스군이 말쁠라끄(Malplaque)에서 11만 명의 동맹군(영국, 네덜란드, 독일)과 싸웠으며, 1743년 총 13만 명의 군대가 퐁떼노아(Fontenoy)에서 맞부딪쳤다. 이 시기 막바지에 접어들어 프랑스가 국민 총동원(levee enmasse) 또는 국민 동원 제도를 채택하였고, 곧장 다른 나라들이 이를 모방했다. 국민 총동원 제도 도입은 기술적인 문제는 아니었으나, 국민 총동원이 가능하려면 거기에 맞는 기술적 기반들이 필요했다. 국민 총동원에 의지하여 나폴레옹은 단 한 번에 1백만 명 이상의 병사를 무장 및 유지할 수 있었으며, 그를 상대하는 적들도 이 정도 수준까지 따라왔다. 그 결과 양측 모두 합쳐 15만 명의 병력이 참가하는 전투가 흔한 일이 되었으며, 가장 큰 전투는 25만 명(바그람(Wagram) : 1809, 보로디노(Borodino) : 1812)이 참가하였으며, 26만 명(라이프찌히(Leipzich) : 1813)이 투입된 경우도 있었다. 이즈음하여 순수한 병력의 수가 전략의 전반적인 기반을 변화시키기 시작하였다.

인쇄 기술과 행정기술이 발전되어 대규모 병력의 군대를 이동 및 유지할 수 있는 정도에 이르자, 전략적 통제와 참모업무도 역시 서서히 변화되었다. 통치자들은 군복을 입고 포즈를 취하는 것을 좋아하고 종종 중요한 사건에서 명목상의 지휘권을 행사했으며 손에 무기를 들고 싸우는 것은 고사하고 더 이상 전쟁터에 나가지 않았다. 대신에 그들은 칼스루에(Karlsruhe)나 상 수치(Sans souci) 같은 궁전에 안전하게 자리잡고 전쟁기간을 보냈다. 군주들은 점차 발전하고 있었던 왕실 우편체제에 의존하면서, 새로 앉힌 전쟁 장관이 설치한 기구들을 통하여 작전을 통제하려고 했었다. 전쟁은 간헐적으로 일어났기 때문에, 처음에는 왕실 우편체제를 임시적으로 운영하였다. 이 체제가 더 오래되고 더 잘 구성된 상업망과 경쟁하기 시작한 것은 18세기가 되어서였다. 1815년 나폴레옹의 패배 소식은 로스차일드 회사(House of Rothchild)가 운영하는 사설 전신 비둘기의 서비스를 통해서 런던에 처음으로 알려지게 되었다.

통신망은 중세시대에 알려진 어떤 것보다도 포괄적이고 체계적이었지만, 사용 수단의 속도를 크게 증가시키지 못했다. 도로 분야는 어느 정도 향상 되었으나 - 도로는 18세기 동안 처음으로 고대 로마의 수준에 도달하기 시작하였다. - 마차 역시 마차에 불과했고, 말도 역시 말이어서 큰 진보가 없었다. 결과적으로 수도로부터 수백 킬로미터 떨어진 곳에서 전쟁을 수행하고 있던 지휘관들은 상세한 지시를 빨리 받지 못해 손발이 묶여 있기도 했다. 대부분의 정치, 군사 정보는 하루에 60~90킬로미터의 속도로 전달되었다. 그래서 7년전쟁 기간동안 독일에 주둔한 프랑스 지휘관은 그가 베르사이유에 보낸 편지의 답장을 받아보기 위해 2주일 동안을 기다려야 했다. 17세기 중반 꽁데

(Conde) 시대와 1백년 후의 브룬스빅 공(Duke of Brunswick) 시대 사이에 있었던 군사 작전들이 이상하게 꾸물거리고 느리며 복잡했던 이유들이 부분적으로 이해될 수 있다. 슐리펜(Schlieffen)이 잘 지적했듯이 사실상 지휘관에게 전쟁을 수행할 권한이 전혀 없었다. 한 지역을 점령하거나 한 도시를 포위하는 것이 그들의 임무였으므로 점령하거나 포위한 뒤 다음 지시를 기다리면서 휴전상태에 머물러 있어야 했다. 작전을 통제하기 위해서 사용하였던 서면 메시지가 작전을 방해하는 쪽으로 작용하였으며, 기술이 이런 식으로 작용하는 것은 결코 이것이 마지막은 아니었다.

이 시기에 행정과 참모업무가 처음으로 명확하게 분리되었다. 18세기 군대에서는 정보를 전파하기 위하여 휴대용 인쇄기를 가지고 다녔을 뿐만 아니라 어떤 참모업무는 표준화된 인쇄 양식에 의거 수행되었다. 초기의 인쇄 양식에는 군법과 군사재판에 따르는 전반적인 양식은 물론이고 징집, 보수, 진급, 전속, 승진, 해임 등에 관한 기록을 유지하기 위해 다양한 문서가 포함되었을 것이다. 참모업무를 좀더 명확하게 묘사한다면 전투명령, 상황판단, 적정보고 등등 좀 더 정기적이고 공식적인 성격을 띤 것이었다. 인쇄기술이 없었다면 18세기의 군대는 존재할 수가 없었을 것이다. 또한 책상, 의자, 서류함, 그리고 이와 유사한 장비들을 필수품으로서 전장에 가지고 다녔다.

인쇄와 필기 기술이 참모업무 형성에 도움이 되었지만, 전장에서의 역할은 아주 제한적이었으며, 어떤 사람들에게는 필기와 인쇄가 매력적인 군대 경력 중 하나가 되었다. 인쇄 및 손으로 쓴 명령들은 종종 전투가 시작되기 전에 하달 되었다. 그러나 전투가 진행되면서 전통적인 음성 및 신호통신과 결합하여 주로 구두로써 지휘 및 통제를 행사하였다. 전쟁 지휘관이 장군이든 또는 통치자이든 간에 지휘관은 점차 직접 전투에 가담하지 않으려고 하였으며, 그렇다고 항상 위험으로부터 벗어나 있다는 것은 아니었다. 따라서 지휘관들의 통상적인 위치는 어느 정도 후방에 위치하여 전장을 내려다 볼 수 있는 언덕에 자리잡고 있었고, 전투 중 한두 번 이상 위치를 옮기기도 하였다.

망원경이 발명되어 지휘관들은 이제 5~6킬로미터 범위의 전선을 통제할 수 있게 되었으나, 근대 초기에는 전술 정보, 지휘, 통제, 통신 분야에서 기술적인 진보가 나타나지 않았다. 17세기 말엽에 조직상에 약간의 진보가 있었으며, 이때 전문화 및 완전히 군사화 된 군사 고문단과 부관(ADCs) 그리고 장군 부관 조직이 만들어졌으며, 다양한 과업을 수행하였다. 이 집단들은 점차 제도화 되었고 적절하게 조직 및 훈련을 받았으며, 이에 따라 광범위한 군사적 이익을 가져올 수 있었다. 그러나 이러한 조직은 19세기에 이르러서 완성되었고, 나폴레옹조차 중요한 작전 문서는 지방에서 징집된 인원들에게 맡기지 않았다.

통신 분야의 기술만 정체된 것이 아니라 수송 분야의 발전도 느렸다. 이러한 정체들은 군대의 기동에 심각한 제한 요소가 되었다. 그 당시 가장 발달된 대표적인 에너지원은 풍차였다. 중세시대 전성기에 풍차와 물레방아가 널리 사용되었으나, 둘 다 야지전투에 사용하기에는 부적절하였다. 마차 수송 형태에도 약간의 발전은 있었으나, 전쟁을 하는 군대들은 수상 운송 수단이 가용할 때를 제외하고는 사람의 어깨와 동물의 힘에 의존하고 있었다. 어디서나 기병대의 중요성이 감소하였지만, 18세기 경 군대 생존에 필요한 엄청난 양의 짐은 물론 포병과 탄약을 이동하는 데 말이 필요하였다. 말은 필수적이었고 엄청나게 숫자가 많아졌다. 빈약한 도로 사정과 말의 의존 때문에 군대가 작전할 수 있는 시기와 지역은 계속 제한되었다. 프랑스와 프러시아와 같은 국가의 군대는 사료 창고를 준비할 수 있었으며, 사료 창고 덕택에 봄에 적이 예상했던 것보다도 일찍 전쟁을 일으켜 기습을 할 수 있게 되었다.

말에게 적용된 것은 사람들에게도 적용되었다. 기지로부터 보급받을 수 있는 것은 군대에서 필요한 것 중 일부분이었다. 냉장 시설이 없었기 때문에 대부분의 식량은 반복해서 현지에서 수집, 조달해야 되었으며, 매 4일 정도 간격으로 식량 확보 작전들을 시행하였다. 결과적으로 작전 및 전략 기동에 있어서 식량 부족이 매우 심각한 장애요소가 되었다. 웰링턴 공의 말을 빌리면 당시의 군대란 "술을 마시기 위해 복무하는 지구의 쓰레기들"과 같은 사람들로 이루어졌기 때문에 현지 보급 문제는 훨씬 어려운 문제가 되었다. 더구나 탈영 문제가 매우 심각했기 때문에 혼자서 식량을 구하러 돌아다니도록 허용할 수 없었고, 단체 행동을 하여 감시하였다. 프랑스 혁명군은 적어도 초기 몇 년 동안 이런 문제로 인한 고생은 심하지 않았으며, 나폴레옹은 군사 징발군을 편성한 최초의 사령관이 될 수 있었다. 결과적으로 그의 부대는 다른 부대들 보다 더 빠르고 더 멀리 진군해 갈 수 있었다. 이것은 나폴레옹 군대의 승리를 설명할 수 있는 매우 중요한 요소 가운데 하나였다.

중세시대의 유럽 지휘관들은 지도 없이 작전을 계획하는 데 익숙하였다. 그들이 수행했던 전쟁의 형태로 볼 때 대축척 전략지도는 거의 필요하지 않았다. 그러나 광범위한 영토를 정복했었던 티무르와 징기스칸과 같은 정복자들이 이러한 문제를 어떻게 해결했는지 알 수 없다. 16세기 후반 스페인 지휘관이 사용한 지도는 앞에서 언급했듯이 대충 손으로 그린 스케치 정도였다. 전 지역을 2차원적인 실제 내용으로 나타내려고 시도했다는 의미에서의 현대적 성질을 갖는 지도는 15세기 말엽 롬바르디(Rombardy)에서 제작되었다. 인쇄기가 나타남에 따라 마침내 지도를 정확하게 복제할 수 있게 되었으며, 인쇄기가 지도 제작에 끼친 영향은 인쇄 기술이 군사 행정에 공헌한 것보다 훨씬 컸다.

르네상스 기간에 일어났던 도시계획에 대한 관심 덕택에 전략적 지도 제작 조직이 만들어지게 되었다. 고대 세계에서는 전체적인 도시 건축계획에 익숙하였는데 이의 중요성을 다시 발견하여 여기에 필요한 기구와 기술을 도입하도록 촉구하였으며, 오래지 않아 군사적 목적에 활용되었다. 1617년경 네덜란드 사람인 스넬리우스(Snellius)가 삼각측량법을 발명하였으며, 알크마르(Alkmaar) 시와 베르덴-옵-줌(Bergen-op-zoom) 시 사이의 정확한 거리를 측정하는 데 최초로 사용하였다. 따라서 17세기와 18세기의 지도들은 도시, 강, 도로 등 모든 종류의 자연적 장애물들의 상대적 위치를 나타낼 수 있게 되었다. 거리는 마일로 표시되었을 뿐만 아니라 여행 시간으로도 표시되었는데, 이는 지도의 원시 형태인 여행 안내서를 생각나게 하는 흥미 있는 일이다. 그러나 아직 등고선이 표시되어 있지 않아 지형의 형상을 알 수가 없었다.

지도는 합리적인 전략 도구 가운데 대표적인 것이었지만 그 이상 사용되지 않았다. 특히 이 시기의 초기에는 지도가 전통적인 장식 기능을 하고 있었다. 즉, 요즈음 많은 지도가 예술 작품으로 귀하게 여겨지는 것과 같은 것이었다. 이러한 이유 때문에 종종 정확성과 실용성이 결여되었다. 16세기 후반과 17세기 초의 지도들은 양식화 한 사자, 꼬리, 몸통 등으로 베네룩스 3국(Low Countries)을 표현했었다. 또한 축척이 문제가 되었으며, 18세기 이후 독일 내에서도 15가지 종류의 마일 단위가 사용되었다.

게다가 짧은 거리가 긴 거리보다 훨씬 측량하기 쉬웠기 때문에, 대부분 쓸만한 지도는 전국을 다루기보다는 특정한 도시와 지역만을 다루었다. 1740년 지오바니 마랄디(Giovanni Maraldi)와 자끄 카시니(Jacque Cassini)가 삼각측량법을 사용해서 전 국토에 대한 지도를 만들려고 시도하였다. 그들이 측량한 국가는 프랑스였으며, 프랑스 대혁명 전날에야 지도 작업이 완성되었다. 삼각측량법이 사용된 이후에도 각국 지도나 유럽 전체 지도가 모두 한결같지 않고 조화가 이루어지지 않았다. 단일 축척으로 그려진 표준화된 넓은 범위의 지도 묶음은 한참 후에 만들어졌고, 손에 넣기 힘들었으며 입수했다 하더라도 보안을 유지해야만 했다. 1780년 쉐탄(F.W.Schettan)이 프러시아와 주변 국가의 지형 지도책을 완성하자마자 그 지형 지도책은 국가 문서보관소 안으로 사라졌다.

결국 지도 복제는 더디고 비용이 많이 들었다. 어느 지역의 지도가 있더라도, 복사본의 수는 충분하지 못했다. 예를 든다면, 1730년 프레데릭 대왕이 실레지아(Sielesia)를 침공할 때, 전투 중에 노획한 오스트리아 지도에 의존할 수밖에 없었다. 60년 뒤 나폴레옹 휘하의 장군들이 미지의 곳으로 진군할 때, 전적으로 현지에서 징집된 정찰 중대의 안내에 의존하든가 자신들의 추측에 따라 행군할 수밖에 없었다. 스케치가 중요한 기술이었다는 사실로 미루어, 믿을 만한 최신의 군사, 지리적인 정보가 결핍되었다고 볼 수 있다. 18세기 말까지 장교들에게 스케치 교육을 하였고, 마침내 사진이 개발되어 스케치의 자리를 대신하게 되었다.

통계 정보 수집은 전쟁을 계획하고 수행하는 데 필수적이었으며 1500년에서 1830년 사이 약간의 발전이 있었다. 프랑스가 통계정보의 발전을 선도하였으며, 앙리 4세의 전쟁 장관이었던 쥘리(Sully), 루이 14세의 재무 장관이었던 꼴베르(Colbert), 그리고 루이 15세의 개인교사였던 파넬롱(Fenelon) 등과 같은 인물들이 여기에 전념했다. 1597년 교회에 출생과 사망신고를 하는 것이 의무화 되었다. 그러나 교회에 신고한 출생과 사망 신고 기록을 한 부 더 복사하여 사본을 관청에 제출한 것은 1736년 이후의 일이다. 출생 및 사망 신고를 하라고 공표하였지만 그것이 시행되는 과정은 더디었다. 인구조사는 단지 새로운 과세의 전주곡이 될 것이라는 것을 사람들이 알게 되자, 18세기 말엽까지도 습관적으로 인구조사를 회피하였으며, 이러한 결과 작은 국가에서도 심지어 50%까지 인구조사 편차가 생겼다. 루이 16세의 재무장관이었던 네쉐(Necker)가 왕의 조세 수입을 추정하기 위해 프랑스 시민의 수를 파악할 때, 1767년에서 1772년 사이에 태어난 인구를 평균하여 그 결과에 25.5나 24.75를 곱하였으며, 또 다른 추측 방법은 총인구에서 출생인구의 비율 등의 어림 수치를 찾아내어 계산했었다. 프랑스 혁명 정부가 들어서자 정기적인 통

A.D.1500년까지 모든 무기는 손에 잡고 사용하였다. 9세기 스페인 시대의 이 그림은 칼, 창, 기병용 창, 활, 투구, 미늘 갑옷, 각종 방패 등 보편적인 무기를 보여주고 있다. (피어몬 모간 도서관 제공, 뉴욕)

기원전 8세기 경 아시리아 왕의 궁전에 있는 이 부조상에서 활, 특수한 곡면 방패, 성벽 사다리 등 고대 공성무기들을 볼 수 있다. (이스라엘 박물관 제공, 예루살렘)

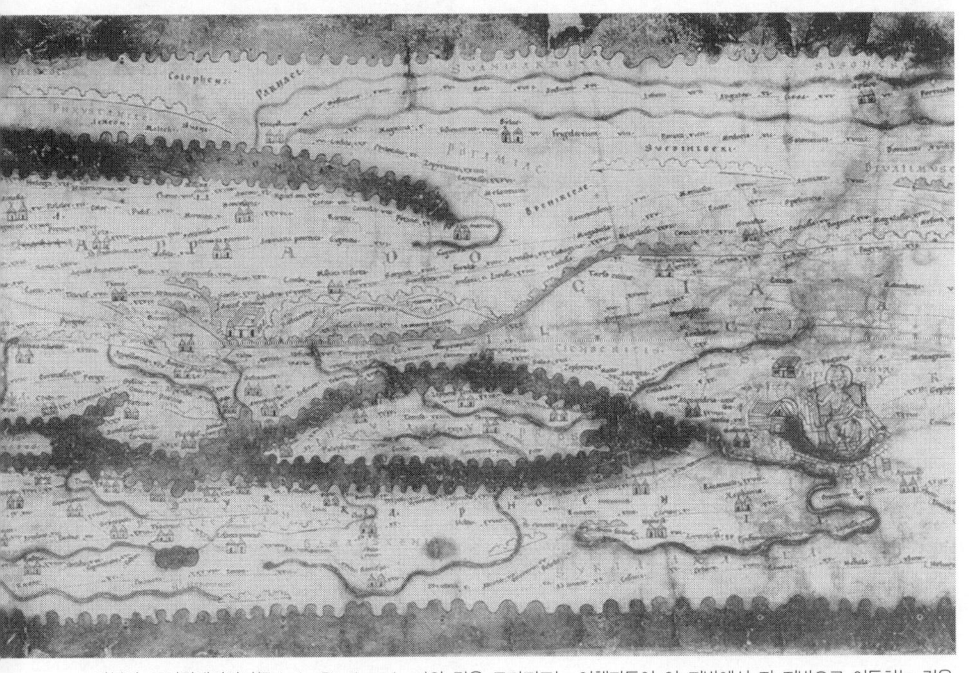

타블라 포이팅게리아나(Tabula Peutingeriana)와 같은 로마지도는 여행자들이 이 지방에서 저 지방으로 이동하는 것을 돕기에 적절하였다. 그러나 광대한 지역의 부대 기동을 협조시키는 데 필요한 2차원적 요소가 결여되어 있었다. 여기에 보이는 지도에서 윗쪽이 소아시아, 아래쪽이 팔레스타인, 그 가운데는 지중해이다. (오스트리아 국립도서관 제공, 비엔나)

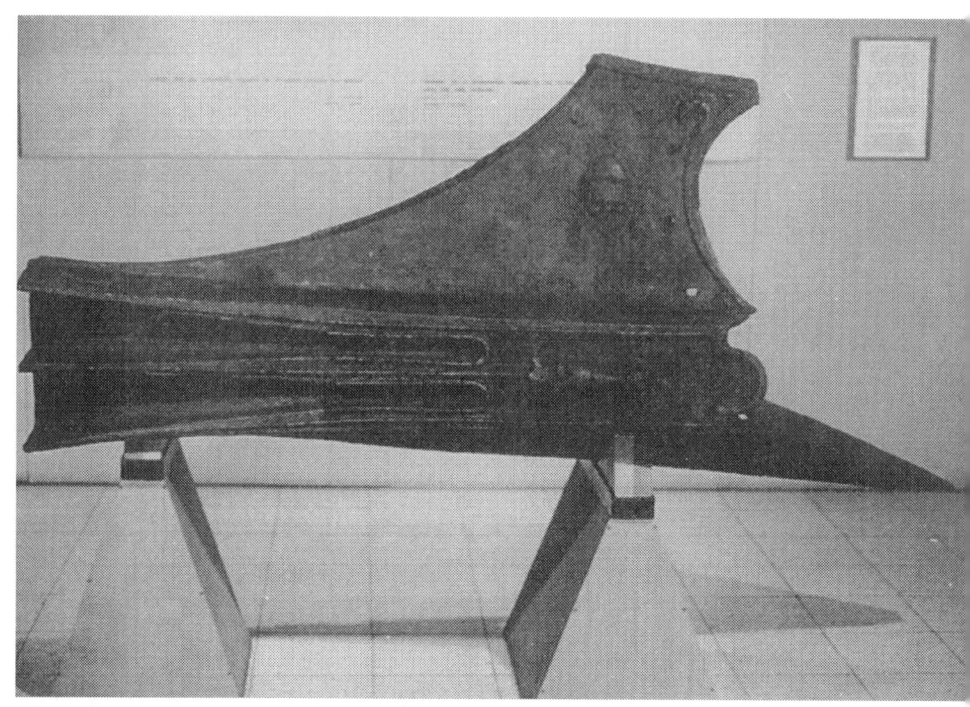

고대 그리스 갤리 선의 기본 무장은 충각이었다. 이 독특한 샘플은 1983년, 이스라엘 아틀리스 해안에서 발견되었는데, 청동으로 주조하였고 무게는 0.5톤 가량이었다. 삼지창이 조각되어 있고 배가 물 위에 떠 있을 때에 충각은 수면 아래에 잠긴다. (국립해양박물관 제공, 하이파)

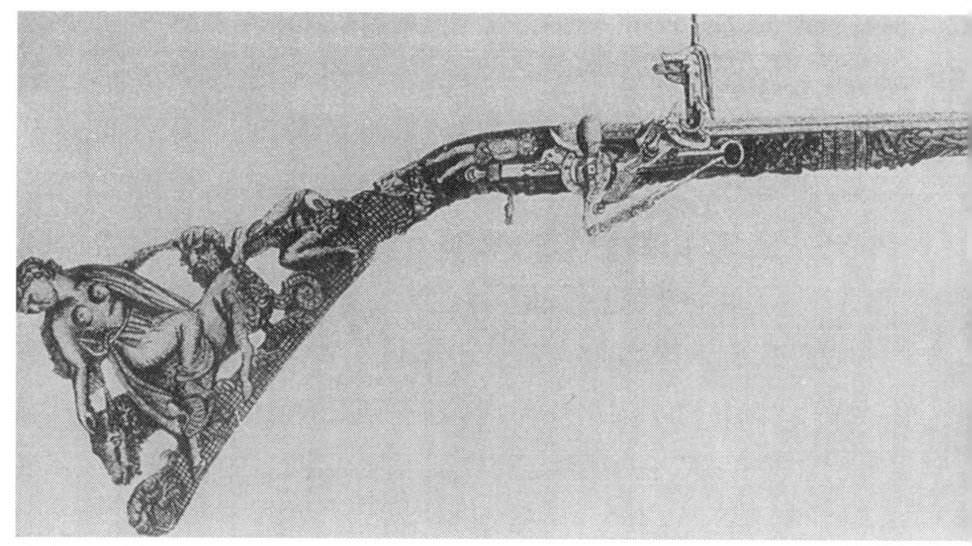

무기는 종종 미적이고 실용적인 원칙에 입각하여 설계하였지만, 너무 심하게 장식하여 사용할 수 없는 경우도 있었다. 이 외설스러운 권총은 17세기 초에 제작되었는데 프랑스인의 것인지 영국인의 것인지 알려져 있지 않다. (H, 폴록, 고대무기, 1926)

근대 초기 공성 전투는 포병이 지배하는 복잡한 작전이었다. 1691년 함부르크 근처 알토나(Althona)의 당시 대표적인 공성 전투는 해자, 능보, 공성포병, 맨틀랫(mantelet), 지그재그식 참호 등을 보여주고 있다. (국립 육군 박물관 제공, 런던)

동물이 끄는 수레는 옛날부터 19세기 및 그 이후까지 군대 보급의 근간을 이루었다.
이 그림은 스페인으로 진군하는 웰링턴 군대를 보여주고 있으며, 보급품과 여자들을 태우고 있다. (국립 육군 박물관 제공, 런던)

1500~1830년 야지에서 사용된 가장 중요한 무기는 머스킷 소총, 캐논 대포였으며, 기병이 손에 차가운 금속제 창을 들고 있다. 이 그림은 1815년 워털루 전쟁에서 영국의 보병 방진에 대항하여 프랑스 기병이 돌격하는 모습을 묘사한 것이다. (국립 육군 박물관 제공, 런던)

1700년 경 이전의 해군 전술은 선박과 선박간의 난투로 이루어졌다. 1686년 아고스타(Agosta) 해전에 대한 당시 프랑스 목판화에서 프랑스와 네덜란드 함대간의 전투를 보여주고 있다. 아주 가까운 거리에서 현측사격을 하고 있다. (미 해군 사진 제공)

최초의 영국 증기 철갑선, HMS Warrior호는 1861년 진수되었으나, 전함이 갖추어야 할 전통적인 군함 개념을 따랐다. 나중에 삭구들을 없애고, 현측을 따라 배치되었던 수많은 캐논 대포는 훨씬 적은 수의 회전 포탑으로 대체하였다. (대영제국 전쟁 박물관 제공, 런던)

전문 직업주의는 다른 병과에 영향을 미치기 이전에 기술 병과에 들어갔다. 19세기의 이 그림은 프레데릭 대왕 시대 프러시아 기술자들이 일하고 있는 모습을 묘사하고 있다. (F. 쿠글러 제공, 1842년)

거듭된 발명의 결과 전쟁은 야지에서 공장으로, 공장에서 연구실로 확대되었다. 1900년 경 영국 런던의 울 위치(Woolwich)에 있는 왕실 병기공장에서 기관총을 생산하고 있다. (국립 육군 박물관 제공, 런던)

현대전은 단조롭지만 정교하고, 단순하게 환경의 산물만은 아니라는 점에서 이전 시대의 지상전과 차이가 있다. 이 사진은 제1차 세계대전 시 영국의 한 전차가 무거운 대포를 견인하여 포진지에 배치하고 있다. (대영제국 전쟁 박물관 제공, 런던)

제2차 세계대전 발발 직전 세계 각국의 공군은 특유한 형태의 항공기를 보유하고 있었다. 이 사진은 1939년 폴란드 상공에서 임무를 수행 중인 독일 쌍발 엔진 ME-110 폭격기이다. (Camera Press 제공, 런던)

각국이 대륙에 걸쳐 동원하고 모든 자원을 전쟁에 투입하던 제2차 세계대전 시 총력전은 정점에 도달하였다. 이 사진에 있는 미국 상륙 함정 (DUKW' s)들은 노르망디 상륙작전 전에 작전에 대비하여 준비하고 있다. (대영제국 전쟁 박물관 제공, 런던)

전략 공군은 전선 후방까지 현대전의 전장을 확대하여 전투원과 비전투원의 구분을 없애고 있다. 미국 B-17 폭격기가 1944년 독일 상공에서 폭탄을 투하하고 있다. (대영제국 전쟁 박물관 제공, 런던)

핵무기 도입으로 인하여 총력전에 종말을 고하게 되었으며, 여러가지 면에서 국제관계의 본질에 대하여 혁명을 일으켰다. 1946년 7월25일 다섯번째 원자 폭탄이 비키니(Bikini)상공에서 폭발하고 있다. (미 해군 사진 제공)

현대전은 지나치게 컴퓨터에 의존하고 있으며, 점차 자동화 되어가고 있다. 이 사진은 미 해군 항공모함 니미츠(Nimitz) 호의 지휘 센터의 일부이다. 장교들은 모니터를 보고, 마이크를 통하여 새로운 언어를 말하고, 버튼을 누르면서 현실과 동떨어진 곳에서 전쟁을 수행하고 있다. (미 해군 사진 제공)

이스라엘 화가가 스케치한 통합된 현대전. 항공기, 헬기, RPV, 전차, 포병, APC(인원수송장갑차), 해군함정, 지휘소, 조기경보 스테이션 등. 모든 것이 전자회로로 연결되어 있고 약어로 표시되어 있다. 이 그림에서 파괴된 무기나 사상자는 보이지 않는다. (타디란(주)제공, 텔 아비브)

대부분의 현대식 무기는 TOO 6 EFIBUP라고 할 수 있다. - too Expensive(비싸고), too Fast(빠르고), too Indiscriminating(무차별적이고), too Big(크고), too Unmaneuverable)(비동기적이고), too Powerful(강하고) 그러므로 실제 전쟁에서 별로 쓸모가 없다. 미국의 F4팬텀 전투-폭격기는 최고의 항공기로서 한 때 환영을 받았다. 그러나 팬텀기는 미국이 월남전을 치루는데 도움이 되지 않았다. 이 사진은 대표적인 무장 방법을 보여주고 있다. (이스라엘 공군 사진 제공)

핵무기로 인하여 강대국 간의 대규모 재래식 전쟁은 종식되었지만, 재래식 전쟁 – 종종 2등급 무기 사용 – 은 미개발 국가 세계에서 중요한 자리를 차지하고 있다. 이 사진은 1956년 이스라엘 기갑부대가 시나이 반도로 진격하는 극적인 장면이다. (이스라엘 정부 홍보처 제공)

숫자상으로 보면, 게릴라 전쟁과 테러 전쟁이 1945년 이후 무력 충돌의 대부분을 차지하고 있다. 이는 부분적으로는 그들이 보유한 무기가 현대식 TOO 6 EFIBUP 무기보다 덜 정교하기 때문에 성공적이었다. 말레이지아에 있는 영국 정찰대가 폭도들을 찾으려 진흙탕 강을 헤쳐 나가고 있다. (대영제국 전쟁 박물관 제공, 런던)

계보고 준비를 책임질 통계기관을 설립하였고, 이 과업을 위대한 과학자 라보아지에(Lavoisier)에게 맡겼다. 다른 나라들도 대개 1810~1830년 사이에 이를 본받아 통계기관을 설립했다.

이 당시 기계적으로 시간을 측정하는 장치의 기술적 발전에 대한 문서는 잘 기록되어 있지만, 얼마만큼 사용되었는지 그리고 군사적 사고에 끼친 영향은 고사하고라도 일반 대중의 사고 습관에 어떤 영향을 주었는지에 대한 것은 거의 조사 자료가 남아 있지 않다. 최초의 시간 측정 기계들은 화약과 거의 동시에 유럽에 출현하였다. 화약무기와 마찬가지로 시계는 기계를 대표한 것이라고 해도 과언이 아닐 것이며, 시계는 용수철로 움직이는 거대한 신의 기계로 이해될 만큼 우주 모델의 대표적인 것으로서 뉴턴 시대부터 지금까지 사용될 운명을 타고 났었다. 처음 2~3세기 동안 기계식 시계들은 야전에서 사용하기에 너무 번거롭고 불확실하여 군대에서의 시간 측정은 근본적으로 변한 것이 없었다. 어느 정도의 정확성을 갖는 휴대용 탁상시계와 손목시계는 17세기 초에 판매되었으며, 18세기 후반의 가장 좋은 손목시계는 오늘날 수정시계 시대 이전의 손목시계와 거의 같은 수준까지 발전되었다.

그러나 기술적 특성 자체만으로는 의미가 없었다. 미국 독립전쟁 당시 아메리카 대륙 군대 사령관이었던 죠지 워싱턴은 편지를 주고받을 때 시간을 기입하는 것이 적절치 않다고 생각했으며, 실제로 군대 내 서신에서 시계를 참조하여 기록한 것은 거의 없었다. 나폴레옹 군대의 원수와 장군들은 시계를 가질 만큼 부유하였으나 메시지에는 시간을 잘 사용하지 않았다. 그러므로 나폴레옹은 질책하는 메시지를 보내면서 황제 스스로 편지 서두에 발송시간 뿐 아니라 장소와 날짜까지 기록하여 이를 상기시키려고 했다. 나폴레옹 자신은 흔히 명령을 내릴 때 시계를 참조하여 명령지를 작성했으나(즉, A장군의 사단은 몇 시에 출발하고, B장군이 지휘하는 사단은 30분 간격으로 뒤따르라), 어떤 경우에는 먼동이 틀 때 전투를 시작하라고 명령하기도 했다. 그 이후 철도와 전신이 나타나기 전에는 다른 지역과 시간이 일치되어야 할 필요가 없었고, 또 종종 지역별로 다른 시간을 사용했음은 사실이었다. 19세기 말엽까지 Y지역과 Z지역의 시간이 다른 것이 당연함을 알 수 있으며, 이러한 사실은 국가적인 전략 협조가 매우 어려웠거나, 또는 협조가 거의 실행되지 않았다는 것을 의미한다.

기술 발전이 미약했던 또 다른 곳은 군사 정보분야였다. 아주 옛날부터 군대는 책, 외교관, 여행자 등에 의존하여 적과 그 환경에 대하여 폭넓은 전략 정보를 얻었다. 전술 정보는 직접적인 관찰에 의하거나, 정찰병, 죄수, 탈영병, 지역주민, 첩자 등으로부터 수집하였다. 첩자는 전형적으로 군인이었으며 다양하게 변장하였다. - 예를 들면 농부로 위장하였다. 그 당시 첩자들은 물건을 파는 농부들과 같은 선의의 방문자들과 동행하여 성 안으로 잠입하곤 하였다. 그리고 첩자들은 농부의 아내를 인질로 잡아서 협조하도록 만들었다. 지휘관이 직접 관찰하여 얻은 것을 제외한 모든 정보는 부대 자체의 기동 속도와 비슷한 빠르기로 전달되었다. 이러한 점에서 광속으로 정보를 전달할 수 있는 기술 수단을 보유하고 있는 현대의 군대와 명백히 차이가 났다. 반면에 지휘관과 정보 수집원 사이의 의사소통은 통상 직접적인 접촉으로 이루어졌다. 18세기 말에 이르러 정보 담당 부서가 나타났고 지휘관 사이에 개입하는 조직이 없었기 때문에 보고 과정에서 일어나는 시간낭비는 거의 없었다.

위와 같은 주장들을 종합해 보면 18세기와 19세기 초의 군대는 이전의 군대보다 수적인 면에서는 압도적이었다. 즉, 르네상스시대 이후 이용 가능했던 행정 기술상의 발전이 없었다면 군대가 그렇게 큰 규모로 성장하지 못하였을 것이다. 그러나 이와 동시에 지휘, 통제, 통신, 정보를 실현시켜 주는 정보전송의 기술적 수단 면에서는 그에 상응하는 발전이 이루어지지 않았다. 따라서 이러한 딜레마를 극복하기 위하여 군대는 전술적 수준과 전략적 수준을 구분하게 되었다. 전술적 차원에서는 조직을 잘 정돈하여 - 중대, 대대, 연대가 나타난 것은 바로 16세기 때부터였다. - 그리고 프레데릭 대왕이 "군인은 적을 무서워하는 것 이상으로 그들의 장교를 무서워하여야 한다."고 말한 것처럼 잔인하고 포악할 정도로 군기를 내세워 문제를 해결하고자 했다.

전략적 차원에서는 알려진 바와 같이 장군들의 규율과 기강을 세우는 것이 병사들보다 훨씬 어렵고 해답을 찾는 것도 쉽지 않았다. 그러나 1760년 경 독일에 주둔한 프랑스군이 앞장서서 군대를 독립적, 항구적인 전략 단위부대로 나누고 이를 시험하였다. 유럽에서 로마제국 멸망 이후 이러한 시도를 해 본 적이 없었으며, 로마 레기온이 탁월한 행정 조직에 불과했었다는 사실을 고려한다면, 이제까지 한 번도 없었다고 할 수 있다. 그러한 단위부대는 각 병과 부대를 적절히 균형을 맞추어 편성하였고, 또한 각각 통신체계와 본부를 두어 제한된 기간 동안 독립된 작전을 할 수 있었다. 처음에는 사단, 그 다음 군단을 만들었고, 이들과 함께 전체적인 군대 기동을 조정하는 일반참모제도가 처음으로 나타났다.

병사들의 수는 엄청나게 증가하는 반면 의사소통 기술은 매우 취약하였으므로 지휘관들은 새로운 조직 형태를 만드는 데 몰두할 수밖에 없었으며, 이는 상응하는 교리와 훈련의 변화 없이는 불가능하게 되었다. 조직과 훈련, 교리 등 모든 요소들이 정착되고 완전하게 융화되자 이들이 전략에 미친 영향은 혁명적이었고 실로 폭발적이었다. 역사상 더 이상 군대가 단 한 개의 집단을 형성하여 진군하는 일은 없어졌으며, 다른 분견대가 올 때까지 기다리며 시간을 허비하는 것도 없어졌다. 분견대와 본대를 구분하는 개념은 낡은 것이 되었다. 점차 군대가 실질적으로는 분견대로써 구성되었으며, 군단이라는 용어가 의미하는 것처럼 각개 군단은 전체 군대의 축소판이었고 모든 병종부대를 두루 갖추게 되었다. 군단은 군단 기동로를 따라 이동하였으며 흔히 중앙 본부로부터 24시간 또는 48시간의 거리에 위치하여 이동하였다.

부대가 상당한 규모로 산개하여 작전할 수 있게 됨에 따라 지휘관들이 선택할 수 있는 전략적인 조합의 수가 엄청나게 증가했다는 것을 알게 되었다. 단순하게 양쪽 부대가 마주보고 집결하여 전투를 하든가 또는 전투를 회피하는 일은 일어나지 않고, 이제 장군들은 예하 군단에게 전체 전투 계획 가운데 각각 다른 임무를 부여할 수 있게 되었다. 그래서 첫 번째 군단이 양동작전을 펼쳐 적의 주의를 끌고, 두 번째 군단은 적의 측면을 우회하여 포위공격하고, 세 번째 군단은 또 다른 측면에서 포위공격하며, 네 번째 군단은 적의 증강부대를 차단하고, 다섯 번째 군단은 일반 예비대로 구성할 수가 있게 되었다. 물론 실제 계략은 각 군단의 역할을 조정할 뿐 아니라, 최신 정보를 입수하는 대로 즉각 역할을 바꿀 수 있었다. 이 중 어느 것도 근본적으로 새로워진 것은 없었지만, 이전에는 오직 전술적 수준인 5~10㎞ 이내에서 전투 활동을 하였으나 나폴레옹 지휘 아래에서 25~50km 또는 100㎞ 공간 내에서 기동하는 것은 일상적인 것이 되었다.

이와 동시에 계산된 전투는 점차 사라졌다. 왜냐하면 광범위하게 산개된 부대에 대하여 지휘관이 지속적으로 전략적인 통제를 실시할 수 없었으며, 또 각 군단들이 통합된 전투를 하기보다는 독자적으로 전투를 개시하며 예전보다 훨씬 더 빠르게 전투가 진행되었기 때문이다. 군단은 독립적으로 작전을 수행하고 서로 멀리 떨어져 있었기 때문에 부대의 중심을 분명하게 식별할 수 없었고, 적의 정확한 의도를 결정할 수 있는 정보를 얻기가 더욱 어렵게 되었다. 결과적으로 1790년 이후 우발적으로 전투를 하는 비율이 증대하게 되었다. 분견대 임무를 띤 양쪽 군단들이 실제로 아무것도 모르고 어떤 명령도 없이 실수하여 자주 충돌을 일으켰다. 이러한 상황 아래에서 총사령관이 내 놓은 최고의 작전계획도 더 이상 소용이 없었다. 오히려 모든 것이 동일하다고 가정할 때, 장군들이 아주 대담한 행동을 보여주고, 무조건 총소리를 향해 진격하는 쪽이 유리한 점을 확보하거나 전투에서 이기는 경향이 있었다. 그러므로 병력의 수와 부대간의 임무를 조정하는 기술적인 수단들 사이의 격차를 좁히려면 상부에는 우수한 두뇌, 하부에는 유연성이 필요하였다. 나폴레옹 시기의 대부분 동안 프랑스 군대에는 우수한 두뇌와 유연성의 조합이 가능하였다. 그러나 나폴레옹의 시대가 끝날 무렵 두뇌와 유연성의 균형에서 한쪽이 기울어진 듯하며, 적들이 프랑스를 따라잡을 수 있는 중요한 원인이 되었다.

새로 만든 조직이 전략에 미친 세 번째 중요한 효과는 공성 전투의 쇠퇴였다. 기존 문헌들이 화약의 중요성을 과장하는 측면이 있긴 하지만, 잘 설계하여 방어할 수 있는 위곽은 휴대용 화약무기와 대포에 대항하여 수세기 동안 견딜 수 있었다. 18세기 말엽 이러한 상황이 변하였다. 요새와 대포의 기술적인 능력 사이에 근본적인 변화는 없었지만 전반적인 문제는 점차 서로 상관이 없게 되어버렸다. 왜냐하면 새로운 작전 규모와 방법을 터득하게 되자 군대들은 요새지를 방해하거나 우회함으로써 간단하게 요새지를 극복할 수 있게 되었기 때문이다. 나폴레옹의 일대기에서 알 수 있듯이, 전통적 형태의 공성 전투는 쉬운 일이 아니었다. 공성 전투가 완전히 사라진 것이 아니었지만 전략상의 역할이 쇠퇴하였고 그 수에 있어서도 상대적으로 감소하였다.

이제까지 언급한 발전들을 따로 떼어 놓더라도 낱개의 발전이 혁명적인 것이라고 할 수 있지만, 그러한 발전의 결과는 그것들을 합한 것보다 훨씬 컸다. 그리고 전략의 시행 뿐 아니라 전략의 의미 자체도 바뀌었다. 18세기까지만 하여도 전투와 전쟁은 거의 구분되지 않았다. 규모가 큰 도적들이 폭력 행각을 벌이는 전투와 전쟁을 구분하는 것이 애매하였는데, 어떤 의미에서 역설적으로 완전히 분리되었다. 7년 전쟁이 끝난 지 얼마 안 되어 마침내 전쟁(Campaigning)은 좀 더 분명한 군사적 성격을 갖기 시작하였다. 나폴레옹의 아주 유명한 말 가운데 하나를 인용하면, 병사들의 다리는 단순히 전투하는 곳으로 이동하는 수단이 아니라 전쟁을 치르는 도구가 되었다. 미래에는 전쟁 기간 동안 어떤 순간에도 전투를 하고 있는 부대가 있을 것이다. 전쟁은 시작과 끝이 분명한 단발적인 조우전에 국한되지 않고 연속된다. 나폴레옹 시대의 대규모 전투였던 오스테릴쯔(Austerliz), 예나(Jenna), 바그람(Wagram), 보로디노(Borodino), 워터루(Waterloo) 전투 등은 그러한 종류의 마지막 것이었다. 19세기 동안에는 점차적으로 전투가 며칠, 그리고 몇 주 또는 몇 달 동안 지속되었다. 전투는 인접한 장소나 지역에서만 일어나지 않고 전 지역, 전국가 심지어 전 대륙에 걸쳐서 확대되었다. 이전의 어떤 시기와 비교하더라도, 실제로 전쟁은 혁명적인 발전을 이룩하였고, 기술적인 요소가 기여했던 만큼이나 많이 전쟁에서 변형을 만들어 낸 것을 단지 하드웨어만으로는 설명할 수 없다.

제9절 해상 지휘

1500년까지 지상 전투의 발전은 전술 분야와 기타 분야로 나누어 표현할 수 있다. 많은 요인들이 개입하고 영향을 주어 개별 전투와 전쟁 전체 수행 방법에 변화를 가져왔지만, 화약의 효과는 주로 전투 현장에 국한되었기 때문에 전쟁을 단편적인 사건으로 생각하기보다는 전쟁 수행에 있어서 연속된 흐름이 있다고 강력하게 주장하고 있다. 그러나 근대 초에 있었던 해군의 기술 혁신을 살펴보면 전혀 다른 상황이 나타나고 있다. 결정적인 변화를 겪었던 것은 무기가 아니고 항해술과 선박이었기 때문이다. 여러 가지 관점에서 볼 때 1500년 무렵은 지상 전투보다 해상 전투에서 훨씬 더 중요한 분수령을 기록하고 있다.

그 이전은 아니었을지 모르지만 약 1300년 경에는 북부 유럽형 선박들이 지중해를 침략하고 거기에 머무를 수 있는 정도로 발전하였다. 지중해 동부 레판토(Levant)로 가는 네덜란드, 영국, 프랑스, 독일인들은 십자군 전쟁 때처럼 더 이상 이탈리아 선단과 선원들에게 의존하지 않게 되었다. 기술적인 측면에서 말하자면, 이전에 이탈리아의 독무대였던 지역에 자리잡게 되었다는 사실은 그 지역의 기술적 수준에 대등할 정도로 접근했다는 것을 의미한다. 서로 다른 기술들이 만난 결과 혼합된 형태의 기술이 탄생했다. 이러한 상호작용은 양쪽 모두에게 작용하였다. 북부 유럽인들은 큰 삼각돛(lateen sail)을 받아들였고, 남부 유럽인들은 1천 년 전에 포기했던 사각돛(square sail)으로 되돌아갔다.

오래지 않아 북부 유럽의 코그(cog) 선과 남부 유럽의 갤리(galley) 선의 돛은 2개 혹은 3개로 바뀌었다. 따라서 두 가지 종류의 돛을 모두 사용할 수 있게 되었고 힘과 기동성을 결합할 수 있게 되었다. 1500년 경 막대 돛(spritsail)으로 알려진 돛을 뱃머리 앞 튀어나온 부분에 부착하였다. 방향키에 지렛대를 부착함으로써 - 지금은 모든 선박에 표준화 되어 선미에 장치하고 있다. - 막대 돛을 설치한 덕택에 바람 부는 쪽으로 80°에 근접하여 항해할 수 있었고, 해안에서 맞바람을 맞으며 선박을 끌어올 수 있었다. - 맞바람을 맞으며 앞으로 나아갈 수 있는 것은 이제까지 겔리 선만 할 수 있었던 중요한 전술적 능력이었다. 16세기 동안 주가 되는 돛(主帆)을 다양하게 분리함에 따라 삭구도 개선되었고, 폭풍우 속에서 선박을 잘 조정하여 거센 파도를 견딜 수 있게 되었다. 이러한 점진적인 발전들이 결합되어 겉으로 드러나는 추진력이 되어 실질적인 기술 혁신이라고 부를 수 있는 시기가 언제인지 정확히 말할 수 없지만 역사 전반에 걸쳐서 가장 큰 영향을 미친 것이었다고 확실히 말할 수 있다.

스페인 북부의 바스크(Basque) 항구는 최초로 장비를 완전히 갖춘 선박이 탄생한 곳이며, 위치가 상징하듯이 서부 유럽과 지중해 통로 가운데에서 양쪽 지역 선박 발전의 도움을 받았다. 큰 범선 카랙(carack)과 작은 범선 카래블(caravel)은 여기에서 사방으로 전파되었다. 이들 선박의 적재량은 약 200~400톤이었으며, 몇몇은 이보다 훨씬 컸다. 고전시대 이래 처음으로 당시의 목재 기술로 만들 수 있는 선박 크기의 한계에 도달하였다. 작은 선박들도 예전의 것들 보다는 훨씬 튼튼하고 거친 파도에 잘 견딜 수 있었다. 이러한 질적 개선에 의해 더 이상 여름철만 골라서 항해할 필요는 없었으며, 15세기 이후 보다 긴 항해가 계속되었다. 그 당시의 선박들은 거의 어느 지역에서나 마찬가지였지만, 신선한 음식과 물만 확보된다면 거의 무한정 항해를 지속 할 수 있었다. 항해 지속성이 늘어남에 따라 15세기가 끝나기 전에 아메리카 대륙을 발견하였고 바닷길로 동인도에 도착하였다. 1527년 마젤란(Magellan)이 3년 동안 항해를 지속하여 처음으로 지구 전체를 돌아 세계를 일주하였으며, 이로써 당시 항해 지속 시간을 알 수 있다. 이러한 항해가 이룬 현저한 신기원은 새로운 세계를 개척하였다는 순전히 물리적 위업에만 의미가 있는 것이 아니고, 존경받을 일이라는 것이다. 이로 인하여 장거리 항해가 거듭되었고 얼마 지나지 않아 실제로 아주 상식적인 것이 되어버렸기 때문에 신기원이라는 중요한 의미를 부여하는 것이다.

당시 선박의 내항성과 지속성이 증가하면서 다른 요인들과 상호작용하였다. 중세의 코그(cog) 선을 포함한 그 이전의 선박들과 비교할 때 삭구 장비가 완전히 갖추어진 이 선박들은 그보다 적은 인원으로 항해하였다. 1500년 경 승무원 1명당 10~15톤의 화물을 적재하였으며, 이후 이 비율은 점차 증가하였다. 승무원 당 적재화물의 비율이 높아졌다는 장점은 여러 가지 면에서 유용하였다. 선박의 항해 지속시간과 항해 범위를 넓히는 데 기여했으며, 또한 더 많은 전투원을 선박에 싣고 필요시에 해안에 상륙시킬 수 있었음을 의미한다. 새로운 선박들의 두드러진 특징은 돛과 삭구가 개선되어 승무원당 에너지의 비율이 좋아졌다는 것이었다. 여기에서 우리가 관심을 갖는 것은 이렇게 높아진 화물 적재 비율이 군사적 목적을 위해 어떻게 사용되었는가 하는 것이다.

항해 도구들이 중세시대 전성기의 것에 불과하였다면, 새로 나타난 선박의 항해 거리와 지속시간은 쓸모가 없었을 것이다. 이를 입증하는 데 힘들고 어려운 기술의 역사에 대해 깊이 연구하기보다 몇 가지 특이한 사건을 회상하는 것만으로 충분하다고 생각한다. 13세기 후반부터 중국에서 전래되었다고 믿어지는 실 끝에 자석을 매달아 방향을 가리키는 원시적인 나침반이나, 그릇 안에 자석이 자유로이 떠 있는 형태의 나침반 등이 지중해 지역에서 사용되었다. 그러나 오래지 않아 이것은 마른 축 위에서 자유롭게 움직이는 바늘모양의 나침반으로 바뀌었으며, 이것을 다시 풍배도(때때로 온도가 표시되었음) 가운데에 올려놓았다. 이렇게 하여 최초의 현대적 나침반으로 발전하였다. 자료가 부족하고 이해하기 어려운 점은 있지만, 대부분의 발전된 기술들은 지중해, 특히 이탈리아에서 처음 채택된 것으로 보인다. 이 지역은 1300년부터 1500년 또는 1550년까지, 유럽에서 과학과 상업분야가 가장 발전된 지역이었다. 이와 대조적으로 15세기 북부 유럽 및 발틱해의 항해사들은 대부분 전통적인 천문기구와 측심장치에 주로 의존하였다. 이러한 사실은 그들이 근해 밖으로 장거리 항해를 할 준비가 되어 있지 않았거나, 관심이 없었다는 것을 말해 주는 것이다.

원래 항해술에 관한 학문은 이탈리아, 스페인, 포르투갈에서 발전되었지만, 17세기 초 네덜란드로 그 다음 영국으로 주도권이 넘어갔다. 1598년 윌리엄 길버트(William Gilbert)가 지구 자체에 자력 성질이 있다는 것을 증명하였다. 그 후 네덜란드 선장들은 총독의 개인적인 명령에 따라 어디로 항해 하든지 나침판의 편차를 체계적으로 기록하고 보고하였다. 18세기 초 오래된 천체 관측기구의 대체물이었던 전통적인 직각기(直角器)는 4분의(quadrant)로 바뀌었다. 이 기구에는 소형 망원경뿐 아니라 거울이 달려 있어서 처음으로 관측자가 태양과 수평선을 동시에 볼 수 있었으며, 선박의 이동에 관계없이 태양과 지평선 사이의 각도를 측정할 수 있게 되었다. 1757년에는 4분의의 호를 90° 에서 120° 로 확장하여 6분의를 최초로 개발하였다. 마침내 6분의를 사용하여 바다에서 위도를 결정하는 문제에 대하여 만족할 만한 해답을 얻게 되었으며, 20세기의 관성 및 전파 통제 항해술이 출현할 때까지 사용하였다.

경도를 알아내는 것은 더욱 어려운 일이었다. 모어(More)의 작품인 유토피아에 나오는 라파엘 나센소(Rafael Nosenso)는 축복 받은 나라의 위치를 설명하면서 "위도와 그 밖의 모든 것"을 정확하게 제시하겠다고 약속하였다. 이처럼 경도는 유토피아에서도 언급하지 않았을 정도이며 이로써 바다에서 경도를 결정하는 것이 얼마나 어려운 것인지를 알 수가 있다. 한 지점에서 다른 지점으로 항해하는 통상적인 방법은 정확히 알고 있는 위도의 지점까지 항해하여, 거기서 육지가 보일 때까지 동서로 왕래하는 것이었다. 1657년 크리스티안 후이겐스(Christiaan Huygens)는 새로 발명한 진자 시계를 이용하여 경도를 결정하는 방법에 대한 책을 쓰고 경도 측정기계를 만들었지만, 그것은 휴대용이 아니었다. 17세기 말경 시계에 사용하는 용수철 평형바퀴가 발명되어 항해시 시계를 휴대할 수 있었으나, 온도 차이를 보정하지 못하였기 때문에 정확성이 결여되었다. 제임스 쿡(James Cook)은 1768년 경도 측정용 정밀시계(chronometer)가 없는 상태에서 항해를 떠났다. 대신에 그는 그리니치 천문대의 천문학자에게 의존하여 복잡한 음력으로 경도를 결정하였다. 결국 존 해리슨(John Harrison)이 정확하고 운반 가능하며 기온의 영향을 받지 않는 시계를 제작하였으며 1772년 쿡 선장이 두 번째 항해에서 사용하였다.

이보다 훨씬 이전인 15세기 경, 이미 새롭게 발명된 포톨란 해도(portolan chart)와 나침반을 결합하여 사용하였다. 포톨란 해도(후에 포톨란스)는 페리플로스(periplous)로부터 유래하였으며 처음에는 항해 코스, 정박지, 항해가 표시된 항구 지침 등에 대한 기록으로 구성되었다. 그러나 1400년 이후에는 해안과 항구의 위치를 표시하는 대략적인 스케치를 책의 부록으로 실었으며, 이러한 형태의 해도는 "O"자를 뺀 이름으로 표기되었다. 1400년 이후 오래지 않아 포톨란스는 소위 등사곡선(loxodrome)으로 표시되기 시작하였다. 이 등사곡선은 풍배도로부터 나온 선들이며 일련의 항해 경로들을 제시하였다. 일련의 항해 경로 중에서 항해자들은 출발점에서 목적지로 향하는 항해 경로와 평행한 등사곡선을 찾아내었다. 이 등사곡선은 항해자들에게 항로의 방향을 알려주었다. 1400년까지 항해사들은 항로에서 벗어났을 때 수직된 두 개

방향으로 항해하여 현재 위치를 계산하는 도표를 휴대하였다.

항해에 사용된 기구들처럼 지도 제작 기술도 이탈리아, 스페인, 포르투갈 사람들이 주도하였다. 그 후 앤트워프(Antewerp)와 암스테르담(Amsterdam)등이 해도 제작 및 발간의 중심지가 되었으며, 메르카토(Mercator : 직각으로 만나는 위선과 경선을 갖춘 투사도법을 사용한 전반적인 지도들), 오텔리우스(Ortelius), 바겐네어(Blaue)와 엘스비어(Elsevier) 등의 제작회사들이 특히 유명하였다.

선박의 장비가 완전히 갖추어지고 신뢰성이 있는 항해술 기구들이 등장하면서 유럽의 선원, 상인, 군인들은 서사시와 같은 모험적인 항해를 착수하였으며, 아시아의 작은 반도에 불과했던 서부 유럽이 세계의 핵심지역으로 바뀌는 계기가 되었다. 소위 "콜럼버스" 시대가 동이 트고, 미지의 새로운 대륙들이 정복과 교역, 정착의 대상으로 다가오고 있었다. 일확천금의 새로운 기회를 잡을 만큼 경제생활이 확대되자 항해는 예전과 달리 변화하였다. 내해와 연안에 국한되었던 전통적인 항해를 벗어나 복잡한 교역망을 따라 전 세계를 항해하기 시작하였다. 세월이 흘러가고 항해 비용이 저렴해지자 이러한 경로를 따라 무역하는 상품의 종류들도 증대되었다. 18세기까지의 무역은 주로 금괴, 향신료, 노예 등에 국한되었으나 이후 커피, 홍차, 설탕, 담배, 염료, 짐승 가죽, 원면, 직물, 도자기, 희귀한 나무, 무기 외에 많은 품목들이 포함되었다. 경제적으로는 유럽 지역 내 무역이 식민지 무역보다 훨씬 더 중요하였다. 곡물, 소금, 말린 생선, 모피, 양모, 철, 목재와 같은 시시하지만 필수적인 품목들도 해상교통 수단을 통하여 거래하게 되었다. 16세기 경 일부 국가들은 자국의 농업만으로 식량을 확보할 수가 없었으며, 인구도 계속 증가하였다.

값비싼 상품을 한 지점에서 다른 지점으로 운송하면 언제나 폭력을 사용하여 빼앗으려는 무리들이 있게 마련이다. 교역 통로를 정기적으로 오가는 선박도 약탈의 먹이가 될 수 있었다. 그리고 만족할 만한 법 제도들이 발달하지 못하여 상업과 전쟁의 경계가 분명하지 않았다. 국가와 왕, 민간인 - 누가 어느 정도 규모로 수행했는지는 알 수 없지만 - 들이 그들의 선박과 선원을 끌어 모아 원정대를 구성하였다. 이것을 어떤 사람은 평화적인 무역으로, 어떤 사람은 합법적인 군사행동으로, 또 어떤 사람은 단순한 해적 행위로 보았다. 약 1700년 경 이후 국내 정치 환경이 중앙집권화 됨에 따라 민간 무장선은 쇠퇴하여 사라졌다. 그러나 해적질(la guerrede course)이나 상선 습격 등은 옛날의 관행대로 많이 자행되었다. 기술적인 면에서 볼 때 이러한 형태의 전쟁이 발생하였던 이유는 항해 지속시간, 항해 범위, 전반적인 항해 역량 등에서 상당한 발전이 있었던 반면 전략적 지휘 통제 통신 등의 수단들은 여기에 미치지 못하였기 때문이었다. 해군은 눈앞의 수평선 너머로 메시지를 전달하는데 전적으로 전령선에 의존하고 있었다. 전령선의 속력은 함대보다 빠르지 않았고, 변덕스러운 바람과 일기의 변화에 좌우되었다. 폭풍우로 멀리 떨어져 나간 선박을 다시 모으는 유일한 방법은 선장이 미리 지정해 둔 항구로 향하여 최후의 선박이 도착하기를 기다리는 것이었다. 고전적인 범선 항해 시대 기술 능력과 항해술 결함으로 인하여 상선 습격은 매력적인 것이었으며, 이는 민간인 또는 정부에 의하여 자행되었다.

해적으로부터 자신을 지키기 위하여 포르투갈과 스페인 사람들은 - 처음에는 아주 비싼 화물을 싣고 다녔다 - 상선들을 그룹으로 묶어서 무장을 한 호위함이 안내하였다. 경제적, 행정적으로 엄청나게 비효율적이었지만 16세기 후반 특히 보물선들을 이러한 방법으로 보호하였다. 호위함 문제를 해결하기 위하여 17세기 초 최초로 전투를 하는 선박으로써 함대를 편성하였다. 스페인과 네덜란드의 전쟁, 그리고 이후 네덜란드와 영국 전쟁에서 주요 양상은 서로 호위함을 부수든가 가능하면 나포하고 자기들의 호위함을 보호하는 것이었다. 1628년 네덜란드 제독 피에트 헤인(Piet Heyn)이 스페인 실버 함대(silver Fleet) 일부를 나포했던 것처럼 호위함 전투가 눈부신 성과를 올리기도 하였다. 그러나 통상 해전에서 패배하게 되면 국가의 경제적 활동이 서서히 질식되었다. 물론 모든 국가가 해전의 영향으로 교역이 중단될 만큼 취약한 것은 아니었다. 해전의 패배가 치명타가 되어 급속히 멸망한 국가도 있고, 그렇지 아니한 국가도 있었다. 또 어떤 국가는 전혀 해전을 치루지 않고 오늘날까지 존속하고 있다.

점차 상선과 군함이 구분되면서 전투 함대를 공격 목표로 삼았다. 일단 전투 함대를 격파하고 나면 나머지 상선은 손쉽게 끌고갈 수 있었기 때문이었다. 전투 함대는 대양 전역을 무대로 서로 추격작전을 벌였다. 이러한 예는 트라팔가 해전을 초래한 1805년의 유명한 일련의 사건에서 찾아볼 수 있었다. 대부분 전투 함대간 교전은 원해에서 이루어졌지만, 근해에서는 입출항하려는 적 함대를 차단하기도 하였다. 방호된 항구 안에 있는 함대는 일반적으로 안전했다. 한편 1798년 나일강에서 프랑스 해군이 당한 것처럼 방호되지 않은 정박지에 있는 함대는 사로잡기 쉬웠고 거의 무기력하였다. 일단 해상 전투에서 승리하면 기술적 한계를 안고 있었던 초기 선박으로는 달성할 수 없었던 또 다른 형태의 제해권(Command of the Sea)을 가질 수가 있었다. 승리자의 호위함은 안전하게 항해하였고, 패배자의 호위함은 바다에서 완전히 사라지게 되었다. 제해권이 이전 시대보다는 철저하게 시행되었지만 결코 절대적이지는 않았다. 지휘통제의 한계 때문에 통제 받지 않은 상선과 해적선들이 자주 통과할 수 있었다.

한 국가의 해상무역을 완전히 종식시키고, 해적의 위협으로부터 자국 상선을 보호하기 위하여 해안을 봉쇄할 필요가 생겼다. 당시 선박의 항해 지속시간이 놀라울 정도로 연장되고 사정거리가 짧은 해안 기지 및 선박에 장착한 무기 때문에 해안 봉쇄가 가능하였다. 선박의 수가 충분하다면 한 국가를 봉쇄하는 것은 주로 조직의 문제였다. 그래서 선박을 유지하고 보충하며 선원에 대하여 전투준비 태세를 갖추게 할 필요가 있었다. 오직 선원이 갖추어야 할 준비태세만 기술적으로 문제가 된다고 볼 수 있으나 고전적인 항해술 시대에는 해전에서 매우 중요한 역할을 담당하였다. 질이 좋지 않은 음식과 음료수를 선원들에게 지급하고, 막사는 비좁고 눅눅하였으며 방수복이 없었던 것은 잘 알려진 사실이다. 당시 전투에서 숨진 사람들보다 이런 여건 때문에 바다에서 죽은 사람들이 더 많았을 것이다. 18세기 말에 가서야 상황이 개선되기 시작했다. 스코틀랜드 해양 의사인 제임스 린드(James Lind)가 괴혈병 치료법을 발견하여 소개했다. 그러나 넬슨(Nelson)의 선원들은 맨발로 임무를 수행하였고, 심지어 20세기 초반에도 영국 전함 선원들에게 식탁용 나이프와 포크가 지급되지 않았다.

클라우제비츠(Clausewitz)의 유명한 격언을 인용하면 사업에서 현금 지불이 중요한 것처럼 전쟁에서는 전투가 중요하다. 함대 전략이 아무리 훌륭하다 하더라도, 전술과 무기라는 구체적인 언어로 표현되어야 전략이 제구실을 하게 된다. 이전에는 대개 수송선과 군함이 명확하게 구분되지 않았다. 갤리 선을 사용하던 지역에서는 주로 갤리 선을 군사적인 목적으로 사용하였다. 현대 초 돛단 선박들도 여전히 전문화 과정을 밟지 않았다.

대략 1340년 경부터 수송선과 군함 모두 대포를 장착하였다는 기록이 있다. 지상의 대포처럼 최초의 함상 대포는 청동으로 만들었고 크기도 작았다. 함상 대포의 주된 표적은 사람이었음이 분명하며, 함상 높은 곳에 대포를 설치하는 것이 유리했을 것이다. 시간이 흐르고 대포가 더 크고 무거워짐에 따라 높은 곳에 설치하는 것은 문제가 되었다. 대포의 무게 때문에 선박의 무게 중심이 높아졌고 결과적으로 선박이 위험하고 불안정하였다. 약 1430년부터 대포를 선박의 중앙 갑판에 설치하고 선체에 뚫린 현창을 통해 발사하였다. 북유럽 선박보다는 지중해 선박의 선체에 그러한 현창을 만들기 쉬웠다. 북유럽 선박은 널판을 덧이어서 제작하는 반면, 지중해 선박의 선체는 널판을 평평하게 붙여서 제작하였으므로 기술적인 면에서 이점이 있었다. 북유럽 국가들은 대포 사격에 견딜 수 있는 튼튼한 선체 제작방법을 배워야만 했기 때문에 잠시 동안 이탈리아 선박 건축가를 데려갔다. 1470년 또는 1480년 경, 이탈리아 선박 건축가를 초빙하는 단계를 거친 후 네덜란드의 호른(Horn)지방, 또는 독일의 뤼벡(Luebeck)지방의 선박 건축가들은 베니스나 제노아 수준에 필적하는 선박을 제작할 수 있었다.

대포를 해상에 도입한 후 갤리 선의 전성시대는 손가락으로 헤아릴 정도가 되었다. 그러나 갤리 선을 다른 선박으로 대체하는 과정은 길고도 불규칙하였다. 선박의 소유주들이 주저하지 않고 대포를 채택하였으나 선박에 실을 수 있는 대포의 무게는 크게 제한되었다. 대포 무게가 추가될 때마다 노 젓는 갤리 선의 속도가 떨어졌다. 더욱이 1400년 이후 사용하였던 큰 대포는 반동력이 더 강하였다. 선박의 골조가 대포의 반동력을 잘 흡수해야 했으나 갤리 선은 선체가 가볍기 때문에 이러한 점에서 불리하였다. 돛의 힘으로 움직이는 군함의 경우 배수량이 커질수록 갤리 선이 탑재할 수 있는 것보다 크고 많은 대포를 싣고 다닐 수 있었다. 대포가 비교적 귀하고 가격이 비쌌던 초기 시대에는 선박의 배수량이 별로 중요하지 않았으나 1500년 이후로 대포의 가격은 급격하게 떨어지기 시작했다. 특히 헨리 8세 재위 기간 동안 영국은 철로 포신을 만드는 데 성공하였다. 당시 철로 만든 대포는 청동으로 만든 것보다 성능이 떨어진다고 생각하였으나 가격은 1/3 수준이었다. 영국 국왕이 거듭하여 대포 수출을 금지하였음에도 불구하고 철로 만든 대포는 곧 수출되었다. 16세기 후반에 프랑스, 네덜란드, 스페인, 러시아(기술적 낙후성을 극복하기 위해 처음에는 네덜란드 기술자를 데려왔다.) 등의 국가들이 국내에 철 대포 주물공장을 짓기 시작했다. 장기적으로 볼 때, 싼 가격을 바탕으로 한 수적인 우세가 기술적인 우수성을 극복하게 되었다. 여기에서 우리는 새로운 기술을 보호해야 한다는 교훈을 발견할 수 있다.

1600년 경 큰 갤리 선은 대략 6~7문의 대포를 뱃머리에 장착하고, 포구를 전방으로 향하였다. 이와 대조적으로 훨씬 작은 범선일지라도 40문의 대포를 장착하였고, 곧장 100문 이상의 대포를 장착할 수 있는 군함이 나타나게 되었다. 갤리 선은 여전히 약간의 이점이 있었지만 – 특히 좁은 바다라든가 고도의 기동성을 요구하는 상륙 작전 지원 등에서 – 이것은 결정적인 문제를 일으켰다. 갤리 선으로 구사할 수 있는 전술은 선박에 올라탈 수 있도록 접근하거나 충각으로 들이받는 것이었다. 그러나 상황이 변하여 이러한 전술을 구사하려고 가까이 접근하기도 전에 적 군함의 대포 사격에 의해 박살나거나 침몰하게 되었다. 점차, 해상 전투는 함상 대포의 대결로 이루어지게 되었다. 정확하게 사격하는 것은 육지보다 해상에서 훨씬 더 어려웠으며(해상에서는 불규칙한 포신 내강, 그리고 고르지 않는 탄약 때문에 과학적 지식을 이용하기보다는 어림짐작으로 사격하였다.), 선박이 무겁고 단단한 나무로 방호되어 있어 포대 대결은 "돛 가름대 끝에서 돛 가름대 끝까지"라는 말처럼 매우 가까운 거리에서 이루어졌다. 선박 대 선박의 전투는 몇 시간씩 걸렸다. 때때로 포격전은 한쪽 선박이 상대방 선박을 완전히 침몰시켜야 끝났다. 어떤 경우에는 침몰하기 전에 사격을 멈추고 적의 선박 위로 선원들이 쳐들어갔다. 작전 속도가 느렸기 때문에 상황 판단할 시간이 충분하였고, 패색이 짙어지면 최후의 살육전이 진행되기 전에 깃발을 내리고 항복하는 일도 흔히 있었다.

1660년 경 이후 상선과 군함은 확실하게 구분되었다. 상선은 물통 모양으로 땅딸막했고 대부분 대포를 철거하였다. 군함은 길이가 더 길어졌고 120문 정도의 대포를 장착했다. 포 사격이 시작되면 양쪽 군함은 대포를 사격하기 위해 서로 뱃전을 돌려야만 했다. 처음에는 선장 재량에 따라 뱃머리를 돌렸으나 오래지 않아 협조된 동작이 더 좋은 결과를 가져온다는 것을 깨달았다. 따라서 "종렬 항진(line ahead)"이 노 젓는 선박의 특징이었던 "횡렬 항진(line abreast)"을 대신하였다. 1660년 이후 점차 네덜란드와 영국인들은 종렬 항진 전법 개발에 선도적이었으며, 전술적인 지휘 통제에 대한 세부 절차를 제정하고 시험하기 시작했다. 전투 지시의 수는 수십, 때로는 수백 가지에 이르렀으며 이를 성문화하여 함대 사령관의 공식 봉인이 있는 무겁고 큰 책 속에 기록하였다. 낮에는 색깔이 있는 깃발을 돛대에 달고 내리는 방법으로 전갈을 전송하였으며, 밤에도 같은 목적으로 사용하였지만 불빛의 색깔이 제한되었다. 육지와 마찬가지로 해상에서의 전술은 열세한 적을 잡기 위해 정확하게 기동하는 문제였다. 양쪽 함대가 서로 평행하게 대치하게 되면, 아군 선박 상호간의 화력지대를 방해하지 않고, 목표를 정확하게 배분해 주는 것이 중요하였다.

18세기의 해군전술은 매 분마다 행동을 통제하도록 정형화되어 모든 지휘권을 제독이 행사하는 반면, 각개 선장과 그 선박들은 실에 매달린 인형극의 인형과 같은 처지가 되어버렸다. 이것은 사실이었지만 전반적인 현상을 말해 주는 것은 아니다. "전형적인" 전술체계가 실제로 존재하였고 – 대개 사용된 기술의 성격에 좌우되었지만 – 그 체계 안에서도 변화, 독창성, 심지어는 개인 특유의 사고방식에 따라 달라질 수 있는 여지가 많이 있었다. 특히 당시 가장 막강했던 영국과 프랑스 해군은 접근방식에서 매우 달랐다. 영국은 공격적인 사고를 바탕으로 바람을 등지고 전투에 임했다.(기술적인 용어로 기상담보(weather gage)라고 한다.) 바람을 등지고 있음으로 해서 신속히 적을 향해 진격할 수 있었다. 이와 대조적으로 프랑스는 바람을 마주하고 전투에 임하는 바람담보(lee gage)를 택했다. 바람담보는 전투에서 주도권을 행사할 수는 없지만, 필요시 언제든지 도망갈 수 있었다. 기상담보를 취한 상태에서 영국의 대포는 적선 선체의 아랫부분을 조준했다. 바람에 맞서 싸우는 프랑스 대포는 상대방의 돛대와 삭구를 향해 위로 조준하였다. 영국은 포수들의 사격 수준을 높여서 대포 사격에 의존하는 반면 프랑스는 선원들을 돛대 위에 배치하여 소총으로 적의 갑판을 기총 소사하는 전술을 사용했다. 넬슨(Nelson)은 트라팔가(Trafalgar) 해전에서 프랑스의 기총 소사에 맞아 전사하였다. 영국 선박은 대부분 작고 느리며 설계가 미비하였지만 포술과 항해술이 우수하였기 때문에 승리자가 될 수 있었다.

콜럼버스 시대의 군함은 마주보고 전투하기에는 완벽했지만, 상륙전을 수행할 수 있는 능력은 매우 제한되었다. 군함이 육지에서 사용하는 만큼 무거운 무장을 할 수 없었기 때문에 그런 것은 아니었다. 그보다는 쏠 수 있는 탄약의 양이 더 적었고, 포격이 너무나도 부정확했으며, 육지의 돌이나 벽돌 참호에 비해 나무로 된 선체가 훨씬 더 취약했던 점 등이 제한요인이었다. 프랑스가 해협의 항구들을 요새화하지 못하도록 영국은 여러 번 프랑스와 조약을 맺었으며, 프랑스는 반복하여 이 조약을 위반했다는 것은 선박이 최신예 요새를 당할 수 없었다는 것을 말해 준다. 방어 시설이 잘 된 해안에서는 군함이 요새지를 이길 수 없었으며 그렇지 않은 경우는 아주 드물었다.

일찍이 기원전 1200년 경 “해양 민족들”은 이집트 신 왕국을 정복하려 했지만 격퇴당했다. 지중해와 서부 유럽에서도 시실리(Sicily)와 같은 섬을 점령하려고 여러 번 시도하여 영국이 성공하였다. 중국을 지배한 몽고는 1281년에 일본 침공 길에 올랐으나 “거센 바람” 또는 태풍을 만나서 실패했다. 모든 해상 작전은 거리 면에서 제한을 받았다. 통상 해상 작전의 항해는 200km 이내의 해안으로 범위가 제한되었다. 이보다 훨씬 먼 뱃길을 항해하는 것은 새로운 대륙에 정착하는 것이었으며, 아무도 살지 않는 지역에 갔을 때 성공할 수 있었다. 유럽뿐 아니라 세계 어느 지역이라도 대양을 건너 무력으로 침공을 하는 일은 없었다. 그것은 침략자의 군사적 기술이 우세하지 않아서 그런 것이 아니었고 당시 모든 것이 원시적이었기 때문이다.

1500년 이후에는 상황이 바뀌게 되었다. 이제 유럽 선박들은 먼 대륙까지 갈 수 있었고, 쉬지 않고 항해할 수도 있었다. 어디로 가든지 바다 때문에 장애가 되는 것은 염두에 두지 않았다. 유럽 선원들이 그들과 대등한 수준의 항해 기술을 만나볼 수 있었던 곳은 오직 동 아시아의 중국뿐이었다. 그러나 중국의 가장 큰 정크 군함은 서양 군함만큼 컸지만 내항성 면에서 취약점이 많았고, 무엇보다도 무기의 질이 떨어졌다. 일단 유럽 선박들이 희망봉을 돌아서 동양의 바다에 도착하기만 하면 현지의 함대를 격파하는 것은 쉬운 일이었으며 해상 무역로를 접수하고 지배하게 되었다. 또한 오래지 않아 무역 기지와 공장, 도시까지 건설하였다.

영국이 1812년 전쟁기간 동안 생생하게 보여주었던 것처럼, 수송선을 호위하는 전투함은 무방비 상태의 해안에 자기들 의지대로 쉽게 상륙할 수 있었다. 상륙하기만 하면 현지 군대보다 유럽 군대의 무기는 통상 우수하였다. - 인도를 침략한 영국 군대처럼 무기가 우수하지 않더라도 군기가 엄하고 훈련이 잘 된 유럽 군대는 병력이 훨씬 더 많은 현지 군대와 싸워 승리하였다. 그러나 대양과 해안에서 우세하였지만 대부분의 경우 오지를 파고 들어가는 것은 드물고 희박했다. 이렇게 된 것이 기술적인 문제였지 정치적인 문제가 아니었다는 것은, 중국과 같이 잘 조직된 제국이나 원주민만이 거주하는 미개지에서나 마찬가지였다는 점에서 잘 알 수 있다. 유럽이 아시아와 아프리카, 그리고 아메리카의 일부지역 등을 성공적으로 점령할 수 있었던 요인은 유럽 국가가 보유했던 무기가 아니고, 침략 당한 국가들의 육상 운송이 발달되지 않았고 통신수단이 거의 없었으며, 그리고 다양한 풍토병에 대한 치료약이 없었기 때문이었다. 이러한 사실들은 유럽의 정복을 설명하는 데 있어서 소홀히 다룬 중요한 부분이다. 일반적으로 19세기에 이르러서 이러한 기술적인 문제들을 해결할 수 있었다.

제10절 전문 직업군인의 출현

역사가 시작된 이래 군사 조직은 다양한 형태를 취하여 왔다. 모든 군사 조직이 궁극적으로는 정치, 사회, 경제 구조에 뿌리를 두고 있었으나, 부분적으로는 그 시대가 사용했던 기술의 산물이라고 볼 수 있다. 고고학적 유물로는 원시 사회의 군대 모습을 알 수 없다. 그러나 아직도 존재하거나 최근까지 존재했던 원시부족들의 군사 조직에서 추론해 보면, 최초의 전쟁 수행 집단들은 대체로 전문 직업군인은 말할 것도 없지만, 민간인과 군인 간의 구분이 없었던 것으로 보인다. 보다 정확하게 말하자면 종족의 성인을 전사(warrior)라고 불렀다. 성인으로 인정받을 수 있는 유일한 방법은 전사 역할이었다고 추정되며, 북부 아메리카의 인디언 종족에서 볼 수 있는 것과 같이 전사의 역할이 때로는 상징적으로 쓰이기도 하였으나 실제로 적을 죽임으로써 전사 자격을 얻게 되는 것이었다. 무리라는 의미의 그리스어 스트라토스(Stratos)에서 알 수 있듯이, 그러한 환경에서 군대는 – 사회의 전반적인 것과 떨어진 별개의 특수화된 전쟁 수행 집단이라는 의미의 군대 – 존재하지 않았다. 오히려 적의를 가진 무리가 위협하거나 그들과 충돌했을 때, 전 부족이 전투에 가담하고 그들의 일상생활을 통제하던 조직을 기반으로 하여 싸웠다고 설명하는 것이 좀 더 정확할 것이다.

당연히 부족들은 그들이 사용하고 있는 군사적 기술들이 특정 요구 사항을 충족시키는 한 생존할 수 있었다. 군사적 기술은 비용이 적게 들어야 했다. 그렇지 않으면 종족 전원이 무기를 손에 넣을 수 없었다. 그리고 무기는 만들기 쉬워야 했는데, 무기를 만들기 어려우면 전문적으로 만드는 장인 계급이 득세하여 자기들의 능력을 경제적, 정치적 힘으로 전환시키려고 하였기 때문이다. 또한 무기는 아주 간단하거나 또는 전쟁 이외에도 사용할 수 있어야 했었다. - 이러한 조건들이 충족되지 않을 경우 무기 사용 자체가 바로 전문화된 군사 훈련을 요구하는 것이 되었고, 훈련 시간을 낼 수 있는 부유한 전사 계급의 등장을 촉진하게 되었다. 이와 같은 요구의 결과로 부족사회의 무기는 통상 놀이, 스포츠, 사냥, 마술적 종교 의식 행사 등에 사용하였던 도구와 거의 동일하게 되었다. 따라서 그러한 행동 자체들은 서로 명확하게 구분되지 않았고 전쟁과도 명확하게 구분되지 않았다.

그러나 부족의 남자들이 무기를 구할 수 없게 된 것이 언제 어디서 시작되었는지 알 수 없다. 이러한 변화는 전 지역에서 동시에 일어난 것은 아닐 것이다. 어찌 되었든 부족 조직은 한 곳에 정착하는 생활양식에 적합하지 않았거나 다른 방향으로 생활양식이 발전하였을 것이며, 기술이 진보하였기 때문에 유목생활 양식을 그만두게 되었을 것이다. 이 때에 최초의 도시문명으로 알려진 이집트, 수메르, 인도, 중국의 도시는 전 시민이 아닌 특정 집단만이 무기를 휴대할 수 있는 단계에 이르고 있었다.

군사 집단들의 조직은 시대와 지역에 따라 매우 다양하게 나타났다. 그리스 도시국가와 로마 공화정 시대의 경우 사회제도는 금전적인 토대 위에 형성되었다. 인구조사를 실시하여 시민들은 자기가 소유한 재산에 따라서 계급이 결정되었다. 일정 기준 이상의 재산을 소유한 사람들은 의무적으로 계급에 상응하는 무기들을 획득하고 일정 시간 훈련하였으며, 필요할 때에는 전투에 참가했다. 또 다른 지역과 시대의 경우 정치 경제적 권력이 중앙 정부에 집중되어 정부가 무기(정부가 직접 또는 계약 생산하였다.)를 지급하고 군대를 고용하였다. 어떤 경우에는 정부가 군대를 영구적으로 운용하였으며, 이것은 상비군과 거의 같은 경우라 할 수 있다. 또 다른 경우에는 비상시에만 군대를 소집하였으며, 이는 용병이라는 용어가 더 적절하였다.

다양한 군사 조직 형태들이 상이한 지역뿐 아니라 같은 문명, 사회, 국가 내에서도 함께 존재하기도 했었다. 13세기 광대한 몽고제국 건설에서 알 수 있듯이, 활을 주로 사용하는 아주 원시적인 부족들이 건재하였을 뿐 아니라 상당히 경쟁력이 있었다는 것이 15세기 이전 시대의 특징이라고 주장할 수도 있다. 다양한 군대 형태들은 고립되어 존재하는 것이 아니고 다른 요소와 결합하기도 하였다. 이렇게 결합하는 성질은 사용하던 기술이나 무기에 기초한 것은 아니었으나 영향을 받았음은 확실하다.

군사 전문직업주의는 어떤 의미에서 아주 오래된 제도이다. 예수 그리스도(성경의 신약시대) 시대에 - 그 이전은 아니라 할지라도 - 벌써 동아시아, 서아시아, 그리고 지중해 지역의 국가들은 상비군을 유지하고 있었다. 전쟁을 직업으로 생각하고 군대 복무에 대한 정기적인 보수를 기대하는 사람들로써 상비군을 구성하였다. 이러한 좋은 예가 로마제국 군대이며, 몇 세기 동안 식별할 수 있는 형태로 존속하였다. 기원전 1세기, 즉 마리우스 (Marius) 시대와 아우구스투스(Augustus) 시대 사이에, 병사들이 전쟁을 직업으로 삼고 생계수단으로서 군에 복무하는 정규군으로 바뀌게 되었다. 이들은 강한 공동체적 일체감으로 단체정신(eaprit de corps)을 발전시켰을 뿐만 아니라 부분적으로 업무 공과에 의거하여 진급하였다. 그러나 로마의 전문직업주의는 용어 사용에 있어서 오해가 있을 만큼 오늘날과 아주 다르다. 오늘날에는 무엇보다 장교 스스로 군사 전문가라고 생각하고 사회 전반적으로도 그렇게 인정하고 있는데, 로마제국 시대에는 그와 정반대였다. 로마에서 전문직업주의는 사병과 백부장(centurion)에게 한정되었고, 백부장은 오늘날의 부사관(noncommissioned: NCO)의 개념과 거의 비슷하였다. 프리미필루스(Primipilus) 계급 또는 원로 부사관 계급 이상에 대한 임명은 직업적 공과에 의해서 이루어진 것이 아니고 사회-경제적 신분, 즉 에퀴데스(Equites)와 원로원들에게 국한되었다. 에퀴데스와 원로들은 생계를 위한 군 생활이 사실이라 할지라도 그런 제안을 모욕으로 여겼다. 로마 군대의 하층부는 전문가로 구성되어 있는 반면, 상층부는 아마추어나 정치적으로 임명된 자들로 구성되었다. 이것은 오늘날 전문직업적인 군대에서 요구하는 것과 다른 점이다.

고대 및 중세시대에 여러 사회의 기초를 이루었던 봉건제도는 군사 조직 면에서도 중요한 형태였다. 일종의 군사 제도이기도 했던 봉건제도는 중앙 정부가 무기 제조를 장악하지 못하는 지역에서 발생하였으며, 무기가 너무 비싸거나 제작 및 보급하기가 어려워 특정 계층, 계급에 한하여 무기를 사용하였다. 그리고 무기도 아주 다양해졌다. 즉 어떤 곳에서는 전차가 무기였으나, 다른 곳에서는 말과 복합 활을 결합하였으며, 또 다른 곳에서는 비싼 갑옷과 말을 결합한 형태였는데, 이는 귀족 전사 계급의 군사 · 기술적 기반을 형성하였다. 여러 장소와 시대에서 볼 수 있듯이 – 기원전 2000년의 인도, 호머시대의 그리스, 노예왕국시대의 이집트(Mamluk Egypt), 사무라이시대의 일본 등 – 군사 조직으로서의 봉건제도는 어떠한 무기와도 조화를 이루었다. 엄격한 기술적 결정론에 대해 의문의 여지가 없다. 봉건제도의 원칙들을 따르지 않은 군사체제의 군대도 거의 같은 무기를 사용하였다. 다른 군대와 마찬가지로 봉건제도 군사조직은 명백히 어떤 기술적 토대 위에 존재했었다. 이 기술적 토대를 제거한다면 봉건제도 자체는 무너져 먼지 속으로 흩어져 버릴 것이다. 역사적 감각이 부족한 사람은 이 과정을 단순하다거나, 순탄하다거나, 고통이 없었던 것으로 생각할 것이다.

봉건제도 통치 아래에서 군사조직을 만든다는 것은 특별한 문제였다. 봉건제도 하에서의 전사들은 값비싼 무기를 소유함으로써 자신들의 지위를 획득하였다. 무기는 사용하기가 어렵고 많은 훈련을 요구하였다. 그래서 그들은 자신과 같은 방법으로 무장한 다른 전사들을 같은 등급의 신분으로 여기는 경향이 있었다. 이러한 전사들로 이루어진 군대는 일시적이었으며, 조직적인 체계가 불명확하여 훈련시키기 어려운 특성을 갖고 있었다. 더구나 그들은 전쟁 자체를 하나의 의식 행사로 전환시켜 생각하는 경향이 있었으며, 이러한 시도는 "실용주의"를 고려하기보다는 외부에 대해서 자신들의 지위를 보존하고자 했던 것으로 보인다. 그러한 사회에서는 전쟁 자체를 흔히 어떤 단일 계급의 독점적 영역으로 여겼다. 일본의 도꾸가와 시대처럼 이 계급에 속하지 않는 사람이 무기를 소지하는 것은 완전히 금지되었다. 또한 무사들과 귀족 그리고, 무사들 간의 사이에서 일어난 싸움은 전쟁으로 고려하지 않고 단지 치안 업무, 사냥, 스포츠, 또는 오락과 같은 것으로 간주하였다.

일반적인 봉건제도의 특성, 특히 중세 유럽 봉건제도의 특성이 그러하였기 때문에, 군사 전문 직업주의와 봉건제도가 조화할 수 없었음은 쉽게 이해할 수 있을 것이다. 왕과 대영주들은 종종 영구적인 가신 집단을 거느리고 있었으나, 개인적인 유대관계 즉 친척이나 봉신 등의 관계로 서로 묶여 있었다. 이러한 가신 집단을 전문 직업군인으로 볼 수 없었다. 한편 봉건제도 기사들은 전쟁을 전문적인 직업이 아닌 소명이라고 생각하였다. 봉급을 받기 위해서 전쟁을 수행하는 것이 아니라 그들이 속한 신분 계급상의 운명으로 여겼다. 기사 훈련은 말안장에 앉을 수 있는 순간부터 시작되었지만, 이 훈련의 목표와 결과는 요즈음 알고 있는 것과 같은 전문적인 기술이라기보다는 전반적인 생활양식이었다. 상비군이 없었기 때문에 기사들은 단체가 갖는 일체감의 근거지 역할을 할 수 없었을 뿐만 아니라, 소위 근거지라는 것이 없으면 단체정신이 생길 수 없다. 우리가 말하는 의미에서의 장교는 존재하지 않았으며, 군대는 오로지 기사들로만 이루어졌다고 하는 것이 더 사실에 가까울 것이다. 계급과 승진에 있어서도 질서 있는 체계가 존재하지 않았다. 사회 · 정치적 지위에 의하여 지휘관을 선발하였으며, 지휘관은 부하보다 단순히 가문이 좋은 사람들이라고 생각하는 경향이 있었다.

이렇게 장래가 불투명한 환경임에도 불구하고, 근대 초기 유럽에서 군사 직업주의가 등장한 것은 기술적 요인도 있었고, 그렇지 않은 것도 있었다. 그렇지 않은 것은 군주 또는 국가의 중앙집권적 권력이 증대한 결과였으며 봉건제도의 군복무를 임금이나 보수 지급으로 대체하려는 경향 때문이었다. 그리고 15세기부터 대영주들이 가신을 상비군의 핵심으로 발전시키려고 지속적인 노력을 했다. 여기에 관련된 수많은 기술적 요인들 중에서 가장 중요한 것은 종이, 인쇄술, 그리고 정보의 저장 및 전파에 관련된 기술의 발명이었다. 이러한 혁신들은 군대 규모가 커질 수 있는 계기를 만들었고, 군대 행정을 개선시켰으며, 궁극적으로 군사 교육의 혁명을 초래하였다.

전쟁은 항시 있었으며, 어떤 면에서는 무엇보다도 실제 사건으로 존재하고 있다. 그러므로 뒤늦게 전쟁 이론의 필요성이 인식되었지만, 오늘날까지 보편적으로 수용되지 못하는 실정이다. 다른 분야의 전문가들 즉, 의사, 변호사, 사제 교육이 공식화되어 특수학교에 위임하여 수행된 후 수세기가 지나도록 전사들이 받아야 하는 훈련은 초보적인 수준에 머물러 있었다. 즉, 폭력 전문가 – 현대적 용어로 바꾸어 신중하게 생각한 용어 – 를 다른 분야의 전문가들처럼 교육하지 않았다. 무력 충돌에 관련된 사회들이 모두 전쟁 초보자들을 적응시켜야 할 필요성을 인식하고 그 과정을 감독하는 전문가를 임명하곤 하였지만, 실제로 역사상의 모든 군대에서 이러한 적응 과정은 기초적인 것, 즉 체력단련 및 무기 다루는 숙달 훈련 등에만 한정하였을 뿐 그 이상 고위직에 대한 전문교육은 없었다. 고위직에 대한 훈련은 단위부대 자체에서 필요한 정도까지만 시행하였고 이는 실제적인 도제관계나 참모업무 수행 과정을 통해서 이루어졌다. 상황이 이렇게 벌어진 것은 교재가 귀하였고 비용이 많이 들었던 것도 하나의 요인이었다. 물론 시대마다 지휘관들이 저술한 교재가 있었지만 1500년 이전에는 교재 보급률이 너무 낮아 그 교재로 많은 장교들을 교육할 수가 없었다.

근대 초기에 이르러 이러한 상황은 곧장 개선되었다. 인쇄 기술이 발달하여 결국 많은 군사 서적들을 출판하게 되었다. 16세기 말 경에는 1453년 콘스탄티노플(Constantinople) 몰락 이후 서양에 도입된 비잔틴의 군사 고전 서적의 인쇄본 뿐 아니라, 투키디데스 (Thucydides), 크노세폰(Xenophon), 폴리비우스(Polybius), 시저(Caesar), 리비우스(Livius), 오나산더(Onasander), 폴리네우스(Polynaeus), 프론티누스(Frontinus), 베게티우스(Vegetius) 등에 대한 원본 또는 번역본, 그리고 당시 저술 등을 모두 읽을 수 있게 되었다. 동시에 근대 유럽어로 씌어진 광범위한 군사 및 해양 문헌들이 쏟아졌으며, 처음에는 이탈리아어로 시작되었지만 그 후 독일, 프랑스, 네덜란드, 스페인, 영국, 스웨덴의 언어로 씌어졌다. 그리고 점차 이러한 책들과 병행하여 군사 관련 정기 출판물도 나왔다. 18세기 말엽에는 이러한 자료들이 전쟁에 대한 견해를 밝히고 의견을 교환하는 특수한 매개체로 전환되었다. 무엇보다도 가장 기술적인 문제였던 공성 전투를 시점으로, 전쟁은 단순하고 실제적인 과업일 뿐만 아니라 또한 상당한 이론적 기초에 근거하고 있음을 인식하게 되었다. 이론적 기초들은 전문가들의 관심사항이 되었고, 전문가들은 단지 생계를 유지하기 위해서 목숨을 버리는 사람이 아니었다. 점차 군사이론을 연구하고 숙달하는 사람으로서의 개념이 정립되었다. 이러한 발전을 단지 기술적인 요소 탓이라고 하는 것은 비역사적일 뿐만 아니라 비웃음을 살만한 것이다. 그러나 군사에 관련된 교훈적인 지식들이 정립 가능하고 소중한 것이 되려면 책으로 만들어져야만 했고, 책을 저렴한 가격으로 대량 생산하는 것은 다른 것과 마찬가지로 기술에 의존하였다.

인쇄술이 이런 식으로 군사적 직업주의의 발생에 기여하고 있는 동안, 다른 기술들도 똑같은 방법으로 기여하고 있었다. 14세기에 자유 전사 집단이 출현했다. 이들은 가장 높은 가격을 매기는 사람에게 자신을 임대하는 숙련된 전사들의 결합체였다. 그들은 어떤 특정 무기를 전문적으로 다루는 기술을 가졌으며, 특히 석궁 사용 기술로 유명했는데 신사들에게 석궁이 적합하지 않다고 여겼으나 사용하는 데는 숙련된 기술이 요구되었다. 이러한 특성들이 초기 화약무기 사용 시에도 적용되었기 때문에 화약무기를 사용하는 군대들이 비슷한 방법으로 조직화될 수밖에 없었던 것은 당연했다. 화약무기, 특히 대포는 제작 및 사용이 어려워 전문가들로 조직되었다. 한 사람이 양쪽 편에 고용되는 것은 흔한 일이었으며 실제로 포수들은 수호성인의 이름을 가진 국제적 동업조합을 구성하고 그들의 직업적 비밀을 철저히 지켰다. 시간이 흐름에 따라 새로운 무기 사용에 대한 편견이 사라지자 전문가들은 군대 조직 속으로 통합되어 다른 사람들과 같이 정규군이 되었다. 1530년 경 요새지 공격과 방어에서 화약무기를 사용하는 것이 최고의 훈장을 받을 만큼 명예롭고 칭찬 받을 일로 간주되자 새로운 전환점이 찾아왔다. 계속된 기술 발명의 순수한 결과는 기술에 대한 수요를 증가시켰다. 숙련과 전문 직업주의가 동일한 것은 아니었지만 문제의 기술들이 너무 복잡하고 비용이 많이 들었기 때문에 개인이 소유할 수 없었으며, 필연적으로 전문 직업주의는 숙련을 능가하여 성장하였다.

군사적 전문 직업주의가 성장하는데 있어서 탄약, 특히 무거운 탄약이 끼친 군사적 역할은 좀 색다르다. 대포(gun)에는 화약과 탄환, 그리고 초원에서 얻을 수 없는 보급품이 필요하였다. 결과적으로 포수들이 대포를 보급, 유지, 수송하는 것에 대한 책임을 지는 것은 당연한 일이 되었다. 맨손 운반으로부터 공학으로 발전하였으며, 특히 축성물과 강을 건너기 위한 교량 건축분야에서 공학 발전은 두드러졌다. 공학기술자(engineer ; 중세 전쟁 기계engine로부터 유래한 어휘)는 이러한 활동들로부터 도로 건설과 다리 건축 등과 같은 관련 분야로 활동범위를 확대하였다. 이러한 모든 것은 숙련된 기술을 요하는 활동이었다. 상당한 수학적 지식이 요구되었으며, 그런 지식은 전문가의 입을 통해서 얻을 수 있었다. 따라서 전망이 있는 최초의 전문 직업 군대가 포병과 공병이었다는 것은 놀라운 일이 아니다. 이 기간(1500~1830)동안 포병과 공병 병과의 중요성은 점점 커졌다. 모든 것이 그러하듯 지식과 기술에 뿌리를 두고 있었던 전문가의 견해는 혈통, 직위, 사회적 신분에 뿌리를 둔 전통적 귀족주의적 접근과 정면으로 충돌하였다. 더욱이 전쟁 자체도 봉건제도 문명이 세워 놓은 높은 토대 위에서 추락하였다. 기술과 전문화가 한층 더 진전됨에 따라서 전쟁은 귀족적인 성격을 탈피하고, 단순한 정책 수행의 도구로 바뀌었다. 그것은 후회스럽지만 필요하기도 한 일이었다.

추측하건대, 군사적 기술을 전문 직업주의의 발생과 연결시킨 요인들이 전시에 사용하는 비군사적인 기술들에도 적용되었다. 실제로, 위의 두 사항들은 분리할 수 없는 관계가 되었으며, 한 사람이 두 가지에 동시에 종사하는 경우가 종종 있었다. 16세기와 17세기 동안 풍차, 선반 기계, 펌프, 물레방아 등을 만들었던 사람 – 이들이 보유한 기술들이 광범위하고 다양하여 어떤 포괄적인 명칭을 부여받기가 곤란했던 사람들 – 이 요새지대를 건설하였으며 동시에 병기를 제작했다. 거의 알려지지 않았지만 흥미있는 예로 앙토안느 앙드레오시(Antoine Andreossy)의 경우, 수년 동안 나폴레옹의 포병사령관으로 복무했고, 또한 총포 제작에 대해서 책임을 맡았을 뿐만 아니라 앞에서 약술한 다양한 활동의 책임자였다. 전문적인 기술자였던 앙드레오시는 대대로 내려오는 기술자 집안에서 태어났다. 선조 중 한 사람은 루이 14세 통치기간 동안에 남부해협(Canal du Midi) 건설 총책임자로서 일했다. 이 해협은 로마제국 멸망 이후 유럽에서 수행된 최대의 단일 토목사업이었다.

육상의 복합적인 기술들이 군사 전문직업주의의 발전을 촉진하였으며, 해상에서도 마찬가지였다. 플라톤이 공화국(The Republic)에서 지적한 것과 같이, 기술은 바다에서 효율적으로 작업을 하기 위해서 뿐만 아니라 생존하기 위해서도 필수적인 것이었기 때문에 선장의 지식과 능력은 무엇보다도 중요하였다. 15세기의 베니스에서는 서기와 함께 해군장교들, 그리고 어떤 이유인지는 모르겠으나 이발사들이 전 인구 중에서 가장 박식한 집단에 속하였다. 그 후 바람의 힘으로 움직이는 엄청나게 크고 복잡한 기관을 가진 18세기 전함은 전투에서 승리하는 데에는 말할 것도 없고, 조작하는 데에도 굉장히 많은 기술과 과학지식이 요구되었다. 지구 여러 지역에서 해상 전투가 발생하였고, 종종 매우 긴 항해를 수반하였다. 긴 항해를 수반한 해상 전투는 전문적인 수학 및 항해 기술에 기반을 두지 않았다면 수행될 수 없는 것이었다. 이러한 요구사항들을 극복하기 위해서 해군장교들은 민간 선원과 자신들을 구별하고, 그들 스스로의 정체성을 획득하였다. 특히 프랑스와 영국 해군이 새로운 형태의 지적 엘리트의 산실 역할을 하였다. 엘리트들 사이에서 중요하게 여기는 것은 전문적인 지식이었다. 시간이 흐름에 따라 서로 다른 기술들이 연속적인 진보 과정 속에서 앞을 다투어 발전하고, 선박에서 일하는 기술자의 상대적 지위에도 변동이 일어났다. 17세기 중반까지 대포 사수가 높은 급료를 받았으나, 점차 주도권은 항해 임무를 맡고 있는 갑판 장교들에게 넘어가서 갑판 장교가 모든 사람들의 작업을 조정하고 통합하였다.

고도의 숙련을 요구하는 복잡한 기술이 사용되고, 동시에 이 기술들을 가르치는 교재가 가용해짐에 따라 군사훈련은 점차적으로 과정과 시험으로 이루어진 공식적 업무로 전환되었다. 최근의 근대식 군사학교가 16세기 스페인에 설립되어 포술을 가르쳤다. 이후 17세기와 18세기에는 사관학교와 장교학교가, 그리고 1763년 이후에는 참모장교를 가르치는 군사대학 등이 설립되었다. 이러한 학교들을 열거하면 파리, 메지에르(Mezires), 생 뻬떼르부르크(St.petersburg) 등의 지역에는 군사학교(Ecoles Mililtaires)가 있었고, 베를린, 뮌헨, 비너노이쉬타트(Wiener Neustadt), 울위치(Woolwich) 등의 지역에도 대등한 군사 교육기관이 있었다. 이러한 모든 기관들은 전문적으로 초급장교를 양성하였다. 다트머스(Dartmouth), 뚤룽(Toulon), 르아브르(Le

Hauve), 브레스트(Brest) 등의 지역에는 해군대학이 있었고, 포츠담(Potsdam)과 브리엔느 르 샤뚜(Brienne le Chateau) 등의 지역에는 주니어 사관학교가 있었다. 샤뚜 주니어 사관학교는 나폴레옹이 훈련받은 곳이며, 주로 포병 전문가들을 양성하였다. 18세기 말 경 아주 유명한 베를린의 전쟁학교(Kriegsakademie)와 미국 육군사관학교(West Point) 등 2개의 사관학교가 설립되었다. 베를린의 전쟁학교는 전문가 수준을 높이기 위하여 모든 분야들을 다루었으며, 미국 육군사관학교는 최초부터 공학 기술학교였는데 당시의 성격이 현재까지 일부 전해 내려오고 있다.

근대 초기에 기술, 특히 군사 기술의 성장이 유일한 원인은 아니었지만 기술의 발전은 군사 전문직업주의의 출현에 박차를 가하는 역할을 하였다. 이 과정은 순탄하지도 쉽지도 않았다. 루이 14세가 보방(Vauban)을 프랑스군의 원수(marechal de France)로 임명하기를 꺼렸다는 것을 회상해 보면 그 과정이 쉽지 않았다는 것을 잘 알 수 있다. 보방은 평민 출신이었지만 군사 전문가로서의 신임은 다른 어떤 사람들보다 돈독했다. 18세기 내내, 그리고 19세기의 대부분 기간 군대는 직업상의 공과에 의해서 장교와 지휘관들을 임명하고 해임하는 제도를 채택하기를 주저했다. 어디에서나 사회적 지위와 연령이 상당한 역할을 하였으며 연공 서열체계는 공동체 의식을 증대시켰고 장교단 사이에는 직업주의 전망을 고양시켰다. 프랑스 대혁명 초기의 몇 년 동안 그리고 이어진 왕정복고 기간의 대부분 동안 각국은 중요 직위에 전문성에 따라 사람을 쓰지 않고 권력을 잡은 자들이 믿을 수 있는 사람을 정치적으로 임명했다. 그러한 경향은 20세기 선진국 군대에서조차 사라지지 않았다. 시대와 국가에 따라 자연적으로 전문 직업주의에 대해서 각기 다른 태도를 취했다. 어떤 국가들은 찬성했고, 어떤 국가들은 반대했으며, 또 어떤 국가는 조용히 감수하였다.

장기적인 측면에서는 기술적인 이유 때문에 출현한 군사 전문직업주의의 강력한 추세를 피할 수 없다는 것이 증명되었다. 군사 전문 직업주의는 중요성을 더해 가면서 1830년 이전 뿐만 아니라 그 이후에도 계속 전쟁의 중요한 현상 중의 하나가 되었다. 선진국의 장교단이 새로운 상황에 스스로 적응하는 과정은 아래로부터 위로, 그리고 위에서부터 아래로 동시에 이루어졌다. 최하위 계급이지만 기술적 전문성을 갖고 있었던 장교들이 – 탄약 장교나 군의관과 같은 장교 – 다른 장교들과 동등한 지위와 특권을 요구했으며 점차 이를 획득하게 되었다. 19세기의 후반기 동안 영국 해군을 갈라놓았던 "갑판 선원"과 "기관사" 사이의 경쟁 관계가 좋은 예이다. 몰트케(Moltke) 시대부터 서서히 고급 지휘관들은 전사로부터 폭력을 관리하는 군사 전문가로 바뀌었다. 많은 장교들이 계급 구조 속의 위치와 관계없이 공학기술과 사업경영과 같은 분야에서 특수교육과 전문훈련을 받지 않고서는 그들의 기능을 발휘할 수가 없다는 것을 알게 되었다. 이러한 추세는 20세기 후반기에 이르러 절정에 달하였으며, 많은 지휘관들이 동서양을 막론하고 실제로 공학기술자 및 경영관리자와 거의 같았다.

역사적으로 볼 때 사병과 부사관의 발전은 다소 차이점이 있다. 중세의 군대에는 요즈음 말하는 부사관 및 사병에 해당하는 군인은 없었다. 16세기와 17세기 초의 통상적인 사병은 일정기간 동안 복무하는 용병이었다. 용병들은 잘 훈련되어 있었지만, 외관상 불량배 무리들과 거의 구별할 수 없었다. 그러나 점차 발전하는 무기의 중요성 때문에 엄격한 규율이 절대적으로 필요하게 되었다. 구스타푸스 아돌프스(Gustavus Adolphus)와 크롬웰(Cromwell) 시대 초기의 군대들은 하나 둘씩 잇달아서 엄격한 통제에 순종하는 병사들로써 부대를 채웠으며, 병사들은 장기간 복무하고 정기적으로 보수를 받았다. 어떤 의미에서 18세기의 군인들은 전문 직업인들이었다. 사회 전체가 그들의 숙련된 기술들을 존경하지는 않았다 하더라도 그들은 생계(설혹 그것이 강요된 것이라 하더라도)를 유지하기 위해, 그리고 장기 복무를 조건으로 근무했으며, 이로 인하여 훈련을 철저히 시킬 수 있었다. 1830년 즈음, 각국의 부사관들이 현대적 의미의 전문 직업적 태도를 가진 군인으로 발전하고 있었다는 명백한 징표가 나타났다.

프랑스 대혁명으로 인하여 사병과 부사관들 사이의 전문 직업주의를 향하던 강력한 추세는 지연되었으며, 어떤 사람은 후퇴하였다고 말하기도 했다. 그 이유는 1793년 제정한 국민총동원령(levee en masse) 때문이었으며, 곧 모든 국가들이 프랑스의 뒤를 따라 국민동원제도를 채택하게 되었다. 그 후 1세기 반 동안 전문 직업군인으로 되돌아가려는 시도에도 불구하고, 일류 군대의 사병들조차 전문 직업군인으로 보지 않고 그들 자신도 직업군인이라고 생각하지 않았다. 전 생애를 군복무에 바칠 것이라고 생각하지 않았던 부사관들은 민병대에 둘러싸여 지냈으며, 이들 민병대는 집중적인 훈련을 받은 뒤 여러 분야의 예비군으로 편입되는 단기 징집병이었다. 중요한 기술 혁신들이 연속되어 신속한 동원이 가능하게 되었으며, 비전문적인 전사들도 간단한 통지로서 재소집할 수 있었다.

단기 일반 징집제도를 도입하였기 때문에 사병과 부사관의 전문 직업주의 움직임은 지연되었다. 일반 징집 제도의 목표는 모든 병사를 직업군인으로 전환하지 않고 전쟁을 수행하려는 것이었으며, 초기에 얼마간 성공을 거두었다. 그러나 1945년 이후 이념, 정치, 사회, 경제의 다양한 요소들이 군대에 들어와서 징집을 어렵게 하였다. 이러한 제요소의 영향이 복잡한 군사기술에 의해 발생된 압력과 결합되자 피할 수 없는 결과가 나타나게 되었다. 각국마다 단기 복무로는 현대식 무기 및 군사 장비 사용에 요구되는 장기간의 훈련을 감당할 수 없다고 생각하게 되었다. 징집 군대는 완전히 없어지거나 아니면 혼합형 부대 구조로 대체되었다. 전형적인 예로서 독일 육군(Bundeswehr)을 들 수 있으며, 40%는 간단한 업무를 담당하는 징집병, 60%는 훈련과 숙련기술을 필요로 하는 전문직 업무의 정규군으로 구성되어 있다.

소련과 이스라엘 같은 국가의 군대도 여러 가지 이유로 국민 개병제의 개념을 고수하는 군대이지만 해군, 공군과 같은 기술을 필요로 하는 부대는 직업군인의 비율이 매우 높다. 전문 인력만이 복잡한 문제를 다룰 수 있다는 데 논리적 근거를 두고 있다. 적어도 직업군인을 고용함으로써 병사들을 끊임없이 교육한다든지 엄청나게 비싼 기계를 사용하는 그러한 낭비를 방지 할 수 있다는 것이다. 그 밖에도 직업주의가 전쟁에 있어서 결정적인 요인이 된다는 생각은, 최근 미국부대에서 일반 사병을 일병, 상병이 아닌 전문가로 분류할 정도로 힘을 얻고 있다. 비록 저개발 국가 군대가 사용하는 기술이 훨씬 덜 복잡하지만, 많은 저개발 국가도 같은 길을 택하고 있다. 적어도 "직업주의" 규범의 외형이라도 도입하는 것이 필요하다.

더 큰 군사 직업주의를 향한 다소 일관된 추세가 약 5세기 동안 지속되었고, 이 추세는 전쟁 기술의 진보와 밀접하게 연결되어 있었다는 이유 때문에 군사 직업주의와 기술 진보가 반드시 무한히 보조를 맞추어 발전한다고 볼 수 없다. 특히 두 가지 요소를 주목해야 한다. 첫째, 최근의 기술적 발전은 사병과 부사관에 대한 군사-직업적 숙련기술의 요구를 증대시키기보다는 오히려 감소시켰다는 주장이 제기되고 있다. 이전에 인간이 하던 몇 가지 기능을 자동화하였고, 정비와 유지관리와 관련된 대부분의 일을 민간 전문가들에게 넘겨주었다. 둘째, 현대식 군사 장비는 사용하기가 쉽기 때문에 전차를 몰고 대포를 쏘는 사람에게 고도의 훈련이 필요한 것이 아니고 오히려 도보로 근접전을 전문으로 하는 사람들에게 고도의 훈련이 필요하다.

마지막으로, 숙련 기술 지향 전문직업주의 태도는 그 밖의 다른 것과 같이 전문직에 해당되는 비용이 든다. 특히 다른 모든 것을 고려하지 않고 전쟁의 승리 자체만을 추구할 때 더욱 그렇다. 전문직업주의는 군대에서 기능 발휘에 필수적인 권위와 충성심을 약화시킬 수도 있다. 전쟁이 고난과 공포, 어려움, 고통, 죽음의 영역이라고 가정할 때 전사의 변치 않는 특질에 상치되는 기술적 숙련과 숙달을 지나치게 강조하는 것은 위험한 일이다. 전문 직업주의와 기술의 결합은 토론 집단에나 어울리는 속 좁은 전문화로 귀결되어, 위험하고 불확실한 전쟁 환경을 극복하고 거기에서 살아남는 임무를 부여받은 조직에는 어울리지 않을 수 있다. 전문 직업주의에서 얻는 이익보다 대가가 더 크게 되었으며, 이는 우리 수중에 있는 기술의 성질과 특성에 무관하다. 미국이 베트남에서 승리할 수 없었고, 소련과 이스라엘이 아프가니스탄과 레바논의 비정규군을 제압할 수 없었다는 것으로 판단해 보면, 벌써 이 지점에 도달했다고 할 수 있지 않겠는가?

제3부

시스템의 시대(the age of systems)

- 1830~1945년

제11절 동원 전쟁

1830년 이전 전쟁에서는 낱개 도구와 기계를 주로 사용하였다. 전쟁에서 팀 단위로 사용하였던 도구와 기계는 일부였고, 가장 큰 것이라 하더라도 불과 수백 명이 협력하여 작동하였다. – 기계가 복합체 또는 체계에 통합된 것은 아니었다. 주된 에너지 원천이 무엇이든 간에 전쟁을 치루는 모든 요소들은 각자 독립적으로 운용되었다. 제 요소 간 협조 형태는 기술적 수단뿐만 아니라 그러한 수단을 운용하는 사람들에게도 영향을 미쳤으며, 운용하는 사람들은 공통 규칙을 지키고 간단한 신호에 따라 움직였다. 그러나 기술적인 운용체계는 통합되었다고 볼 수 없었다. 각 요소 – 칼 , 마차, 배, 총 등 – 가 개별적으로 자기의 기능을 완벽하게 수행하였으며, 넓게 보면 각 요소가 수행한 것은 정확했다.

나폴레옹의 군단, 로마의 레기온, 그리스의 팔랑스는 역사상 가장 훌륭한 조직으로 분류될 수 있다. 조직은 많은 사람이 조율된 상태로 움직이는 협조된 동작을 요구한다. 군대는 장비를 사용하고 군대의 구조는 부분적으로 장비에 의하여 결정되지만, 궁극적으로 팔랑스나 레기온, 사단이 장비로 구성되어 있다고 볼 수 없다. 이러한 관점에서 볼 때 1830년 이전의 시대는 협조된 기술이 없었던 시대라고 특징지을 수 있다. 1830년 이후 최초로 병력과 기술적 수단이 함께 체제 안에 통합되었다.

앞에서 언급한 바와 같이 오래 전부터 지역과 국가를 연결하기 위하여 장거리 통신체제를 사용하였으며, 장거리 통신체제는 전략 수행에 절대적으로 필요하였다. 릴레이식 기수전령이나 시호통신 방법을 활용하였다는 것은 매우 중요한 사실이다. 통신수단의 한계에 따라 정치 집단이 획득할 수 있는 권력의 크기에 상한선이 결정되었고, 전쟁 자원을 동원하는 효율성이 제한되었다. 지형 및 기상 환경뿐 아니라 내부구조 및 응집력에 대한 여건도 한없이 다양하기 때문에 제한 사항의 한계를 정확하게 결정하려고 노력하는 것은 어리석은 일이다. 그러나 통신상의 제한은 존재하였고 정치 및 전쟁에 대한 역사는 통신을 고려하지 않고는 이해할 수 없다.

고대에도 시호통신 방법은 상당히 널리 사용되었다. 시호통신 방법은 메시지를 신속하고 효과적으로 송신할 수 있었지만 사람의 눈은 먼 거리에 있는 시호들을 거의 식별할 수 없었기 때문에 시호통신 체제의 구축 및 운용은 시력에 좌우되었다. 불빛, 연기, 또는 깃발처럼 신호를 만들기 위해 사용된 기계적인 수단 등 시호통신 수단이 무엇이든 간에, 전달해야 할 정보를 사전에 정해 두어 정보량은 제한되었으며, 통신소는 상호 근접하여 설치해야 했다. 그 때문에 다른 것에 우선하여 통신소를 건설하고 유지하였으며 짧은 거리에도 통신소 설치 비용은 많이 들었다. 거기에 우수한 조직을 유지해야 할 필요성을 추가하면 로마 제국 몰락 이후 시호통신체제가 유럽에서 사라지게 된 이유가 분명해진다.

1610년 경 네덜란드의 미델버그(Midderburg)에 살았던 한스 리페쉐이(Hans Lippershey)가 망원경을 발명하였다. 망원경의 전술적인 중요성은 금방 알려졌으며, 시야의 폭을 확장함으로써 시호통신의 새로운 시대를 열게 하였다. 1650년 영국의 과학자 로버트 후크(Robert Hooke)는 시호통신 방법으로서 수기신호 체제를 제안하였으며, 18세기 말까지 수기신호 체제 구축에 대하여 진지하게 토의하였다. 프랑스에도 수기를 이용한 여러 가지 통신방법이 정부에 제출되어, 의회에서 결정한 후 전쟁장관으로 있던 카르노(Carnot)에게 그 사업을 맡겼다. 창시자 끌로드 샤페(Claude chapp)의 이름을 딴 샤페 통신 방법이 1794년 설치되었다. 샤페 통신 방법은 주로 군용으로 사용되었으며 이에 대한 유용성은 레 퀘스노이((Le Quesnoy)에 침략한 외국군을 물리치고 이 지역을 재탈환했다는 메시지를 연합군 부대가 프랑스 정부에 전달함으로써 입증되었다.

샤페 통신체제는 기본적으로 일련의 탑으로 이루어져 있는데 각 탑은 인접한 탑을 서로 볼 수 있는 위치에 설치되었다. 탑 꼭대기에는 큰 막대기와 작은 막대기가 하나씩 있었는데, 이 막대기를 지렛대 위에 올려놓고 움직일 수 있도록 한쪽 끝은 붙들어 매었다. 막대기의 끝에 로프를 부착하여 야간에도 볼 수 있었으며 192개 형태로 조작할 수 있도록 설치되었다. 이 통신방법으로 단어, 문장 또는 개인 서신까지 송수신할 수 있었다. 메시지는 그대로 송신하거나 코드화하여 송신할 수 있었다. 통상 각 통신소에 두 명이 배치되었는데 한 사람은 수신된 메시지를 읽고 기록하였으며 나머지 한 사람은 메시지를 송신하였다. 지형에 따라 차이가 있었지만 통신소 간의 간격은 대략 8~10㎞였다. 시계가 좋을 때 통신소 감독관은 중간 통신소 운용을 일시 정지시켜 송신 속도를 증가시킬 수 있었다. 송신 속도는 기상이나 메시지의 양에 따라서 달라졌다. 양호한 기상 아래에서 메시지 양을 수백 자 이내로 작성하면 하루에 약 400㎞까지 송달할 수 있었으며 이러한 성과는 아무리 잘 편성된 기수 전령일지라도 달성할 수 없었다.

샤페 통신방법이 혁명적인 발전을 이룩한 까닭은, 현실적인 기술 체계로 구성되었기 때문이다. 모든 통신소가 최적의 업무를 수행하려면 통신 축선상에 위치한 수십 개의 통신소들이 정확하게 협조해야 한다. 눈에 보이는 강력한 지시가 없으면 통신체제의 기능을 제대로 수행할 수 없었는데 그 이유는 단 한 개의 통신소라도 빠지거나 고장나면 통신체제 전체가 마비될 수 있었기 때문이다. 교신 시작 및 종료, 검증, 그리고 통신소 개 · 폐소, 통신 우선순위 설정 및 그러한 우선순위가 준수되고 있는지의 확인 등에 대한 세부적인 절차를 규정할 필요가 있었다. 통신관리 기능은 통신회선이 2개 이상 운용되고 있을 때와 서로 다른 방향에서 여러 가지 회선을 이용하여 송수신할 때 통신 소통 협조문제 등으로 더욱 복잡하게 되었는데 그러한 문제는 파리에 위치한 통신중앙본부에서 전담하였다. 통신을 하나의 체제로 만들어준 현저한 특징은 단순한 설비나 장비 등 하드웨어 측면보다는 전적으로 소프트웨어를 운용하는 질에 좌우되었다. 이러한 통신체제의 발명은 획기적인 일이었다.

통신시설을 구축하고 운용하는 데에 막대한 예산이 소요되었다고 보면, 통신시설이 주로 군용으로 사용되었다는 것은 놀라운 일이 아니다. 최초로 설치된 프랑스의 통신소는 몸이 약한 군인들의 한가한 근무초소로 사용되었다. 기록에 의하면 1809년 오스트리아군이 바바리아(Bavaria)를 침공하였다고 최초로 나폴레옹에게 보고한 것은 샤페 통신소였으며, 이렇게 전쟁이 개시되어 아스패른과 와그램에서 끝을 맺었다. 영국의 통신체제는 1800년 경 런던에 위치한 해군성과 주요 항구를 연결하기 위하여 구축하였으며 샤페(Chappe) 통신체제와 비슷했다. 러시아도 다른 국가가 개발한 새로운 기술에 대한 군사적인 이용에 있어서 뒤지지 않았으며, 피터스버그에서 해군기지인 크론스타트까지 한 개의 통신체제를, 그리고 피터스버그에서 바르샤바까지 또 하나의 통신체제를 구축하였다. 1830년 경 프랑스의 라인란트(Rhineland) 침공을 경보할 목적으로 베를린과 트리어(Trier) 간 통신회선을 구축하였는데 그 당시 프러시아 내에는 서로 연결된 지방이 없었기 때문이다.

전기가 발명된 것은 상당히 오랜 일이지만 전기를 이용한 장거리 통신 방법이 발명된 것은 별로 오래되지 않았다. 천년 동안 전기는 신기한 현상으로만 알고 있었으며 과학자 또는 전기에 몰두한 기술자들에게 호기심의 대상일 뿐이었다. 18세기 중기에 이런 사람들이 노력한 결과 정전기를 발생시킬 수 있는 마찰 기계와 정전기를 저장할 수 있는 라이더 자르(Leiden Jar)를 발명하였다. 1753년 익명의 저자는 『The Scot' s Magazine』라는 책자에서 전기를 이용한 전기 광학 통신 방법을 제안했다. 그 후 50년간 그러한 기계를 제작하기 위하여 수없이 많은 시도를 하였다. 그러나 통신기의 미래는 다른 방향에서 나타났다.

전선을 통해 전기를 보내고 자기화된 침을 이용하여 수신된 전기를 감지할 수 있는 전신기가 발명되었다. 프랑스, 러시아, 영국에서 전신기 시험을 시작하였지만(우연히 영국에서 최초로 운용체제가 구축되었다.) 새로 발명된 전신기의 명칭은 미국인 사무엘 모르스(Samuel Morse)의 이름을 붙이게 되었다. 모르스의 최초 공헌은 기본적으로 두 가지이다. 첫째, 전선이 설치된 곳을 따라 통신 중계소를 개설하여 원거리까지 정보를 전송할 수 있도록 하였으며 둘째, 아주 혁신적인 개선사항으로서 자기의 이름을 딴 모르스(Morse) 부호를 창안했는데, 종전에는 운용자가 전기의 충격을 피부로 느끼고 내용을 파악하였음을 감안할 때 매우 획기적인 방법이었다.

국가마다 전신기와 모르스 부호를 채택하였을 때 처음부터 주요한 사용 목적 가운데 하나가 철도 수송관리였다. 같은 국가의 사람이 두 가지 기술을 거의 동시에 발명하였다. 지면 관계상 말이 끄는 광산용 화차, 그리고 목재로 된 트럭 등이 통합된 철도망 위를 달리는 증기기관차로 변천되는 과정을 기술하는 것은 어렵다. 거기에 사용된 장비를 수천 번이나 그렸고 철도 수송 창안자들의 훌륭한 업적에 대해서 수없이 칭송하였다. 철도가 전신기처럼 거대한 규모는 아니었지만, 연구자들은 철도가 어느 정도 시스템을 갖추고 있었고 철도 운용을 시스템 접근 방식에 의존하고 있었다는 사실에 주의를 기울이지 않았다.

지금까지 승객이나 화물을 수송하기 위하여 사용하던 수송 수단과는 달리 기차는 임의의 장소에서 마음대로 주정차할 수 없었고 궤도를 벗어날 수 없었다. 단선일 경우 선로가 언제 비어 있는지, 언제 사용하고 있는지를 정확하게 알 필요가 있었다. 보조 철도가 있는 곳에서 교차 통행을 하기 위하여 언제 어느 장소에 어떤 열차가 도착하는지 파악해야 할 필요가 있었다. 열차는 시간표에 따라 일정한 속도로 달렸다. 철도망이 확산됨에 따라 지역에 따라 다르게 사용하던 시각체제는 종지부를 찍고, 국내에서 그리고 다음에는 지구 전체가 동일한 시각 기준에 따르게 되었다. 철도망 전체의 협조가 잘 되어야 철도가 운용될 수 있었기 때문에 철도 신호체계를 개발하여 역무원이 잘 사용할 수 있도록 훈련시켰다. 하나의 철도가 아닌 전체 철도망을 관리하는 문제는 엄청나게 어려운 것이었다. 왜냐하면 각기 다른 속도로 수많은 역에서 정차하는 열차의 상황을 모두 확인하고 틀림없이 통제해야 하기 때문이었다. 기차 철도를 따라 전선을 가설하자 철도 관리업무 능률은 곧장 놀랄 만큼 배가되기 시작하였다. 전신기가 없었다면 철도 관리업무는 불가능했을 것이다.

샤페 통신체제는 군사적으로 사용할 것을 염두에 두고 설치하였지만, 철도나 전신기의 경우는 그와 달리 민수용으로 사용하기 위하여 개발하였다. 그러나 일단 세상에 나오게 되자 군사적인 중요성이 점차 알려지게 되었다. 1830년 독일의 경제학자 프리드리히 리스트(Friedrich List)는 철도 수송이 군에 기여할 수 있는 이점을 스케치를 통하여 입증하는 선견지명을 보여 주었다. 1840년대에는 영국, 독일, 러시아를 포함한 기타국가에서 철도를 이용한 군 병력 및 물자를 수송하는 대규모 시범이 있었다. 그때까지 철도 수송이 할 수 있는 것과 할 수 없는 것이 명확하지 않기 때문에 이러한 시범이 모두 성공한 것은 아니었고 일부는 소동으로 끝났다. 군사적인 목적으로 철도를 이용하는데 대하여 반대 의견을 제시하는 사람도 상당히 많았으며, 프러시아 장군들은 수많은 양호한 도로가 침략을 촉진시킬 것이라는 프레데릭 대왕의 금언을 환기시켰다. 어찌되었든 1848년 다소 비정상적인 상황 아래에서 철도를 군사적인 목적으로 사용한 첫 번째 사건이 발생하였다. 프러시아군이 바덴(Baden)에서 진보주의자들의 소요사태를 진압하기 위하여 이동하자 진보주의자들은 라슈타트(Rastadt)에서 열차를 강탈하여 스위스 북경 쪽으로 도주하였다. 탈출한 사람들 중에는 독일의 사회주의자였던 프리드리히 엥겔스도 있었다.

1850년대 철도를 군사적인 목적으로 활용하는데 확고하게 주도권을 잡은 것은 프랑스였다. 그들은 크리미아 전쟁 시 세바스토플(Sebastopol) 포위 부대에 군용 물자를 조달하기 위하여 철도를 건설했을 뿐만 아니라, 1859년 전쟁 시에는 백만 명 가운데 4분의 1병력을 철도를 통하여 이탈리아로 수송함으로써 대규모 부대의 철도수송이 가능하다는 것을 최초로 입증해 보였다. 프러시아는 프랑스와 달리 철도 활용에 대해서 별다른 관심을 기울이지 않았다. 1852년 오스트리아에 대항하여 병력을 동원하였을 때, 부대 편성이 적절치 못하여 올뮤즈(Olmutz)에서 패배를 당하였다. 1859년 별다른 개선 없이 라인지방으로 부대 전개를 시도했다. 그러나 빌헬름 1세 왕자(후에 독일황제로 취임)와 헬무트 폰 몰트케 참모장이 지휘하는 프러시아군은 철도 수송에 대한 의욕을 갖고 철도 수송 방법을 배우려고 했다. 철도 전문가인 바르텐슬레벤(Wartensleben)을 특별참모로 임명하였다. 몰트케는 국가 철도위원회의 일원으로서 프러시아 민수용 철도망 구성에 착수하였다. 철도망 구성계획을 세부적으로 작성하는 것은 힘든 일이었고 여러 차례에 걸쳐 시험 및 수정 보완하였다. 노력한 결과 보람이 있었다. – 상당히 작은 규모였지만 프러시아 및 오스트리아 부대를 아무런 사고 없이 동원하여 덴마크 북경 부근까지 전개할 수 있었다.

전쟁을 수행하는 데 있어서 철도나 전신기 등 새로운 기술을 사용한 수단의 위력이 1866년과 1871~1871년 실제로 입증되었다. 유럽에서 전쟁 위기가 고조되자 프러시아군은 전쟁을 수행하기 위하여 오스트리아로 부대를 이동 전개했으며, 프랑스군도 종전에는 상상할 수 없을 정도로 정확한 시간계획에 따라 부대를 전방으로 전개 배치하였다. 수십만 명의 병력이 동원되어 연대를 만들고, 연대는 사단으로, 사단은 다시 군단으로 편성되었다. 모든 부대에 무기를 지급하고 전투부대는 전투근무지원부대와 결합하고, 행군으로 이동하여 특별 열차가 대기하고 있는 지정된 역에 도착하면, 그 역에서 국경부근에 있는 하차장소까지 정확하게 부대를 수송하였다. 프랑스와 프러시아 가운데 프러시아가 전신기와 철도 활용 면에서 우수하였기 때문에 초탄이 발사되기 전 이미 전쟁의 승부가 결정되었다고 할 수 있다. 비록 프랑스가 양과 질 면에서 좋은 철도망과 기차들을 보유하고 있었지만 전쟁의 승리는 장비의 우수성에 있는 것이 아니라 이러한 체제를 효율적으로 운용할 수 있는 능력에 따라 좌우되었다.

1870년 이후는 회고할 필요조차 없다. 철도와 전신기라는 새로운 기술의 중요성은 더욱 두드러지게 나타났으며 모든 군대에서 서둘러 철도 업무를 관장하는 참모를 편성하였다. 철도 업무를 수행하는 데는 상당한 수준의 수학적 지식이 요구되었기 때문에 철도부서 근무는 장래가 촉망되는 직책으로서 인기가 있었다. 철도 업무 담당요원들의 사회적 위신과 영향력은 향상되었다. 철도 업무를 수행하고 있는 현직 장교들은 순수하고 단순한 군사 기술자였다. 처음에는 그들이 수송부대를 지휘하고 조언을 했지만 실제로는 전쟁수행을 관장하였다. 효율성을 최대로 보장하기 위한 주도면밀한 운용계획에서 기술과 관련이 없는 것은 무시되기 마련이다. 병력을 가장 신속하게 집결시킬 수 있는 군대는 승리를 보장받을 수 있었기 때문에 모든 강대국은 강력한 철도망 체제를 구축하는 데 막대한 시간과 예산을 쏟아부었다. 최대의 성과를 달성하기 위하여 철도망 체제를 아주 치밀하게 구성하였다. 모든 단계를 상세하게 계산하고 오랜 기간동안 예행연습을 하였다. 열차를 운행하기 전 철도 운용 관계자들을 완벽하게 교육시켰으며, 오래 전부터 준비해 둔 열차 운행 지시 전문만을 기다리고 있었다. 이와 같이 준비해 둔 상황에서도 한 장소에 생긴 결함은 철도망 전체에 영향을 미치게 되었다. 예를 들면 어떤 열차가 계획된 시간 안에 하역작업을 완료하지 못했을 경우 다음 열차의 도착시간에 지장을 초래하며 더 나아가서는 그 선로를 이용하는 다른 열차에도 영향을 주게 되었다.

더욱이 불길한 조짐이 보였는데 거의 알아보기 어려울 정도의 조치를 취하더라도 국가적인 체제는 자체 내에서 통합되거나 국가 간에 통합을 하게 되었다. 아직까지 동원 및 전개하지 않은 예비 전력으로 기습 공격하는 것을 방지하기 위하여 각국은 평시에 24시간 연속 감시와 경계태세 유지를 제도화하였다. 참모총장은 전신기나 전화기에서 멀리 떨어지지 말라고 경고를 받았으며, 대통령은 취침 시에도 머리에 이어폰을 쓰고 잠자리에 들어가게 되었다. 통제를 더 잘하기 위한 훈련이라는 구실 아래 이 같은 일들이 벌어졌으나 실제 결과는 그 반대로 나타났다. 만일 A라는 국가에서 첫 번째 단계인 병력을 동원하여 이동하는 상황이 발생하면 인접 B, C, D 국가에서는 즉각적으로 대처하지 않을 수 없다. B, C, D 국가의 조치에 대하여 A 국가는 다음 단계의 조치를 하게 되어 자동적으로 일련의 군사적인 움직임이 숨가쁘게 맞물려서 위기는 고조되어 간다. 결국 체계적인 접근(systems approach) 방법은 효율성 면에서는 절대적으로 필요하였지만 거기에 따르는 위험이 있었다. 1914년 제1차 세계대전이 역사상 가장 큰 규모로 확대될 때까지 지휘관들도 어쩔 수 없이 바라보고만 있었다.

쉴리펜(schlieffen), 루덴도르프(Ludendorff) 및 그뢰너(Groener)와 같은 장군들이 지휘하여 지상군 병력을 전부 동원, 국경 부근까지 완벽하게 이동

전개하였던 능력은 종전에 해낼 수 없는 절정 수준에 달하였다. 단기적인 변화는 고사하더라도, 이어서 발생한 기술적 혁신 덕택에 체계적인 접근을 제거해야 할 필요도 없었다. 1900년 이후 무전기가 발명되었는데, 원리상으로는 한 지점에서 다른 지점까지 연결하는 전선이 없더라도 지형, 거리, 이동여부에 관계없이 어떠한 방해도 받지 않고 교신할 수 있는 통신수단이었다. 무전기가 성공하자 시간이 지남에 따라 무전기 이용자 수와 전송해야 할 정보의 량이 엄청나게 증가하고, 전파 간섭과 무선혼란 등이 발생하여 여러 채널의 방송과 수신소 등 상상할 수 없을 정도로 복잡한 체제를 통합해야 할 필요성이 대두되었다. 이와 같은 현상은 자동차 발명에서도 마찬가지였다. 최초에는 도로가 있는 곳이면 어디든 갈 수 있다는 것 때문에 자동차로 이동하는 것이 철도를 이용하는 것보다 융통성이 많은 것처럼 보였으며, 이러한 현상은 어느 정도 현실로 나타났다. 그러나 차량 수가 증가함에 따라 자동차도 마찬가지로 연료, 수리 부속품, 정비 및 수리지원 등 광범위한 군수 지원 치중대와 통합했을 경우에만 운용할 수 있음을 알게 되었다.

간단히 말하면 무선 전신 및 철도 등의 기술 혁신은 전쟁을 복잡한 체제 관리 문제로 바꾸어 놓았다. 시간이 지남에 따라 새로운 전술과 기술 혁신은 전쟁 수행 방법에 새로운 길을 열어 주었으나, 마지막 결과는 더 많은 통합이었다. 통합이 진전됨에 따라 점점 더 많은 병력이 동원되어 야지에서 숙영하고, 한 곳에 집중하여 적을 공격할 수 있었다. 이런 맥락에서 2차대전 시 가장 용감하게 싸운 병사들이 승리하지 않고, 가장 훌륭한 작전계획을 수립한 국가가 승리한 것을 이해할 수 있다. 승리한 국가들은 거대한 기술 체제와 그것을 효율적으로 운용할 수단을 개발하는 행정가, 과학자 및 관리자들 면에서 우위에 있었다.

체제를 활용하게 되자 전쟁 수행 규모는 엄청나게 확대되었다. 1914년 처음으로 전신기와 철도를 사용하여 모든 국가 및 대륙의 군대를 쉽게 기동 및 전개할 수 있었다. 총력전 제안이 현실성을 가졌다. 결국 19세기의 군대처럼 수십만 명이 아닌 최소한 수백만 명을 헤아리게 되었다. 동원 병력 수 뿐 아니라 동원율도 증가되었다. 프랑스와 독일은 행정, 통신, 수송 및 공중위생에 관한 기술이 개발되어 국민 전체 인구 가운데 10%까지 동원 가능하였으며 동원 병력을 무한정 유지할 수 있었다. 전쟁이 정체되거나, 한곳에 머물지 않고 이동하더라도 동원된 병사들로 구성된 군대는 도시와 공통점이 없었다. 놀랍게도 시민들은 병사들에게 식량 및 음료수, 의류 및 공구, 수송 및 의료 등 부츠 수선으로부터 정신적인 위로에 이르기까지 모든 것을 지원하는 것에 대해 자부심을 가졌다. 실제로 정부 부처나 또는 일반 기업체에서 할 수 있는 민간 분야 서비스 업무는 군대에서 하고 있는 서비스와 똑같았다.

위와 같은 발전의 결과 현대 총력전은 무서운 현실로 나타났다. 총력전 개념은 1919년 이전으로 거슬러 올라가지만 여기서의 총력전 개념은 무력충돌 발생시 현역군인 뿐 아니라 전 국민이 전쟁에 개입되는 형태의 전쟁을 말한다. 사실상 1919년 이전에도 총력전과 유사한 전쟁은 있었다. 부족사회에서와 같이 사회와 군대가 하나가 될 때 전쟁 수행은 총력전이었다. 로마가 제2차 포에니 전쟁을 수행한 것은 20세기에 목격할 수 있는 총력전이었다. 그러나 초기의 총력전은 인구 및 국가가 작은 정치 집단에 국한되었다. 로마 공화정 후기 및 제국 시대에는 더 이상 총력전을 수행할 수 없었다. 역사적으로 고찰할 때 거대한 제국이 보유하고 있는 국가 자산을 상세히 파악하고 있다 하더라도 항상 그들 자산을 모두 동원할 수 없었다. 1793년 프랑스 의회는 전례 없는 대규모 부대를 만들 수 있었지만 행정적인 비효율성과 기술적인 결함 때문에 총동원을 할 수 없었다. 이러한 상황 아래 프랑스 전 국민에 대한 "영구적인 징병" 선언은 말장난에 불과한 것이다.

19세기에 이르러 산업혁명이 일어나 확산됨에 따라 각 국가의 동원능력도 획기적으로 발전하였다. 1861년에서 1865년까지 미국 남북전쟁에서 양쪽은 모두 전신기와 철도를 이용하여 전 대륙에 걸쳐서 자원을 동원하였으며, 과거의 전쟁을 왜소하게 보이도록 만들었다. 제1차 세계대전이 일어났을 때 훨씬 큰 규모로 수행해야 할 필요가 있는 각종 전쟁 수단들은 이미 준비되어 있었다. 그러나 정치가와 군 지휘관들은 이러한 사실을 즉각 이해하지 못했다. 1914년 8월 영국의 로이드 조지(Loyd George)는 모든 산업체는 평상시와 같이 운용되어야 한다고 주장했으며, 상원 의원 키췌너(Kitcener)의 '전쟁은 최소한 2년간 지속될 것이고 영국의 전 남성들은 군복을 입어야 한다.' 는 주장에 대해 영국 내각의 동료 의원들은 키췌너 상원 의원이 제정신이 아니라고 생각했다. 다른 국가의 상황도 이와 별 차이가 없이 나빴다. 독일은 어떤 국가보다 군인이 특권을 누렸으며, 독일의 일반 참모들은 경제 문제를 군사 문제보다 대수롭지 않게 생각했다. 경제 문제에서 주된 고려사항은 전쟁으로 인한 실업의 발생이었다. 독일 정부 관료들은 중립 국가로부터 곡물을 수입하는 것을 거절했으며, 순수한 민간인 입장이었던 정부 관료는 전쟁은 전적으로 군대 문제이며 자기들은 전쟁 수행과 상관없다고 생각하였다.

서서히 진상을 알게 되었다. 극복해야 할 저항이 많이 있었지만 1916년 경 강대국들은 논리적 결론에 가까워지자 전시 국가 총동원을 시도하였다. 기술의 발전으로 인하여 경제 및 산업동원까지 전쟁에 포함되었으며, 정부는 원자재로부터 임금에 이르는 제반 경제문제를 취급하고 또한 모든 국민들이 매일 먹는 엄청난 식량을 수송할 수 있는 대책을 관장하는 새로운 정부 부처를 설치했다. 전쟁은 실업률 증가와는 별개로 전장, 공장, 사무실 등 각 분야에서 필요한 엄청난 노동력 소요에 충당하기 위하여 남녀를 막론하고 어린애들까지 동원해야 하는 결과를 초래했다. 이와 같은 극한 상황 아래에서 각 국가들은 가능한 최대의 군사력을 건설할 수 있는 사회 체제를 구축하는 데 부심했다. 분명히 기술 개발 외에 다른 무엇이 있었지만, 그 어느 것도 전신기, 철도, 윤전기와 기타 수많은 장비의 도움 없이는 전쟁을 수행할 수 없었다. 이와 같은 순수한 기술 발전은 결과적으로 강대국들이 전쟁을 효율적으로 수행하기 위하여 대규모의 경제력을 이용하는 데 기여하였다. 앞으로는 과거보다 훨씬 더 큰 부대가 등장할 것이며, 그 뒤에는 거대한 GNP(국민 총생산)가 뒷받침되어야 할 것이다.

정치가와 군 지휘관들이 전쟁을 하려고 남자들을 동원하기로 결정했지만, 어떤 의미에서 보면 너무 도가 지나쳤다고 볼 수 있다. 1914년과 1939년(제 1,2차 세계대전 시) 예기치 못한 전쟁 장기화 때문에 본능적으로 반응하여 국가 자산 및 모든 사람들을 전쟁에 밀어 넣었지만 전쟁이 장기화 될수록 국가 총동원이 잘못되었다는 것을 분명히 인식하게 되었다. 동원을 가능케 한 당시의 과학기술은 불완전한 상태였다. 전장에 장비를 배치하는 것만으로 끝난 것이 아니었다. 장비를 활용하기 위하여 그것을 설계하고, 개발하고, 생산하며, 기타 필요한 연료 및 부속품 등을 계속적으로 지원하는 것이 무엇보다 시급하였다. 전쟁은 후방 깊숙한 곳까지 촉수를 뻗치고, 참호로부터 야지, 지뢰지대, 공장까지 확대되었다. 전쟁은 병력 동원에 만족하지 않고, 내각 수립, 마지막에는 평화로운 대학연구소까지 손을 내밀었으며, 가장 비밀스런 작업이 대학연구소에서 수행되어 가장 가공할 만한 위력을 가진 무기를 개발하였다.

이와 같이 전쟁이 확산됨에 따라 처음에는 알아볼 수 없을 정도였지만 전략의 의미와 범위에 변화가 생겼다. 조미니와 클라우제비츠가 가르쳤듯이, 전방의 결정적인 위치에 최대의 병력을 집중하는 것보다는 전방과 후방에 인적, 물적 자산을 적절히 배치해야 한다는 차원이 전략에 추가되었다. 군사 작전에 관심을 두기보다는 국가적인 차원에서 군사적인 노력을 통합하고 협조해야 한다는 개념이 자리잡게 되었다. 새로운 현실에 대처하기 위하여 군사이론가들은 "대전략(Grand strategy)"이란 새로운 용어를 만들었으며 때때로 위와 같은 상황에 적용하였다. 여러 가지 이유로 관념적이고 구조적인 대전략 측면에서 제 1,2차 세계대전 시 독일은 서방 연합국보다 한 수 아래였으며 그 결과 패전이라는 엄청난 벌금을 지불해야만 했다.

총력전이라는 개념이 갑자기 생긴 것은 아니지만, 모든 사람이 총력전의 출현을 환영한 것도 아니었다. 영국의 로이드 죠지(Loyd George), 프랑스의 끌레망소(Clemenceau)와 독일의 루덴도르프(Ludendorff)는 총력전 때문에 권력을 잡았고, 총력전 때문에 영화를 누렸다. 1918년 연합군 사령관 포쉬 장군이 그의 저서 『Conduite de la guerre』 제5판을 발행한 것처럼 사람들은 대전략에 대해 거의 알지 못했다. 국민들 대다수는 새로운 현상을 파악하는 데 마음이 내키지 않았고, 현실을 회피하는 것을 더 좋아했다. 곳곳에서 총력전의 의미에 대한 연구가 지속되었으며 선진국 군대의 많은 전략가들이 시도를 하였지만 실패하였다. 한스 폰 젝트(Hans Von Seeckt), 샤를르 드골(Charles de gaulle), 죤 풀러(John Fuller)와 리델 하트(Lidell hart)는 기술적인 수단을 포함하여 총력전 수행을 위한 여러 가지 방안을 마련하였다. 1939년부터 1942년까지 처음에는 전차와 전폭기가 극적인 승리를 거두었지만 결국 실패한 것은 당연한 귀결이었다. 부대 규모가 작은 판저 기갑사단(Panzer division)은 전술 및 작전 측면에서 탁월했으나 유럽 대륙의 동원 전력을 감당할 수 없었다. 비록 시간이 많이 소요되고 위태로운 순간도 있었지만, 전례 없는 대규모 부대를 동원하고 전개하는 시스템 접근 방법은 결국 제1차 세계대전처럼 제2차 세계대전을 지배하게 되었다.

시간이 흐르면서 사람들이 인식하지 못하는 사이에 전쟁은 변화되어 더 이상 전통적인 의미의 전쟁이 아니었다. 전쟁이란 국가간의 치열한 경쟁 또는 격렬한 투쟁이라기보다는 정치적인 수단이라는 개념이 서서히 확산되었다. 전쟁의 본질에 대해서는 16세기 훨씬 이전 마키아벨리(Machiavelli)와 장 보댕(Jean bodin)이 최초로 언급한 바 있다. 19세기 초 클라우제비츠는 "전쟁이란 모든 수단을 망라한 정치의 연속이다." 라고 고전적인 정의를 제시했다.

1914년 이전에는 이와 같은 전쟁관이 폭넓게 수용되었다. 정치가와 장군들은 때때로 자신의 권리에 대해서 서로 의견대립이 있었으나, 거의 모든 사람들은 전쟁이란 정치의 수단이지만, 반드시 가장 중요한 수단이라고는 인식하지 않았다.

그러나 전쟁이 정치의 수단이라는 생각은 총력전의 처참한 사실을 놓고 볼 때 모순이다. 19세기 말 독일의 골츠(Goltz) 장군은 그의 저서 『The Nation in Arms』에서 전쟁이 정치적 수단이라는 것에 반대 의견을 제시했다. 정치를 전쟁보다 우선으로 해야 한다는 개념에 반박했기 때문에 이 책은 많은 찬사를 받았다. 더욱 중요한 것은 허황된 꿈을 꾸는 극단적인 군국주의자들이 전쟁을 시작하였기 때문에 제1차 세계대전이 공포의 도가니 속으로 빠져들어 갈 수밖에 없었다는 것이다. 국력 신장이라고 하는 통상적인 정치 목적 때문에 전쟁이 발발하지만 전쟁은 곧장 정치의 통제로부터 벗어났다. 전쟁이 정치의 도구로 사용되는 것과 거리가 멀기 때문에 전쟁 및 후속 조치들은 정치를 집어삼키고, 나아가 전쟁에 이기기 위하여 미덕이 된다면 국민에게도 미덕이 되는 것으로 생각하였다.

이와 같은 생각은 국내 및 국외 어디서나 마찬가지였다. 국내적으로는 우수한 기술에 좌우되는 체계 접근 방법에 집착한 나머지 의식적으로 정치를 폐지하려는 시도가 나타났다. 전체주의 국가가 아닌 국가에서도 전시는 물론 평시에도 정치 체제의 효율성을 제고할 수 있는 군사 독재 체제로 바꾸어야 한다고 공공연하게 천명하였다. 국외적으로 전쟁은 - 국가 간의 정치적인 협상에는 마음을 두지 않고 - 극단적인 폭력 사용의 형태가 아닌 상호작용은 거의 찾아볼 수 없을 정도로 확대되었다. 히틀러가 전쟁 폐지를 공포한 후 1941년 소련을 침공하였을 당시 독일 외무부는 할 일이 거의 없었다. 연합국 대표들이 공표한 대로 1943년 독일로부터 무조건 항복을 받아내었을 때 연합국 대표들은 정치가로서의 기능을 거의 포기하였다. 1936년 루덴도르프

(Ludendorff)가 논문을 썼을 때 현대적 총력전 아래에서는 클라우제비츠(Clausewitz)의 금언이 책머리에 있었어야 했다. 전쟁이 정치의 연장선상에 있는 것이 아니고 진정한 의미에 있어서 정치는 전쟁의 단순한 부속물이 되었다.

토의 내용을 종합해 보면 19세기 초부터 과학기술은 근본적으로 변화하였다. 이러한 변화는 처음에는 전쟁의 하부구조에 영향을 주었으며 이어서 전쟁의 수행 자체까지 영향을 미쳤다. 새로 개발된 기관총은 종래의 기관총보다 훨씬 우수했다. 무엇보다 중요한 것은 새로운 상황을 조성할 수 있는 통합 체제 하에서 신형 기관총들이 생산될 수 있다는 사실이었다. 개인화기와 기관총을 점차 효율성 위주로 사용함에 따라 체제 속에 통합되었고, 전쟁과 평화의 관건은 이러한 체제를 이해하고 대처하고 관리할 수 있는 능력에 의존하는 경향이 더욱 짙어졌다.

체계접근 방법은 최초에는 전신기와 철도운용 분야에서 분명하게 효용성을 입증하였으나, 거기에 머무르지 않고 점차 다른 과학기술 분야로 확대되었다. 체계접근 방법이 생활의 다른 분야에까지 확대됨에 따라, 유일한 추진력은 아니었지만 주된 요소로서 작용했던 전쟁과 함께 전체 사회를 시스템으로 바꾸려는 시도가 아주 논리적인 것처럼 보였다. 이와 같은 시도가 모두 실패하였으며, 미국의 테크노크래틱(Technocratic) 운동처럼 우스갯거리로 끝나고 말았다. 과학기술은 현대 전쟁을 전례 없이 생소하고 괴물같은 형태로 바꾸어 놓았다. 전쟁은 정치의 하녀 신분에서 정치와 거의 동일하게 되었다. 무기는 날카로운 뿔 모양의 칼로부터 닥치는 대로 파괴할 수 있는 무서운 위력을 가진 것으로 바뀌었다. 결론적으로 기술의 효율성과 위력을 향한 저돌적인 충동이 총력전을 잉태시키기도 했지만 총력전을 종식시키는 데에도 책임을 졌다. 1945년 8월 6일 어느 쾌청한 여름날, 사상 최초로 핵폭탄이 투하되었을 때 수천 개의 태양이 하늘에서 번쩍였다. 핵폭탄과 같이 가공스러운 무기를 배치함에 따라 총력전 개념은 사라지고 인류 역사는 새로운 전기를 맞이하게 되었다.

제12절 지상 전투

지상 전투(land warfare) 토의에서 프랑스 혁명군 특히 나폴레옹 군대가 어떻게 전략을 변형시켰는가를 알 수 있다. 전략의 발전은 주로 과학기술의 결과만은 아니었다. 종전에 전략을 구속하였던 기술적인 한계를 극복하기 위하여 훈련, 편성, 교리 – 이 모든 것들은 새로운 민주주의 정치제도와 국민 총동원 제도에 뿌리를 두었다. – 등을 사용하였다. 우수한 지도와 도로망, 샤페 통신체제를 제외한다면, 나폴레옹의 정복과 그 후 계속된 패배를 과학기술적인 요소만으로 설명할 수는 없다. 나폴레옹의 군대와 그에 대적하는 군대가 비슷한 수준의 무기를 보유하였고 당시 범세계적인 전쟁의 특성을 감안할 때, 모든 국가의 군대가 다른 국가의 아주 사소한 기술적인 진보라 할지라도 자유롭게 모방하려는 경향이 있었음은 별로 놀라운 것이 아니다. 나폴레옹은 개인적인 입장에서 새로운 과학기술을 쉽게 사용하려 하지 않았다. 처음에는 통조림류 식량 개발을 주도하였지만, 황실 기구 군단(royal balloon corps)을 해체하고 로버트 풀톤이 제안한 잠수함 제작을 거절하기도 하였다.

1550년 이후 약 250년 동안 지상 전투에 대한 군사과학 기술의 발전 속도는 매우 느렸고 당시 사람들이 거의 알 수 없을 정도였다. 이와 같은 사실은 지상 전투를 회고하는 데 별로 도움이 되지 않았다. 클라우제비츠(Clausewitz)는 1820년 논문에서 군사력 건설에 관한 문제를 잠깐 언급하곤 별로 중요치 않은 것으로 생각했다. 클라우제비츠가 51세 나이로 죽었기 때문에 이후 막 나타나기 시작한 과학기술적인 혁신에 의해서 전략에 대한 안목이 생겼는지 아니면 조미니(Jomini)처럼 그 자신의 체제 안에서 전략 사상이 굳어졌었는지 확인할 수 없었다. 그렇다 치더라도 1830년은 중대하고도 역사적인 분수령으로 간주할 수 있다. 여러가지 분야에서 많은 발명들이 거의 동시에 쏟아져 나와 전쟁의 전반적인 성격을 바꾸어 놓게 되었다.

지금까지 전반적으로 전쟁의 질을 새로운 수준으로 향상시키는 데 전신기와 철도가 어떻게 기여하였는가를 알아보았다. - 전략이나 작전에 미친 영향을 고찰할 일만 남아 있다. 이와 같은 관점에서 볼 때 전략과 작전의 가장 결정적인 특성은 기동력과 융통성의 부족이었다. 전보 송신소는 철도와 마찬가지로 한 장소에서 다른 장소로 쉽게 이동할 수 없다. 둘 다 체계의 일부분이므로 적의 방해에 취약할 뿐 아니라 활용 방법에 대한 적절한 교육 없이는 제대로 운용할 수 없다. 어느 것도 급하게 건설할 수 없었지만 설치되면 성능은 괜찮았다. 전신주와 전선 등 제반 통신시설이 설치 완료되면 거리에 관계없이 전기와 같은 속도로 전송하여 전보에 견줄만한 것이 없었다. 철도는 전신기와 달리 화차에 싣고 내리는 고도로 전문화된 대규모 시설이 필요하다. 따라서 100㎞ 미만의 거리에서 대규모 병력을 철도를 통하여 이동하는 것은 적절치 못하였다. 또한 철도는 지형의 형태에 따른 제한이 있고 철도가 없는 지형에서는 제대로 활용할 수 없었다. 분명히 철도와 전신기는 전쟁에 적합하다기보다는 광범위한 의미에서 국가 차원의 전략에 유용하였다. - 적이 가까이 있어서 철도 작업을 방해할 수 있는 전장에서 공세적인 작전을 하기보다는 동원 및 병력을 전개할 때처럼 적의 방해가 없는 일방적인 엔지니어와 같은 작업을 수행하는 데 더 적합하였다.

상당한 기간이 지난 다음에야 전신기와 철도의 진가를 높이 평가하였으며, 그렇지 않았다면 그러한 문명의 이기를 잘 활용하는 편이 결국 승리한다고 말했을 것이다. 어떤 국가가 선제공격을 하려면, 신기술 수단을 이용하여 병력을 즉각 동원 및 전개해야 한다. 신속하게 동원하려면 효율적인 편성뿐 아니라 무엇보다도 열차를 포함한 철도망, 각종 부수 장비들을 완벽하게 보유하고 있어야 한다. 그러한 상황에서 전략이 철도망 형상에 따라 좌우된다는 것은 별로 놀라운 일이 아니다. 이론적으로는 국가의 전략에 따라 국가 철도망을 건설할 수 있지만 실제로 그것은 비용이 많이 드는 사업이므로 어느 강대국도 한계를 초과하여 철도를 건설할 수 없었다. 1861~1865년, 1866년 및 1870년, 1914년에 발생한 전쟁 기간 중 피아간 대부분 작전상 가장 좋은 위치보다는 하역하기에 적절한 기차역이 있는 지점에 병력을 전개했다. 적 기병대의 기습 때문에 전선 가까이 병력을 추진할 수 없었으므로 기차역에서 후방지역까지 좋든 싫든 행군으로 이동하였다.

수십만 명이라는 엄청난 병력을 제시간에 전개시키려면 모든 가용 철도망을 최대한 이용할 수밖에 없었다. 피아간 같은 시간에 동일한 과정을 거치고 또한 기타 모든 조건이 비슷하다고 가정할 때 철도망을 많이 확보하고 있는 편에서 승리할 수 있다. 최초에는 철도망이 많지도 않았고 또한 축선별로 연결되어 있지도 않았다. 이러한 사실은 한 지역에 최대의 병력을 집중, 작전을 수행하는 전통적인 전략에 변화를 가져왔다. 계획적이라기보다는 우연히 철도 시대의 공세적 전략은 하역장소에서 전투지대까지 부대 이동을 계획하고 협조하는 문제로 바뀌었으며, 가능하다면 적을 가운데 두고 격멸할 수 있도록 분산되어 있는 부대를 사전에 계획된 장소에 동시에 도착시키려고 하였다. 방어 전략은 적이 이렇게 집중하는 것을 방지하기 위하여 국내 철도망을 이용하였고, 또한 가능하다면 적을 각개 격파하였다.

국외 철도망을 이용하는 전략은 또 다른 요소가 필요하였으며 국익에 도움이 되었다는 평가를 받았다. 19세기 후반 기술 및 다른 분야 발전의 덕택으로 25만 명이 넘는 규모의 군대는 흔히 볼 수 있게 되었다. 몰트케(Moltke)의 말처럼 대규모 병력과 이에 수반되는 막대한 군수지원 열차는 전투를 하지 않고 거대한 병력을 한 지점에 집결하는 것 자체만으로도 재난이었다. 지상군 부대는 전통적으로 약 5~6㎞ 지역에 걸쳐서 전개하였으나, 나폴레옹은 부대 간 이격거리를 25~75㎞까지 늘렸다. - 나폴레옹 부대는 1812년 러시아 전역에서 작전수행 시 이보다 더 넓은 지역에 분산함으로써 통제가 불가능해지는 경향이 발생하였다. 1860년경 수백 ㎞에 걸친 전략적 분산이 관례가 되었다. 수백 ㎞에 분산된 부대를 통제하는 것은 오직 전신기의 도움으로 가능하였다. 또한 광정면에 분산된 부대 통제는 일반참모 조직이 있어야 가능하였으며, 일반참모 제도는 프랑스 혁명군에 의해 최초 개발하였으나 나중에 프러시아군이 완성하였다.

전신기를 사용하면 수백 또는 수천㎞ 떨어져 있는 부대를 통제할 수 있지만, 미국이 했던 것처럼 처음에는 전술적 목적으로 전신기를 사용하는 것을 별로 중요하게 생각하지 않았다. 야지에 전선을 가설하는 것은 힘들 뿐더러 많은 시간이 소요되었다. 전문을 송신하는 것도 쉽지 않았는데 부분적인 이유이지만 남북 전쟁 및 독오 전쟁 시 이미 하고 있었던 적의 도청을 방지해야 하는 것도 있었다. 더욱이 통신 설비 능력이 너무 떨어져 양방향 교신을 할 수 없었다. 이러한 이유로 특히 양방향 교신이 불비하여 전신기는 전장에서 적과 대치하고 신속한 대응 능력이 요구되는 현장 지휘관에게 상세한 명령을 송신하는 데는 적절치 못했다. 대신 몰트케(Moltke)가 부대를 지휘하는 데 사용한 바와 같이 일반적인 명령을 송수신하는 데 전신기가 가장 효율적으로 사용되었다. 전신기의 특성을 이해하였을 경우 전신기는 승리에 결정적인 기여를 할 수 있었다. 1859년 오스트리아군이 이탈리아 전역에서처럼 전신기의 장점을 이해하지 못한 경우 원거리에서 예하부대를 지휘 통제하는 과정에서 전신기는 많은 불행을 가져왔다. 이윽고 분산을 촉진시켰던 요인들 때문에 사령부와 떨어져서 작전을 수행하는 것이 전략 및 전술 모든 면에서 표준이 되었다. - 즉 전선이 끝나는 지점에서 부대 통제도 끝이 나게 되었다. 19세기 중엽 여러 전쟁에서 이와 유사한 사건이 지상군 사령부에서 통상적으로 발생하였다. 군단장, 사단장, 연대장들은 상부 지시와는 별도로 독자적인 전투를 수행해야만 했으며 때로는 성공하고 때로는 실패했다.

전신기와 철도망이 군사전략을 변화시킴에 따라 무기에도 극적인 발전이 있었다. 소총탄의 뇌관, 원추형 소총탄, 강선이 있는 총신, 포미 장전식 총포, 철제 탄창, 탄창 장전식 소총, 기관총, 무연 화약 및 시한폭탄 등을 발명하였다. 또한 1897년부터 포병은 반동체계(Recoil system)를 개발함으로써 일대 변혁을 가져왔고, 프랑스가 75㎜ 야포를 개발한데 이어 다른 국가들도 프랑스 야포를 모방하여 대포를 개발하였다. 이러한 발명에서 새롭고 기발한 아이디어는 거의 없었다. 한 예로 소총의 원리를 오랫동안 연구해 왔지만 새로 나온 아이디어는 종전 소총에 통합되어 제한된 범위 내에서 사용되었다. 드레이스(Dreyse) 이전의 총구 장전식 총포는 맥심(Maxim) 이전의 기관총처럼 너무 비싸고 신뢰성이 부족하고 사용하는데 번거로웠다. 19세기의 무기류 발달과 도입은 산업혁명을 도외시하고 이해할 수 없으며, 새로운 무기에 사용할 신소재인 철강뿐 아니라 에너지, 공작기계, 신소재를 다룰 수 있는 공정기술 등이 산업혁명 기간에 개발되었다.

19세기 동안 여러가지 기술이 앞서거니 뒤서거니 하면서 발전하였다. 한 시점을 놓고 볼 때 어떤 무기가 성공하고 어떤 무기가 실패하였는지 분명치 않았다. 여러가지 발명의 복합적인 효과를 예견하는 것은 불가능하였으며 역동적인 과학기술 발전양상에 대해 당시 사람들은 칭찬도 하고 불평도 하였다. 궁극적으로 군사 과학기술의 발전 결과는 화력의 양적 증가, 사거리의 연장, 그리고 정확성으로 나타났다. 이 세 가지 요소가 대폭적으로 향상됨으로 인하여 전장은 이전보다 더욱 살벌한 장소로 변했다. 믿을 수 없을 정도로 많은 양의 소총탄, 기관총탄, 포병 포탄의 파편 등이 공중에서 쏟아졌다. 1919년 이후 유명해진 어떤 책에 쓰기를, 전쟁은 새로운 국면으로 들어가고 점차 쇠조각 폭풍이 일어나게 되었다.

새로운 무기의 위력을 접한 뒤 전술 활동에도 많은 변화가 생겼다. 1850년대 그리고 1900년 초에도 그랬었지만 마치 정신력이 총알을 막을 수 있는 것처럼 부대 정신전력 강화의 필요성에 대하여 과장된 이야기들이 많이 떠돌았다. 정신전력 증강에 치중한 프랑스군은 1859년 솔페리노(Solferino) 전투에서 승리를 거두었다. 1866년 오스트리아 군대가 다발식 후창총((Needle Gum)으로 무장한 프러시아 군대에 대항하여 프랑스 군대처럼 정신전력을 앞세우고 싸웠으나 나호드(Nachod), 카리츠(Skalitz), 수어(Soor), 쉬바인샤델(Schweinshadel) 등에서 패배를 거듭했다. 엥겔스가 기술하였듯이 대부분 병사들은 지휘관보다는 더 민감하다. 병사들의 입장에서 볼 때 강력한 화력이 자신들 정면을 향해 지향될 때 거의 본능적으로 허리를 구부리거나 또는 엎드려 엄폐물 뒤로 숨는다. 이와 같은 사실의 전술적인 의미는 조직화된 전쟁이 개발된 이후 보병들은 더 이상 서 있는 자세로 전투 대형을 편성하여 싸울 수 없다는 것이다. 이것은 사실 혁명적인 변화였으며, 결과가 나타나는 데는 수십 년이 걸렸다.

전장에서 낮은 자세는 안전하고 높은 자세는 죽음이라는 생각을 최초로 증명해 보인 것은 미국의 남북전쟁이었다. 당시에는 남군이나 북군 모두 급하게 소집된 동원 병력으로 훈련을 제대로 받지 못하였고 급조 진지에 의존하여 전투를 하였다. 전쟁이 끝날 무렵 완벽한 축성지대가 리치몬드와 다른 지역에 구축되었다. 유럽에서는 부분적이지만 철도망을 효율적으로 활용한 덕택에 프러시아가 오스트리아 및 프랑스 군대와 싸운 전쟁은 기동전 특성을 띠었으며 야전축성은 별로 보이지 않았다. 1878년 러시아-터키 전쟁, 1899년에서 1901년 사이에 발생한 보어 전쟁, 1904년부터 1905년의 노일 전쟁에서 야전축성은 제대로 능력을 발휘하였다. 1914년 이전의 많은 전투에서 야전축성의 중요성은 입증되었으며, 그 이후 전쟁에서 야전삽이 소총만큼 전투에서 유용할 것이라는 증거는 많이 있었으나 일부 관측자들만 이를 이해할 수 있었다. 장차 전쟁이 비밀리에 숨어서 수행하게 된다면 전투는 결코 간단하지도 유쾌하지도 않을 것이다. 이와 같은 결론은 다음 세대들이나 루즈벨트, 키플링, 프리드리히 폰 베르나르디 같은 사람들에게 좋은 인상을 줄 것 같지도 않다.

참호가 새로운 무기의 위력에 대처할 수 있는 한 가지 방법이라면 위장은 또 다른 방법이라고 볼 수 있다. 보안을 유지하고 기습을 달성하기 위한 위장이 항상 존재하였다. – 하지만 19세기 말 전투에서 위장은 삶을 연장할 수 있는 하나의 방편이 되었다. 몇 천년 동안이나 전쟁은 형형색색의 장식과 깃발 등 그 모습이 장관이었으며, 정말 이 세상에서 가장 화려한 것으로 표현되었으나 갑자기 암갈색 단조로움이 일상생활이 되었다. 보수주의자들의 많은 반발에도 불구하고 화려한 여러 색깔의 제복을 선호하지 않게 되었다. 새로운 제복은 짙은 푸른색, 짙은 갈색, 짙은 회색 및 초록색으로 만들었으며 이러한 색깔은 기름때가 타지 않을 것 같았다. 군모의 장식이 줄어들고 더욱 기능적인 형태로 변하였으며, 머리에 쓰는 끝이 뾰족한 투구는 점차 철모로 바뀌었는데, 이는 광부들이 오랫동안 사용해 왔던 헬멧에서 유래하였으며 전쟁이 귀족들의 오락물에서 공업 스타일의 과업으로 변해가는 것을 상징하였다. 무기류는 종전처럼 광택을 내지 않고 무기의 특징을 감소하기 위한 첫 단계로서 어두운 페인트칠을 했다. 이와 같은 모든 행위는 독자로 하여금 무력시위가 더 이상 중요하지 않다는 생각을 갖도록 잘못 인도하려는 것은 결코 아니다. 대부분 국가에서 군복에 붉은색이나 청색 또는 노랑색을 더 이상 사용하지 않았지만 대신 드러내 보일 때는 얼룩이 있는 위장복과 점프 신발을 신었다. 지휘관들은 전투복을 입으려고 화려한 군복을 포기하였지만 대신에 헬리콥터를 타거나 모터 싸이클의 호위를 받거나 좀 강력한 것으로 자신을 돋보이도록 하였다. 이러한 지휘관들의 행동에 대하여 단순히 어린애들의 허영심과 같다고 생각해서는 안 된다. 역사상 훌륭한 부대는 모두 자기 부대의 복장과 장비에 대해서 많은 자부심을 가지고 있으며 이와 같은 현상은 오늘날까지도 마찬가지다.

점증하는 무기의 위력에 대처할 수 있는 세 번째 방법은 분산이었다. 분산은 평방미터 안에 있는 병사의 수로 나타낼 수 있다. 고대 그리스의 팔랑스(Phalanx, 방진)는 어의에서도 알 수 있듯이 네모꼴 밀집대형으로 전투를 했으며, 병력 비율은 1명당 1㎡였다. 18세기에 이르러 대부분 국가들의 병력 밀집 비율을 군대 전체로 볼 때 1명당 10㎡로 감소시켰으나 각개 행렬 안에서는 어깨가 서로 마주칠 정도의 밀도를 유지하여 거의 인간의 벽을 만들었다. 총구 장전식 소총을 사용하였던 마지막 전쟁인 미국의 남북전쟁 시 병력 밀집 비율은 1명당 25㎡였다. 이때부터 병력 밀도는 급속히 하락 현상을 보였다. 제1차 세계대전 시 병력 밀집 비율은 1:250이었으며, 제2차 세계대전 때는 1차 대전 때의 수배가 되었고 그 이후 계속 병력 밀집 비율은 감소되었다. 분산이 일상적인 일이 되자 몇 천년간 전술의 핵심 역할을 하였던 고대의 전투대형은 사라졌다. 로마의 쐐기(Roman wedge) 진형, 스페인의 테르소스(Tercios) 진형, 스웨덴의 열십자(Swedish cross) 진형, 나폴레옹의 종대대형(Napoleonic column) 등 병력 밀도가 높은 전투 형태를 포기하고, 미국의 남북전쟁 이후 각국의 군대가 길고 가느다란 전초 대형으로 전투하기 시작하였다. 시간이 흐를수록 전초 대형은 선형 대형에서 더욱 들쭉날쭉한 대형으로 바뀌면서 응집력이 떨어지게 되었다. 오래지 않아 병사들은 개활지에서 일정한 속도로 전진하지 않고, 엄폐된 지점에서 다음 엄폐된 지점으로 도약을 하게 되었다. 이리하여 전장은 점차 음산하고 공허한 모습으로 변하였다. 현대화된 무기의 치사율이 높아짐에도 불구하고 밀집대형에서 선형대형으로 바뀌어 일일 전투 손실률은 급격히 하락하였다.

참호 진지 전투에서 알 수 있듯이 병력이 분산되는 경향은 의도적인 발전이 아니었다. 대부분 군대의 본부 특히 고급 사령부에서는 병력 분산에 대하여 강력히 반대하였는데, 병력에 대한 통제를 상실하면 전장에서 증가되는 혼란에 대처해야 할 방법이 없었기 때문이다. 병력을 효율적으로 통제하기 위하여 급속하게 발전하고 있던 전신기와 전화를 이용하였으며 1900년 경 야전에 처음 등장하였다. 전화를 이용한 통제방법은 서서히 전방과 후방으로 전파되었으며 고급 사령부에서 군단, 사단, 연대, 심지어 대대까지 전화망으로 연결되었다. 그 이후 어떤 장교가 그의 상관으로부터 전화 호출될 예정이라면 그는 통신부대 또는 전화박스 근처에 머물러야 했다. 이러한 상황에서 전쟁이 주저앉아서 주둔지 위주로 움직이게 된 것은 별로 놀랄 만한 일은 아니었다. 지휘관은 전화선이 끝나는 장소에 지휘소를 설치했는데 통상적으로 전방으로부터 수 킬로미터가 넘지 않는 지점에 부대 본부로 사용하기 편리한 시골집에 위치하였다. 장교와 부하 간의 간격이 증가함에 따라 지휘관이 사적인 지휘권을 거의 행사할 수 없었다. 1916년 영국군이 솜므(Somme) 전투에서 공격작전을 수행하는 동안 대대급 이하 장교들은 상관의 감독 범위를 벗어나는 것을 염려하여 부하들과 동참하는 것을 금지하였다.

새로운 무기들이 발사하는 화력 아래 보병의 공격력은 떨어졌지만, 기병부대의 공격력은 보병부대보다 더욱 심하게 떨어졌다. 영국 산업혁명의 크롬웰(Cromwell) 시대로부터 7년 전쟁까지 철갑으로 무장한 기병대는 전장의 주도권을 잡았으며, 나폴레옹 시대의 몇몇 주요 전투는 기병대의 역할에 따라 승패가 좌우되었다. 그러나 워털루(Waterloo) 전투에서 프랑스의 기병대가 패배하였다. 19세기가 끝날 무렵 치명적인 무기가 등장하자 기병대의 임무는 정찰이나 부대의 측위 방어, 적이 배치되지 않은 지역을 습격하는 정도로 제한되었다. 기병대는 기마보병으로 운용될 수 있었으며 전략적인 기동성을 향상시키는 데 사용되었다. 1861년부터 1865년 사이의 미국 남북전쟁에서는 양쪽 기병대가, 그리고 1899년부터 1901년 사이 남아프리카에서 있었던 보어전쟁에서는 보어 쪽의 기병대가 때때로 위에서 언급한 기병대의 임무를 성공적으로 수행하였다.

유럽의 귀족적인 기병대 장교들은 - 오랫동안 자신들이 군의 최정예부대라고 자부하였던 시대에서 - 새로운 시대에 부응하기 위하여 기병대를 해체해야 했으나 이를 쉽게 포기하지 못했다. 크리미아 전쟁 시 바라클라바(Baraclava)에서 기병대의 돌격은 믿지 못할 정도로 우둔한(또는 보는 사람의 관점에 따라 영웅적이기도 한) 짓이었으며, 역사 속으로 사라졌다. 프랑스와 프러시아 간 전쟁에서도 그와 유사한 에피소드가 몇 가지 있었다. 양쪽의 기병대들은 마치 다발식 후장총(needle gun), 샤세보(Chassepots) 소총, 미트랄리저(Mitrailleuse) 기관총, 후장식 대포(breech-loading artillery) 등이 안중에 없는 것처럼 돌진하였다. 이러한 시도가 모두 실패한 것은 아니지만 엄청난 피해를 자초하였다. 1914년 다시 창을 들고 전쟁에 뛰어드는 도전적인 기마병을 막을 수 없었다. 팔레스티나와 동유럽 전선, 그 뒤에 발생한 러시아의 시민혁명, 러시아와 폴란드 간의 전쟁에서는 기마 보병을 유용하게 활용하였다. 어쨌든 기마 보병의 활약이 가능했던 것은 이러한 전역에서 현대적 과학기술이 상대적으로 미약했기 때문이다. 비록 기병대 말의 고상함과 저돌적인 돌격에 대해 예찬하고 지지하는 사람들이 있었지만 1920년대에 이르러 기병대의 시대는 완전히 사라지게 되었다.

전투수단으로서 말의 중요성은 나폴레옹 시대 이후 저하되었지만, 제1차 세계대전이 끝날 때까지는 전술 및 작전의 수송 수단으로서의 역할은 그전만큼 대단하였다. 마차 수송은 역에서 전선을 연결하는 정도로 약 10년간 사용되었으나 1914년 말부터 그러한 임무도 점차 어렵게 되었다. 연발 소총, 기관총, 속사포 등의 발달로 인하여 종전에 비하여 탄약 소모가 엄청나게 증가하였기 때문이었다. 1870년부터 1871년 사이 약 5개월 동안 지속된 전쟁에서 프러시아 대포 한 문당 평균 사격 발수는 200발 이하이었다. 1914년 대포 한 문당 비축 포탄 1,000발은 전시에 6~8주일 소요에 불과한 것으로 밝혀졌다. 1918년 유럽 서부전선의 연합군과 독일의 공격작전에서는 포대당 1일 450발의 포탄을 사용하였다. 같은 시기에 독일 육군이 1개월 동안 사용한 보병용 탄약은 3억발 이상이었다. 현대식 정밀 군용 장비의 특수 부속품 수송은 그만두더라도 이렇게 어마어마한 양의 탄약 수송은 과중한 문제가 되었다. 철도가 수없이 많이 설치되어 있고 마차 행렬이 장대하였지만 이러한 수송수단으로는 움직일 수 없을 정도로 방대해진 부대 규모와 역에서 떨어진 지역에서 발생하는 작전의 어려움을 해결할 수 없었다. 자동차가 수송에 어느 정도 도움을 주었으나 수적인 면에서 충분하지 못하였고, 또한 자동차 자체가 갖고 있는 군수문제를 해결할 수 없었다.

1916년, 이 해는 몇 가지 방법 면에서 현대식 기술 전쟁의 효시로 간주할 수 있는데, 이러한 발전은 당연한 귀결이었다. 양쪽 부대 모두 완전히 참호를 파고 들어갔다. 식량과 말먹이(특히 말먹이)는 야전에서 소비하는 가장 부피가 큰 품목이었으며, 전형적인 사단의 경우 일상적인 보급품의 3분의 2는 탄약과 수리부속품, 연료, 각종 공구 및 자재 등이었다. 이와 같은 제반 보급품을 전방에 위치한 부대로 수송하기란 대단히 어려운 일이었으며 그것을 하역하여 창고에 보관했다가 다시 옮기는 것은 거의 불가능한 일이었다. 결과적으로 첨단 장비 비율이 높은 부대마다 보급은 거의 동결되었다. 새로운 군사 과학기술이나 전술을 잘 적용하여 적 진지를 성공적으로 돌파하였다 하더라도 – 1차 대전의 막바지에는 군수품 부족사태 발생 빈도가 증가하였다. – 군수지원부대가 작전부대를 따라갈 수 없었고, 며칠 이내에 공격작전을 그만두게 되었다.

시간이 흐르면서 공격작전의 결과 전선 정면의 돌출부를 확보하게 되었다. 이러한 돌출부에 양쪽 군대가 엄청나게 강한 화력을 집중하였으며 그 돌출부 안에 있는 부대는 불행하게도 지옥에서나 볼 수 있는 처지에 놓이게 되었다.

이 지옥 같은 지역 도처에 지뢰를 매설하고 유자 철조망 -유자 철조망은 19세기 말엽 미국의 대초원에서 소떼를 사육하기 위하여 최초로 창안하였다. -을 가설함으로써 보강하였으며, 땅들은 오늘날까지 경작할 수 없을 정도로 황폐해졌다. 지옥 같은 상황을 완벽하게 구현하려는 듯, 실린더로 살포하거나 포병 포탄으로 터뜨린 유독성 및 질식 작용제 가스가 빈번하게 전장을 뒤덮었다. 화학 작용제를 적절한 조건에서 재래식 파편형 포병 탄약과 함께 사용하면 매우 효과적인 무기가 되었다. 왜냐하면 공기보다 무거운 화학 가스가 각종 포격으로부터 보호해 주던 엄체호 안으로 가장 먼저 스며들었기 때문이다. 부수적인 효과로써 화학 가스는 살상 효과와 아울러 병력을 무기력하게 만들 뿐 아니라, 유머가 없이 공포에 몰아넣었고 귀찮은 보호 장비를 착용하도록 강요하였다. 1918년 독일이 전술적으로 매우 성공한 작전에서 화학 가스가 주요한 역할을 하였다고 믿고 있는데 그 이후 독일이 화학 가스를 자주 사용하지 않은 점에 대해서는 이해할 수 없다. 이것은 기술에 대한 불합리한 태도의 한 사례임에 틀림없다.

앞에서 언급한 각종 무기의 개발로 인하여 과학기술적인 면에서 공격보다 방어가 승리하기 쉬울 것처럼 보였으나 이는 전적으로 옳지 못한 이론이었다. 1973년 아랍제국들이 이스라엘에 대하여 대공 미사일을 공격할 때 다시 한번 입증하였듯이 공격과 방어무기의 차이점은 거의 없다. 만일 어느 한편이 사용한 무기체계가 우수하였다 할지라도 양상이 다른 전쟁의 특정 시간과 장소에서 이 무기체계가 동일한 성능을 발휘할 수는 없다.

19세기 후반에는 여러가지 원인으로 인하여 전술 및 작전적인 기동이 점점 어렵게 되었지만, 철도망을 이용하는 전략 기동은 일사천리로 발전하였다. 동시에 전신기가 개발되어 전략 기동에 유용하게 사용할 수 있었으며, 1861년부터 1905년간에는 화력 때문에 전술적 기동이 정지되는 전쟁으로 점철되었지만, 전쟁의 궁극적인 승리는 외부 우회 철도망을 이용한 공세적 기동에 의하여 결정되었다. 방어자의 승리로 해석하던 전선의 정체가 1914년 말부터 1917년 말까지 전쟁을 지배해 왔으나, 1917년 말 방어자의 승리에 문제가 제기되었다. 일단 문제가 제기되면 해법을 찾는 것은 오래 걸리지 않았다.

제1차 세계대전 말 전통적인 참호 전투가 패배로 끝나고 그 결과에 대해서 여러 가지 의견이 있었으나 분명한 것은 패배를 극복할 수 있는 기초를 닦아 놓았다는 것이었다. 독일은, 전방 돌격부대를 직접 지원하는 데 사용될 수 있을 만큼 가벼운 대포, 화염방사기, 경기관총 등으로써 1916년 봄부터 지속적으로 개발한 매우 혁신적인 침투 전술의 일부를 구현할 수 있었다. 연합군 측은 전차에서 과학기술적 해결책을 발견하였다. 전차는 단순히 트랙 위에 올려놓은 장갑 보호 상자로서 야포와 기관총을 적에게 쏘면서 적 방어진지까지 전진하여 돌파할 수 있고, 우연하게 뒤따라오는 보병을 엄호하는 역할도 수행하였다. 1918년 3월부터 7월 사이에 카포레토(Caporetto)와 깜브레이(Cambrai)에서 독일 대공세 작전 그리고 이후 연합군 측의 대역습 작전에서, 전술 및 과학기술상의 혁신으로 인하여 양측 전방 진지는 시간이 지남에 따라 돌파당하게 되었다. 현대전의 군수문제는 순수하게 도보로 기동하는 보병의 힘으로 해결할 수 없는데, 연료 · 수리부속품 · 정비 등 엄청난 군수 수요를 안고 있는 전차는 새로운 군수 문제를 만들었다. 제때에 이런 어려운 문제가 해결되었으면 좋겠지만 제1차 세계대전이 끝난 뒤에 해결책이 마련되었다. 이러한 해결책은 군대가 야전에서 겪은 명백한 전술적인 패배에서 나왔다기보다는 추축국이 노력한 결과였다.

1918년 종전과 아울러 전술 및 과학기술상의 혁신에 대한 실험은 종료되고, 그 후 20년 동안 앞으로의 전쟁 양상이 어떻게 변모될 것인가에 대한 활기찬 논쟁이 있었음은 이해할 수 있는 일이다. 전쟁 양상에 대한 의견은 수없이 많고 분분하였지만 미국과 소련 양쪽 진영의 의견에는 차이점이 있었다. 한쪽 진영에서는 차량, 전차(그리고 비행기)를 현존 전술의 유용한 도구로 간주하고 기존 병과인 보병 및 포병과 적절하게 운용해야 하며, 적정 수준을 유지 및 배치해야 한다고 하였다. 또 다른 진영에서는 기계화 부대의 선구자로서 소단위 부대를 포함한 모든 부대를 기계화 부대로 전환하여 적절히 편성 및 훈련하면 차후 전쟁에서 승리할 것이라고 생각하였다. 그들 의견은 고철더미로 내쫓기지 않으려면 보병과 포병은 전차부대의 일부 부대로서 편성해야 한다는 것이었다. 이러한 견해는 전통적인 병과 대표자들의 환영을 받지 못하였고, 대부분 국가의 고급 사령부에 근무하고 있는, 최근에 전쟁을 경험한 장교들도 별다른 관심을 보이지 않았다. 어떤 주장도 제2차 세계대전에서 타당성을 입증하지 못했다. 기계화 부대는 전쟁 초기에 괄목할 만한 승리를 거두었고, 그 이후에도 핵심적인 역할을 계속 수행하였다. 그러나 지원 국가들이 원했던 대로 총력전이 진부화되었던 것은 제쳐두고라도, 기계화 부대 자체만으로는 전투의 승패를 결정할 수 없었다.

1920년대 모든 국가의 예산이 삭감되고, 우선순위 목록에서 전차가 높은 자리를 차지하지 못하였지만 프랑스, 영국, 소련, 미국 및 독일군은 각양각색의 무한궤도 장갑차(독일은 외국의 각종 토양조건 하에서 비밀리에) 시험을 계속하였다. 화력, 장갑, 속도, 사거리, 신뢰성 등은 점차 향상되었으나, 이것을 어떻게 조합하는 것이 최고의 전차가 될 것인가 하는 문제는 아직까지 해결되지 않았다. 1930년대 말에 이르러 대부분의 전차는 차체 위에 있는 회전식 포탑에 주포를 장착하였다. 이러한 형태는 개활지에 있는 적의 차량이나 전차를 사격하는 데는 적합하였으나, 병력 특히 험한 지역의 참호 안에 있는 병력에 대한 사격은 쉽지 않았다. 일부 기갑부대 예찬론자들은 지상군을 전부 전차부대로 편성해야 한다고 주장하고 있지만, 전차는 제한된 화력과 여러가지 형태의 지형, 특히 야간 운용에 많은 어려움이 있어 수용하기가 쉽지 않았다. 1927년 영국의 쎄일즈베리(Sailsbury) 평원에서 첫 번째 대규모 기갑 훈련을 시행한 뒤부터 기갑부대가 보병과 포병을 포함한 합동

작전을 수행해야 한다는 것은 분명해졌다. 기갑부대의 기동 속도를 떨어뜨리지 않으려면 보병과 포병이 차량화되거나 또는 완전히 기갑화하여 병력은 장갑 인원수송차(APC)에 탑승하고, 포병은 자주화해야 한다. 보병이 적의 전차를 저지할 수 있도록 대전차 포병을 추가하고, 지역을 통제하기 위하여 공병, 정비, 군수지원 및 통신부대 등을 추가하면 기갑사단이 탄생한다. 몇십년 동안 이와 같은 기갑사단은 군사력 가운데 최강 부대의 상징으로 남았다.

제2차 세계대전 초 여러 가지 이유에서 오직 독일 군대만이 적절히 잘 편성된 수 개의 기갑사단을 보유하고 있었다. 1939년 폴란드 지역에서 독일은 기갑부대를 활용하는 귀중한 경험을 얻었다. 그 후에 독일은 10~20개 기갑부대와 거의 비슷한 수의 차량화 부대를 편성 협동작전을 수행함으로써 거의 전설에 가까울 만큼 연이어 승리하였다. 독일은 공중 우세권을 확보할 목적으로 적의 비행장에 대하여 압도적인 공격을 퍼부어 전형적인 전격전을 개시하였다. 동시에 적 후방에 위치한 목표를 확보하기 위하여 보병들을 수송기, 글라이더, 또는 낙하산으로 공수 착륙 및 투하하였으며, 이들은 지상군 부대가 도착할 때까지 그 지점을 점령하였다. 지상에서는 보병과 포병이 대규모 협동작전으로 선정된 적 정면을 공격하여 돌파구를 만들거나 또는 기갑부대 자체만으로 공격을 개시하였다. 한번 돌파구가 형성되면 기갑사단을 돌파구에 집중적으로 투입하여 공격하였다. 공군은 날아다니는 포병처럼 화력지원을 하고 또한 차단작전을 실시하며, 차량화된 보병은 그 뒤를 따라 공격하여 확보된 지역을 통합하고, 기갑사단은 최소 저항선을 따라 마치 물이 경사지를 따라 흐르듯 순조롭게 공격하였다. 부대를 적 후방으로 전개하면서 그들의 목적은 적의 저항을 분쇄하기보다는 적 병력을 고립 및 분리시켜 각개 격파하는 것이었다. 전투에서 승리는 상대편에 사상자가 많이 발생하는 것보다는 혼란과 무질서, 부대 해체 및 공황 등이 발생하기 때문에 얻을 수 있다. 나폴레옹의 유명한 격언과 같이 전격전은 전차의 주포보다는 전차의 궤도로서 이루어졌다.

전구(theater)와 전역(campaign) 사이에는 다양한 형태의 전투가 있지만, 대체로 이러한 전술에서 나온 승리는 한편의 기술적인 우위에만 의존하는 것은 아니었다. 1940년부터 1941년 사이 서방의 여러 강대국들은 독일 군대가 보유하고 있는 전차보다 성능이 좋을 뿐 아니라 더 많은 전차를 보유하고 있었다. 오직 한 가지 측면에서 독일 군대의 전차가 우위에 있었다. 서방 제국의 전차에는 수신용 무전기만 장착되어 있었고 러시아 전차는 대부분 무전기를 설치하지 않았을 때에 오직 구데리안(Guderian) 장군과 펠지벨(Fellgiebel) - 펠지벨은 통신부대 지휘관인데 역사가들은 펠지벨이 전격전에 기여한 공로를 간과하고 있다 - 휘하의 모든 판저 전차사단은 송,수신 무전기를 모두 휴대해야 한다고 주장하였다. 그리하여 독일군 전차사단은 전례 없는 전술 및 작전적인 융통성을 획득할 수 있었다. 이러한 융통성은 전차 자체의 융통성보다는 새로운 전술 양상의 핵심을 형성하였다.

1939년부터 1942년 독일이 새로운 무기체계로서 막대한 군사력을 과시하자, 교전국들도 서둘러 독일을 본받아 기갑사단, 기갑군단, 심지어 기갑군까지 편성하였으며, 1000여 대의 전차를 묶어서 1개 야전군 사령부 지휘하에 두었다. 코니에프(Koniev), 로코소프스키(Rokossovsky), 패튼(Patton) 등의 지휘 하에 있던 이 기갑부대들은 독일 육군을 격멸하는 데 결정적인 역할을 하였다. 독일은 폴란드의 버그(Bug)강에서부터 모스크바까지 6개월간 줄곧 치달으며 거두었던 눈부신 승리를 더 이상 반복할 수 없었다. 이후 전구(theater)의 자연 환경은 전차 운용에는 아주 불리했으며, 전차의 기습효과가 감소되어 독일 전차부대의 승리가 반복되지 않았을 것이다.

전술적인 관점에서 볼 때 전차의 역할은 해를 거듭하면서 상당히 변화하였다. 전차는 최초 참호 안에서 저항하는 적을 공격하기 위한 공성 전투 수단으로써 제작되었으나 나중에는 기병대의 전통적인 고유 임무를 수행하였다. 점차 전차는 대 전차 전투에 전문화되었다. 대전차 공격에서 탁월한 전차가 대전차 방어 임무에서도 효과적이라는 것이 입증되었다. 1943년부터 1945년 사이에 유럽 동서부 전선에서 독일 군대가 보여 주었듯이, 전차는 매우 효과적이었으며, 그 이후 1973년 골란고원에서 이스라엘이 승리하여 이를 입증하였다. 전차부대가 대전차포와 로켓탄(차후 대전차 미사일로 발전됨)뿐 아니라 다른 전차의 화력에 직면하게 되자 75년 전 보병부대가 보인 반응과 비슷한 반응을 보였다. 처음에는 전혀 상관하지 않고 돌진하였다. 이것이 실패하자 정지된 엄체호 뒤에서 사격을 하고, 대전차 참호를 파고 지뢰를 매설하였다. 점차 전차부대는 가공할 항공 폭격과 포병 탄막사격 등이 전차 공격에 선행되어야 한다고 주장하였다. 그러는 동안 기갑 전투는 이 진지에서 저 진지로 굴러다니는 달갑지 않은 철로 만든 괴물 투성이가 되었다고 표현할 정도가 되었다.

제2차 세계대전 초기, 전차와 전차를 동반하는 인원 수송 장갑차 그리고 보급품 수송 차량 등을 도입하여 지상 작전의 기동성이 대폭 향상되었다. 하지만 그 후 기동성이 오히려 둔화되었다. 대부분의 기갑 전투는 보병 전투와 마찬가지로 방해되는 것이 많았을 뿐 아니라 전차의 손실률도 대단히 높았다. 기갑부대의 군수 요소는 믿지 못할만큼 크게 증가되었다. 1914년 전형적인 보병사단은 1일 소요 100톤 미만일 것으로 예상하고 전투에 투입되었는데 보급물자 중 대부분은 그 자리에서 먹어치워야 할 식량이었다. 1940년부터 1941년까지 독일의 판저 기갑사단은 이미 1일 300톤의 보급물자가 소요되는 공세작전을 수행하였다. 1944년부터 1945년 미국 기갑사단은 독일 기갑사단의 약 2배의 보급물자를 소비하였고, 특히 최근 기갑사단은 1일 약 1,000톤~1,500톤 이상의 보급물자를 소비할 것으로 추정하고 있다. 기갑 전투의 특성을 감안할 때 실제적으로 차량부대가 도로를 이용하여 거대한 물자를 수송해야 하기 때문에 아무리 부유한 국가라 하더라도 모든 부대를 완전히 기갑화하는 것은 감당하기 어려운 일이다. 결과적으로 기갑사단을 적절히 운용하기 위해서는 수많은 차량이 소요될 뿐 아니라 보급 및 정비창도 필요하게 되었다. 1942년 알렘 엘 할파(Alem el Halfa) 전투에서 롬멜 사단의 호송차량과 보급 정비창은 사단의 기동을 방해할 뿐만 아니라 머리 위에서 배회하는 영국 공군 폭격기의 좋은 공격 목표가 되어 결국 패배하였다. 그러한 상황은 그 후에도 계속 반복되었다. 공중공격에 대항하여 지상군을 보호하려는 시도는 일부 성공하기도 하였으나, 기껏해야 지상군을 더 골치아프게 만들 뿐이었다. 지상군의 기동은 대공방어 구역 내에 제한되었고, 이러한 상황은 이후에도 반복되었다.

1830년부터 1945년 사이 지상 작전에 미친 과학기술의 영향을 종합해 볼 때 수많은 전술상의 발전이 시작되었다는 것이 가장 큰 것이다. 전술의 발전은 오로지 과학기술 발전의 결과라고 볼 수 없고, 고급 사령부에서 새로운 무기체계의 운용 및 효과에 대한 평가에 있어서 많은 오류를 범하였지만, 전술은 서서히 새로운 과학기술에 적응하면서 발전하여 왔다. 통신 및 수송과 같은 비군사적 기술 분야의 발전과 함께 전술상의 변화는 전략의 변화로 연결되었는 바 1860년 이후 국내 철도망을 국외선으로 확장 연결, 1871년 이후 전쟁의 기동성 감소, 1917년 이후 전술적인 공세작전 위력의 점진적 회복 등과 같은 전략적 변화가 나타났다. 좀 더 폭넓은 관점에서 볼 때 전략 전술상 별다른 변화는 없었다고 할 수도 있다. 하지만 제2차 세계대전 시 기갑사단들은 나폴레옹 군대가 수행한 작전보다 분명히 그 규모가 더욱 큰 작전이었으며, 전투력이 가장 미약한 사단일지라도 자체의 힘만으로 나폴레옹 군대를 박살낼 수 있었지만 제2차 대전의 작전은 군사 교리측면에서 새로운 것을 보여주지 못했다. 지상전에 관한 전략은 18세기 말부터 지속되어 왔던 기동의 협조문제로 귀결할 수 있으며, 다시 말하면 지형, 병참선, 장애물, 적정 등으로 인하여 이격되었을 때 이러한 부대들을 어떻게 협조하여 기동을 하는가 하는 것이 문제였다. 1945년 이후 이러한 문제해결을 위한 상당한 변화가 있었는데 이러한 변화의 가장 중요한 요인은 항공력이었다.

제13절 공중 지휘

사람이 새처럼 하늘로 날아오르고 싶다는 욕망을 표현한 것은 구약성경 시대까지 거슬러 올라가지만 하늘을 날려는 최초의 시도는 다른 기술 발전보다 더욱더 분명하지 못한 채 베일에 싸여 있다. 하늘을 날 수 있는 도구를 누가, 언제, 어디서, 어떻게 최초로 만들려는 생각을 했는가 하는 것은 단순한 문제가 아니다. 현실적인 문제는 그러한 도구가 의미하는 것을 정확하게 결정하는 것이다. 개념 정의에 따르면 상상이건 또는 실제이건 날 수 있는 도구라고 할 수 있는 것은 그리스 전설에 나오는 다이달로스(Daedalus)가 그의 자식 이카루스(Icarus)를 데리고 하늘로 날아서 크레타 섬을 탈출하기 위해 만든 날개를 들 수 있다. – 지상에서 공중으로 날아오르는 것과 반대로 11세기 말 에일머(Eylmer) 성직자가 캔터베리 교회 탑에서 뛰어내리기 위하여 만든 날개도 있었다. – 또한 레오나르도 다빈치가 펄럭이는 날개가 달린 기계, 우격식 비행기를 그의 비망록에 설계했다. 이러한 비행에 대한 전체적인 카탈로그를 보게 되면, 역사 시대를 통하여 인간은 끊임없이 하늘을 날아가는 꿈을 실현시키기 위해서 세계 도처에서 노력하였다는 것을 알 수 있다. 이러한 노력의 대부분은 종이 위에서 끝났고 과학, 종교 또는 마술에 근거한 꿈이었을 뿐이다. 이 상상의 단계를 지나 실천에 옮기다가 종종 발명가들은 뼈가 부러지거나 죽음을 맞이하며 끝을 맺었다.

실용적인 항공기의 역사는 1783년부터 시작되었다. 1783년 프랑스 리용에서 제지업에 종사하고 있던 몽골피에(Montgolfier) 형제가 역사상 최초로 뜨거운 공기를 불어 넣은 기구를 만들었으며 한두 사람은 충분히 태울 수 있었다. 몇 달 후 프랑스의 샤를(J.A.C. Charles)은 최초의 수소 충진 기구를 제작하여 비행하였으며 그 원리는 오늘날까지 거의 변치 않고 있다. 이러한 발명에 대한 소식은 즉각적인 감동을 불러일으켰다. 1783년이 저물기 전에 암스테르담에서 발간한 논문에 군용으로 쓸 수 있는 "날아다니는 공"에 관한 내용이 실렸으며, 영국으로부터 지브랄타 해협을 탈취하기 위하여 이것을 사용하자는 것이었다. 나폴레옹 전쟁 시에는 군용 기구 사용 방법을 상세하게 기술한 간행물이 많이 쏟아져 나왔다. 때때로 이러한 간행물에는 뜨거운 공기나 수소를 채운 기구에 프랑스 부대가 말(馬)이나 포(砲)를 싣고 영국 해협을 건너서 섬에 상륙하는 장면을 보여주는 그림도 포함되어 있었다.

이와 같은 희망찬 기대에도 불구하고 19세기에 들어와서 공기보다 가벼운 기구를 군용 목적으로 사용하는 것은 미미하였다. 1792년 오스트리아 및 프러시아와의 발미(Valmy) 전투 외에도 프랑스군은 몇 번인가 기구를 상공에 띄워 적정을 파악하였다. 하지만 기구 사용이 별로 성공적이지 못했음이 분명하다. 왜냐하면 나폴레옹은 수년 후 기구부대를 존속시키는 것에 대하여 반대 결정을 했기 때문이다. 미국 남북전쟁 시 양쪽 군대는 기구를 로프에 매달아 관측용으로 사용하였다. 1871년 파리 공성 전투에서 수십여 개의 기구를 만들어 우편물과 사람들을 파리 외곽 지역으로 수송하는 데 사용하였다. 그들 가운데 장차 수상이 될 레옹 가베타(Leon Gambetta)도 있었다. 이상의 사례들은 기구의 가능성과 제한 사항을 보여 주었는데, 특히 기상이나 예측할 수 없는 바람은 기구 운용을 어렵게 만들었다. 그러므로 공성 전투에 국한하여 기구를 사용하거나, 1865년 미국의 리치몬드 전투처럼 전선이 교착상태에 빠졌을 때 사용하였다. 19세기 말에 이르러 기구는 더 이상 신기한 것이 아니었으며 기구 운용 조직이 군단급 부대의 편제표에까지 포함되었다. 기구 중 몇몇은 정찰용 뿐만 아니라 폭탄 또는 소이탄 투하 등으로 사용할 수도 있었다. 기구 사용은 당시의 전쟁법과 맞지 않았으며, 이러한 문제를 해결하기 위하여 몇 차례의 국제의회가 소집되었다.

군에서는 여전히 기구 사용 방법을 시험하였으며, 발명가들은 기구 조종 방법을 연구하는 데 몰두하였다. 전쟁의 역사에서 보듯이, 부족한 것은 과학적인 비행 원리에 대한 이해가 아니고 가볍고 견고한 기체 제조기술 및 적절한 마력과 중량 비율을 갖는 엔진이었다. 1890년 초 견고한 기체 및 엔진 등이 가용하게 되자 곧바로 최초의 비행선이 나타나 미국, 영국, 독일에서 사용하였다. 기구와 마찬가지로 비행선을 군용 목적으로 사용하기 위한 시도는 비행선 제작 초기부터 시작되었다. 제1차 세계대전 시 독일과 영국은 비행선을 육지 및 해상에서 장거리 정찰용으로 사용하였으며 나중에 알려진 사실이지만 전략 폭격에도 사용하였다.

공기보다 무거운 비행기구에 대한 연구 역사는 기구나 비행선보다는 훨씬 짧았지만 여러 면에서 닮은 점이 있었다. 19세기에는 동력이든 무동력이든 간에 공기보다 무거운 물체가 날아갈 수 있는 비행기에 대한 연구가 몇 개 국가에서 활발히 연구되었다. 대부분의 시험은 성공하지 못하고 굉장하게 부풀렸던 만큼 우습게 실패로 돌아갔다. 그러나 그러한 연구는 비행기에 대한 과학적인 원리를 이해시키는 데 상당한 기여를 하였다. 비행선 조종의 경우와 같이 현실적인 문제는 가벼우면서도 견고한 기체를 제작하는 것이었으며 동시에 적절한 에너지원을 찾아내는 것이었다. 이러한 것들이 가용하게 되자 연구에 몰두해 있는 연구가들이 실용성이 있는 것을 찾아내는 것은 시간 문제였다. 공기보다 무거운 물체가 날 수 있는 것, 즉 동력 비행기를 제작하는 데 가장 유명한 사람은 미국의 라이트 형제였다. 과학 분야에서 저명한 웰즈(H.G.

Wells)가 1905년도에 발간한 저서 『A Modern Utopia』에서 비행기 분야에서 뛰어난 사람으로 브라질의 알베르토 산토스 듀몬트(Alberto Santos-Dumont)를 언급하여 라이트 형제와 근소한 차이를 보였다.

기구 및 비행선과 마찬가지로 비행기를 군용목적으로 사용하려는 것은 최초 발명 시부터 분명하였다. 미국의 경우, 비행기를 개발하는 데 필요한 엄청난 예산을 육군에서 부담하였다. 그러나 공교롭게도 미국 육군은 투자를 잘못하였다. 1903년 12월 라이트 형제가 역사적인 비행기를 만들기 9일 전 사무엘 랭글리(Samuel Langley)가 만든 비행기가 포토맥(Ptomac)에서 시험 비행에 실패하자 미 의회는 비행기에 대하여 더 이상의 정부지출을 차단하였으며, 이로써 비행기 개발의 주도권이 유럽으로 넘겨가게 되었다. 1911년부터 1912년 이탈리아가 리비아를 침공할 때 항공기 몇 대를 사용하여 공중 폭격, 포사격 유도 및 공중 정찰, 그리고 조잡하지만 항공사진 촬영을 시도하였다. 이 전쟁에서 비행기 사용의 성패는 비행기만큼이나 비행 훈련, 항공 교리 및 편성에 좌우된다는 것을 보여주었다. 비행기를 철선(Wires)과 직물(Fabric) 등으로 제조하던 시대였지만 이탈리아는 너무 작고, 기술 및 산업 기반이 미약하여 오랫동안 항공 산업을 주도해 나갈 수 없었다. 따라서 비행기 개발의 주도권은 독일로 넘어갔으며 독일은 제1차 세계대전을 일으켰을 때 세계에서 가장 성능이 좋은 비행선 부대 뿐 아니라 가장 규모가 큰 비행기 부대를 보유하고 있었다. 비행기는 기구와 마찬가지로 군단급 부대 편제에 통합되었다. 역시 기구와 마찬가지로 비행기의 주된 임무는 연락과 정찰이었던 것으로 추측된다.

제1차 세계대전 발발 후 4년 동안 정찰과 그에 관련된 기능 - 연락 및 포병 관측 - 들은 매우 중요한 것으로 입증되었으나, 또 다른 중요한 임무가 등장하여 그 그늘에 묻히게 되었다. 조종사들은 최초 몇 개월 동안 권총을 휴대하고 적 항공기를 만났을 때 서로 총질을 하였다. 이렇게 아주 형편없이 시작한 공중전은 작지만 계획적이고 꾸준한 기술 개발로 말미암아 1917~1918년 대규모 공중전으로 발전하였으며, 당시 수백 대의 항공기가 공중전에 참가하곤 하였다. 권총은 곧장 소총으로 바뀌었고, 소총은 단발 또는 쌍발 회전식 총가에 거치된 기관총으로 바뀌었다. 사격 시 프로펠러 손상을 염려하여 측방이나 후방으로만 총구를 지향할 수 있었으며, 그 때문에 사격 승무원이 추가되었다. 1916년 독일에 이어 연합군에서도 항공기 엔진에 기관총을 동기화하여 비행 중 전방 사격이 가능하였다.

과학기술의 발달로 점차 복잡한 전술이 실현 가능하게 되었으며 독일은 다시 전술분야에서 선구자 위치를 차지하였다. 오스발트 보엘케(Oswald Boelcke)와 같은 우수한 조종사들은 불리한 조건 하에서 어떻게 적기를 격추시킬 수 있는가 하는 문제에 대하여 많은 연구를 하였다. 그 결과 적기가 방어할 수 없는 꼬리 부분 또는 하복부로 접근하는 여러가지 이상한 명칭의 공중기동이 나왔으며, 이러한 공격 방법은 제2차 세계대전 후에도 근본적으로는 바뀌지 않았다. 항공기 상호지원 및 전술대형을 편성하기 위하여 많은 기술개발 시험을 하였으나, 그 당시 무전기는 너무 무겁고 사용하기 번거로웠기 때문에 항공기에 장치할 수 없었다. 1961년부터 개별 항공기의 피격을 방지하고, 항공기에 간에 상호 엄호하기 위하여 전술대형을 편성하여 비행하였다. 그러나 일단 교전이 시작되면 순식간에 전술대형이 분리되어 항공기들이 온 사방에서 기총소사를 하고 종횡무진으로 공중회전을 하면서 공중전을 벌이게 된다. 난투전이라고 알려진 것처럼 1:1, 2:4, 3:2 등 여러 형태의 공중전은 가슴조이게 하는 전투였다. 힘든 훈련을 마치고 공중전에서 많은 적을 쏴서 죽인 조종사들은 명성을 얻었고 영웅 호칭도 받았다. 제1차 세계대전 중 조종사들의 총 손실은 55,000명이었다.

1914년부터 1918년 기체 및 엔진 설계에 대한 지속적인 연구 개발 덕택에 속도, 내구성, 항속거리, 기동성, 상승고도, 신뢰성 등이 꾸준히 향상되었다,

세계 1차대전이 끝날 무렵 가장 성능이 좋은 쌍엽기와 삼엽기들은 12~15분 사이에 3~4km 상공까지 상승할 수 있었다. 최대 속도는 거의 200km에 도달하였지만 교전 시에는 훨씬 느린 속도로 비행하였으며, 교전의 승패는 항공기의 직선 이동속도보다는 기동성에 의하여 결정되었다. 전쟁의 어느 시점에서 독일의 과학기술이 우세한 것 같았다. - 그러나 연합국 측보다 몇 개월이 아닌 몇 주 정도 앞서 있었을 뿐이었다. 그러한 상황에서 최신예 항공기가 첫 선을 보이고 난 다음 해에 구식 항공기로 바뀌는 일이 비일비재 했다. 그러나 기술적인 우위만이 항공기의 모든 것을 다 해결해 줄 수는 없었다. 항공기가 성능 면에서 크게 열등하지 않는 한 조종사의 조종 기술과 대담성, 그리고 제대별 상호 협조 의지가 공중전에서 더 많은 것을 보상해 주었다. 그 밖의 모든 것이 상호 대등할 때 항공기 수가 우세한 쪽이 제공권을 장악했다. 결국 모든 것은 사필귀정이었다.

가용한 기술 수단은 매우 원시적이었지만, 1914년부터 1918년 제1차 세계대전에서 항공기는 공중전 외에 지금까지 별로 추가된 것이 없는 잡다한 임무들을 수행하였다. 항공기로써 정찰 임무를 수행하고 적 후방에 대한 첩보를 수집하였다. 또한 인원 수송이나 문서 전달을 통하여 전령 임무를 수행하였다. 여러 가지 신호 도구를 장착하거나 사전에 약정된 항공기 날개짓으로 신호를 보내어 포병 전방 관측자의 임무를 보완하거나 대행하였다. 항공기에 기관총을 장착하여 적 전선에 기총소사를 가했다. 처음에는 수류탄을 휴대했으나 다음에는 폭발성이 강한 폭탄을 장착하여 후방에서 전방으로 이동하는 적 부대와 보급품을 차단하였다. 한 국가에서 체펠린(Zeppelrn) 경항공기를 운용하면 다른 국가에서는 중량급 4기의 엔진을 장착한 폭격기를 운용하였으나, 양쪽 모두 산업 및 인구 밀집지역에 대한 전략 폭격을 시험하였다. 적은 규모였지만 간혹 전방에 보급품을 수송하고 부상병을 후방으로 후송 하는데 항공기를 활용하였다. 제1차 세계대전이 끝날 무렵 낙하산을 도입하였으며, 낙하산 운용계획은 이후 "수직 포위"라고 알려진 작전 개념으로 발전되었다.

항공기의 강도 높은 활용은 항공기 자체의 강점과 약점에 대하여 완전히 이해하고 개발하는 촉진제가 되었으며, 과학기술의 발전에도 불구하고 대부분 현재까지 항공기를 활용하고 있다. 항공기의 기본적인 강점으로는 속도와 융통성, 그리고 천연 및 인공 장애물에 관계없이 어떤 지점이라도 도달하여 표적을 강타할 수 있는 능력, 기습을 달성할 수 있는 잠재력 등인데, 항공기의 잠재력은 1931년부터 계속 발전하여 가공할 만한 공중공격을 할 수 있게 되었다. 항공기의 가장 취약한 점으로는 복잡한 지상 시설에 의존, 활주로에 있을 때 공격에 취약, 제한된 체공 시간, 아주 적은 화물 적재 능력, 악천후나 야간에 급격한 효율성 하락 등이었다. 이와 같은 강, 약점을 철저하게 파악하고 효율적으로 사용하는 것이 문제였다.

1914년 제1차 세계대전이 일어났을 때 최초의 항공작전의 규모는 아주 작았으며 모든 참전국의 항공기를 다 합쳐도 500여 대 뿐이었다. 이러한 상황은 오래가지 않아 바뀌었다. 통신 병과를 제외하면 제1차 세계대전 기간 중 항공 군단만큼 빠른 속도로 성장한 병과는 없었다. 1918년 11월 영국 군대의 병력은 장, 사병 포함 약 30만 명이었는데 이는 4년 전 전쟁발발 시보다 무려 150배 늘어난 것이었다. 제1차 세계대전 기간 중 영국은 각종 항공기를 대략 5만여 대 이상 조달하였으며, 마침내 영국 왕실 공군을 창설하였다. 모든 참전 국가들의 공군은 정예 기술 군으로서 대부분 중상류 출신의 교육수준이 높은 젊은이들로 편성되었다. 최정예 조종사 가운데 일부 귀족과 괴짜들 - 그중 가장 유명한 사람은 이탈리아의 시인 겸 극작가인 가브리엘 아누지오(Gabriel Annuzio)이였다. - 은 독특한 개성을 더하기도 하였지만 주도적인 것은 과학적인 사고방식을 갖고 있는 중간 계층이었다. 과학기술적인 가치관은 모험 정신, 자유, 조종사로서 얻은 개인적인 영웅심 등과 결합되어 사회의 지도자로 활동하는 데 아주 강한 지주 역할을 하였다. 양차 대전 사이, 괴링으로부터 그 후의 전직 조종사들은 자기들의 환상을 정치적인 활동으로 전환하였으며, 그들 모두 파시스트 운동에서 저명한 인물이 되었다.

빈번하게 볼거리를 제공하였던 공중전의 특성에도 불구하고 항공기의 기술적인 제한 때문에 전략상 차지하는 역할은 결정적인 것보다는 보조적인 임무 수행이었다. 1917년 팔레스티나에 대한 알렌비(Allenby) 공세작전과 같이 항공기가 수적인 면에서 충분하고 적절히 운용하였을 때 승리를 획득하는 데 결정적으로 기여하였다는 것은 매우 중요하였다. 그러나 몇 대 안되는 항공기가 원시적인 수단으로 표적을 공격하였을 때 그 효과는 극히 보잘것 없었다. 1918년 미래의 전쟁 양상을 예측하는 사람들은 항공기가 지상전의 전차와 같이 그 역할이 더욱 커질 것임을 의심하지 않았다. 또한 전차의 경우에서처럼 새로운 무기의 능력을 과찬하면서 전통적인 무기의 자리를 차지할 것이라고 예상하는 사람들도 있었다. 그러나 이와 같은 기대나 걱정은 결코 실현되지 않았다. 이러한 분석을 하게 된 사고의 질은 매우 높았으며 현재까지 내려오는 항공 세력의 교리적인 기초를 수립하는 데 많은 역할을 하였다.

양차 대전 사이, 부분적으로는 기술 개발마다 뒤따르는 평판 때문에 일반적인 항공 기술, 그 중에서도 특히 군사 항공 기술이 급격히 발전하였다. 1939년 경 기구와 비행선은 속도가 너무 느리고 취급하기 힘들고 또한 취약점이 많아서 대부분 폐기되었다. 일부는 나무, 철선(Wire) 및 직물로 만든 복엽 항공기를 사용하였으나 대부분 공군은 알루미늄으로 만든 단엽 항공기를 사용하였으며, 알루미늄은 1900년대만 하더라도 거의 잘 알려지지 않은 금속이었으나 오늘날에는 전략 물자의 하나로써 중요한 원자재가 되었다. 내연기관이 아직까지 항공기의 실질적인 에너지의 원천으로 사용되고 있지만, 200마력 이하였던 엔진 출력이 1,000마력 이상으로 증대되었으며 동시에 신뢰성도 향상되었다.

시속 550㎞를 상회하는 군용 항공기도 일부 있었으나 대부분의 항공기, 특히 폭격기는 속도가 느렸다. 통상적인 항공기의 최대 고도는 약 8㎞를 넘지 않았으나 특별히 여압 조종실이나 배기 터빈 과급기(turbo charge)를 장착한 특수 항공기는 그 이상의 고도에서 운항할 수 있었다. 대부분의 항공기는 송수신 무선장비를 장착하고 기지, 또는 다른 항공기와 교신할 수 있었다. 독일은 항공기와 사단급 제대의 지상군 부대까지 직접 무선 교신할 수 있는 통신방법을 개발하였으며 뒤이어 다른 국가에서도 개발하였는데, 공지 합동작전을 수행할 때 거쳐야 할 첫 번째 단계였다. 논문에는 기갑부대의 경우처럼 항공기의 가공할 만한 성능을 편애한 나머지 통신의 역할을 간과하는 경향이 있다. 통신은 제1차 세계대전부터 제2차 세계대전에 이르는 공중전이 발전하는 과정에서 다른 어떤 요소보다도 중요한 역할을 하였다.

제2차 세계대전 시의 전투기들은 제1차 세계대전 말기처럼 크기와 형태 및 종류에 있어서 각양각색이었다. 각 국가들의 항공기의 종류는 여러 가지였으나 대부분의 공군은 정찰 및 연락 임무용으로는 경항공기, 요격 및 공중전에는 단발 전투기, 그리고 쌍발 엔진의 경 및 중폭격기, 여러 종류의 수송기와 글라이더를 보유하였으며, 수송기와 글라이더는 보급지원 뿐만 아니라 무장병력을 목표 지역에 투하하는 데에 사용되었다. 고유 임무를 수행하기 위하여 독자적인 모델로 개발한 항공기도 있었다. 비록 처음 의도한 역할을 제대로 한 것은 드물었지만, 독일 공군은 급강하 폭격기를 전문화하여 아주 성공하였으며 전쟁이 끝날 때까지 폭격 임무를 수행하였다. 독일은 영국이나 미국의 경전투기의 상대가 되지 않는 것으로 판명 되었던 중형 쌍발 전투기에 많은 노력을 기울였으며, 결국 대부분 중형 쌍발 전투기는 야간에 운용하였다.

연합국 측에서는 영국과 미국이 중형 4발 폭격기 개발에 노력을 집중하였다. 중형 4발 폭격기는 전투기에 대항하기 위하여 몇 개의 기관총을 장착하였지만 주간에는 전투기가 무장한 캐논포에 당할 수가 없었다. 어쩔 수 없이 중형 폭격기는 표적 발견 능력과 포탄 투하의 정확도가 현저히 저하되는 야간에만 운용했다. 주간에 중형 폭격기를 운용하려면 장거리 전투기로 전술 대형을 갖춰 엄호를 제공해야만 했다. 그러한 장거리 전투기는 1943년에야 가용하게 되었는데, 장거리 전투기를 제2차 세계대전의 공중전에서 과학기술이 기여한 가장 결정적인 것으로 평가할 수 있느냐 하는 것은 논란의 여지가 있다.

사용했던 각종 항공기의 형태와 목록을 관찰해 보면, 가장 중요시 하는 항공 세력의 용도와 편성 방법에 대하여 잠재적인 교전국가 사이의 견해가 다양하였다는 것을 알 수 있다. 1939년 미국을 제외한 대부분 국가의 조종사들은 장군이나 제독의 직접적인 통제에서 벗어나는 데 성공하였지만, 날아다니는 포병으로서, 그리고 적 후방지역을 차단하거나 적 후방 깊숙이 위치한 인구밀집지역 또는 경제 및 산업시설을 폭격하는 데 최우선하여 항공기를 사용해야 한다는 주장이 많이 있었다. 또한 전시에 공수작전의 실현 가능성 여부에 대해서도 논란이 있었다. 이러한 논란에 대한 답변에 따라 각국은 공군의 전투 서열을 발전시켰다. 각국이 모두 상대편 항공기 격추를 전문으로 하는 항공기를 보유하고 있지만, 일치된 의견은 군용 항공기의 순수한 기술 개발 결과는 공격작전 능력을 엄청나게 증가시켰다는 것이다. 영국의 수상 스탠리 볼드윈(Stanley Baldwin)이 강조한 바와 같이 폭격기는 항상 목표지역에 도달할 것으로 가정하였다. 폭격기가 도달한 지역에는 전례 없는 대규모 공중공격으로 적지를 황폐화시키고 적을 혼란과 공포의 도가니로 몰아넣을 수 있었다.

항공기 기술 개발이 계속되자 항공기에 대적할 수 있는 새로운 수단이 나타났다. 항공기와 싸울 수 있는 가장 중요한 수단은 물론 항공기였다. 항공기 간 전투의 효율성이 대단치 않았지만 그에 대처할 다른 수단도 있었다. 미국 남북전쟁 시 양쪽은 상대방 관측용 기구에 대해서 서로 마구잡이 사격을 실시했다. 1871년 독일군은 파리 부근에서 이와 똑같은 작전을 실시하였다. 제1차 세계대전 기간 중 소화기뿐 아니라 기관총, 여러 구경의 야포도 공중을 향하여 사격할 수 있도록 제작한 예가 많이 있었다. 많은 대공 무기들이 임시변통으로 제작되었지만 – 프랑스가 내놓은 최초의 해결책은 75밀리미터 야포를 나무로 만든 포좌에 올려놓고 차폐 판을 씌운 뒤 공중으로 지향하였다. – 극소수의 경우에는 신중하게 설계한 것도 있었다. 항공기의 상당한 취약성과 적 항공기 및 대공무기가 퍼붓는 사격의 량을 감안할 때 항공기 자체 방어 문제에 대한 해결책을 상상할 수 있다. 그러나 적 항공기의 속도와 기동성을 고려할 때 적기를 조기에 발견할 수 있는 수단을 찾아내고, 적기에 대항하도록 편대의 방향을 바꾸는 데 모든 것이 달려있었음이 분명하다. 제1차 세계대전 시에는 항공기의 속도와 고도가 극히 제한되었기 때문에 지상 관측자가 쌍안경으로 적 항공기를 탐지한 뒤 전화를 걸어 항공기 상호간 또는 기지와 연락을 하여 이러한 역할을 감당할 수 있었다. 양차대전 사이에 음향, 적외선, 전파 등을 사용하는 탐지 방법에 대하여 많은 연구 및 시험을 하였다.

마지막으로 나타난 시스템이 레이더였다. 레이더는 접근하는 적 항공기(그리고 함정)에 대하여 파장이 짧은 고주파를 발사한 뒤 표적의 금속 몸체에서 나오는 반사파에 의하여 작동하게 된다. 비록 초기의 레이더는 방향과 거리만을 식별할 수 있었으나 다음 세대의 레이더는 소위 도플러 효과(Doppler effect)를 적용하여 정확한 위치와 경로 및 속도까지 나타낼 수 있었다. 최초로 운용된 레이더는 1939년 제2차 세계대전이 발발했던 시점에 완성되었으며, 영국 본토를 커버하였다. 그 이후 레이더는 전쟁의 모습을 형성하는 데 많은 역할을 한 장비 중의 하나였다.

레이더는 아주 중요한 발명품이었지만 적의 공격을 경고할 수 있는 데 불과하였다. 레이더의 잠재력을 최대로 활용하려면 다른 장비와 상호 협조 및 통합하여 운용해야 한다. 레이더 기지를 설치할 뿐 아니라 각 레이더 기지는 가능한 모든 접근로를 탐지할 수 있는 위치에 설치하고 동시에 상호 중첩 또는 간섭을 회피해야 하는 것이 문제점이었다. 각 레이더 기지에서 수신된 신호는 일관성 있는 정보로 바꾸어서 중앙 전술통제실로 보낸다. 중앙 전술통제실의 전문가들은 위협에의 대응 여부, 위협의 우선순위, 대응 수단, 대응 경로 등을 결정하는 힘든 과업을 한다. 이와 같은 결정이 나오면 다음에는 관련된 작전지시를 보내고, 전문화된 지상 통제 레이더로 작전 수행 상태를 모니터하고, 전투지역에 대한 새로운 첩보가 도착함에 따라 작전 수행을 수정한다.

사용하고 있는 과학기술 장비들은 대부분 다른 장비들과 상호 협조하면서 통합적으로 운용해야 하고 레이더는 상호 간섭을 회피해야 하기 때문에 치밀하게 통합적으로 작동해야 하며, 전체가 부분을 통제할 수 있는 체계 접근방법으로 운용해야 한다. 영국 해협의 양쪽에서 레이더 통합 운용 요구가 서서히 일어나서 통합 방공체제가 구축되었으며, 여기에 수십만 명의 인력이 고용되었고, 신체적인 노동이 적으면서 많은 기술이 요구되는 군대 업무에 여성들이 적합하다고 알려져 여자들이 많이 포함되었다. 눈의 역할을 하는 레이더 체계는 무선통신, 텔레타이프, 탐조등, 저색기구(저공비행을 하는 적기를 막기 위하여 철사나 철망을 연결한 기구), 방공포, 전투기, 야간 폭격기와 공조 체계를 유지했다. 속도와 정확성이 무엇보다 중요하게 고려되었기 때문에, 인간이 하는 조작을 기계로 바꾸려는 압력이 계속되었고, 다음 단계에는 이러한 기계들이 서로 직접 정보를 전달할 수 있도록 하였다. 초기 컴퓨터로부터 나중에 진화된 컴퓨터에 이르기까지 자동화 장비에게 많은 것을 위임하고 배정한 사실을 보더라도 이러한 경향은 강화되었다고 할 수 있다.

대공방어 체제가 급속하게 발전하자 폭격기와 폭격에 관한 기술도 굉장한 진전을 보였다. 1939년 독일과 연합국의 대부분 폭격기들은 쌍발 엔진을 장착하였으며 5톤 미만의 폭탄을 무장할 수 있었다. 1945년 가장 큰 폭격기는 4발 엔진을 장착하였으며 각 엔진마다 2,000마력 이상의 힘을 발휘하여 10

톤의 폭탄을 탑재하고도 종전보다 더 먼 거리를 비행할 수 있었다. 좁은 대역의 전자빔을 추적할 수 있는 특수 장비를 장착한 항공기는 악천후 또는 야간에도 표적을 식별할 수 있는 능력이 향상되었으나, 정확하게 표적을 찾을 수 있는 정도는 아니었다. 또한 폭격기의 조준 성능이 개량되었으며, 종전 무렵에는 항공기 탑재 레이더(airborne radar)의 출현으로 표적이 구름, 비 또는 안개에 가려져 있더라도 공격할 수 있었다. 레이더에 대항하기 위하여 폭격기들은 "Window"라고 하는 채프(Chaff)를 살포했는데 채프는 레이더 전자파를 반사하고 방어자를 교란시키는 금속 파편으로서 옅은 띠를 형성했다. 대공무기에 대처하는 또 다른 방법으로는 적의 레이더를 기만하고 방해하고 과부하를 유도하는 것이었으며, 결과적으로 대공 방어 무기에 대한 폭격기의 전투는 점차 기술적인 전문성 뿐 아니라 포커 게임을 연상하는 것과 같은 사고를 필요로 하였다.

괄목할 만한 기술 발전에도 불구하고 전략 폭격을 수행하는 항공기의 성능은 윌리암 빌리 미첼(William Billy Mitchell), 알렉산더 세버스키(Alexander Seversky), 쥴리오 듀헤 (Giulio Douhet)와 같은 항공력 최우선 주창자들의 기대에는 결코 미치지 못했다. 듀헤의 주장에 따라 전폭기가 고폭탄과 지속성 화학 작용제를 함께 사용하여 전략 폭격을 감행하였다면 종전과 다른 성과를 기대할 수 있었을지도 모른다. 최초에는 전장 차단 및 근접 지원에 사용하려고 계획했던 독일 공군은 전격전을 통하여 많은 괴로움을 끼쳤지만 영국을 항복시킬 만한 전력이 되지 못하였다. 독일과 일본에 대한 연합군 측의 공중 공격은 치밀하게 계획하고 방대한 규모로 수행하여 엄청난 손실을 주었다. 연합군 측은 독일과 일본의 저항을 꺾을 수도 없었지만 정신의학자들이 예견하고 대비하였기 때문에 독일과 일본 국민들을 공포에 몰아넣지도 못하였다. 베어링 공장과 같이 중요한 산업시설을 집중적으로 폭격하여 전쟁을 종식시키려는 노력도 역시 허사로 돌아갔다. 대체 자원이 가용하였기 때문이다. 공중공격에 대한 실패는 불충분한 정보, 적의 저항, 부정확한 폭격에서 비롯되었으며, 또한 계획 입안자들이 반복할 필요가 없는 공격을 연속 수행하여 항공기 정비 시간을 박탈했음에도 원인이 있었다.

결정적인 역할을 수행해야 하는 전략 공군의 무능함 가운데 가장 중요한 요인은 점진적인 중형 전폭기의 융통성 상실일 것이다. 융통성 상실의 3가지 요인은 전폭기 기술 개발 부진, 증가된 적의 대공 세력에 대한 대응 대책 부족, 전폭기의 수적 열세 등을 들 수 있다. 전폭기가 적 상공에서 살아남으려면 부여된 표적을 찾는 것은 고사하고 목표를 볼 수 없을 만큼 높은 고도를 유지해야 되었다. 출동하기 며칠 전부터 셀 수 없이 많은 지상 관제시설, 기상대, 항법 통제시설 및 대 레이더 대책 등을 통합적으로 운용하기 위하여 철저히 협조해야 하고, 또한 비행 특성이 다른 항공단과도 협조를 해야 했다. 결국 전략 폭격은 과학기술 체계의 벽에 부딪혔을 뿐 아니라 스스로 과학기술 체계의 특성을 띠게 되었다. 기계적인 효율에만 지나치게 집착하다 보면 통상적으로 융통성이 결여된다. 전략 폭격도 지상전과 같이 장기화되고 치명적인 전쟁으로 변했다. 또 지상 전투처럼 결국 보다 많은 자원을 보유한 측에 유리한 소모전에 의하여 결정되었다.

점차 통합된 대공방어 무기들이 둔중한 폭격기와 전투함에 따라 공중전의 양상은 여러 가지 형태로 발전하게 되었다. 경폭격기, 전투/폭격 겸용 항공기 및 전투기들은 레이더를 사용하여 기지에서 직접 전투지역으로 투입되었고 때때로 대규모 대형을 편성하여 작전을 수행하였으며, 빠르고 기동성이 있었지만 근본적으로는 같은 종류의 항공기에 취약하였다. 결과적으로 공중전은 제1차 세계대전 시의 양상과 별로 다르지 않았고 개별 전투 또는 난투전이 되었다. 항공기는 제1차 대전 때처럼 체제에 얽매이려 하지 않았기 때문에 결과적으로 오랫동안 작전의 융통성을 유지하였다. 제2차 세계대전 내내 특히 대규모 항공작전이 지상군과 긴밀한 협조 아래 수행되었을 때 전폭기는 파괴력이 있는 무기임이 증명되었다. 날씨가 좋을 때 항공 작전은 전장을 분리시키고 또한 각개 격파할 수 있었다.

독일 공군이 최초로 전술 및 작전 임무를 수행하는 데 있어서의 항공기 잠재력을 입증하였는데, 독일 공군 지휘관의 대부분이 예비역 육군 장교 출신이었던 탓으로 공군 대 지상군의 협조를 훌륭한 전법으로 발전시켰다. 1942년 아람 엘 할파(Alam el halfa) 전투에 이어서 1944년 팔라아제(Falaise) 전투에서 연합군도 그러한 전법을 터득했으며 세계에서 가장 최신예 장비로 막강하게 편성된 기갑부대일지라도 공중 공격에는 별 수 없이 취약성을 드러내었다. 결국 독일의 경제를 무릎꿇게 한 것은 수천 대의 중형 전폭기를 동원한 집중적인 전략 폭격이었다기보다는 독일 철도 수송망에 대한 장거리 전투기의 정밀 타격이었다는 것이 적절하다. 어떤 기술 체제를 이기기 위해서는 좀 더 강력하거나 훨씬 더 융통성을 가진 것으로서 직접 대항할 필요가 있다.

양차 대전 사이에 항공기를 이용하여 적 후방지역에 병력을 투하하거나 요새지, 섬 등과 같이 고립된 지점에 병력을 착륙시키는 훈련을 시도하는 것이 눈에 많이 띄었다. 이와 같은 임무 수행에 수송기나 글라이더 또는 낙하산을 이용하였다. 각 수송 수단들은 제각기 장단점을 가지고 있었으며, 결과적으로 전쟁이 끝났을 때 어느 것도 다른 것에 대하여 절대적인 우위를 차지할 수 없었다. 수송기는 많은 병력을 신뢰성 있게 수송할 수 있지만 적절한 지상 시설이 있는 지역에 한하여 가능하였다. 수송기와는 달리 글라이더는 일회용으로 사용할 만큼 가격도 저렴하였다. 그러나 글라이더는 착륙에 적합한 지형이 필요하며 추가적으로 기상의 제한을 상당히 많이 받았다.

낙하산병(paratrooper)이 착륙하는 데는 어느 정도 평탄한 지형이 필요할 뿐만 아니라 바람에 불려 낙하 목표 지역으로부터 이탈하거나 또는 병력이 분산될 위험이 항상 있었다. 지상에 착륙한 낙하산병들이 재집결하여 전투대형을 유지하는 데 몇 시간씩 걸렸다. 때때로 착륙 결과는 아주 불행했는데 그 예로써 1943년 연합군의 시실리 섬 탈환작전 시 많은 낙하산병들이 해상에 잘못 떨어져 익사하였다.

이러한 어려움과는 대조적으로 세 가지 공정작전에는 몇 가지 공통점이 있다. 공전작전은 기습을 달성할 수 있는 잠재력이 있지만 목표지역으로 이동중이거나 착륙 시 적의 공격에 매우 취약하였다. 공정부대는 필요한 장비와 병력을 수송할 수 있으나, 당연히 공정부대의 운송 능력은 육로수송과 비교할 수 없었다. 결국 항공기를 이용한 공정부대는 사용 수단에 관계없이 가벼운 무기와 장비를 휴대할 수밖에 없었다. 공정부대는 적절한 기간 내에 우군의 지원을 받지 못한다면 전차, 포병 및 차량을 동반하는 적 지상부대에게 제압당할 처지에 놓이게 된다. 공정작전의 특성을 종합해 볼 때 공정부대는 고립된 표적을 공격하거나 – 그 예로써 1941년 독일 공정부대가 크레타(Crete) 섬을 점령한 작전이 떠오르는데 그 작전은 희생이 많아서 히틀러가 주저하였으며, 히틀러는 나중에 말타(Malta) 섬 탈환 작전에서 공정작전을 되풀이하는 것을 반대하였다. – 또는 신속하게 기동하는 전격전 부대와 연합하여 공격하면 성공할 수 있다. 공정작전을 적용하지 않는 경우는 전투가 장기화 될 때이며 이는 통상 공중 강습부대들을 섬멸할 수 있기 때문이다.

종합하건대 1911년부터 1945년 간 전쟁 변천 과정에서 공군의 가장 큰 공헌은 아마도 장애물 위로 비행할 수 있는 능력일 것이다. 전쟁을 수행하도록 사회와 경제 전체를 조직화하는 것이 현대 총력전의 주된 특징이라면, 전쟁으로부터 면제를 받았던 사회와 경제활동에 종지부를 찍고 직접적인 공격 아래에 놓이도록 만든 것은 항공기이다. 이로 인하여 전방과 후방, 전투원와 비전투원의 차이가 없어졌다. 결과적으로 전쟁법의 위기와 17세기 후반 이후 유럽에서 볼 수 없었던 파괴적인 과정을 맞이하게 되었다.

제1차 세계대전 당시 과학기술은 초보적이었으므로 전략 폭격의 규모나 효과는 대수롭지 않았다. 시간이 지나고 각종 장비가 정교해지면서 항공기는 진정 가공할 정도의 위협적인 무기로 변하였다. 항공기의 위협이 증가하자 곧이어 대공방어체제가 발전하였고, 결과적으로 중형 폭격기와 대륙 통합 대공방어망 간의 경쟁은 시스템 대 시스템의 소모 전쟁으로 발전하였다. 1945년 독일과 일본의 도시가 폐허가 된 것을 본 사람은 어느 누구라도 연합군의 승리에 공헌한 전략 항공의 중요성을 의심하지 않을 것이다. 그럼에도 불구하고 전략 폭격기는 전시 사용 군사력 가운데 비용 대 효과적인 측면에서 가장 우수한 무기라고 말하기는 곤란하다.

전략 폭격을 적절하게 사용하면 산업지역 전체를 파괴할 수 있지만, 그 효과는 전구(theater) 작전에서 느낄 수 있다. 그러므로 하늘을 통제할 수 있는 쪽에서는(항공기를 사용하고 조종사를 훈련시키는 데 필요한 연료 등을 확보하고 있는 국가는) 근접 항공지원이나 후방 지역 차단 등 적에 대하여 항공 세력을 사용할 수 있었다. 과학기술 환경의 다양성 때문에 전투 폭격기에 대한 방어는 중형 폭격기만큼 결코 효율적으로 방어할 수 없었다. 결국 제2차 세계대전이 끝날 무렵 전술 공군은 전쟁 수행 목적상 전략 공군보다 훨씬 많은 융통성을 보유하고 있었다. 1940년부터 1941년, 1944년부터 1945년의 전투에서 전술 공군의 효율성을 충분히 입증할 수 있었다. 그러나 이상적인 여건일지라도 현실의 과학기술의 특성이 그러하듯이 전술 공군 독자적인 힘으로 전역(campaign)의 승패를 결정지을 수는 없었다. 적 후방에 병력을 투하하여 전개하는 수직 포위(vertical envelopment) 작전도 병력 수가 많을 뿐 전술 공군과 마찬가지로 독자적으로 전쟁의 승패를 결정할 수 없다. 수직 포위 작전으로 괄목할 만한 성공을 거둘 수 있었으나 엄청난 인명 손실이 뒤따랐으며, 결과적으로 양차 대전 중 무성했던 낙관적인 기대를 충족시킬 수 없었다.

1945년 경 전략 및 전술 공군은 때에 따라 커다란 성과를 보였으나 공군의 전성기는 지나간 것 같다. 전쟁이 통합적으로 수행됨에 따라 특히 전술 공군은 전략 폭격에 따라서 작전이 결정되었으며, 종래의 전술 공군의 특징인 융통성을 많이 상실하였다.

제14절 해상 전투

나폴레옹 전쟁 당시 돛단배와 군함은 최고의 완성도 수준에 도달하였으며, 이후 선박 자재의 한계에 도전하기 시작하였다. 1500년부터 1800년 간 해상 전투의 승패는 거의 대부분 어떤 과학기술적 수단을 사용하였는가에 좌우되었다. – 해상 전투는 과학기술 수단의 결과였다. 어떤 시대를 연구하더라도 전쟁의 승리에는 항상 기술 이외의 다른 요소들이 포함되어 있었고, 이러한 요소들은 다른 기술과 상호 작용이 있었을 뿐 아니라 실제로 가용한 기술이 창조되도록 도와주었다.

과학기술사에서 자주 발생하듯이, 1830년 이후의 해상 전투의 혁명은 한 가지가 아닌 여러 가지 발전의 결과이었다. 이러한 기술들은 개별적으로 발전하여 우연하게도 모든 기술들이 같은 시기에 성과를 보게 되었고 상호작용을 통하여 전례가 없는 새로운 형태로 발전하였다. 이 가운데 가장 중요한 것은 무기의 완성도(특히 대포), 증기기관 출현, 철과 강철로 된 대형 함정의 건조 능력이었다. 증기를 동력의 원천으로써 사용할 수 있다는 최초의 발상은 로마 시대로 거슬러 올라간다. 당시 그리스 과학자 알렉산드리아 영웅(Hero of Alexandria)이 원시적인 반동 터빈을 만들었다. 반동 터빈은 이론상으로는 합당하나 높은 분당 회전속도(RPM)를 유지할 때에 한하여 동력을 얻을 수 있었다. 반동 터빈을 제작하려면 공작기계 및 정밀공학이 필요하였으나 19세기 초까지는 여건이 성숙되지 못하였다. 그러는 동안 다른 분야에서 동력에 관한 연구가 진행되었다. 1560년 이후 진공의 특성에 대해서 많은 연구가 있었는데, 통상 물을 끓여 증기로 만든 다음 증기를 용기 안에서 응축함으로써 진공상태가 되었다. 진공상태를 만들고 증기를 채우는 과정을 반복함으로써 동력을 발생시킬 수 있었다. 18세기 중엽 토마스 뉴코멘(Thomas Newcomen)이 창안한 증기기관(atmospheric engine)은 탄광의 배수나 도시의 급수 등 다양한 목적으로 사용되었다.

증기기관을 선박에 사용하려면 크기가 작아야 하고, 연료 사용면에서 훨씬 경제적이어야 되었다. 이와 같은 요구사항은 많은 사람들의 노력에 의해 충족되었으며, 특히 그 가운데 제임스 와트(James Watt)가 탁월하여 분리형 보일러 개발의 선구자가 되었고, 리챠드 트레비치(Richard Trevitchik)는 고압의 증기를 이용한 엔진을 최초로 개발했다. 그러나 엔진과 외륜(paddle wheel)을 연결하는 문제는 여전히 숙제로 남아 있었으며 많은 사람들이 외륜 개발에 진력하였으나 성공의 영광은 로버트 풀톤(Robert Fulton)에게 돌아갔다. 외륜을 장착한 선박들은 전쟁을 수행하는 데 매우 취약하였다. 1830년 경 프레드릭 터너(Fredrick Turner)가 이미 벌처럼 생긴 예인선이 시커먼 연기를 내뿜으면서 군함을 계류장에서 끌고 나오거나 들어가는 그림을 그렸었지만, 원양에 나갈 수 있는 증기기관 군함을 건조하려면 스크류 프로펠러 개발이 완성될 때까지 기다려야 했었다. 1840년대에 스크류 프로펠러가 개발되었다.

역사시대 초부터 1830년대까지는 주로 목재로써 선박을 건조하였다. 전설과 달리 영국 해군은 철제 선박이 물에 가라앉지 않는다고 생각하였다. 철제 선박 제작을 방해한 것은 과학적인 이해의 부재가 아니라 기술 수단의 부족이었다. 산업혁명 이전 철은 상당히 비쌌다. 따라서 가장 중요한 도구(당연히 무기 포함)나 철 이외의 대체물이 없는 경우에 국한하여 철을 사용하였다. 지상에서와 같이 해상에서도 대형 철제 구조물은 거의 없었다. 18세기 후반 철을 용해하는 연료로서 코크스가 숯을 대체하고 또한 개량된 공작 기계들이 발명되었을 때 대규모 철 구조물이 생겨났다.

만사가 그렇듯이 새로운 과학기술을 전쟁에 적용할 때 최초 단계에는 진행속도가 느리고 망설이게 된다. 미국은 근해에서 영국의 제해권을 뺏기 위해 최초로 대포를 장착하고 장갑화 된 증기기관 함정을 제작하였다. 1815년 이 함정이 완성되었으나 완성된 시기가 너무 늦어서 범선으로 편성된 영군 해군이 수행한 마지막 해상 전투에는 참가할 수 없었다. 40년 뒤 1855년 크리미아 전쟁에 대포를 장착한 함정이 참전할 기회가 생겼다. 프랑스는 그들의 군함이 지나치게 둔하고 너무 많은 물을 퍼내야 하기 때문에 세바스토폴(Sebastopol)의 유효사거리까지 도달할 수 없음을 알고 서둘러서 3개의 증기기관을 장착한 장갑 선박을 개선하여 킨베른(Kinburn) 항구를 성공적으로 강타할 수 있었다. 이로써 함포를 장착한 군함이 원양 항해에는 부적합하지만 내해에서는 효과적으로 운용할 수 있음을 입증하였으며 이 뉴스는 전신기를 타고 순식간에 전파되었다. 내해 지역은 내항성이 별로 크지 않고 공격해야 할 표적이 한 장소에 고정되어 있거나 자유롭게 기동할 수 없기 때문이었다.

미국 남북전쟁 시 최초로 증기기관을 장착한 함정들 사이에 전투가 벌어졌으며, 남부 연합군(Confederate)은 철제 증기기관 함정을 제작하여 북부 연방군(Federals) 조선소를 강습하려고 체사피크(Chesapeake)만으로 급파하였다. 북부 연방군에 대해 기습을 감행한 남부 연합군의 버지니아 호는 함포와 충각(적 함정에 부딪쳐 구멍을 뚫기 위해 함수에 장치한 것)을 사용했으며 최초의 작전은 매우 성공적이었다. 1862년 3월 9일 버지니아 호는 뉴욕에서 처녀 출항하는 북부 연방군의 철제 함정 모니터 호와 마주치게 되었다. 수많은 관전자들이 호기심을 갖고 지켜보는 가운데 두 함정은 서로 경계하면서 몇 시간 동안 빙빙 돌기만 하였고 버지니아 호는 충각으로 모니터 호를 파괴하려고 했으나 실패했다. 양측 모두 함포사격을 하여 많은 포탄이 명중되었으나 (버지니아 호는 20발, 모니터 호는 22발) 경미한 손상 이외의 타격을 줄 수 없었으며, 단 한 명의 사망자도 없었다. 모니터 호는 버지니아 호가 북부 연방군 함정을 더 이상 침몰시키지 못하도록 막았기 때문에 일종의 승리라고 볼 수 있었지만 밤이 깊어지자 두 함정은 서로 헤어졌다.

목재로 만든 어떠한 범선이라도 좁은 해역에서 증기기관 함정과 대적할 수 없었으나, 사실 버지니아 호와 모니터 호는 대양 항해용 함정은 아니었다. 버지니아 호는 구멍을 뚫어 침몰시켰던 메리멕(Merrimac) 호를 구조하여 증기기관을 장착하고 낡은 레일로 만든 철판으로 선체를 코팅한 함정이었다. 모니터 호는 버지니아 호와는 달리 선체 전부가 철로 만들어졌으나 선회 포탑에 2대의 대포를 장착한 떠있는 포좌에 불과하였다. 모니터 호는 엔진 가동 시 순간적으로 승무원들을 질식시킬 위험이 있었으며 또한 건현(free board : 흘수선에서 상갑판까지의 높이)이 너무 낮아 항해 시 절반 정도가 물에 잠기게 되었다. 버지니아 호와 모니터 호는 더 이상 작전을 수행하지 못하고 해상에서 사라져 버렸는데, 버지니아 호는 북부 연방군에 포획되어 노포크(Norfolk)에 있는 본대로 귀대할 수 없었으며, 모니터 호는 해안을 따라 항해하다가 소실되었다. 두 함정의 실망스러운 결과에도 불구하고 정통한 관측자가 보기에는 철제 증기기관 함선이 바다의 패권을 잡는 것은 시간 문제였다. 일단 철제 증기기관 군함이 나타나게 되면 해상 전투는 종전과 다른 양상이 될 것이다.

그 사이 유럽에서는 철제 증기기관 선박 건조가 빠른 속도로 진척되었다. 프랑스에서 최초로 취항한 군함 글뢰르(Gloire)는, 다소 재래식 디자인이었지만 삭구(배에서 쓰는 로프나 쇠사슬 따위)를 완전히 갖추고 현측을 무장한 군함이었다. 1859년 프랑스 군함 글뢰르가 취항하자 영국에서는 일종의 공황이 일어났으며 전통적인 제해권의 위협으로 간주하고, 곧장 그들의 막강한 산업

자산을 활용하여 프랑스 군함 뿐 아니라 모든 적대 세력의 군함보다 견고한 군함 개발에 박차를 가하였다. 40년 동안 거듭된 개발 노력으로 전함 설계가 서서히 개선되었다. 철갑(ironclad)이란 명칭을 고집하였지만, 1860년대부터 완전히 철(차후에는 강철) 구조물로 만들었다. 군함의 크기와 철갑의 두께는 서서히 증가하였다. 지상에서처럼 포구 장전식 활강포는 점차 포미 장전식 강선포로 교체되었으며, 철판을 뚫고 들어간 다음 폭발하는 포탄(armor-piercing explosive shell)을 쏘았다. 이와 같은 함포의 효과는 1853년 씨노프(Sinope)에서 러시아 해군이 터키 함대를 공격할 때 최초로 입증되었다.

바다에서는 지상에서처럼 무기의 무게에 제한을 받지 않고, 함포는 적 함정의 철판을 관통할 수 있어야 하기 때문에 군함에 장착된 대포는 전체 무게가 약 60톤이 될 때까지 급격히 증가하였다. 포대 전체 무게가 60톤 정도로 제한됨에 따라 갑판 위에 장착할 수 있는 함포의 수는 줄어들었으며 효과적으로 함포를 장착할 수 있는 방법을 모색하기 위한 조함술 연구가 계속되었다. 종전과 같이 현측에 함포를 설치하는 대신 증기기관의 동력을 이용하는 회전 포좌에 대포를 설치하였는데 이것은 나중에 회전식 포탑으로 발전되었다. 함포를 사방으로 사격하려면 현측에 설치된 돛은 제거해야 했다. 엔진 성능이 개선되어 연료 효율성과 내항성 및 신뢰성이 증가되었으며 삭구는 서서히 사라지고, 마침내 1871년 최초의 돛 없는 원양 군함 영국의 디바스테이션(Devastation) 호가 탄생하였다. 일단 돛 없는 함정 제작이 성공하자 남은 것은 여러 가지 요소들을 종합하여 가장 효과적으로 함정을 운항할 수 있는 방법을 찾아내는 것이었다. 혁신적인 기술은 매우 많았으나 기초적인 것이었기 때문에 이러한 기술을 조합해 놓은 결과 형태가 이상하게 되었다.(전투에 부적합할 뿐 아니라 대단히 위험하였다.) 1875년 영국의 인플렉시블 급 HMS 함정은 부력을 유지하기 위해 코르크로 채운 격실이 있었으며, 함포를 선체 무게 중심에서 벗어나 비대칭으로 장착하였는데 앞에서 지적한 경우에 해당된다.

과학기술이 급속하게 변화하는 시기에 해상 전투에서 얻은 전술적 교훈의 타당성은 의문의 여지가 있었다. 어떠한 경우라도 해상 전투의 교전 횟수는 Pax Britannica 대영 제국의 해군력에 의해서 엄격히 제한을 받았다. 실용적인 기술 개발이 없을 때 종종 일어나듯이 해군은 새로운 전술을 발견하기 위하여 과거 해군 전사를 샅샅이 검토하였다. 고전적인 지식에 많은 지혜가 담겨 있었으므로 고대 그리스 해군전사에서 해답을 찾은 것은 별로 놀라운 일이 아니었다. 증기기관을 사용하는 군함은 노와 돛을 사용하는 함정보다 기동 면에서 훨씬 우수하였고 바람, 물결, 조류와 무관하게 운행할 수 있었기 때문에 갤리 선의 전투능력과 비슷한 정도가 되었다고 생각된다. 이와 같은 이유로 고대 군함들이 사용하였던 충각을 설치하는 것이 다시 유행되었으며, 미국 남북전쟁 뿐 아니라 1866년 리사(Lissa) 해전에서 충각으로 적 함정을 파괴하려고 시도하였으며, 오스트리아 군함이 이탈리아 기함 르 디탤리아(Re d' Italia)를 충각으로 들이받아 침몰시켰다. 이탈리아 군함이 함포에 맞아서 이미 기능이 정지된 이후에 충격되었다는 사실을 외면하고, 그 후 전투 함정들은 서둘러 선수에 거대한 충각을 장착하였다. 충각이 해상 전투 무기로써 제구실을 하였는지는 입증할 수 없었다. 영국 군함이 기동하다가 우연히 또 한 번 충각으로 적 함정을 침몰시킨 사건을 1893년 전사를 쓸 때 "성공"이라고 기록했을 뿐이었다.

전술적인 관점에서 고려할 때 1870년 이후에 건조된 모든 함정들은 속도가 증가되고, 대구경 함포를 장착하였으며, 두꺼운 철갑으로 방호하였으며 결국 돛과 노를 사용하는 함정을 바다에서 몰아낼 수 있었다. 전략적인 관점에서 볼 때 철제 함정은 돛과 노를 사용하는 함정보다 융통성이 떨어지거나, 운용하기에 복잡하였다. 함정 엔진이 개선되어 마스트와 돛은 더 이상 필요 없었으나, 석탄을 연료로 사용하는 함정의 순항 기간은 기껏해야 수 주일로 한정되었다. 원양의 장거리 순항을 하려면 해군기지를 확보해야 할 필요가 있었으며, 해군기지는 우방국이나 중립국, 그렇지 못할 경우에는 해외에 있는 자치

령에 설치해야 했다. 해군기지는 석탄과 기술자, 수리부속품 및 정비시설을 갖춰야 했는데, 이는 연료 재보급과 정비, 그리고 복잡하고 어려운 엔진 고장도 수리해야 되기 때문이었다. 전략적 융통성을 희생함으로써 부분적으로는 전술적 우위를 확보할 수 있었다. 일류 해상 세력이 되는 것은 복잡한 군수시설을 건설하고 가능한 한 많은 해외기지를 확보하는 문제가 되었는데 이전보다 정도가 훨씬 더 심하게 되었다. 물론 이러한 요인은 1871년 이후 세계 열강들이 약소국들을 식민지화하는 데 중요한 역할을 하였다.

새로운 군함의 기동성은 또 다른 요인의 제약을 받게 되었다. 돛단배 군함 시대에는 모든 군함의 형태는 달랐지만 기본적으로 동일한 동력을 사용하였고 보다 중요한 것은 동일한 유형의 무장을 하였다는 것이다. 결과적으로 대형 함정이 보다 작은 함정을 마음대로 요리할 수 있었다. 19세기 후반에 들어와 이러한 이론은 더 이상 적용될 수 없었다. 10~15노트 속도를 내는 대형 함정의 증기기관을 적절하게 설계하여 소형 함정에 장착한 경우, 25노트 이상의 속도를 낼 수 있었다. 이러한 소형 함정에 자체 추진 어뢰를 장착했으며, 어뢰는 원거리 이격 무기(stand-off weapon)의 원시 형태가 되어 1860년대 최초로 도입한 후 꾸준히 발전되었으며, 어뢰를 장착한 소형 함정의 위협을 더 이상 무시할 수 없었다. 특히 프랑스에는 대형 함정의 시대가 막을 내렸다고 주장하는 학파가 발생하였다. 작고 기민한 포유동물 때문에 거대한 공룡이 지구상에서 사라진 것처럼 대형 함정들은 훨씬 더 작은 소형 어뢰정에게 당할 수가 없었다. 소형 어뢰정들은 대형 함정 주위를 빙빙 돌다가 어뢰 공격으로 대형 함정들의 일부를 침몰시키고 나머지는 항구 내에 묶어둔 후 전례 없이 큰 규모로 무역선을 공격하였다.

젊은 청년들이 군사교육을 받기를 기대하였지만 실현되지 않았고, 그것이 실현되었을 때는 이미 옳지 못한 전쟁에서 악랄한 무기를 사용하는 나쁜 사람들의 세상이 되었다. 군함이 진부화 되었을 때 가장 손해를 많이 보는 것은 영국이었다. 하지만 주의 깊게 연구한 결과 반드시 그런 것은 아니라는 결론에 도달하였다. 대형 함정들이 사격속도가 빠른 소구경 부포(small-caliber, quick-firing secondary armament)를 무장할 경우 어뢰정에 대하여 완벽하게 방어할 수 있었다. 오늘날 미국의 항공모함 - 항공기를 제외한 모든 무기를 제거하여 운항 거리가 훨씬 더 길어지게 되었다. - 이 주로 사용하는 방법으로써, 19세기 말부터 항공모함 외곽에 어뢰정을 파괴하기 위하여 특별하게 설계한 구축함 - "어뢰정 구축함" - 을 배치하여 방호를 받았다. 누구나 상상할 수 있듯이 각 국가의 해군들이 구축함을 진수하게 되자 다른 국가의 구축함과 교전이 일어났을 때 어떤 양상의 해상 전투가 전개될지에 대한 관심이 일게 되었다. 구축함이 최초 취항한 이후 제1차 세계대전 발발 시까지 약 20년 동안 구축함의 크기가 거의 2배가 되었다는 것을 고려하면 이와 같은 상황에서는 중무장을 한 측이 승리한다고 기대할 수 있다.

이러한 기술적인 변화가 있는 동안 영국 빅토리아 여왕시대의 평화는 가까스로 유지할 수 있었다. 1898년 미국과 스페인의 전쟁에서 몇 가지 해상작전이 목격 되었다. 스페인 함정들은 성능이 떨어져 맥을 못추고 항구 내에 묶여 있었고, 함정에 장치된 현대식 무장에 반하여 함포 조준 장비는 구식이었기 때문에 함포 사격 결과는 극히 부정확하였다. 1905년 노일전쟁에서 쓰시마 해전은 최절정기로써 또 다른 교훈을 남겼다. 한 가지 교훈은 특히 영국 해군이 강조하고 있는데 피아 함대 간 모든 조건이 대등할 경우 속도가 빠른 함정으로 구성된 쪽이 결정적인 이점을 확보할 수 있다는 것이었다. 속도가 빠른 쪽이 적의 함포 사격을 적게 받을 수 있는 각도(유명한 T자형 기동)로 대형을 형성하여 접근할 수 있기 때문이었다. 또 하나의 교훈은 함포의 사정거리가 증가하여 해상 전투시 상호간 5~8km 이격되어 싸우기 때문에 충각 효과에 대한 거론에 종지부를 찍었다는 것이다. 만약 함포의 장거리 사격이 효과가 있다면 해상 전투의 모든 것은 최고의 훈련과 연습에서 비롯되는 정밀 사격에 의해 좌우된다. 일본 구축함에서 발사한 어뢰는 전함의 함포 사격과 협조하거나 또는 러시아 함대가 심각하게 손상을 입었을 경우에 한하여 결정적인 역할을 할 수 있었다.

쓰시마 해상 전투에서 풀리지 않았던 문제점으로서, 1890년대부터 함정 갑판에 장착된 주포, 중간포, 부포 간의 상대적인 중요성에 대하여 많은 논란이 계속되었다. 거리 측정기, 포탑 회전장치, 조준 장치 등이 조잡하여 대구경 함포의 정확성이 감소되는 한, 적 함정에 접근하여 발사 속도가 빠른 중 구경 함포로 사격해야 한다고 주장하는 편이 많았다.

영국과 미국의 수많은 발명가들은 쓰시마 해전이 진행되고 있는 동안 현대적인 함포의 과학기술적인 기반을 조성하고 있었다. 1914년 경 적 함정이 완전히 조준 장치에 잡혔을 순간에 함포 사격을 하는 전통적인 사격 방법을 더 이상 사용하지 않았다. 대신에 포구가 계속 표적을 조준할 수 있는 포좌 장치를 설치하였다. 폭 6m가 넘는 거대한 광학 거리 측정기를 이용함으로써 갑판 포술장교는 함포 사격 고도를 정확하게 산출할 수 있었다. 모든 함정이 이 같은 단계에 도달한 것은 아니었지만 함포사격을 중앙 통제하고 함정에서 함장 다음의 중요한 위치에 있는 포술장교의 사격에 관한 제반 행동까지 통제하려는 경향이 증가하였다. 포술장교는 주 마스트(Main Mast)상에 위치하여 방향 및 사거리 관측 장교로부터 적 함정의 거리 및 방향에 관한 정보를 접수하였다. 그런 다음 기계식 컴퓨터를 사용하여 방향 및 방위각 등 사격에 필요한 제원을 산출하여 포탑에 지시하며 마지막에 전기식 버튼을 눌러서 함포사격을 실시하였다.

정확한 장거리 사격의 실용성이 입증되자 전함에 설치되었던 중거리 무기들은 완전히 폐기되었다. 함정은 근접 방어 시에만 소구경포를 사용하고 그 외 사격은 대구경포인 주포가 독점하였다. 최초 영국의 죤 피셔(John Fisher)제독이 과감한 함포 변혁을 시도하였으며 그는 해상 전투에 대한 여러 가지 영감과 지침을 제공하였다. 포대를 전부 대구경포로 장착한 전함이 나타나자 여기에 대적할 함정이 없었으며 다른 국가의 해군도 영국을 따라 전 함포를 대구경포로 바꾸어 장착하였다.

전통적인 왕복기관 엔진보다 성능이 우수한 파슨즈(Parsons) 터빈을 장착한 전함 드레드노트(Dreadnought) 호가 가장 빠른 전함이 된 후 순양함 급으로 편성된 영국의 구식 함대는 곧장 진부화되어 심한 타격을 입게 되었다. 그러나 전함 분야에서는 영국이 다른 국가에 비하여 다소 자신의 위치를 고수할 수 있었다. 1914년 제1차 세계대전 발발 시 가장 큰 최신예 전함은 2만 7천 톤급이었다. 이 전함에는 38㎝ 직경의 대포가 8문 장착되어 있었으며 대포 중량 약 100톤, 885㎏의 포탄을 약 20㎞까지 사격할 수 있었다. 영국 해군도 함정에 사용하는 연료를 석탄에서 석유로 교체하였다. 이와 같은 변화는 대전략 수준의 의존도를 희생하면서 사거리와 전술적인 융통성을 증가시킨 또 하나의 사례로 이해할 수 있다.

1876년대부터 개발하기 시작한 전함은 예산, 산업 능력, 인력 및 과학기술 등 엄청난 투자를 상징하였다. 바다를 중요하게 여기는 국가들은 적어도 이러한 전함 몇 척을 보유해야 되었다. 결과적으로 전함 구축은 최초의 기술적인 군비경쟁으로 부상되었을 뿐만 아니라, 마치 한 국가의 위대함이 바다 위에 떠 있는 군함 척수 또는 톤수로 표현되는 것처럼 국가적인 위신 문제로 확대되어 갔다. 강대국의 해군 정보부대는 자국뿐 아니라 동맹국 및 적국의 전함을 추적하는 데 세심한 주의를 기울였다. 각국의 전함들은 열병을 하고 국기를 펄럭이고, 군사잡지 뿐 아니라 어린이들의 동화책이나 광고에서 그 위력을 과시하였다. 주력함이라고 불리는 전함은 통상 위대한 영웅이나 유명한 전승지 지명을 따서 이름을 붙였다. 이런 전함의 손실은 일반 대중뿐 아니라 군대의 사기에 심대한 영향을 미치는 조그마한 국가적인 재난이라고 생각하게 되었다. 갈리폴리(Gallipoli)와 유틀랜드(Jutland) 해상 전투에서 입증하였듯이 함대 제독들이 전함을 위기에 빠뜨리지 않으려는 의지를 계속 내보였으나 전함의 위력이 증가하여 이를 무마하게 되었다. 그러나 전쟁을 수행하려면 무기를 소모해야 한다. 거포 위주의 거대한 전함들은 이러한 기준을 충족시킬 수 없었고 과학기술의 발달과 함께 서서히 사라졌다.

이와는 대조적으로 1914년 이후 잠수함이 매우 중요한 역할을 담당하게 되었다. 비행기와 마찬가지로 바다 밑을 항해하려는 꿈은 매우 오래된 것이었다. 잠수함을 만들려는 시도는 최소한 레오나르도 다빈치 시대로 거슬러 올라가는데, 잠수함을 최초로 설계한 레오나르도 다빈치는 사악한 사람들이 잠수함을 무기로 사용할 것을 두려워하여 설계도를 감추어 버렸다고 하였다. 미국 독립전쟁 이후 잠수함을 제작하여 군사적인 목적으로 사용하려는 시도가 계속되었다. 또 다시, 잠수함 개발이 지연되었던 가장 큰 이유는 과학적인 이해의 부족보다는 잠수함에 대한 기술적인 노하우의 부족이었는데, 특히 적합한 엔진, 수중에서의 방향유지 방법, 수중에서 운용할 수 있는 자체 추진 무기 등 기술상의 문제였다. 실제로 제작하여 시험한 잠수함은 속도가 느리고 항속거리가 제한되었다. 이 때문에 나폴레옹이 풀톤(Fulton)의 잠수함 제작을 거절하였으며, 프랑스가 영국의 막강한 함대를 격파하기 위하여 잠수함을 개발하려고 수차례 시도하였지만 실패하였다. 미국 남북전쟁 기간 중 남부 연합군은 데비드(David)라고 부르는 소형 잠수함을 제작하였다. - 그러나 이 잠수함은 적보다는 잠수함을 운용하는 승무원들에게 더 위태로운 것으로 판명되었다. 이 모든 시도를 종합해 보면 영웅과 바보를 구별하는 것은 오직 결과일 뿐이다.

잠수함의 동력 해결 방법은 1890년대까지 기다려야 했었는데 우연하게도 미국의 존 홀랜드(John Holland)는 물 밑에서 항해할 때와 물 위에서 항해할 때 반드시 동일한 엔진을 사용할 필요가 없다고 생각하였다. 일단 여기까지 도달하자 잠수함은 2개의 엔진을 준비하여 전기식 엔진은 수중에서 사용하고, 가솔린 엔진(차후에는 보다 경제적인 디젤엔진으로 개량됨)은 수상에서 사용하며 필요시 배터리를 충전하는 데 사용하였다. 당시 새로 개발한 어뢰는 소형 터빈의 압축 공기로써 추진되었는데 수상 함정보다 훨씬 빠른 속도로 1㎞ 이상의 거리를 항해할 수 있는 정도에 도달하였다. 소형 수상 함정에서 발사하는 어뢰는 최초 설계 시의 기대에 미치지 못하였으나, 쓰시마 해상 전투처럼 좁은 해협에 갇혀 있거나 포격에 의하여 이미 기능을 상실했을 경우에는 근거리에서 최후 일격을 가하는 수단으로 사용하였다. 그러나 어뢰는 수중에서 사용하는 것이 이상적이었으며 잠수함을 공포의 함정으로 부각시키는 데 많은 기여를 하였다.

제1차 세계대전이 일어날 무렵, 잠수함은 이미 차후 30년 간 변할 수 있는 소지를 조금 갖고 있었다. 그 당시 가장 큰 잠수함은 500톤 정도로서 항속거리는 10,000㎞이며, 어뢰를 4~6개 장착하였다. 잠수함이 수상으로 부상하여 항해할 때의 속도는 대부분의 일반 상선과 비슷했으나 군함의 속도에는 미치지 못했다. 잠수함이 잠항 시에는 3~4노트 속도를 낼 수 있었으며 24시간 이상 잠항할 수 없었다. 일급 전함의 승무원이 1,200여 명이었던 것에 비하여 잠수함의 승무원은 약 30명이었으며 운용 경비도 적절하였다. 처음에 잠수함은 적 함대 공격에 대비하여 해안을 방어하는 데에 적합하다고 생각하였으며, 해상 전투에 투입할 때는 함대에 편승되어 적 함정의 위치를 파악하여 알려주었다.

1914년 포클랜드(Folkland) 전투에서와 같이 원해 상에서 전투가 벌어질 때는 구축함이나 잠수함은 통상 전투에 참여하지 않고 전함 등 거포를 장착한 거대한 수상 함정들이 전투에 참여하여 승리하였다. 그러나 북해(North sea)와 같은 좁은 해역에서의 해전은 상황이 완전히 달랐다. 좁은 해역에서 주력 함정(전함)은 순양함, 구축함 및 어뢰정을 주위에 배치하여 호위를 받았으며, 순양함은 작고 약한 함정에 불과하였으며 장갑 두께가 얇고 함포가 작아서 구축함과 구별되었다. 잠수함은 적 함정이 들어오거나 나갈 때 포착하려고 적의 정박지 정면에 잠복하였다. 전함들은 상호지원을 받을 수 있었으며, 또한 전함만큼 빠르지 못한 순양함들로부터 지원을 받을 수 있었다. 소형 함정이나 잠수함의 또 다른 문제는 야간이나 비, 또는 안개 등으로 시계가 제한될 때였다.

제1차 세계대전 기간 중 값비싼 전함이 기민한 잠수함이나 어뢰정에게 희생되는 것을 방지하기 위하여 잠수함이나 구축함 등을 전함의 외곽에 배치하여 적의 공격을 차단하였다. 또한 양쪽은 상대방의 전함을 유도하기 위하여 순양함을 미끼로 사용하려고 했으며, 순양함 전대를 그들의 주력 함대의 전방에 배치하여 함대를 방어하였다. 수많은 함정들을 통제하기 위하여 무선의 신뢰성을 증대할 필요가 있었다. 양측은 전략적 중요성은 개의치 않고 값비싼 전함이 손상될까 봐 거의 병적인 공포심으로 이러한 기술적인 수단을 조합하여 해전을 더욱 중앙 통제하여, 조심스럽고 소심한 전투를 하였다. 여러 종류의 함정들을 조합할 필요성이 있었고 과학기술적인 수단이 가용해짐에 따라 또 다시 체계 접근 방법에 의하여 전쟁을 수행하고자 하였다. 항상 그렇듯이 군사 과학기술 체제가 대등한 체제를 만났을 때 통상적으로 큰 전함을 보유한 쪽이 유리하였다. 이러한 사실을 간파한 독일 해군은 함대 세력을 항구 내에 잔류시키고 그리고 전술적인 문제는 모호한 상태로 남겨 두었다.

현대식 증기기관을 장착한 함정의 속도와 항속거리, 추진력이 증가되어 대양을 더욱 좁게 만들었기 때문에, 18세기에 수행하던 해상봉쇄는 더 이상 실현 가능성이 없었다. 군수지원 비용이 엄청난 규모가 되었지만 영국은 대서양을 독일 해군으로부터 방호하기 위하여 스코틀랜드로부터 베르겐까지 해상을 봉쇄하기로 결정하였다. 경제전쟁의 한 방편으로서 해상 봉쇄작전은 상당히 효과적이었으나 독일 무역을 압박하여 수백만 명을 추위와 굶주림에 시달리게 하였다는 비난도 받았다. 독일은 해상 강습대를 내보내어 연합군 측의 상선을 기습하였으며 일부 작전은 아주 성공적이었다. 그러나 독일 해상 강습대 함정들은 정기적으로 급유를 받아야 했으며 연합군 측은 무선 방향탐지기를 이용하여 이러한 독일 함정들의 위치를 파악하여 차단하였기 때문에, 전반적으로 독일 함대는 범선시대의 군함보다 훨씬 더 취약하였다. 제1,2차 세계대전 중의 해상 강습대는 전쟁이 끝난 후 선장들이 지어낸 낭만적인 엉터리 모험담의 생산지가 되었다. 해상 강습대는 그 밖에 별로 한 것이 없었다.

독일 해상 강습대의 공격에 부딪히게 되자 좁고, 기름이 번지르르 흐르고, 냄새나는 잠수함을 개선하여 타격 작전을 수행할 목적으로 사용함으로써 기존의 모든 무기를 물리칠 수 있는 무기로 발전하였다. 제1차 세계대전 대부분 기간 동안 잠수함에 대한 실제적인 방어는 거의 없었다. 잠수함들은 수중에서 조용히 잠복하면서 행동이 기민하지 못한 일반 상선이나 중형 군함의 선저에 어뢰 공격을 가하였다. 이와 같은 잠수함 운용방법은 적 함대를 찾아서 파괴해야 한다는 마한(Mahan)의 이론에 반기를 드는 것이었으며, 독일은 군함이 잠수함의 최상 표적이 아니라는 것을 깨닫게 되는 데 시간이 걸렸다. 그 이후 무제한적인 잠수함전이 선포되었으며, 영국의 해상을 봉쇄하여 영국을 굴복시키겠다는 가능성이 상당히 현실화되었다. 연합국들에게는 다행스럽게도 제1차 세계대전 기간 중 독일의 잠수함은 기술상의 중대한 제한사항 때문에 어려움이 있었다. 잠수함은 교신(거의 모든 전파는 수중에서 통과하지 못함)이 불가능할 뿐만 아니라 속도가 느려 수중에서 적 함정이 나타날 때까지 인내심을 가지고 기다려야 했다. 빠른 속도로 이동하려고 물 위로 부상하였다가 포착된 잠수함이나, 축전지를 충전하기 위하여 부상한 잠수함은 함포 공격을 받거나 또는 충각(Ram) 공격을 받을 수 있었다. 1917년 말 영국은 호송 – 해군본부의 희망을 거스르고 영국 정부가 소생시킨 옛날 호송체제 – 이 잠수함에 대하여 매우 효과적이라는 것을 입증하였다. 이러한 사실은 뒤늦게 인식되었지만, 대체적으로 해상에 나타난 표적의 수가 줄어들었으며 또한 잠수함이 호송 선단 전체를 동시에 공격하는 것이 불가능했기 때문이다. 반면에 잠수함에 대한 적극적인 방어대책은 서서히 개발되었으나 제1차 세계대전이 종료될 때까지 현실적으로 가능한 방책은 구현되지 못했다.

수중에서 잠수함이 상선을 위협하였지만 곧장 공중에서는 항공기들이 잠수함을 위협하였다. 1914년 이전에 비행선이나 항공기들은 해상에서 활동하였고 특히 정찰임무를 수행하였음이 분명하다. 해상까지 단거리일 경우에는 육지에서 날아갔다. 1909년부터 계속하여 함재기 운용에 대한 시험이 진척되었다. 최초의 해군 함재기는 썰매나 바퀴 대신에 뜨개를 부착하였기 때문에 일반 항공기와 구별할 수 있었다. 해군 함재기는 크레인을 이용하여 함상에서 바다 위에 내린 다음 자체 동력으로 물 위에서 이륙하였다. 함상으로 복귀할 때는 똑같은 절차를 반대로 하였다. 함재기는 해상 상태가 좋고 청명한 날씨에만 작전할 수 있었으며, 1914년부터 1918년 사이에 제작된 함재기들은 여러 가지 기술적인 제한사항과 기체 결함이 많았음을 고려할 때, 함재기로 사용된 항공기가 매우 적었다는 것은 놀라운 일이 아니다. 그 때까지 함재기가 성취한 것은 장차 방향을 제시한 것뿐이었다.

제1차 세계대전 기간 중 해군 함재기에 침몰된 함정은 소수였지만, 한창 떠오르고 있는 성마른 해군 조종사들은 미래의 전쟁에서 해군 함재기가 주도권을 잡게 될 것이며 추가적으로 함정에 투자하는 것은 그만큼 많은 돈을 바다에 빠뜨리는 것이라고 주장하였다. 양차 대전기간 중 영국과 미국은 항공기로써 함정을 폭격하는 시험 - 그 중 몇몇은 대단히 많이 선전되었다. - 을 많이 하였다. 실제 전투 상황은 결코 중복될 수 없기 때문에 전투 결과는 분명하지 않았으며, 양측은 서로 자기편이 승리했다고 주장하거나 또는 이러한 패배에 대해서 심판자의 편견을 비난하였다. 함재기 조종사들이 정선 중인 함정을 공중폭격으로 침몰시키거나 또는 기동 중인 함정에 몇 발의 폭탄을 명중시킬 수 있다고 입증했더라도, 해군 제독들은 해군이 은밀한 기동으로 적 함정에 대해 공격을 가하였다고 신속히 강조할 것이다. 대형 함정들은 공중 공격에 대한 방어력을 높이기 위하여 주 갑판 위에 철제 방호를 증강하고 사격 속도가 빠른 대공포를 줄지어 배치하였다. 1936년 말 영국의 최고(blue-ribbon)위원회가 제출한 보고서는 무기체계의 효율성에 대한 확고한 결론을 내릴 수 있는 능력이 없음을 인정했던 문제를 것을 간파해야 한다고 지적하였다. 새로운 과학기술이 소개되었을 때 그 기술에 대한 효율성은 비정상적인 상황이 아닌 전쟁을 통해서만 확인할 수 있었다.

최초의 항공모함은 순양함을 개조한 것인데 1921년 영국 해군이 완성하여 취항하였다. 1922년 워싱턴 조약의 결과, 이 조약은 주요 강대국 전함의 톤수와 무장에 가혹한 제한을 부과하였는데, 이것이 항공모함의 개발을 촉진하게 되었다. 일부는 그러한 이유 때문에 항공모함의 수가 급격히 증가하게 되었다. 1939년 경 항공모함은 선체를 얇은 철판으로 제조하였으며 배수 톤수는 약 3만톤 정도였다. (비록 영국이 철제 갑판을 구비하는 데 약간의 선견지명을 보였지만) 항공모함은 바다 위에 떠 있는 비행장으로서 중폭격기를 제외한 여러 종류의 항공기를 약 40~50여기 적재할 수 있었다. 여러가지 기상 및 광명조건에 따른 운용상의 문제점들은 항공모함의 출현으로 상당 부분 해결되었으나, 갑판 위에서 항공기가 이착륙하는 것은 위험한 일이었으며 오늘날까지도 여전히 위험한 과제로 남아 있다. 대부분의 해군 함재기들은 통상 소구경포와 자유낙하 폭탄으로 무장하였다. 어떤 함재기들은 치명적인 무기인 어뢰를 장착하고 이를 투발할 수 있었다. 추가적으로 최신예 전함들은 순양함이 1~2대의 경정찰기를 탑재하고 있는데 비하여 4대의 경정찰기를 탑재하여 운항하고 있다. 함재기들은 사출기를 이용하여 이륙하고 임무를 종료하고 난 다음 부유 장치를 사용하여 바다에 착륙한 뒤 인양기로 간판에 끌어 올렸다.

제2차 세계대전 6년간 해상에서 구식 함포간의 대결이 수없이 발생하였으며, 표적을 포착할 수 있는 레이더와 거리 측정기, 화력통제 기술의 발달로 함포 사격 효과가 급격히 향상되었다. 대부분의 경우 함재기들은 적의 함포 사정거리 안에 도달하기 전에 적 함정을 발견할 수 있었다. 적 함정을 발견 시 항공모함 가까이 있거나 아군 공군기지의 사정권 내에 위치하고 있을 때는 즉각 아군 항공기로 공격하였다. 항공세력은 때때로 좋지 못한 기상이나 어두울 때는 작전에 어려움이 있었으나, 1940년 노르웨이에서, 1941년에는 크레타의 적절한 제공권이 확보되지 않은 해상에서 주요 해상 세력을 모험적으로 운용하는 것은 무모한 해군제독이 할 짓이라는 것을 증명하였다. 시간이 지나면서 대서양, 태평양 그리고 인도양에서 거듭 입증되었지만 항공기의 지원 없이 순수한 수상 함정만으로 편성된 함대는 적 함재기와 조우했을 때 대처할 방법이 없었다. 해상에서 항공기와 함정 간 협조를 하려면 올바른 장비 뿐 아니라 특별히 잘 훈련된 조종사(아마 가장 중요할 것임)와 효과적인 편성이 요구된다. 이와 같은 사실은 영국 해군이 함재기를 상황에 따라 분권화 또는 통합적으로 운용하여 그렇지 못한 이탈리아 해군을 강타하고 결정적인 승리를 확보함으로써 입증되었다.

항공기가 항속거리 및 공격력이 서서히 향상됨에 따라 전반적인 해상 전투의 특성도 변화하였다. 1942년 6월 미드웨이 해전 이후 쌍방간의 함대가 수십 마일 이격된 상태에서 외곽 경계중인 조종사들의 눈에 탐지되거나 또는 레이더 스크린에 상대방 함정의 영상이 포착될 때부터 전투가 개시된다는 것은 규범이 되었다. 일단 적 함정 위치가 확인되면 다음에는 어뢰를 장착한 함재기와 폭격기 차례였다. 항공모함의 함재기는 적 함정에 대한 공격뿐만 아니라 그들의 함정을 공격하는 적기에 대한 방어도 하였다. 항공기의 항속거리가 많은 제한을 받고 수시로 재급유를 해야 하기 때문에 쌍방간의 함재기들은 항공모함 갑판 위에서 군수지원을 받고 있는 동안 적의 함재기를 찾는데 최선을 다하였다. 이러한 전투에서는 보유하고 있는 장비체계의 질과 양이 중요한 역할을 했으나, 항상 그렇듯이 그 자체만으로 결정적인 성과를 기대할 수는 없었다. 오히려 적진 깊숙이 침투하여 가능한 한 자신을 노출시키지 않고 최대의 약점을 공격할 수 있도록 계산된 모험을 감수할 수 있는 전투 의지와 조종사 개인의 능력이 장비체계보다 더욱 중요하게 작용되었다.

항공기가 해군작전에서 강도 높게 활용되는 반면 상륙전술을 부활하는 데 매우 중요한 역할을 수행하였다. 당시에는 해상을 통한 침략에 새로운 방법이 없었다. – 대부분의 경우 적의 방어가 없는 해안으로 공격하였기 때문에 상륙작전용 특수 함정이 필요하지 않았다. 1500년대부터 1830년대까지 사용했던 거대한 범선은 특히 이러한 유형의 작전에 적합하지 않았으며 갤리(galley) 선보다 훨씬 더 부적합하였다. 통상 노를 젓는 소형 보트를 이용하여 해안으로 공격할 경우, 적의 방어 강도가 약하거나 방어 병력이 없거나 아니면 적을 기습적으로 공격할 경우에만 성공할 수 있다. 지상의 수송 수단이 마차에 의존하고 통상적인 경보 전달방법이 산 위의 봉화를 이용하는 체제 하에서는 취약한 방어진지 해안을 포착하여 해안에 교두보를 확보한다는 것은 별로 어렵지 않은 일이었다. 그러나 철도망, 자동차, 현대식 통신수단이 도입되어 그런 상황은 바뀌었고, 해상을 통한 대부분의 공격은 제1차 세계대전 중 갈리포리(Gallipoli) 및 사로니카 (Salonika) 상륙작전 실패에서 보듯이 극히 제한을 받거나 좌절될 가능성이 많았다.

제2차 세계대전 첫해에 동아시아에서 특히 일본이 계획하였듯이, 경미한 방어진지에 대하여 예상하지 못한 장소를 선정하여 해상 기습을 감행하였다. 그러나 나중에 상황은 달라졌다. 광활한 태평양에서는 통상 이 섬에서 저 섬으로 뛰어넘어 이동하는 것 외에 대안이 없었으며, 각 섬에서는 해안방어를 견고히 하는 추세였다. 유럽에서 독일은 해안에 요새진지를 구축하고 해안의 어떤 지역이라도 신속하게 증원할 수 있는 수송망을 운영하였다. 이러한 사실로 볼 때 항공기는 중대한 역할을 수행하였다. 항공기는 해안으로 공격하는 함대에 대항하여 임무를 수행할 수 있었지만, 함대 자체에 싣고 있는 함재기는 육상에 기지를 둔 항공기보다는 임무 수행 면에서 뒤떨어졌다. 그러나 해안으로 공격 시 공중 우세권을 확보하고 있다면 항공기는 해군 함포와 협조하여 해안 방어지역을 폭격하고 상륙할 수 있는 통로를 개척할 수 있었다. 대포와 달리 항공기는 적 후방을 차단하는 데 유용하게 활용될 수 있으며 철도 상에 있는 이상적인 표적이나 좀 희박하지만 차량 제대에 대한 공중 폭격을 할 수 있었다. 상륙 부대를 위하여 특별히 설계된 선저가 평평하고 높은 기동력을 갖춘 함정과 해상 돌격용 중장비가 개발되었으며, 전례 없는 상륙작전을 수행할 수 있는 기술적인 기반도 조성되어 갔다. 특히 미국에서는 상륙작전을 실용적인 전술로 개발하기 위하여 많은 노력을 경주하였으며, 1945년 이후 몇 십년의 평화 시기 동안 상륙작전을 수행할 수 있도록 전문화시키고 또한 규범화시켰다. 그러나 일부 사람들의 눈에는 상륙작전은 막대한 물자가 낭비되는 작전으로 보였다.

잠수함전도 해상 항공력의 출현으로 변화되어 갔다. 1939년 경 잠수함은 빠르고, 크고, 항속거리가 길었지만 제1차 대전 당시의 것과 별로 다를 것이 없었다. 잠수함을 치명적인 무기로 만든 혁명적인 발전은 기술이 아니고 전술이었다. 특히 독일 잠수함은 표적이 나타나기를 고대하면서 대부분의 시간을 어떤 지점에서 정지하고 있는 것이 아니라, 해상으로 부상하여 표적을 찾으려고 장거리 항해를 하였다. 잠수함이 적 선단을 발견하면 잠수함은 형체가 작은 점을 이용하여 적 선단과 어느 정도 거리를 유지하고 은밀히 추적하면서 적의 위치를 지상에 있는 본부로 무선을 통하여 계속 보고하였다. 본부에서는 즉각 다른 잠수함들을 집결시키고, 소위 "이리 떼"가 모여서 협조된 공격으로 적 선단을 격파하였다. 제2차 세계대전 전반기에 잠수함전은 많은 기복이 있었으나 이와 같은 공격 방법은 아주 효과적이었다. 지리적인 조건이 허용되고 또한 독일의 공군과 해군의 관계가 끝없이 다투지 않고 좀 더 원활하였다면 되니츠 제독(Admiral Doenitz)은 표적을 찾아 공격하는 U보트를 돕기 위해 더 많은 항공기를 사용할 수 있었을 것이다. 그 같은 상황에서 의심할 것 없이 U보트들이 그들의 임무를 더욱 효과적으로 수행할 수 있었을 것이다.

음파 소나(SONAR)는 너무 늦게 출현하여 제1차 세계대전에는 사용하지 못하였으나 1939년부터 수중에 위치한 잠수함을 탐지하는 데 활용되었다. 잠수함 위치를 파악한 후에는 반드시 함정에 장착한 폭뢰(Depth charges)를 투하하여 잠수함을 공격하였다. 소나에는 몇 가지 중대한 결함이 있었다. 수동형 소나는 수동형 작동상태에서 장거리에 있는 물체를 포착할 수 있으나 적의 위치를 정확히 파악할 수 없었다. 이보다 복잡한 능동형 소나는 정확성을 기할 수 있으나 자신이 발사한 전자파에 의하여 표적이 위치한 거리보다 훨씬 멀리 있는 다른 적에게 탐지될 수 있는 위험이 있었다. 어느 형태의 소나라도 수중 압력, 수온, 염도 및 해상 등의 상태 때문에 적으로 오해하여 운용자들은 허위경보를 발생시킬 우려가 있었다. 결과적으로 소나의 운용은 오늘날까지 어려운 문제로 남아 있다.

해상에서 운항하고 있는 잠수함의 위치를 파악하기 위해서는 또 다른 수단을 강구할 필요가 있었으며, 이러한 도구는 1943년 봄에 개발된 항공기 탑재 소형 레이더였다. 항공기 또는 함재기들은 이를 이용하여 어떤 여건 아래에 있는 잠수함이라도 찾아낼 수 있게 되었다. 일단 잠수함의 위치를 확인하면 신속히 잠수하지 못하는 잠수함을 서치라이트로 비추고 폭뢰를 투하하여 공격하였다. 부분적이지만 해결책의 하나로써 독일은 최초로 대공포를 잠수함에 장착하여 사격 시험을 하였으며, 레이더가 잠수함의 위치를 발견하였을 때 선장에게 경고할 수 있는 장치를 개발하였다. 일부만이 성공적으로 운용할 수 있었을 뿐 종전과 같이 잠수함의 행동의 자유를 확보하는 데 근본적인 대책이 될 수는 없었다.

태평양에서 양측은 항공모함을 사용하고 섬에 비행장을 설치하였으며, 잠수함 전쟁은 형태가 달라졌다. 잠수함이 최상의 효율성을 발휘하려면 잠수함이 보유하고 있는 정찰 능력은 극히 제한 받기 때문에 전파 탐지기, 암호작성 및 해독기, 항공기 등의 지원을 받아야만 했다. 잠수함과 수상함 그리고 항공기간의 협조된 작전은 과학기술적인 수단과 편성의 문제였다. 미국은 협조된 작전을 상당한 정도로 숙달하여 태평양 전쟁 종료 시에는 일본이 더 이상 해상무역을 수행할 수 없었으며 이에 따라 일본은 기아선상의 위기에 놓이게 되었다. 차후 해상 전투에는 감시, 표적 획득, 추적, 피해 평가 및 감시의 수단으로 사용되는 장비에 우주 위성이 추가될 것으로 예상되며, 태평양의 잠수함전이 대서양 보다 훨씬 더 훌륭한 장차 전쟁의 모델이 될 것이다.

1830년부터 1945년 사이의 해상 전투의 발전 내용을 종합해 볼 때 크게 두 부분으로 구분할 수 있다. 첫 단계는 1830년부터 1916년 유틀랜드 해상 전투가 끝날 때까지이며 전함이 주도권을 잡았다. 이 단계에서 순수한 전투력은 거포에서 비롯된다고 판단하여 전략적인 융통성을 희생시키며, 전함은 점차 커지고 갑판상의 무장은 차츰 많아지기 시작하였으며, 또한 사격술은 더욱 정확해져 갔다. 동시에 전함들은 여러 종류의 소형 쾌속정과 잠수함의 위협을 인식했다. 두 번째 단계, 1942년 초 전함은 항공기 공격으로 침몰되기 시작하였으나, 이러한 사건이 일어나기 오래전부터 공중 공격의 위협을 느끼고 있었다. 위험을 느낀 주력함은 이에 대한 대비책으로 전함 주변에 소형 함정들로 적의 공격을 차단하고 방호하였으나 크기와 속도가 서로 다른 여러 함정들이 원해상의 어려운 조건 하에서 협조된 작전을 수행하는 것은 상당히 어려웠다. 무전기를 도입하여 협조하는 과정을 촉진하였으며, 전체가 하나의 체제 안으로 통합되어 기함에 위치한 사령관의 지시 외에는 별로 조치할 사항이 거의 없게 되었다. 결과적으로 전쟁의 양상은 소심하다고는 할 수 없지만 극히 신중하게 수행되는 양상으로 변하였다.

항공기 및 잠수함이 전함보다 훨씬 경제적이며 값이 비싸지 않았기 때문에 제1차 세계대전 이후, 해상작전 수행에 대변혁을 일으킬 수 있었다. 잠수함과 항공기는 작전 중 어느 것도 독립적으로 사용할 수 없고 둘 다 기술적으로 통합되어야 했지만, 어느 것도 대규모 통합 체제의 핵심이 되지는 않았다. 이러한 특성은 항공기와 잠수함에 상당한 융통성을 주었으며, 따라서 적절히 사용될 경우 이러한 융통성은 결정적인 전투력을 발휘할 수 있었다. 1945년 이후 항공기와 잠수함은 많은 발전을 하게 되어 상당히 위협적인 요인으로 자리를 잡게 되었다. 성능 면에서도 엄청난 진척을 보였으나 과거의 전함만큼 막대한 예산이 소요되었다. 항공모함은 함재기와 호송 함정을 포함한 항모전단을 운용하는데 약 200억 달러가 소요된다. 이와 같은 상황에서 해상 전투가 발생시 과거 유틀랜드 해상전과 같은 위험에 직면할 것인가 하는 것은 논란의 여지가 있는 질문이다. 이 문제는 마지막 장에서 논의하도록 하겠다.

제15절 거듭된 발명

전쟁에 사용되는 각종 장비들의 끊임없는 변화와 다양성이 말해 주듯이 과학기술의 발전은 군사상 중요한 역할을 수행해 왔다. 태고 시대부터 인간은 보다 나은 무기를 고안하고 제작하기 위하여 재능을 사용했으며, 이로 비롯된 군사 과학기술은 오래전부터 존재하여 왔으나 변화무쌍한 시대조류 속에서 계속되는 동요 그 자체였으며 군사 과학 기술이 일으킨 소용돌이는 너무 많아 그것을 분석하고 이해하는 것이 지극히 어려웠다. 고대 전쟁사에서 창을 든 보병은 활을 쏘는 전차에게, 활을 쏘는 전차는 다시 활이나 창을 든 기병대에게 차례로 제압되었다. 곧이어 갑옷을 입은 보병이 기병대를 제압하고 중세의 전장을 석권하였다. 그 후 과학기술의 발명이 추가되어 갑옷을 입은 보병과 기병대가 다시 출현하는 시대를 여는 데 중요한 역할을 수행하였으나 1500년 이후에는 사양길에 접어들었다. 1830년대 이전의 군사 과학기술의 발전은 우리가 알고 있는 것보다 속도가 느렸으며, 이러한 사실은 부대 구조와 전쟁 양상에 상당한 영향을 미쳤다.

1830년대 이전 시대의 기술혁신 – 군사적인 기술혁신 포함 – 에 대한 우리의 인식은 극히 미미한 수준에 불과하다. 활, 칼, 창 및 갑옷 등과 같은 발명품의 기원은 오래전에 세월 속에 묻혀 사라졌다. 많은 발명품 가운데 석궁이나 화약 같은 것은 문명화된 시대에 첫 모습을 나타내었음에도 불구하고 기록이 남아 있지 않았다. 아르키메데스 시대 이후 다소 예외적인 것은 있었지만 성직자, 통치자 또는 장군들에게 발명가의 처지를 개진할 가치가 있다는 생각은 르네상스 시대에 시작되었으며, 이 때부터 플로렌스나 베니스와 같은 이탈리아 도시 국가에서는 발명가들의 발명품을 보호하기 위하여 특허권을 인정하고 그에 관한 법률을 입안 및 시행하였다.

새로 만든 물건은 정신적인 사고 과정에서 비롯된다고 생각했지만 과학기술상의 발명에 대한 개념은 훨씬 더 최근에 생겨났다. 흑색 화약이 소이탄으로부터 분화되어가는 과정이 보여주듯이, 새로운 것을 마주보고 있으면서 그것이 새로 생긴 것임을 인식하는 데 오랜 시간이 걸렸다. 그러한 현상은 1800년 이전의 과학기술 발전은 대부분 상당히 느렸다는 것을 말해 준다. 만약 과학기술의 발전 속도가 빨랐다면 틀림없이 과학기술과 과학기술에 대한 사회적 중요성에 대한 관심은 더 컸을 것이다.

오늘날 과학기술 혁신의 가속화를 전적으로 발명을 새롭게 인식한 결과라고 할 수는 없다. 적어도 산업혁명 기간 동안 과학기술의 발전이 지속되었다는 사실은 중요하다. 기술을 변화시키는 – 그리고 변화를 기대하는 – 사람들에게는 기술 발전이 정상적인 것이었지만, 과학기술 발전은 대부분 이례적일 뿐 아니라 우발적이고 예상할 수 없는 상황에서 일어났다. 이러한 현상을 군사 분야에 적용해 보면, 전쟁은 미래를 꾸려나가는 시험 무대라는 의미를 가졌으며 대부분의 승리하는 지휘관들은 과거 전쟁 경험이 많은 사람이 아니라 과거가 현재에 되풀이될 수 없다는 것을 인식한 사람들이었다.

과학기술의 발전이 지속적이기도 하지만, 이제는 정교하게 되어 예측 가능한 것이 되었다. 새로운 발명품에 대하여 신의 선물이나 또는 신에 가까운 천재 발명가의 노력으로 간주하는 사람은 더 이상 없었으며, 과학기술은 사회적인 동기나 요구에 의해서 발전되었다. 원하는 결과를 얻기 위해서 때때로 막대한 인적, 물적 자원을 투입하였으며, 획득해야 할 목표만 설정되면 그 목표가 달성되는 것은 시간 문제였다. 식물학 분야에 의하여 분석하면, 이전의 기술 발전은 유전자 사고에 의하여 아주 천천히 변화가 생기는 과실수와 같았다. 지금 검토하는 기간(1830~1945)은, 점점 분재 식물을 많이 닮아가게 되었다. 때를 기다리지 않고 인위적으로 정교하게 조작함으로써 재배하는 사람의 욕구를 충족하려고 하였다.

인류가 알고 있는 과학기술의 변화는 언제 일어났는가?(이것을 아주 중요한 역사적인 변화라고 생각하는 사람도 있다.) 역사에 정통한 사람에게도 이 질문에 대한 정확한 답을 기대하기 어렵겠지만, 군사 과학기술의 경우 상당히 쉬운 편이다. 1820년대 조미니와 클라우제비츠가 군사 학술지에 기고할 때, 그들은 과학기술이 지금까지 발전해 왔듯이 계속하여 발전할 것이라는 가정에 이론적인 기초를 두었다. 비록 조미니와 클라우제비츠가 과학기술을 경시한 것 때문에 비난 받은 적도 없었지만, 그 둘은 획기적인 과학 기술의 발전이 곧장 눈 앞에 다가오고 있음은 고사하고 군사 과학기술의 발전이 전쟁의 결과에 결정적인 영향을 미칠 수 있다는 암시조차 하지 않았다. 어쨌든 클라우제비츠의 경우, 그의 저술이 혁신적인 과학기술의 발전에도 불구하고 시대에 뒤떨어지지 않았다는 사실만으로도 클라우제비츠의 위대함을 말해 주는 것이다. 아무도 클라우제비츠가 도달했던 곳까지 따라갈 수 없었다. 클라우제비츠 시대 이후 오늘날까지 그와 비교할 만한 후계자는 없었는데 이것 역시 과학기술의 급속한 발전, 그리고 전쟁에 미치는 과학기술 효과의 예측 불가함 둘 다에게 공통의 책임이 있을지도 모른다.

19세기에 들어와서 과학기술의 발전 방법이 변화되었지만 지적 활동으로써의 발명의 본질은 그대로 남아 있었다. 구체적으로 알지 못하는 상태에서는 오늘날의 창의적인 사고 과정이 산업혁명 시대 이전과 비슷하다고 생각할 수 있다. 오늘날 새로운 발명은 없고 기존 요소들을 짜맞추어 사용하는 정도에 불과하다. 범선이 잘 보여 주듯이, 발명의 본질은 거의 폭력적인 행동이라고 표현될 정도로, 기존의 틀에서 잡아떼어 새롭게 조합하여 짜맞추는 행위들로 구성되어 있다. 발명을 하려면 융통성이 요구되고 이러한 융통성은 발명가의 마음뿐 아니라 발명가가 속해 있는 당시 사회의 환경, 편성 구조에도 필요하다. 어쨌든 그러한 융통성은 발명을 위한 필요조건이지 충분조건은 아니다.

전쟁사를 조망해 보면 몇몇 군대의 조직은 다른 사회의 조직보다 훨씬 더 융통성이 많았음을 의심할 여지가 없다. 그럼에도 불구하고 이보다 더 큰 정부 관료 조직이 융통성이 많았던 경향이 있었다. 구획을 짓는 것이 군사 비밀 유지에 필요하였지만 이 때문에 새로운 생각을 자유롭게 교환하는 것이 어렵게 되었고 나아가 발명에 필요한 각종 자료 종합이 불가능하게 되었다. 거기에 더하여 군대 조직이란 가장 불확실한 점이 많은 전쟁이라는 상황에서 운용하려고 만든 것이다. 불확실성 속에서 운용해야 한다는 것 때문에 예하 부대는 어려움이 더했고, 복종, 군기, 계급 제도, 엄격한 사회적 구조 등과 같은 요인들이 융통성을 직접적으로 압박하였다. 결국 군대 조직은 불확실하고, 혼란스럽고, 긴장된 환경 속에서 전쟁을 수행해야 하는 필요에 따라 고대로부터 가능한 한 간결하고 군더더기가 없는 의사소통 형태를 개발하였다. – 이는 자유스럽고 간접적인 사고에 꼭 필요한 언어의 형식이었다.

다음은 각개 장비 발명에 대한 역사를 살펴보자. 레오나르도 다빈치 시대부터 발명가들은 군사적으로 사용할 발명품을 마음속에 두고 있었으나(재정적인 지원을 받기 위하여 군대로 발걸음을 돌렸다.) 19세기의 가장 중요한 발명들은 시민들의 머릿속에서 시작되었다. 최초로 후장식 강선 소총(breech-loading rifle)을 제작하여 실용화시킨 사람은 열쇠 제작공인 죤 드레이즈(John Dreyse)였다. 죤 암스트롱(John Armstrong)과 알프레드 크루프

(Alfred Krupp)는 강철로 된 강선 대포(rifled cannon)를 만들었으며, 죤 에릭슨(John Ericsson)은 강철로 제조된 군함을, 히램 맥심(Hiram Maxim)은 기관총을, 죤 홀랜드(John Holland)는 잠수함을 만들었으며, 기타 많은 발명품들이 당시에 만들어졌다. 20세기에 이르러 전쟁의 양상을 변화시킬 매우 중요한 발명품들 – 항공기로부터 전차, 제트엔진, 레이더, 헬기, 원자폭탄, 전자식 컴퓨터 등 – 은 군대 경험이 있는 발명가들이 제작한 것도 있었지만, 군인들이 제시한 군사 교리에 따라 발명한 것은 아니었다.

군대 조직이 발명이라는 신비스러운 창작 활동에 대하여 별로 호의적이지 못한 환경이었지만, 어떤 아이디어를 제도판에서 끄집어내어 야전에서 운용하는 하드웨어로 변화시키는 과정에 관한 한 매우 호의적이었다. 따라서 항공기, 레이더, 컴퓨터, 탄도 미사일, 기타 여러가지 첨단 과학기술 발명품에서 알 수 있듯이 발명가들은 그들의 아이디어에 대한 지원을 받기 위하여 군대로 향하였다. 새로운 개념에 대한 잠재적인 유용성이 인식되면, 연구개발 지침을 제시하고 결말을 보는 데 있어 군대보다 더 나은 조직은 없었다. 오늘날 세계에서 군대만큼 과학기술 자산을 많이 보유하고 있는 조직은 없다. 그리고 군은 외국이라든가 재정 사용과 같은 것에 구애받지 않고 과학기술 자산을 사용할 수 있다. 맨해턴 사업계획에서 보여준 것처럼 필요할 때 – 특히 국가적인 군사 위기에 처할 때 – 에는 가릴 것이 없다. 아담 스미스는 "부유함보다 더 중요한 것은 국가 안보이다"라고 말했다. 그것은 이 연구의 모토이기도 하다.

탄도 미사일의 경우를 살펴보자. 미국 국가를 암송하기만 해도 로켓이 전쟁에서 상당히 오래전부터 사용되어 왔다는 것 – 약 1000년 전부터 사용해 온 사실 – 을 알 수 있을 것이다. 그러나 정확성과 신뢰성 문제 때문에 오늘날까지 로켓 사용이 미미한 정도에 머물러 있었다. 제1차 세계대전 이후, 군대와 전혀 관계없는 일로 동기가 부여된 열성 발명가들이 액체 연료를 사용하는 로켓 엔진을 개발하기 시작하였다. 미국의 로버트 고다드(Robert Goddard)가 그의 저서『A Method for Reaching High Altitude』에서 액체 로켓 개발에 필요한 이론적인 원리를 제시하였다. 독일의 베르너 폰 브라운(Wernher von Braun)과 그의 동료들이 최초로 실용적인 로켓 엔진을 제작하였다. 그 시점에서 그들의 운명은 바뀌게 되었다. 양차 대전 사이에 재정적으로 강한 압박을 받고 있는 미국의 군 당국은 고다드를 이상한 사람이라고 생각하고 그의 창안에 대한 재정적인 뒷받침을 거절하였다. 이와 반대로 독일에서는 히틀러 정부가 육군에 재정 지원을 많이 해주는 한편, 괴링이 지휘하는 공군의 영향력이 증대되는 것을 염려하였다. 1930년대 초 미래의 물결이라고 간주할 수 있는 전략 폭격 수단을 모색하다가, 폰 브라운과 그의 동료들을 찾아내게 되었다. 포병장교인 발터 도에른버거(Walter Doernberger)에게 로켓 개발에 대한 지휘를 맡겼으며, 처음에는 베를린에서 로켓 개발 사업을 하다가 차후에는 페네뮌드로 옮겨서 비밀리에 진행하였다. 세계 최초의 중거리 탄도 미사일 개발에는 실패한 사업도 있었지만 1944년 결실을 보게 되었다.

V-2 로켓 시리즈에 관한 이야기는 군 소요가 전혀 없는 상태에서 순수하게 민간 기술자들이 발명한 하나의 좋은 예로써, 민간 기술자가 발명한 것을 전술용 무기로 개발했다. V-2 로켓 발명 과정에서도 역시 불확실성을 보여 주었다. 도에른버거가 액체 연료 로켓을 개발할 때 로켓 엔진이 자주 파열되었다. 로켓이 정상적으로 발사되었다 하더라도 고작 작은 미사일을 공중에 들어 올리는 것이 전부였으며, 공중에서 지상으로 떨어져 폭발할 때까지의 비행탄도는 아무도 예측할 수 없었다. 로켓 개발은 기술적인 전문성과 재정적인 뒷받침 외에 엄청난 비전과 각오, 자신에 찬 확신이 필요하였으며 이에 따른 지속적인 연구 결과 드디어 전술용 무기로 개량되었다. 기술적으로도 미비한 점이 있었지만 5~10년 후 로켓 개발이 완료된 다음 장차 전쟁이 어떤 양상으로 전개될 것인지를 알 수 있는 사람이 아무도 없었기 때문에 로켓 개발의 성공을 사전에 확신할 수 없었다. 훌륭한 공학 기술과 강압적인 연구 노력으로 기술적인 어려움을 극복하고 약 200마일 떨어진 곳에 위치한 런던 크기의 표적

을 타격할 수 있는 로켓탄을 개발하였다. V-2 로켓탄이 실전 배치될 단계에서, 1톤 정도의 위력이 나타날 것이라고 예상했던 전략 폭격은 최초 설계한 것보다 효과가 떨어진다는 것이 분명해졌다. V-2 로켓이 적재 할 수 있는 폭약의 양은 극히 제한되어 로켓 개발에 투자한 막대한 예산이 대부분 낭비된 것이 아닌가 하는 논란이 독일에서 일어났었다. 최초의 엔진은 자신들의 필요에 의해 엔진 제작 업무에 종사하는 열성적인 기술자들이 설계하였기 때문에, 브라운이 로켓을 제작하기 위하여 독일 육군을 끌어들였는지 아니면 독일 육군이 로켓을 만들기 위하여 브라운을 고용하였는지는 알 수 없다.

군사적인 목적으로 사용하는 데 성공했던 무기체계로는 제1차 세계대전 당시 전차를 들 수 있다. 내연기관 엔진이 발명된 이후 1914년까지 각국의 발명가들 - 이 중에는 장교도 있다. - 은 장갑으로 보호하고, 무한궤도를 사용하는 사격 기계에 대한 제안을 내놓았다. 몇 가지 시험용 모델이 실제로 제작되었으나 군사적인 소요가 있을 것으로 인식하지 않았기 때문에 아무도 더 이상 연구하지 않았다. 1915년 참호전이 시작되었을 때, 영국 해군본부에 근무하던 괴짜 민간인 윈스턴 처칠은 집중적인 노력을 투입하여 전차를 개발하도록 지시하였으며 필요한 예산을 지원하였다. 시제품을 제작하여 군에 맡겼으나 이를 탐탁하게 생각하지 않았고 또 비밀을 유지하려고 소수의 전차로 공격을 감행하였던 군은, 새로 만든 기계의 진가를 알아보지 못하고 내던졌다.

전차를 선호하게 된 계기가 된 것은 이상할 정도로 명백하고 즉각적인 전술적 요구 즉 전차가 적의 참호선을 돌파할 수 있는 가능성 때문이었다. 사무엘 존슨(Samuel Johnson)이 말한 것처럼 전차에 대한 부정적인 분위기를 제거하는 데 사형 선고도 소용없을 정도였다. 이러한 관점에서 볼 때 전차 개발은 상당히 제한된 사업으로서 세부적으로 많은 개선이 요구되었으나 근본적으로 새로운 과학기술의 원리가 요구되는 것도 아니었고 개발과정이 장기간 소요되는 것도 아니었다. 한 모델씩 연이어 개발되었으며, 초기의 어려움은 기술자들과 전차를 실제 운용하는 운용 요원들과의 긴밀한 협조와 공동노력에 의하여 신속히 해결되었으며 개발 진척도 순조로웠다. 전차 운용에 필요한 제반 군수지원 체제도 서서히 정착되었으며, 한편으로 새로운 무기체계에 매우 중요한 선결 요건인 전차 운용 교리는 기갑군단의 참모장인 풀러(J.F.C. Fuller)가 작성하였다. 전차만으로 전장에서 승리할 수는 없었지만 전차라는 새로운 무기체계가 탄생되었고, 장차 전장에서 중요한 역할을 수행할 것은 분명한 사실이었다.

대체적으로 군대 조직은 과학기술적인 혁신에 대하여 보수적인 경향이 있다. 이러한 조심성은 때때로 본인의 무지에 기인한다. 제1차 세계대전 시 영국의 한 장군은 그의 사단에 있는 기관총을 "몹쓸 물건"이라고 하여 항공대에 배치하고 숨겨둔 적이 있었다. 새로운 무기체계는 맵시있게 보이지 않고 각종 부대 행사시 배치할 공간이 적절하지 않는 등 여러가지 생소한 점으로 인하여 부대에서 수용하지 않을 수도 있다. 1914년 독일 해군 잠수함의 경우, 그리고 정도가 대단치는 않지만 오늘날 미 해군의 경우에도 이와 같은 현상이 일어났었다고 이야기한다. 종종 새로운 과학기술이 미치는 영향(부대 구조, 관련된 인원의 지위, 전반적인 삶의 형태 등) 때문에 이를 두려워하여 새로운 과학기술의 도입을 부정하기도 하였다. 바다에서 증기기관 선박이 범선을 교체하는 사례에서 알 수 있듯이 이러한 두려움 또한 충분한 근거가 있을 때도 있다. 두려움이 극복된다 할지라도 기술혁신이 당장 얻어야 할 효과는 벽에 부딪힐 것이 틀림없다. 15년 후 연구 개발 결과가 성공하여 정당하지 못한 전쟁에 대비할 수 있는 그러한 훌륭한 과학기술을 개발하기로 결정하는 것을 가볍게 채택하면 안 된다는 것을 인식하자는 것이 현실주의자의 주장이다. 과학기술적인 발전 과정에 대하여 열성주의자들에게 휘둘리지 않는 사람일지라도 그러한 의견이 옳은지 그른지, 또는 합리적인지 비합리적인지 하는 문제는 당장 판별하기 곤란하다. 오직 세월이 말해 줄 것이다.

1830년대 이후 가장 두드러진 것은 군사 과학기술 혁신의 속도가 빨라졌을 뿐 아니라 과학기술 발전 체제가 제도화되고, 영구적이라는 것이다. 각 국가간 무기체계의 질적인 경쟁이라는 새로운 현상이 자리잡고 1860년부터 지속되었다. 정교한 무기나 무기체계의 후속 모델이 계속 등장함에 따라 구 모델의 무기는 폐기처분 되거나 또는 저개발 국가에 수출되었으며, 수출의 경우 기술혁신과 다른 점은 무기에 대한 명칭 부여 문제일 따름이었다. 과학기술 경쟁이 일어나자, 이 경쟁은 때때로 느슨하지만 결코 중단하지 않았으며, 과학기술 발전의 정체를 염려하여 모든 국가들이 어쩔 수 없이 기술 개발 경쟁에 뛰어들어 단조롭고 지루한 결과가 발생하였다. 몇 년마다 일어나는 엄청난 진보의 입장에서 볼 때, 각국의 효과적인 군사력은 그 국가의 군대가 계속해서 어깨를 나란히 기술을 개발하는 데 달려있음은 의심할 여지가 없다. 특별히 총력전 시대에서는 이 과학기술, 산업, 그리고 경제 분야에서 균등하게 보조를 맞춰 발전해야 한다는 것을 의미하며, 히틀러나 스탈린처럼 사상적으로나 도덕적으로 보조를 맞출 필요는 없다.

전시에 중요한 역할을 수행할 것으로 고려되는 군대의 하드웨어는 과학자, 기술자 및 관리자들의 노력에 의해 생산되었으며, 그들의 도움으로 사용할 수 있다. 프레드릭 대왕 시대처럼 기술자와 전문가들은 전쟁이 끝난 뒤 사회에서 떨어져 기술 분야에 숨어 지낼 수 없고, 내다 버릴 수도 없게 되었다. 기술자들은 책임과 권한을 요구하였고 점차 향상되었다. 갑판 아래에서 근무하고 있는 기술직 요원(기관요원)들이 자신들의 지위를 갑판 위의 항해장교들과 동등한 수준으로 향상시켜 줄 것을 주장하자 이를 기회로 하여 군 고급 장성들과 정부 고급 관료들 간의 전투가 바다에서 시작되었으며 기술자들은 기술직이 더 이상 천한 직업이 아니라는 것을 보여주기 위하여 그들의 지위 향상에 도움을 줄 수 있는 정부 관료들의 입장을 지지하였다. 1919년부터 1939년 사이에 이와 비슷한 사건이 여러 국가의 공군(처음부터 기술병과였다.)과 육군에서 발생하였다. 제1차 세계대전 기간 중 군 지휘체계에 많은 문제점들이 발생함에 따라 정부에서는 작전을 수행하는 데 있어서 더 많은 과학적인 조언을 받도록 강요하였다. 제2차 세계대전 기간 중 군에서는 고급 사령부 사령관의 지휘결심을 보좌할 수 있도록 그의 참모편성에 과학 분야 조언자를 임명함으로써 작전의 효율성을 향상시킬 수 있었다. 마침내 1961년 케네디 행정부에서는 로버트 맥나라마를 국방부장관으로 임명하면서 많은 전문가들과 관리자들이 국방부에 배치되었다. 그들은 전쟁 수행을 담당하였으며 결과적으로 좀 상세하게 전쟁을 검토하게 되었다.

군사 과학기술 혁신이 제도화됨에 따라 기술 혁신의 제도화가 전쟁의 성격에 관한 일반적인 견해를 변화시키는 데 도움이 되었다. 전쟁의 개념은 전통적으로 클라우제비츠가 주장한 바와 같이 "물리적인 수단을 사용하는 정신적, 신체적인 투쟁"으로 생각하여 왔다. 공업화 시대 기술의 독보적인 영향으로 인하여 – 제2차 세계대전 시 미국의 야전군 전투근무지원 규정을 통하여 알 수 있듯이 – 현대전에서의 승리는 복잡한 기술에 정통한 지휘관의 능력과 부대에 달려 있으며, 이러한 기술 중 상당 부분은 첨단기술이다. 기계를 사용하는 사람들이 전쟁을 일으키게 되자, 전쟁은 점점 쌍방이 사용하고 유지하고 운용하는 기계들 간의 투쟁으로 비춰보이게 되었다.

이러한 견해가 힘을 얻게 되자, 군사 과학기술에 영향을 준 것처럼 사람들의 사고 습관에도 거의 알아볼 수 없을 정도이지만 근본적인 변화가 일어나기 시작했다. 종전의 전쟁은 목표에 대하여 부대와 병력을 할당한 다음 그 목표를 달성하기 위하여 여러가지 방법을 모색하는 문제였다. 과학기술이 할 수 있을 것에 대하여 새롭게 강조함에 따라 전쟁은 지휘관의 말을 임무로 구현하는 능력의 문제가 되었다. 이러한 접근 방법은 전혀 다른 두 가지 사고의 틀로 대별할 수 있는데 이 두 가지 방법은 서로 양립할 수 없었다. 첫 번째 방법은 미래 전쟁에서 어떻게 싸울 것인가 하는 명제 아래 결정하는 방법이며, 두 번째 방법은 현행 무기체계를 미래 전쟁에 어떻게 운용할 것인가 하는 명제 하에 결정하는 방법이었다. 즉 첫 번째 방법은 미래의 소요에 부합되도록 현행 무기체계를 구성하는 방법이며, 두 번째 방법은 현행 무기체계를 기초로 하여 미래 전쟁을 결정하는 방법이었다. 좋든 나쁘든 간에 한 상태에서 다른 상태로 변화하는 것은 결과가 있게 마련이고 기술의 혁명에 관한 한 그 결과는 중요하다.

전쟁을 주로 과학기술적인 문제로 해석하려는 입장에서 볼 때 "무기체계를 제대로 사용한다면 전쟁에서 99% 승리할 수 있다."는 것(풀러의 주장 인용)은 초보단계에 지나지 않았다. 이것 역시 당대에 있어서는 획기적인 생각이었다. 1830년 이전 사람들은 새로운 무기체계를 접했을 때 우수한 것이라고 알아보고 실제 사용할 수 있도록 질적인 향상을 도모하였지만 통상 개발된 무기가 전쟁에서 승리의 관건은 아니었으며 마찬가지로 과학기술 혁신으로 사회적, 경제적인 문제들을 해결할 수 있다고 생각하지 않았다. 사실 통상적인 견해는 그와 같이 반대였다. 호머가 헤파이스토스(Hephaistos) 신이 아킬레스를 위해 만든 무기를 칭송하고 니벨룽겐레이드(Niebelungenleid) 전설에서 익명의 저자가 주인공 지그프리트가 사용하였던 무기를 예찬하였을 때, 사람들은 그들이 존경하는 영웅의 승리가 무기의 우월성 탓이라는 생각은 털끝만큼도 없었다. 19세기만큼이나 과학기술에 대한 이해가 깊었던 비잔틴 시대(5~6세기)에서 조차, 기술에 대한 식견을 갖추고 승리의 관건이 과학기술의 우월성에 있다고 주장하였지만 무기 사용자를 무능하다고 모욕하는 일은 있어도 그 무기의 우수성에 대하여 칭찬하는 사례는 드물었다. 사회, 이데올로기, 문화, 도덕 등 중요한 개혁을 달성하려면 이와는 반대되는 견해를 추구해야 한다. – 즉, 산업화 이전 사회를 현대의 산업화 사회로 이행하는 데 관련되는 것과 비슷한 개혁을 해야 한다.

전쟁에서 과학기술의 우월함이 어디서나 똑같이 중대한 역할을 하거나 명백하게 결정적인 것은 아니었으며, 그러한 사례는 아프리카와 아시아의 수많은 식민지 쟁탈전에서 나타났다. 1850년까지 다른 국가보다 우수했던 유럽 제국의 무기는 오랫동안 제자리를 지키고 있었다. 그러나 그때까지 유럽 제국들은 제해권을 확보하고, 세계 각지 해안을 따라 자치령을 확보하는 데 머물렀다. 19세기 후반에 들어서 이와 같은 상황은 변화하게 되었다. 유럽의 무기들이 매우 빠른 속도로 발달하였지만 적진 깊숙이 침투하여 적의 전 영토를 점령할 수 있도록 해주는 것은 본질적으로 비군사적인 발명품 – 증기기선, 전신기, 개선된 의료기기 – 등이었다. 이 시기(1830~1945) 동안 시간이 지날수록 작은 무리의 백인들이 휘두르는 첨단 무기는 아시아와 아프리카 등지의 많은 토착민 전사들을 산산조각으로 만들었다. 계속되는 유럽 열강들의 침략을 막을 수 있는 유일한 방법은 산업과 문화 등 선진 문물을 받아들여 개량된 무기체계를 그대로 활용하는 것이었다. 1850년부터 1914년 사이 일어난 폭발적인 이민과 제국주의를 단지 유럽의 우세한 무기 또는 과학기술상의 우세 탓으로 돌리는 것만큼 어리석은 것은 없을 것이다. 그러나 위기가 닥쳐올 때마다 의지하게 되는 것은 과학기술과 무기체계의 우월성이었다.

다른 지역에서 유럽의 기술을 도입했을 때 나타난 현상처럼, 유럽 내에서도 어느 한 국가의 우수한 무기의 효과는 굉장하였다. 1866년 초 이탈리아 전쟁에서 로마를 방어하는 동안 프랑스의 샤세뽀 소총(chassepot rifle)은 "경이로운 소총"이라는 평판을 받았다. 같은 해에 프러시아는 오스트리아의 포구장전식 대포보다 훨씬 위력이 우세한 포미 장전식 대포를 사용하여 오스트리아 전투에서 승리하였으나, 이상하게도 운명의 여신은 오스트리아 편을 들어 가장 중요한 전투인 쾨니히그래츠 전투에서는 예외적으로 프러시아가 패배하였다. 제1차 세계대전은 독일이 거대한 대포로써 벨기에의 리거와 나무어 요새지대를 강타하면서 시작되었다. 소총탄 방호용 박스를 궤도에 부착한 영국 전차가 마이엥에 있는 독일의 견고한 방어 진지를 돌파하여 독일 공군이 말하였듯이 1918년 8월 8일을 "독일군의 암울한 날"로 선포하게 되었을 때는 제1차 세계대전이 거의 끝날 무렵이었다. 1939년 독일은 기관총과 대포를 장착한 판저 전차를 이용하여 창을 든 폴랜드 기병대를 격파하였고, 1941년부터 1942년 태평양 전쟁 초기에 얕은 바다에서 선박을 공격할 수 있는 어뢰는 일본이 승리하는 데 중요한 역할을 하였다. 1945년 최종적으로 두 차례의 원자폭탄을 히로시마와 나가사키에 투하하여 수년 동안 지속된 태평양 전쟁을 불과 며칠 만에 끝내게 됨으로써 과학기술상 우월의 이점을 극적으로 보여주었다. 그러나 원자폭탄 투하에 대하여 너무 확신을 가졌기 때문에 원자 폭탄이 해결한 만큼이나 많은 문제를 제기하였다.

핵무기 장치는 제쳐두고, 핵무기의 효과는 전쟁에 기여하기보다는 전쟁을 중지하게 되었기 때문에 전투에서 이길 수 있는 우세한 무기를 찾아서 사용하려고 노력한 결과 그러한 무기는 여러가지 상호 연관된 복잡한 요소간의 균형을 깨뜨리는 것이라는 것을 알게 되었다. 거의 대부분의 경우 화제가 되고 있는 새로운 무기는 적을 물리적으로나 심리적으로 저항하기 어렵게 만든다. 상대방의 새로운 무기체계가 최신예는 아니라 할지라도 그에 대처하기 위해서는 부대시험, 훈련 및 교리 발전 등 새로운 무기체계를 운용하여 폭넓게 실시되어야 한다. 새로운 무기를 성공적으로 사용하기 위해서 적절한 기술 및 군수 분야 기반구조의 지속적인 지원을 받아야 하지만, 이에 관련된 기반구조가 무기 사용에 방해물이 될 만큼 비대해져도 안 된다. 반드시 구식 무기와 신식무기를 통합하여 사용해야 하지만 통합이 무기 자체의 독립적인 기능과 융통성을 상실하지 않도록 해야 한다. 가장 중요한 것은, 새로운 무기를 성공적으로 사용하려면 개념적인 문제에서 한발짝 벗어나야 한다. 즉 전술 뿐 아니라 작전, 전투의 목적까지도 다시 생각하게 된다. 그것은 동일한 것을 더 잘하려는 것이 아니라, 함께 하기 어려운 것을 잘 하려는 문제이다. 위와 같은 사실을 입증할 좋은 예로써 1866년 프러시아의 후장 포(needle gun)는 방어전술과 공세적인 전략 간의 새로운 조합을 촉진시켰다. 또 다른 유사한 예로써 1973년 중동의 10월 전쟁에서 이집트의 대전차 미사일을 들 수 있다.

모든 참전 국가들은 새로운 무기체계를 개발하기 위하여 끊임없이 노력하기 때문에 많은 전투에서 과학기술적인 우위를 확보하더라도 그것을 확고하게 유지할 수 없다. 결국 강대국 간의 오랜 전쟁에서 시소 효과가 나타나는 경향이 있게 마련이다. 어느 한쪽이 과학기술면에서 도약하게 되더라도 통상 그 도약으로 인하여 얻은 이점은 일시적이거나 제한된 범위에 국한된다. 즉 새로운 무기에 대한 대비책이 마련되지 않았을 때까지 결정적인 역할을 수행할 수 있다. 자주 발생되는 일이지만 새로운 무기 사용에 대한 무경험은 – 영국의 전차의 경우와 마찬가지로 때때로 비밀을 유지해야 할 필요성과 복합적으로 나타나기도 하는데 – 새로운 무기체계를 이해해야 할 즈음에 가서 그 무기체계는 더 이상 새로운 무기체계가 아니라고 확신하게 만든다.

1861년 이후 모든 전투에서 시소 효과가 보이기 시작했으나, 제2차 세계대전 시 그 현상이 가장 두드러지게 나타났다. 6년의 전쟁 기간동안 최초의 제트 전투기가 최후의 쌍엽 전투기를 대신하게 되었고, 전자 및 핵 에너지와 같이 중요한 분야에서도 완전히 새로운 과학기술의 지평선을 열기 시작했다. 그럼에도 불구하고 전쟁에서 일방적인 과학기술의 우세함을 목격할 수 없었고 과학기술에 의하여 승부가 결정되지도 않았다. 영국이 최초로 대공 방어 레이더 체제를 구축하였지만 항공 폭격에 사용되는 전자 항법 보조 장비를 개발한 것은 독일이었다. 연합국 측에서 가장 강력한 내연기관 항공기를 제작하였지만 독일은 혁신적인 제트 및 로켓 엔진을 개발하였다. 전쟁 말에 연합국 측의 전자전 분야 장비 개발이 격차를 보였지만 독일은 최신예 포와 기관총을 포함하여 가장 강력한 전차를 제작함으로써 연합군 측을 계속적으로 추격할 수 있었다. 또한 1939년 영국과 미국이 잠수함 기술 개발에서 독일을 앞지를 수 있었으나 1945년에는 독일이 혁신적인 새로운 모델을 개발함으로써 연합국 측을 앞서게 되었다. 만약 전쟁이 장기화되었다면 연합국 측의 핵무기 독점은 달라졌을 것이다. 1945년 여름, 가능한 많은 독일 과학기술 전문가들을 체포하려는 경쟁에 승리를 내다보고 있는 연합국 측이 나머지 국가들을 가담시켰다는 사실이 군사 과학기술 경쟁의 특성을 가장 전형적으로 보여준 사건이다. 만약 독일이 승리할 것처럼 보였다면 반대의 현상이 발생하였을 것이다.

과학기술의 우월성이 지니는 이점은 과학기술을 보유하고 유지하는 곳에서도 균일하게 나타나지 않았고 전쟁이 벌어지는 환경에 따라 다양하다. 공중이나 해상의 과학기술은 단순히 전투 목적뿐 아니라 생존을 위해서도 필요하다. 다른 조건은 대등하고 전투와 생존의 목적만 고려한다면 주어진 환경이 단순할수록 과학기술의 우월성이 줄 수 있는 군사적인 이점은 크게 나타난다. 이와 반대로 지형, 병참선, 자연 및 인공 장애물, 기타 여러 가지 클러터 등이 있는 지상 환경은 훨씬 더 복잡하다. 복잡한 환경은 과학기술 우위의 이점을 빼앗아 가지만 여러가지 요소들을 통합적으로 잘 대처할 경우에는 어느 정도 그 이점이 가치가 있을 것이다. 그리하여 능력 있는 전략가는 단순한 것보다는 복잡한 환경에서 과학기술의 이점을 더 잘 발휘할 수 있다. 포함된 여러 가지 환경 요인들을 총체적으로 잘 이해하고 과학기술에서 비롯되는 이점을 잘 사용하는 국가가 전쟁에서 승리할 수 있다.

이론적인 고찰에서 파생된 위와 같은 결론은 제2차 세계대전 시 두 가지 상황에서 과학기술의 우위가 승리에 결정적으로 기여할 수 있다는 것을 확신시켜 주었다. 그 한 예로써 1943년 봄 독일의 U보트 함대가 연합군 측의 신형 레이더에 포착되어 연합군 측의 공격으로 전멸되었는데 그 이후 독일 해군은 전쟁 종료시까지 만회할 수 없었다. 또 다른 예가 미국의 무스탕 전투 폭격기인데, 이는 항속거리가 길어 주간에 폭격기를 엄호 및 지원할 수 있었으며, 독일의 수많은 산업 및 경제시설 폭격에 결정적인 기여를 하였다. 훨씬 더 많은 전투가 있었지만 지상의 재래식 전투에서는 과학기술상의 우위가 승리에 기여할 수 있었던 예를 찾을 수 없다. 더구나 인구 밀집이 전쟁을 수행할 수 있는 환경을 훨씬 복잡하게 만들었기 때문에 독일군이 티토 유격대와 전투한 곳과 같은 지역에서는 과학기술의 효과가 아주 경미하게 나타났다. 이러한 사실은 과학기술에 대한 투자를 떨어뜨리는 최초의 사건이었으나 다른 국가의 군대에서는 그 후에도 과학기술분야에 대한 투자를 계속하였다.

더욱이 비 기술적인 요인들은 비록 쌍방간의 기술 수준 차이가 너무 커서 시소 게임 효과가 적용되지 않는 경우에도 과학기술적 우월성에 제약을 가할 수 있었다. 극단적인 예로써, 1896년 옴두르만에서 영국의 이집트군 부대는 회교도 수도승으로 편성된 수단의 마디 부대와 우연히 조우하게 되었다. 당시의 상황은 기마부대가 함정과 대결하고, 창이 기관총과 대결하는 경우와 같아 수단은 결코 승산이 없었다. 불과 몇 시간 안에 영국군 부대는 경미한 손상을 – 당시 원정군 사령관인 키체너 장군의 기대와는 달리 윈스턴 처칠의 현명치 못한 지시 때문에 피해를 입게 되었다. – 입었지만 수단의 마디부대는 약 2만여 명이 희생되었으며 잔여 병력들도 황급히 도주하였다. 수단의 마디 부대가 참패한 이유는 단순한 과학기술의 열세가 아니라 마디가 선택한 전술 때문이었다. 마디의 부대는 질서 없이 소란스럽게 정면 공격을 감행하다가 최악의 상황에 빠져들고 말았다. 만일 마디 부대가 게릴라전을 선택하여 영국의 취약한 보급선을 차단하는 데 노력을 경주하였다면 단시간 내에 상당한 전과를 올렸을 것이었다. 맥심 기관총과 각종 대포는 무용지물이 될 것이며 영국군 부대가 익숙하지 못한 물이 없는 사막 지형에서 장기 소모전을 강요받게 되었을 것이다. 리비아의 시누시 회교 종파 부대가 처음에 이탈리아 부대에 의해 격파되어 1911년 트리폴리에서 물러났지만 그 후에도 몇 년간 전쟁할 수 있고 결코 진압되지 않을 것이라고 마디 부대가 예상했을 수도 있다.

위와 같은 전쟁사로써 판단할 때 1964년부터 1972년까지 실시되었던 베트남 전쟁부터 1979년 이후에 실시되었던 아프가니스탄 내전에 이르기까지, 흠이 없는 무기는 없고, 원칙적으로 어떤 경우이든 적절한 편성, 훈련, 교리의 도움 없이 완벽할 수 있는 기술도 없다. 전쟁이 벌어지는 환경이 복잡할수록 전쟁을 성공적으로 수행할 수 있는 전망은 커진다. 어떤 경우라도 무기력하게 우세한 무기에 굴복하지 말고, 자국의 무기로써 할 수 있는 것, 할 수 없는 것을 정확히 판단하여 목록을 만들어야 한다. 다음 스스로의 단점을 보완할 필요가 있다.

지속적인 과학기술 혁신 과정이 정착되고 때때로 굉장한 승리를 가져왔지만 동시에 문제도 발생하였다. 이러한 문제점 중에서 가장 중요한 것은 전쟁의 불확실한 환경에 새로운 차원을 추가하는 것이다. 비록 미래의 전장 환경에 대처한다는 것이 결코 쉬운 일은 아니었지만 1830년 이전의 군사기획가들은 어떻게 해서라도 현존 무기체계와 장비를 활용하는 것을 당연한 일로 생각하였다. 19세기 및 20세기에 이르러 이와 같은 사실은 더 이상 통용될 수 없었으며 가용한 자산에 근거하는 전쟁은 패배를 자초하는 것이었다.(1941년 이후 독일 공군이 과학기술적인 분야에서 패배한 예에서 잘 대변해 주고 있다.) 첨단 과학기술의 특징인 15년 이상의 장기 선행기간이 의미하는 바는 대부분의 전쟁은 현재 보유하고 있는 무기로 수행해야 한다는 것이다. 그러나 그와 동일한 장기 선행기간이 뜻하는 바는 군사 기획가가 몇 년 앞서 전쟁 준비를 시작해야 하며, 아직까지 설계도면이나 발명가의 머릿속에서 구상 중인 무기의 성질과 효과에 대하여 경험에서 우러난 추측을 해야 된다는 것이다. 현재 준비태세와 장차전 대비, 그리고 현재와 미래의 상충되는 요구는 과업을 극도로 어렵게 만들고 있다. 통상적으로 기술 예측이라고 알려진 전혀 새로운 산업을 창출하는 것은 놀랄 일이 아니며, 기술 예측은 고대의 주술과 공통점이 많다.

19세기 말 연속되는 과학기술 혁신의 효과에 대하여 또 다른 불만이 자꾸만 들려왔다. - 그것은 무기체계의 빈번한 교체로 인하여 병사들의 훈련 수준이 떨어지거나 훈련을 잘 받더라도 수준 차이가 심하여 다른 과학기술 세대에 속해 있는 것처럼 되었다는 것이다. 특정 시점에서 어느 군대의 현대화된 장비를 보더라도, 어떤 것은 최신예였으며(개발 중인 무기와 비교하면 이미 진부화되고 있음), 어떤 것은 중간 수준의 장비들이며, 또 다른 것은 거의 구식 장비가 되어 제2전선이나 부차적인 임무에만 사용할 정도로 낡은 장비들이었다. 이와 같은 식으로 무장된 군대를 유지하는 것이 대표적인 군수지원 상의 악몽이라고 할 수 있다. 그러한 군대는 복잡할 뿐 아니라 재정적인 면이나 훈련 면에서 지나치게 비용이 많이 든다. 이는 문제가 되었으며 지난 100년 동안 전투 부대의 성장을 능가하여 전투근무지원 부대가 성장하는 데 주된 역할을 하였다.

전투라는 군의 기능적인 면을 고려해 볼 때, 위협의 정도가 증가하면 과학기술 발전상의 급속한 뒤바뀜 현상은 같은 크기로 교리, 훈련, 조직, 그리고 인력구조 등에 혼란을 일으킬 가능성이 있다. 첨단 기술 사용의 필요조건인 전문화와 결합되었을 때, 이러한 혼란은 제도화되어 있는 기록과 단결심이 없어지는 데 기여하게 되며 더 이상 부여된 임무수행이 불가능한 정도로 부대가 해체되는 수도 있다. 이와 같은 것이 베트남 전쟁에서 미국 군대의 임무 수행에 영향을 끼친 요소 중의 하나라는 주장도 있다. 그와 반대로 이러한 현상에 대하여 미국과 특별히 관련된 것이 없다고 주장하는 사람도 있다. 한편 이스라엘군이 레바논 전쟁에서 보여준 바와 같이 그들은 이 같은 현상과 무관하지 않고 자질이 우수하여 이를 극복할 수 있었다.

결론적으로 이번 장에서 언급한 가장 중요한 교훈의 첫째는, 과학기술상의 우위에 관한 필요성이었으며, 다른 분야와 마찬가지로 이를 위하여 예산이 필요하다. - 예산을 신중하게 연구하고 관리하지 않는다면, 과학기술의 역효과가 이점을 능가할 정도로 예산이 증가할 수 있다. 둘째, 비록 과학기술상의 우위가 전쟁에서 중요한 요인으로 작용하지만, 그 효과는 모든 전장 환경에서 동일하게 나타나지 않으며, 과학기술 그 자체로는 좀처럼 전쟁의 승패를 결정할 수 없다. 셋째, 시소 효과는 강대국 간 발생하는 주요 전쟁에서 기술적인 우위가 정착되는 것을 매우 어렵게 만들고 비용도 많이 들게 할 것이다. 그러한 전례는 제2차 세계대전 시 독일과 러시아의 전쟁에서 러시아가 승리함으로써 잘 입증해 주고 있는데, 독일의 과학기술상의 우위라는 이점이 러시아의 양적인 압박에 밀려난 사례이다. 넷째, 직업군인을 선택함으로써 자신들의 우둔함을 보여주고 있다고 믿는 사람들에게는 마음이 놓이는 일이지만, 군대가 신기술에 대하여 지나치게 열성적이어야 한다는 것에 대한 합당하고 틀림없는 이유가 많이 있다. 다섯째, 군부대는 많은 측면에서 과학기술 개발을 맡아서 강력히 추진하는 데 이상적인 환경이라 말할 수 있지만, 발명에 호의적인 여건을 제공할 수 없기 때문에 타 기관에 연구를 의뢰하고, 그에 대한 경비를 지불해야 했다.

마지막으로 가장 중요한 것은 과학기술이란 각종 부속품들을 조립하는 것이 아니라 철학적인 체계라는 것이다. 과학기술은 전쟁을 수행하고 승리할 수 있는 방법에 영향을 미칠 뿐 아니라, 그러한 방법을 생각하는 데 필요한 준거의 틀에 영향을 준다. 과학기술적인 변화가 준거의 틀에 영향을 미치는 방법을 추적함으로써 과학기술의 본성이 드러나는 것이다. 즉 객관화 또는 가정하는 것과 상관없이 그 준거의 틀은 특별한 역사적 환경의 산물임을 보여주게 된다. 역사적인 환경은 항상 유동적이기 때문에 한 순간 유용했던 준거의 틀이 시대에 뒤떨어질 수 있고 다음 순간에는 해가 될 수도 있다. 결론적으로 군사 과학기술 발전 과정의 관점에 비추어 볼 때 과학기술과 전쟁에 관한 우리들의 사고는 수정해야 할 필요가 있다.

제4부

자동화 시대(the age of automation)

– 1945~현재

제16절 컴퓨터 도입

이 책에서 지금까지 언급하지 않았지만 거듭된 발명의 가장 중요한 결과는 과거의 전쟁 양상과 비교할 수 없을 만큼 현대의 전쟁이 복잡해졌다는 것이다. 이러한 복잡성은 하드웨어 자체가 복잡해지고 있다는 것을 일부 반영하고 있다. 과거 50년 내지 15년 전의 야포는 수만 개 정밀부품으로 구성된 현대식 자주포와 비교할 수 없다. 그러나 개별 하드웨어의 복잡성은 아주 작은 문제에 불과하다. 현대전을 복잡하게 만드는 또 다른 요소는 사용 장비의 다양성이다. – 수명이 다르거나 다양한 저장시설을 필요로 하는 수백 수천만 가지의 부품으로 구성되어 있는 장비를 유지하고 수리해야 하며 ; 장비를 정비, 수리, 운용할 전문 인력을 훈련시키고 편성하며 돌봐 줄 필요성 ; 장비와 운용 요원을 통합 팀으로 만들어 위험한 상황 아래에서 임무를 완수하며 전장에서 생존 가능성을 증가시켜야 하는 과제 등이다. 어떤 의미에서 전쟁은 언제나 전쟁 그 자체였기 때문에 이러한 문제들은 근본적으로 새로운 것은 결코 아니다. 복잡성의 정도가 확대되면서 어려움을 가중시켰던 것을 제외하고는 더 이상 문제될 바가 없다.

"인공두뇌" 측면에서 고찰한다면, 거듭된 분쟁과 기술 혁신의 가속화가 가져온 주요한 결과는 부대를 운용, 의사결정, 임무수행, 그리고 작전이나 전쟁을 수행하는 데 필요로 하는 정보량이 엄청나게 증가했다는 것이다. 예상했던 바와 같이 이러한 사실은 군 지휘본부 편성에 지대한 영향을 미쳤다. 나폴레옹이 알렉산더를 모방하여 지휘 기능을 자기 휘하에 집중시켰지만, 19세기 중반부터 새로운 군대 제도인 현대적인 일반참모의 탄생을 보게 되었다. 일반참모제도가 생겨난 것은 정보를 더 잘 처리하려는 욕구의 직접적인 산물이다. 동시에 그 자체가 더욱 성장할 수 있는 밑거름이 되었다.

1870년대 독일 일반 참모장교는 약 70명으로 구성되었으며 그 중 극히 일부는 전문화되어 있어서 서로의 업무를 조금도 대신해 줄 수 없었다. 그 후 인기 있는 심홍색 줄무늬 제복을 입을 수 있는 자격을 얻은 참모장교는 각 군사령부와 군단 그리고 사단사령부에 파견되어 그 수가 수백 명이 넘었고, 정확히 산정할 수 없지만 적어도 200명은 넘었다. 전문화 직업주의가 빠른 속도로 진행되어 1870년대의 단순하며 탄력성 있는 구조는 점차 관료적으로 변해가고 있었다. 다른 국가에서도 군대 발전 과정상 비슷한 현상이 나타났기 때문에 제1차 세계대전 이후 나온 회고록이나 일기장 속에 현대의 과학기술이 전쟁을 경영(management) 훈련으로 전환시킨 방법에 대한 불평이 수수께끼처럼 섞여 있다는 것은 놀라운 일이 아니다. 1918년 경 적 진지에 떨어진 포탄 수만큼이나 많은 참모 직책이 편성되는 일이 종종 있었다.

어떤 군대는 다른 군대보다 많은 영향을 받았음은 잘 알려진 사실이지만, 더욱 증가된 탁상업무 경향은 제2차 세계대전 기간 동안에 심화되었다. 제2차 세계대전 동안 너무 많은 기록물들이 생산되어 그 후 수천 명의 역사가들이 최선을 다했음에도 불구하고 아직도 검토를 끝내지 못하고 있다.

1945년 이후에는 더욱 복잡한 과학기술이 도입되었고, 선진국의 군대는 이 기간 동안에 평화를 유지하였기 때문에 관료 조직과 마찬가지로 군대에도 조직이 비대해지는 방향으로 자연스런 압력이 조성되었다. 전투 부대는 감소되고 병역, 군, 병과, 부서 및 주특기별로 세분화되어 비전투 부대원 수는 상당히 증가되었다. 이러한 복잡성은 과거와 같이 많은 부하를 지휘하는 것 자체를 불가능하게 만들어 각 군은 군대로, 각 제대는 제대대로 규모가 점점 축소되었다. 모든 사정은 동일한데, 지휘 기구만 크게 만들게 되었으며, 그렇게 사정이 돌아갔다. 선진국 군대는 점차 참모조직을 늘리고 서류 더미를 쌓아 놓았다. 결코 최악은 아니었지만 독일 육군이 완벽한 사례가 될 것이다. 과거의 독일 육군과 비교할 때 지휘부에 있는 병력이 1945년과 1975년 사이에 약 5배로 증가되었음을 알 수 있다.

이리하여 과학기술은 복잡성을 낳고, 복잡성은 과도한 정보를 요구하고, 과도한 정보 요구는 탁상업무를 요구하게 되었다. 만약 군대에 데이터 처리 기계장치를 도입하지 않았다면 선진국 군대를 위협하고 있는 탁상업무 홍수 사태는 오래 전에 군대를 집어삼켰을 것이다. 데이터 처리 기계 역시 군대에서 최초로 개발한 것은 아니다. 초기에 사용된 데이터 처리 기계는 미국 통계학자 허만 훌러리스가 방직공장에서 사용하는 기계를 보고 개발한 테이프 사용방식(ticker-tape-operated)을 1890년대 인구 통계자료처리 목적으로 사용하였다. 1910년대에는 훌러리스 동료 가운데 한 사람이 자료처리 수단으로써 펀치카드를 발명하였다. 그 후 그들은 제조, 판매, 계산, 표 작성, 기록 등의 장비를 통합하였다. 일부 조직은 다른 조직보다 저항이 심했지만 양차 세계대전 사이에 기계적 계산기와 자료 처리 장비, 그리고 프린터 기기들은 점점 일반 기업의 모든 행정 분야까지 확산되었다. 제2차 세계대전까지 미 육군 내에서는 이러한 장비 사용이 필수적인 것이 되었다. 조셉 헬러의 소설 "Catch-22"에 자주 나오는 것 같이 유머 감각이 있는 메이저라는 사람이 IBM 기계 때문에 메이저(소령)으로 승진되었다는 익살스러운 이야기도 있다.

계산 및 표 작성 장비가 사용된 또 다른 분야는 항공 기술을 연구하는 자료

처리 분야였으며, 독일 기술자 콘라드 쥬스(Konrad Zuse)가 선구자로서 1941년 베를린에서 Z3라는 기계를 만들었다. 더욱 흥미로운 것은 독일군 무선교신 암호 해독이며, 폴란드 정보기관이 이 암호 해독을 시작하였다. 이후에 영국 울트라(Ultra)라는 정보기관이 이를 넘겨받아 암호 해독을 연구하였다. 울트라의 핵심은 봄바(Bomba)나 봄(Bomb)으로서 당시 그 어떤 자료 처리 장비보다 고속으로 처리되는 전자-기계적인 계산기였다. 그리하여 독일군 교신을 포착하는 순간부터 보통 7~72시간 이내에 독일의 암호화 기계 애니그마(Enigma)가 만든 수백만 가지 조합을 대충 훑어볼 수 있게 되었다. 이와 유사한 기계를 미국 정보기관이 사용하였다. 매직이라는 암호명으로 알려진 미국 정보기관은 이 기계를 사용하여 일본 외교 및 해군 암호를 해독하여 결국 태평양 전쟁에서 승리하는 데 기여했다.

그 외 자료 처리 장비를 군사적으로 사용한 곳은 대공 방어분야였다. 대공 방어 분야에서는 모든 것이 레이더, 탐조등, 대포, 항공기의 조합에 의하여 좌우되었고, 신속성과 정확성이 요구되는 작업이었다. 이러한 요구사항을 만족시키는 기계 - 전자식 계산기들이 이미 시중에 나와 있었으므로 대공방어 업무에 이러한 기계들을 장착하는 것은 당연한 일이었다. 영국과 독일이 모두 방공체제를 구축하였으나, 특히 독일은 전 국토와 유럽 대륙까지 담당하는 방공망 구축을 목표로 하였다. 이러한 방공 능력은 여러 가지 장치들로 구성되어 공격하는 적 항공기 식별, 이동경로 추적, 위치 및 속도, 체공 가능시간을 확인하고, 최종적으로 포구 속도가 초속 1km에 가까운 대공포로써 수천 미터 고도에서 시속 400km로 비행하는 적 항공기를 정확히 격추시킬 수 있었다.

1941년 이후 독일이 전략 폭격 능력을 보유하지 않았기 때문에 연합국의 대공 방어 능력은 독일군 방공 능력만큼 정밀한 수준으로 발전하지 않았다. 그러나 일본의 다이빙식 폭격이나 어뢰를 투하하는 항공기를 격파하기 위해서 많은 노력을 시도하였으며, 저돌적으로 기동하는 항공기는 물론 초저공으로 침투하는 항공기에 대하여 레이더가 미처 사전 경고를 할 수 없는 상황이었기 때문에 어떤 면에서는 더욱 어려운 문제를 해결해야만 했다. 어떤 경우에는 모든 방공망 체제를 통합하여 작동시키기 전, 또는 자동화가 진행되기 전에 이미 교전이 종결된 일도 있었다. 그러나 이미 대공 방어 분야에 취한 조치는 분명하게 미래의 방향을 가리키고 있었다.

제2차 세계대전 중 조립 및 사용한 계산기들은 다음과 같은 아주 중요한 단점이 두 가지 있었다. 첫째로 너무 많은 기계식 작동 부품들로 구성되어 있다. 작동 부품이 많다는 것은 이 기계가 복잡하고 규모에 비해 상대적으로 계산 속도가 느리다는 것을 의미한다. 둘째로 대체 능력을 보유하지 못해 진정한 계산기라기보다는 전력만 많이 소모하는 계산기였다는 것이다. 첫 번째 문제점에 대한 해결은 1946년 프레스퍼 엑커(Presper Ecker)가 ENIAC(Electronic Numerical Integrator and Calculator)를 조립하여 물림기어를 전자회로로 대체함으로써 해결되었으나, 역시 크고 느린 계산기였다. 두 번째 문제는 1947년에 존 뉴먼(John von Neumann)이 관련 프로그램을 개발함으로써 해결되었다.

당시 디지털 컴퓨터 개발은 완료되었지만 세부적으로는 개선해야 될 점이 많이 있었다. 1950년대에 트랜지스터를 사용하는 기기들이 진공관을 사용하는 구 모델을 대체했다. 1960년대에는 집적회로를 사용하는 모델로 대체되었고 점점 더 크기가 작아졌다. 주변기기나 소프트웨어의 발전도 계속되어 자료처리 비용은 지난 40년간 매 10년마다 10%씩 하락했다.

컴퓨터는 원래 난해한 것으로 간주하였기 때문에 사람들은 이 분야를 민간인들의 영역이고 군인들은 아무것도 할 수 없을 것이라고 생각했다. 그러나 미국 군대는 최초부터 컴퓨터에 간여하여, 사용자일 뿐 아니라 적극적인 수요자로서 제2차 세계대전이 시작된 이래 자주 컴퓨터 규격을 설계하고 개발 자금을 지불했다. 장군들과 컴퓨터 사이에 유착이 생긴 중요한 이유 중 첫 번째는 실질적으로 군대는 다른 사회 조직에 견줄 만큼 거대한 규모였고 군대를 다른 효율적인 조직처럼 잘 관리하려면 자동화가 유일한 방법이었기 때문이었다. 보다 더 중요한 두 번째 이유는 컴퓨터에 사용하는 On-Off 2진법 논리가 군대 정서에 맞아 떨어지게 되었다. 이것은 군대가 본질적으로 혼란하고 위험한 전쟁 상황을 처리하기 위하여 가능한 한 간결하고 분명한 의사소통 방법을 찾고 있었기 때문이다. 컴퓨터가 원래 그런 일을 잘 해낸다는 것이다. 만약 컴퓨터가 차렷 자세로 경례를 할 수 있었다면 여러 가지 면에서 컴퓨터는 이상적인 군인이 되었을 것이다. 군대가 일구어 놓은 컴퓨터와 군대 정서간의 친밀감은 또 다른 현상에 대한 책임이 있다. 40년 전이나 지금이나 군사평론지 *Military Review*는 똑같이 영어로 기술되어 있지만 내용면에서 매우 큰 차이가 있다. 과거 논문들은 동사나 형용사 포함 비중이 높았다. 최근 논문은 반대로 거의 전부 명사로 구성되어 있다. 명사를 함께 묶어 첫 글자를 따서 두 문자어를 만들었으며 기계에 명칭을 부여할 때 대부분 사용하고 있다. 따라서 지프(Jeep)는 네 발 달린 어디나 달릴 수 있는 경 수송체계를 나타내며 FWADCCCLWTS로 표기된다. 결국 글씨를 모르는 기술자를 위해 받아쓰기를 한 것처럼 발음된다. 이것은 컴퓨터 출력 자료처럼 읽기 쉽고 흥미로운 것이다.

1950년대에는 많은 국가의 군대가 자동화를 도입하려고 노력하였으며, 제일 먼저 결과가 나타난 분야는 인사행정과 기록 보존, 획득 및 예비 부품 추적과 같은 군수 분야였다. 간단히 말하면 위협으로부터 멀리 떨어진 곳에서 벌어지는 비즈니스 전쟁(War of business)이었다. 노력의 중점은 비용 대 효과를 증진시키는 것으로서 대규모 기업에서 시작하였으나 이제는 일상생활에서 모든 것을 상징하게 되었다. 한결같은 중앙통제를 하기 위하여 컴퓨터가 필요하였으며, 최후 저지선 대대의 마지막 탱크에 필요한 나사와 볼트의 최종 상태와 위치, 정확한 물량을 펜타곤(미 국방성;역자 주)의 전쟁 상황실에서 직접 파악하거나 또는 전 세계에 퍼져 있는 관련 시설에서 파악하였다.

전쟁의 행정적 측면에서 본 컴퓨터의 영향은 통신 분야까지 확대되어 전화나 전신기 그리고 기타 자료 전송수단에 있어서 수작업이나 기계적인 교환대를 자동화된 전자교환대로 대체했다. 1964년 경 전자교환대는 크기가 작아지고 고장이 거의 없어서 미 육군은 최초로 베트남에서 완전히 자동화된 군사통신체제를 구축했다. 일단 시스템이 통합되자 전자 통신망이 가능해졌고, 다음 단계는 당연히 다른 부서에서 사용하는 컴퓨터를 연결하여 사용하게 되었으며, 시스템 오퍼레이터는 끝없이 방대해지는 루프 홀에서 빠져나올 수 있었다. 1962년 전략 공군 사령부 설립 초기에 지구 전역 지휘통제체제(WWMCCS)를 운용하게 되었으나 해군, 해병대, 지상군 등 각 군의 개별 사령부는 자체적으로 투자하여 통합된 실시간 통신체계를 이루게 되었다. 이윽고 그러한 체제를 마음대로 부릴 수 있는 것은 지휘관이 보유하고 있는 가장 탐나는 지위의 상징 가운데 하나가 되었다.

컴퓨터는 수백 수천 킬로미터 떨어져 있는 곳의 자료를 수신할 수 있기 때문에 다음 단계에는 무엇이 성공할지 쉽게 예측할 수 있다. 1960년대 후반부터 컴퓨터는 카메라, TV, 레이더, 그리고 수중 음파탐지기와 같은 다양한 전자, 광학 및 음파 감지 장치와 유 · 무선으로 직접 연결되었다. 이러한 센서의 목적은 적국의 군사 활동이 남겨 놓은 신호를 찾아내어 정보를 갱신하는 데 있으며, 사실상 미사일 발사 잠수함 초계 활동으로부터 부대의 상태에 이르기까지 모든 것을 포함한다. 1965년 이후 셀 수 없이 다양한 형태와 크기의 센서들이 지상이나 해상, 항공, 심지어 우주에 발사된 첩보 위성에까지 장착되었다. 센서를 컴퓨터에 연결함으로써 수신되는 모든 자료들은 연속적으로 집결되고, 자동적으로 저장되며 즉각 시현하거나 프린트할 수 있도록 항상 대기상태에 둘 수 있다.

더욱이 컴퓨터는 이보다 더 나은 일을 처리할 수 있다. 필요한 소프트웨어만 충족된다면 수신된 신호를 사전에 결정해 놓은 기준에 따라 분류할 수 있으며, 정보 분석가가 수행하는 기능 가운데 일부를 인수하게 되었다. 나아가 컴퓨터가 어떤 위협을 식별할 때 - 미국 군대와 소련 군대의 차이를 공식으로 만들 수 있다면 - 경고를 발령하지 못할 이유가 없었다. 인간의 간섭이 없더라도 컴퓨터는 적합한 무기를 표적 방향으로 지향시키고 사격할 수 있다. 60년대와 70년대에는 전쟁의 자동화라는 주제에 대하여 이견이 분분했다. 아직까지 그럴 만큼 여건이 성숙하지 않았으며 잠재적인 전장 환경이 너무 복잡하여 최상의 컴퓨터 프로그램이라 하더라도 전장 환경을 모두 이해할 수 없었기 때문이다.

두 가지 중요한 예외사항이 있었다. 전쟁 환경이 단순하고 높은 속도가 요구되는 항공전에서는 완전 자동화 또는 거의 완전 자동화에 가까운 것이 필요하고 실용성이 있었다. 60년대 중반부터 운용하고 있는 레이더와 연계된 컴퓨터 유도 미사일체제는 아주 효과적이었다. 자동화된 전투와 관련된 문제점들은 1973년 아랍-이스라엘 전쟁에서 아주 흥미로운 것을 보여주었다. 당시 최첨단 대공 방어체제가 골란 고원에서 작동하고 있었다. 최첨단 대공 방어체제는 강력한 이스라엘 공군을 격퇴, 또는 무력화시켰지만 동시에 수십 대의 시리아 항공기를 격추하는 대가를 지불했다. 수에즈 운하에서도 동일한 시스템을 운용한 이집트는 더욱 고약한 대가를 지불했다. 이집트는 그들의 지대공 무기가 우군 비행기를 격추하는 것이 두려워 대부분의 이집트 항공기가 공중에 뜨지 않고 지상에 머물러 있었다.

완전 자동화는 지상 발사 미사일과 연결되어 있는 전략 핵전쟁에도 적용 가능하다. 50년대 후반부터 "최후의 심판 기계" 구축이 기술적으로 가능하다고 생각하였다. 이러한 기계는 적의 공격을 식별하고 사전에 계획된 표적에 대해 탄두를 발사할 수 있다. 그러나 잘못 파괴할 위험도 대단히 높은데, 말하자면 고장 난 컴퓨터 칩이 허위 정보를 생산한다든지, 또는 레이더가 기러기 떼를 적의 미사일로 오인하여 허위 경보를 발령하면 즉각 그러한 일이 벌어진다. 어떤 기계보다도 인간의 판단이 낫다는 가정에 따라 미국은 물론 소련도 자동화할 수 있는 최종 단계는 더 이상 진행하지 않고 중지하도록 했다. 단추를 누르는 것은 살과 피를 가진 인간에게 맡겨졌으며 어떤 개인도 불법적인 행동을 하는 것을 방지하기 위해 항상 두 사람이 동시에 단추를 누르도록 하였다. 추가적인 안전장치로써 그들 중 한 사람이 광폭해진 경우에는 서로 사살할 수 있도록 하였다.

고가로 구매한 컴퓨터로써 얻고자하는 것은 행정, 통신, 정보 그리고 최종적으로 작전분야에서 비용 대 효과를 높이는 것이었다. 그러나 이 결과는 언제나 실제로 달성할 수 있는 것은 아니다. 특히 베트남 전장의 공포 이야기가 입증한 바와 같이 훌륭한 통신체제의 결과로 발생한 행정의 과도한 집중은 가끔 막대한 낭비와 비효율성을 가져왔고, 불가능할 정도의 긴 반응 시간과 하위 제대의 주도권 상실을 초래했다. 빈번한 자동화 실패에 대한 비난의 일부분은 사람의 실수, 행정의 비효율성 그리고 시스템 자체의 결함으로 돌려졌다.(거듭된 발명의 가장 중요한 결과 가운데 하나는 모든 시스템은 당시엔 불완전하다는 것이다.) 그러나 가장 중요한 실패 원인은 심층적 수준에서 찾아야 한다.

원래 컴퓨터를 군대에 도입하여 네트워크로 연결시킨 이유는 현대전과 현대화된 군대를 관리하는 데 필요한 정보량 때문이었다. 컴퓨터와 이를 연결하는 네트워크가 구성되자 바로 그 컴퓨터 네트워크의 존재로 인하여 처리해야 할 정보의 양은 엄청나게 불어났다. 최고 의사 결정권자가 사용할 형태로 정보를 요약하기 위해서 또 다른 참모가 필요하였으며 그 참모는 다시 컴퓨터를 요구하게 되었다. 사정은 그런 식으로 전개되어 논리의 끝이 분명하게 보이지 않는 나선식 상승이 계속되었다. 이론적으로 훈련의 목적은 기술만이 가능할 수 있는 완벽함을 갖는 것이었다. 이러한 목적은 사실상 모든 것이 완전무결할 경우에만 달성될 수 있다는 것을 알게 되었다.

오늘날에는 전적으로 컴퓨터를 사용하고 있지만, 먼저 컴퓨터를 사용해야 하는 대상을 모형화하고 계량화하는 것이 필요하다. 이것이 왜 컴퓨터가 처음 파고 들어온 영역이 계량화하기 쉬운 분야 즉, 군대의 인사행정, 군수, 정보 그리고 최종적으로 무기 운용 분야가 되었는가 하는 이유이다. 그러나 컴퓨터의 역할은 여기서 끝나지 않고 더욱 발전하여 마침내 인간으로 하여금 전쟁을 계량화하고 모형화하도록 만들었다. 그렇게 함으로써 자동화는 인간의 사고를 수정하는 데 기여하였다.

컴퓨터가 발명되기 오래전부터 인간은 무력 충돌의 변수로써 숫자의 중요성을 인식하고 있었다. 정말 역사상 많은 전쟁이 있었으며 다소 부정확하지만 병력 수를 기록하였다. 또한 무기를 계량적으로 분석하였다. – 특히 화약무기는 사거리, 사격 속도, 다양한 표적에 대한 치사율 등에 관한 것을 구체적인 계산에 근거하지 않고는 효과적으로 사용할 수 없었다. 최초의 이러한 시도는 16세기 초반까지 거슬러 올라가며, 스페인에 포병학교가 처음 창설되는 시기와 일치한다. 후에 수학에 기초를 둔 자연 과학의 성장으로 계량화 경향은 지속적인 자극을 받았으며, 17세기 중반부터 눈에 보이는 모든 것을 계량화하기 시작했다. 약 100년 전 포쉬와 같은 열광적인 전투의지 신봉자들은 수학적인 용어로 속사 무기의 공세적인 위력을 옹호하는 주장을 하였으나 기초적이었고 오류가 있었다.

사람들은 오래전부터 전투를 계량화하는 시도와 연계하여 다양한 시기와 장소에서 오락이나 훈련 혹은 두 가지 목적을 위하여 다양한 전쟁 유형을 모의하는 게임을 만들었다. 여러가지 장비의 도움을 받아 상황판이나 공중에서 실시되는 이 게임은 실전과 유사하도록 전쟁을 모형화한 것이다. 최초에는 소수 게임만이 수학적인 계산에 의존했다. 그럼에도 불구하고 수학자가 연구한 뒤 여러가지 수리형식으로 분석될 수 있음이 증명되었다. 체스, 시합, 유사 게임들이 주된 사례이며, 최초의 목적은 전쟁을 모의하는 것이었으며 극히 일부분의 경우에는 전쟁 대용물로서 사용하기도 했다. 이러한 노력은 두 가지로 나뉘어 발전하였으며 하나는 전쟁의 계량화에 중점을 두었고 또 다른 것은 모형화에 중점을 두었다. 19세기 동안 이 두 가지는 점차 합쳐지기 시작했으며 전장(戰場) 자체를 수리적으로 모형화할 수 있지 않을까 하고 생각하기 시작하였다. 특히 영국 수학자 프레데릭 랜체스터(Frederick Lanchester)는 본인의 이름을 딴 방정식을 만들었다. 제1차 세계대전의 참호전을 기초로 두 개의 부대가 교전을 하였을 때 그 부대의 질과 규모, 그리고 손실 비율 사이의 관계를 계량적으로 정립한 연립방정식을 발견하였다.

랜체스터 방정식은 물론이지만, 이로부터 발전된 다른 방정식들도 복잡한 지상 작전에는 잘 맞지 않고, 해상 전투나 공중 전투에는 적용할 수 있었다. 해상 전투와 공중 전투에 적용했던 수학적인 운영 분석은 괄목할 만한 발전을 하였고 전쟁뿐 아니라 개별 무기체계에도 적용하였다. 제2차 세계대전 동안, 특히 민간인으로부터 조언을 듣는 것을 불쾌하게 여겼던 연합국 군대에서는 군인들이 더 이상 경험이나 직관만으로 해상 전술 및 공중 전술을 구사하지 않았다. 그 대신 흰색 코트를 입고 계산척을 든 민간인들이 만든 규칙에 따라 전쟁을 수행하는 경향이 나타났으며 이는 곧장 컴퓨터로 대체될 예정이었다. 운영 분석(OR) - 수학은 정확해야 할뿐 아니라 과학자들이 실무 장교들과 긴밀한 접촉을 유지해야 되었다. - 이 아주 잘 분석되면 중요한 문제에 대한 해답을 얻을 수도 있었다. 예를 들면 대서양을 건너는 호송선은 빈도가 작고 규모가 커야 하는지, 또는 다른 항로로 우회해야 하는지, 단일 기지에서 상호 간섭 받지 않고 최대로 운용할 수 있는 항공기 대수 등을 연구하는 것이다.

지금까지 논의의 취지를 종합하면 제2차 세계대전 이후 15년 동안 반대 방향에서 시작하여 상호 작용하였던 두 가지 경향의 합류점이 있음을 확인할 수 있었다. 하나는 과학기술이 고도로 발전하여 많은 양의 자료를 신속히 처리할 수 있는 컴퓨터를 탄생시켰으며, 이 자료는 수학적인 형태로 나타내어야 했다. 또 하나는 자연 과학에서 가져온 수학적인 방법론을 전쟁 과학에 적용하였다는 것이다. 사람들은 컴퓨터를 개발해야 한다는 객관적인 압력을 암암리에 느꼈기 때문에 그것을 만든다는 것은 당연한 것으로 여겼다. 반대로 소수의 사람들은 컴퓨터가 역사를 만든다는 것을 컴퓨터 프로그래머보다도 더 많이 확신하고 있었으며 컴퓨터는 이미 군사 행정을 돕고 워 게임을 하고 있었다. 옆에서 구경하는 데 만족하지 않고 전쟁 관리에 참여하려는 강력한 욕구가 있었다. – 사실상 그들은 전쟁 그 자체를 경영관리 측면에서 하나의 연습에 불과하다고 주장하였다. 놀랄 만한 과학기술의 진보는 과거를 무용지물로 만들어버렸기 때문에 실제 군사 경험이 오히려 피상적이고 해가 되는 것으로 간주되었다. 1961년 초 로버트 맥나라마(Robert McNarama)가 미국의 국방장관이 된 후 체계 분석가의 시대가 도래하였다. 이들 대부분 경제학 교육을 받았고, 컴퓨터 자료 처리와 모델에 대한 경험이 많았다. 그들은 자신의 지적인 능력에 대하여 확신을 갖고 있었으며 전쟁을 게임 기술로 보는 경향이 있었다. 내용을 이해하는 데 약간의 어려움은 있었지만 이들 중 일부는 이 주제에 대하여 연구한 내용을 저술하였다.

한 국가씩 뒤를 이어 컴퓨터에 정통한 관리자(군복을 입은 사람도 있고 입지 아니한 사람도 있었다)가 군사력 건설을 주도하게 되었다. 이러한 발전은 모든 곳에서 같은 속도로 진행된 것은 아니다. 미국의 경우 전통적인 과학기술에 대한 호의적인 태도 및 군사 제도 때문에 수재들이 펜타곤의 장군들을 설득하는 것은 비교적 쉬운 일이었지만 다른 나라에서는 그리 순탄한 일이 아니었다. 일반적으로 군의 고위층에 있을수록 그들의 영역 침범에 대하여 오랫동안 저항할 수 있었기 때문이다. 결국 포기를 강요 당하였지만 그들은 자주 혼자 힘으로 컴퓨터 장치를 조달하고, 전문용어를 사용하고 그리고 때론 실질적인 전문가를 데려와서 반격을 가하곤 한다. 이러한 관점에서 볼 때 컴퓨터에 대하여 특별히 새로운 것은 없었다. 현대 역사를 통하여 볼 때 새로운 첨단 기술 장비 도입은 이 장비를 설계, 제조하여 운용하는 사람들의 권한을 수반하게 되었다. 역시, 역사적으로는 기존 세력과 새로운 세력과의 권한 다툼은 기술자가 병사로 되거나(포병이 좋은 예) 병사가 새로운 기술을 습득할 경우 마침내 해결되었다. 벌써 현재의 세력 다툼이 유사한 방법으로 끝날 것이라는 징조가 보이고 있다.

이리하여 인공두뇌 연구나 컴퓨터가 군대에 미친 영향은 행정, 군수, 통신, 정보 그리고 작전분야에 초래한 변화 이상이었다. 인공두뇌와 컴퓨터가 군대에 미친 영향으로 새로운 기준과 관점에서 전쟁을 사고하는 사람들이 전쟁을 기획하며 준비, 수행, 평가하게 되었다. 자극제 역할을 하는 컴퓨터의 도움으로 전쟁 이론은 미시경제학 이론을 닮아가게 되었다. 맥나라마와 그의 팀은 미국을 가능한 최강으로 만들기보다는 국가방위를 위해 어느 정도가 충분한가를 계산하는 방법을 찾기 시작했다. 계산 방식은 승리라는 측면에서 군사작전을 평가하는 것이 아니고 투입 대 산출 그리고 비용 대 효과를 따지는 것이었다. 직관은 계산하는 것으로 대체되었고, 계산은 컴퓨터 도움이 필요했으므로 전쟁에 관한 모든 현상이 계량적인 형식으로 전환될 필요가 있었다. 결과적으로 계량화할 수 있는 모든 것은 계량화하고 그렇지 못한 것은 내다 버렸다.

베트남 전쟁 기간과 그 후 얼마동안 미국에서는 월남전의 불확실한 결과에 대하여 게릴라전에 적합하지 못한(관련 없는 것은 아니지만) 미국의 군사 기술 탓이라고 종종 비난했다. 이러한 비난은 충분히 일리가 있지만 월남전 패배 원인의 전모를 밝히는 것은 아니었다. 엔진을 8개 가진 B-52 폭격기나 45톤의 M-48 전차가 정글이나 논을 주무대로 삼고 있는 적과 싸우는 데 이상적인 장비가 아니라면 이 전쟁은 새로운 과학기술로 대체해야 했었다. 베트남전은 신속한 전진이나 종심 깊은 후퇴가 없는 게릴라전이었다. 정확히 말하면 대규모 전투가 많지 않았기 때문에 상대적으로 계량화하기가 쉬웠다. 사실상 전선 없는 전쟁은 반복되는 연속작전으로 이루어진 지루한 투쟁이었다. 결국 이러한 작전들은 – 가장 중요한 전투 결과는 악명 높은 시체 계산이었다. – '수색 및 섬멸전' 혹은 '독수리 비행', '독사' 등과 같은 집단적인 가명을 사용할 정도로 틀에 박힌 것이 되었다. 상황이 이렇게 돌아가자 전략은 – 순수하고 단순한 소모 과정이라고 표현하는 것이 올바른 용어이다. – 계량화할 수 있고, 계량화되어 있는 것으로 구성되었다.

웨스트몰랜드(Westmoreland) 대장 지휘 아래(그는 맥나라마가 가르친 하버드 경영대학원 졸업생이었음) 미국 육군은 컴퓨터를 잘 활용하였다. 부대가 채워야 할 서식을 던져주면, 그들은 시장에 나오는 쌀의 양으로부터 특정 지역에서 특정 기간 동안 일어나는 사건의 수까지 모두 소화해냈다. 그 다음 일별, 주별로 진행되는 사항을 일일이 알려주는 강력한 도표와 그래프를 만들었다. 표가 산뜻하게 보이는 한, 전쟁을 잘 파악하였다는 환상에 젖어 있기 때문에 이러한 도표는 전쟁의 본질을 이해하는 데 방해가 되었다.

이것은 무력 충돌을 관리하는 미국 군사력이 심하게 컴퓨터에 의존했기 때문에 베트남 전쟁에서 패배했다고 지적하려는 것은 아니다. 그보다는 전시와 평시를 막론하고 과학기술로 해결할 수 없는 신비롭고 막연한 것은 없다는 것을 입증한 것이다. 과학기술의 이용은 전술, 전략, 편성, 군수, 정보, 지휘통제, 통신 등을 알맞은 상태로 조절하는 것을 도와주고 있다. 그러나 지금 또 다른 현실에 직면하게 되었다. 우리는 전쟁 수행 뿐 아니라 전쟁 수행을 구상하기 위하여 사용하는 두뇌의 구조가 부분적으로 기술적 수단에 의해 조절되고 있다.

컴퓨터가 읽을 수 있는 것은 숫자밖에 없으므로 계량화가 불가능한 요소는 무시하고 컴퓨터에 의거 계량 분석하려는 경향이 있다. 그러나 무력 충돌은 긴장, 위험, 곤경, 고통, 상대적 박탈감 그리고 심적 고민이 지배하는 세계이다. 그 밖의 다른 조건이 동일할 경우 가장 훌륭한 군대는 이러한 요소들을 철저히 이해하고, 그러한 이해를 이용하여 문제를 해결하는 군대이다. 이런 측면에서 볼 때 베트콩과 월맹군을 대적하여 싸웠던 미군의 실패는 단지 현대 과학기술의 탓만은 아니다. 체계 분석가들은 사기, 결의, 전투 의지, 그리고 인내심 같은 계량화가 불가능한 무형적 요소들을 간과하는 경향이 있었다는 것은 틀림없는 사실이다. 만약 이러한 무형적 요소에 더 많은 관심을 가졌더라면 월남전의 결과는 전혀 다를 수 있었다.

1970년대에서 1980년대로 접어들면서 결국 월남전의 교훈과 맞아 떨어지는 징조가 나타났다. 컴퓨터는 눈부시게 발전하여 크기는 작아지고 출력이 커져서 야전에서 쓸 수 있게 되었다. 미국과 그 밖의 국가에서 전쟁의 전체적인 기반구조가 컴퓨터화 되어 70년대의 하루하루 생활이 완전히 컴퓨터에 의존할 정도가 되었다. – 컴퓨터의 발전과 병행하여 '군사혁신'이라는 새로운 학파가 나타났다. 그들은 최초 몇몇 타자수로 구성되었는데, 컴퓨터화에 내포된 위험을 경고하고 컴퓨터로 인한 문제를 새로운 각도에서 검토해야 한다고 주장하였다. 군사 혁신가들의 주장은, 체계 분석가와 게임 이론가들이 무어라고 하든지 간에, 전쟁은 다른 어떤 것도 대체할 수 없고 대체되어서도 안 되는 그 자체로서의 과학(기술)이라는 것이다. 과학기술의 원칙 안에서 전쟁술의 원칙을 채택해서는 안 되고 투키디데스로부터 클라우제비츠에 이르는 고전 서적 등과 같은 전쟁사의 도움을 받아 전쟁술의 원칙을 재발견해야 한다는 것이다.

미국의 군대가 기동전이라고 알려진 새로운 작전 체제를 채택한 것은 부분적으로는 군사 혁신가들의 영향 탓이었다. – 다양한 병과학교와 사관학교에서 'Operational art of war'는 이제 학과목의 중심 부분을 이루고 있다. 문제를 분석하고 모의를 하기 위하여 여전히 컴퓨터가 필요하지만 – 컴퓨터 외에는 해결책이 없는 행정 및 군수 관리의 문제를 해결하도록 하는 시도는 제외하고 – 전략이란 단순하게 콩을 헤아리는 것과 다른 어떤 것이라는 점은 점점 명백하게 인식하고 있다. 과학기술과 전쟁 사이에 새로운 균형이 형성되고 있다. 이를 시도하는 사람들이 있고 어느 정도까지는 새로운 접근 방법과 과거의 접근 방법이 결합을 하는 데 성공하고 있다.

아마 컴퓨터 기술이 전쟁에 영향을 미치는 방법에 대한 이야기는 보다 심원한 통찰력을 불러일으킬 것이다. 60년대의 전쟁에 대한 새로운 사고방법의 욕구는 새로운 첨단 도구의 출현에 기인한다. 이러한 도구를 담당하는 사람들은 군대조직 밖에서 왔고 그들 자신들이 결코 어떤 제도적 연계성이나 감정에 얽매이지 않았기 때문에 혁신적인 제안을 할 수 있었다. 체계 분석가들이 종종 지나친 경우도 있었지만, 그것은 자기가 제안한 개념에 도취되어 그리고 자기가 사용하고 있는 도구를 과신한 나머지 현실과 동떨어진 행동을 하였다. 체계 분석가들은 60년대의 군대 혁신가로서 해를 끼치기도 했지만 잘한 일도 많다. 그것은 핵무기로 인하여 발생된 문제들을 생각해 봄으로써 더욱 명백해질 것이다.

제17절 핵 전쟁

컴퓨터가 제2차 세계대전에서 탄생된 대표적인 새로운 과학기술의 하나라면, 핵에너지 역시 제2차 세계대전 중에 태어난 또 다른 과학기술로서, 역사의 방향을 영원히 바꾸게 되어 군사적인 측면에서 아주 중요하였다. 핵에너지의 기원도 인간이 이룩한 대다수의 난해한 발견과 같이 전쟁 때문에 발견한 것이 아니고 군인이 발견한 것도 아니었다. 1896년 베큐에렐(Becquerel)이 발견한 방사선에 관한 연구를 20세기 초 플랭크(Plank; 양자 구조 발견)와 아인슈타인(Einstein ; 상대성 이론 발견)이 이어서 수행하였다. 1920년대 독일 괴팅겐 대학(the University of Goettingen)을 중심으로 원자의 본질에 관한 연구가 진행되었다. 그 결과 슈뢰딩거 방정식이라든지 하이젠버그의 불확정성 법칙 등 여러가지 새로운 사실이 발견되었다. 1930년대 최초로 원자의 핵변환, 동위원소 제조 등에 사용되는 이온 가속기와 원자 분해기들이 만들어졌다. 마침내 1939년 베를린 실험실에서 최초로 우라늄이 인공적으로 분해되었다. 이러한 업적의 중요성을 당시 연구를 수행한 사람들조차 즉각 알아채지 못하였으나, 후일 아주 중요한 전환점이 되었다.

원자핵의 실용성에 대하여 아는 사람이 별로 없었고, 군사적인 사용에 대해서 거의 몰랐기 때문에 1939년 이전의 핵연구는 완전히 공개되어 국제적으로 수행되었다. 1940년에 이르러 이러한 상황은 갑작스럽게 중단되었다. 갑자기 핵연구를 공개하지 않는 이유를 주시한 결과, 핵연구를 공개하지 않는 것 자체는 군에서 핵연구의 중요성을 알아챘다는 확실한 징표가 되었다.(다음 단계에 일어나는 것은 이미 잘 알고 있는 것이다.) 독일이 이 분야에서 선도적인 역할을 하였지만, 몇 가지 중요한 과학적인 오류가 군, 기업, 그리고 정부의 비전 제시 실패와 맞물려서 핵연구의 선도적인 자리를 빼앗겼다. 미국 정부와 군대 역시, 레오 스질라드(Leo Szilard)와 알베르트 아인슈타인이 핵에너지 연구를 서둘러야 한다고 재촉한 뒤에야 핵에너지 연구에 동의하였다. 1941년 일단 핵에너지를 연구하기로 결정이 내려지자 미국은 당시 어느 국가도 따라올 수 없을 만큼 많은 과학 및 산업 자원을 투입하였다. 핵무기 개발을 강행하는 데 따르는 엄청난 중복 투자와 낭비를 감당할 수 있었기 때문에 미국은 최초로 원자폭탄을 제작할 수 있었다. 이 원자폭탄은 1945년 일본 히로시마와 나가사키에 투하되었다.

예상했던 대로 원자폭탄 출현에 대한 최초의 반응은 상당히 혼란스런 모습이었으며, 처음부터 각종 기관들의 관심은 토론할 때마다 혼합되어 증폭되었다. 극단적인 것은 핵무기가 매우 위력적이라는 것은 의심할 바 없지만 근본적으로는 다른 무기와 차이가 없다는 주장이었다. - 그리하여 전쟁과 전쟁 잠재력에 대한 원칙들은 핵무기 때문에 별로 영향을 받을 것 같지 않다고 하였다. 한편 1945년 초 핵무기가 전례 없는 강력한 무기일 뿐 아니라 종전의 무기와 질적으로 다른 무기로 간주하는 사상의 학파가 나타났다. 당시에도 그렇게 주장하였고 오늘날에도 여전히 그렇게 주장하고 있지만 핵무기에는 효과적인 방어 수단이 없다는 것이다. 결과적으로 핵무기의 유일한 합리적인 사용처는 -그것이 올바른 용어라면- 전쟁 억제와 예방 목적일 것이다.

통찰력을 갖고 그 당시의 토론을 돌이켜 보면, 양쪽 모두가 옳았다는 것을 강력히 뒷받침하는 사례들이 있다. 핵무기가 매우 희귀하고 양쪽 모두가 핵무기를 보유하고 있다고 가정한다면 전쟁의 근본적인 성격은 바뀌지 않고 군사적인 충돌로 인하여 일어나는 파괴는 엄청나게 증가할 것이다. 미국이 4년간 핵무기를 독점하였을 당시 어떤 결정적인 이익을 얻어내려는 노력이 실패하였다는 것은, 핵무기와 다른 자원 사이의 갭이 전혀 연결시킬 수 없는 것이 아니라면 어느 일방이 핵무기만을 보유한다고 해서 전쟁의 본성이 바꾸어지지 않을 것임을 보여준다. 미국이 극단주의자들의 조언에 귀를 기울여 아주 적은 양의 핵무기를 사용하여 1945~1949년 사이에 소비에트 연방 공화국을 공격하였다면, 소련은 엄청난 피해를 입었을 것이다. 그러나 소련의 핵무기 개발이 걸음마 단계가 아니었다고 가정한다면, 전쟁은 양쪽 국가의 전반적인 자원의 균형에 의하여 결정되었을 것이며, 그리고 핵무기의 이점은 결코 한쪽 편에 편중된 것은 아니었다.

또 다른 극단주의자들은 한쪽 편(또는 양쪽 다)이 상대방을 일순간에 완전히 파괴할 수 있는 충분한 양의 핵무기를 보유하고 있다고 가정하였고, 상대방이 조치할 방어수단에 대하여 고려하지 않았다. 이러한 경우, 먼저 타격하는 쪽이 승리하게 되지만, 정확하게 말하면 방어수단이 없는 상태이기 때문에 이를 전쟁이라고 보기 어렵다. 다음에는 양쪽 모두 상대편의 최초 핵무기 공격을 방어할 수 없으나, 최초 공격을 당한 뒤에 상대방을 공격할 수 있는 능력을 충분히 보유하고 있다고 가정하자. 그런 경우, 핵무기를 사용하여 완전한 승리를 달성한다면 전쟁에 대하여 혁명을 일으킬 뿐 아니라 전례가 없는 자살 전쟁으로 몰아가게 될 것이다.

그리하여 핵무기의 파괴력이 절대적이지 않고 제한적이거나 저항할 수 있는 경우에만 핵무기가 사용될 수 있을 것이다. 만약 핵무기의 위력이 절대적이라면 일방적인 파괴 행동만 있을 뿐 전쟁은 없을 것이다. 우연하게도 어떤 무기라도 대응하는 수단이 있다면 역전될 수 있다는 옛 말이 있다. 양쪽 편이 각자 상대편을 파괴하기에 충분한 양의 핵무기를 보유하고 있는 상황에서 이러한 핵무기는 방어할 수 있는 능력이 있을 경우에만 사용할 수 있을 것이다.

이러한 사고는 이미 핵무기 논쟁에 대한 비현실적이고 탈무드식 특성을 반영하는 것이다. 또한 다른 무기와 마찬가지로 핵무기의 실제적인 능력은 가용한 장치, 위력, 운반 수단, 적의 방어 대책, 표적 형태 등의 함수라는 사실이 관심을 끌고 있다. 정의에 따르면 전쟁이란 양자의 경합이므로, 어느 한편이 보유하고 있는 능력의 목록만 아는 것으로는 충분할 수가 없다. 중요한 것은 양자 사이의 상호작용이며 여기에는 자신과 상대방을 인식하는 방법도 포함된다.

다른 각도에서 이 문제를 들여다보면, 핵무기, 운반수단 그리고 해당 무기 체계에 대응하는 방어체계는 핵무기 방정식의 극히 일부분을 구성하고 있을 따름이다. 핵무기 방정식의 나머지 요소들과 비교해 보면 핵무기 방정식에 포함되어 있는 기술적인 고려사항은 매우 간단하며, 이러한 사실은 사고의 적절한 출발점이 된다. 시대적인 순서로 진행해 보면 최초 원자폭탄 제조 및 투하에 이어 미국이 핵무기를 대량 생산하였고 그 다음 다른 국가에서도 핵무기를 대량 생산하게 되었다. 많은 원자폭탄은 최초의 원자폭탄보다 훨씬 더 큰 위력을 가졌으며, 1952년 최초의 수소폭탄이 터졌을 때 핵무기 분야에서 실제적인 눈부신 발전이 일어났다. 폭탄의 위력이 크기와 무게에 따라 결정된다고 가정한다면 수소폭탄은 본질적으로 그 위력이 끝이 없음을 의미한다. 이론적으로 그리고 실제로도 비록 중간 정도 크기의 국가를 파괴할 만큼 큰 무기를 만드는 것은 현재 가능하지 않고 바람직하지도 않지만, 한 번의 공격으로 작은 국가를 파괴하기에 충분할 정도의 위력을 가진 무기를 만드는 것은 가능하다.

무기 설계자와 엔지니어는 개발 초기 단계에 무기의 위력을 극대화하기 위한 노력을 집중한다. 적어도 최초의 수소폭탄이 폭발된 이후, 더 많은 노력이 세 가지 방향으로 모아지고 있다. 첫째, 선별적(예를 들면, 아군 부대 근처에서)으로 사용 가능하고 적의 격분을 촉발하지 않고 사용할 수 있는 낮은 위력의 수소폭탄을 만들려는 시도가 성공하고 있다. 둘째, 방사능을 최소화하는 반면 폭풍과 같은 핵무기의 일부 효과를 극대화하는 쪽으로 개발하고 있다. 이러한 시도는 어느 정도까지 성공하여 아이스크림처럼 사용자의 취향에 맞추어 여러가지 크기의 폭탄을 제작할 수 있게 되었다. 셋째, 기술적으로 가장 어려운 것인데 핵폭탄을 점차 소형화하는 것이었다. 당연히 여기에 대한 것은 모두 최고의 비밀로 분류되어 있다. 비밀이라고 하지만 히로시마에 투하된 최초의 핵폭탄은 무게가 10톤이었고 20킬로톤 미만의 위력을 발휘했지만, 현재는 무게는 500킬로그램이나, 위력은 200킬로톤 정도가 되는 핵무기를 만들 수 있다고 알려져 있다.

최초의 원자폭탄이 등장했을 때 크기와 부피 때문에 원자폭탄은 중형 폭격기로 운반하였다. 그 후 핵무기의 크기가 소형화됨에 따라 여러가지 운반수단 즉, 전투기, 미사일, 순항미사일, 포탄 혹은 일반 차량으로도 운반할 수 있게 되었다. 시간이 지남에 따라, 세계의 여러 나라 군대가 사용하고 있는 다양한 운반수단은 더욱 작아질 뿐 아니라 더 정확해지는 추세이다. 이러한 추세에 따라 보다 위력이 작은 핵무기를 개발하여 가장 작은 것은 1~2킬로톤 정도의 위력에 상당하는 핵무기를 실전 배치하게 되었다. 그렇더라도 이정도 크기의 핵무기가 가지는 위력은 엄청난 것이다. 비교하건대, 소위 말하는 제2차 세계대전에 사용하였던 가장 큰 폭탄은 TNT 10톤에 불과하였다.

전통적으로 공중 폭격에 대응하는 가장 좋은 방어 방법은 적의 공중 폭격기를 제압하는 것이다. 그러나 이제 낱개의 핵무기로서 도시 전체를 잿더미로 만들 수 있기 때문에 대공방어가 성공하려면 제2차 세계대전 당시보다 더 높은 치사율이 필요한 것은 명백하다. 1945년 이후 15년 동안 조기경보와 방공

무기체계는 대단히 향상되어 지구의 반을 방호할 수 있을 정도가 되었다. 그럼에도 불구하고 흥하느냐 망하느냐 하는 대결을 감수하는 데 있어서 어느 쪽도 파괴를 피할 수 있다고 확신하지 못하였다. 또한 새로운 운반체제들이 발달하여 방어의 어려움은 가중되었는데, 각 운반체는 다양한 특징을 보유하여 개별 탄두가 여러 표적을 공격할 수 있게 되었다. 특히 대륙간 탄도탄, 또는 ICBM이 1960년대에 실전 배치됨에 따라, 한 국가를 완전히 방어하는 것은 불가능한 것처럼 보이기 시작하였다.

핵무기를 위력이 큰 재래식 무기로 볼 것인가 아니면 전혀 다른 혁명적인 무기로 볼 것인가, 이해 방법에 따라 인식되는 핵 공격의 취약점은 둘 중 하나의 결론에 도달하게 된다. 첫째, 특히 군인이 군사 정책을 주도하는 소련과 같은 국가에서 일어날 수 있는 가능성이 높은 경우로서, 선제공격하여 상대편의 핵무기와 운반 체제를 무력화함으로써 전쟁이 일어난다. 둘째, 다소 미국에 적합(민간인들이 군사정책 수립에 보다 많은 역할을 하도록 허락된)한 경우로서, 가장 강력한 전략 핵무기는 어떠한 경우라도 전쟁 억제 목적 이외에 사용해서는 안 되며, 가용한 모든 수단을 사용하여 안전장치를 강화하는 것이다. 한 쪽에서는, 기존의 사고와 국가기관의 이익과 결합되어 전시에 사용하게 될 선제공격 능력을 건설하는 데 중점을 두게 되었다. 또 다른 한편에서는, 다른 논리에 따라 그리고 다른 새로운 국가기관을 설립하고 이 기관의 연구 결과를 반영하여, 막대한 보복 능력과 즉각적인 위협을 가함으로써 전쟁을 방지하려는 데 중점을 두어 2차 공격 능력을 건설하게 되었다. 이 두 가지 관점의 차이는 미묘하지만, 전력구조 그리고 거기에 따른 자원 배분이나 과학기술 선택 문제에 있어서 대단히 중요하다.

국가의 목표가 전쟁을 치룰 수 있는 능력 배양에 있다면, 그 수단은 적대적인 국가가 만들어낼 수 있는 최악의 경우를 안보의 기준치로 삼아야 한다. 억제에 의한 전쟁 예방이 그 목표라면, 적대적인 국가가 만들어낼 수 있는 최악의 경우에도 생존한 후, 공격한 국가가 감당할 수 없는 보복공격을 할 수 있는 전력이 필요하다. 어느 방법을 택하든 지상이나 우주공간에 아주 복잡한 전자 시스템을 설치할 필요가 있고, 그 시스템의 임무는 24시간 감시, 실시간 조기 경보(탄도 미사일의 경우 실시간 경보일지라도 30분 이상 여유 시간을 허용해서는 안 된다.), 그리고 유도무기 운반체를 비행 궤도에 올려보낼 수 있는 견고한 지휘통제 시설 등이 있어야 한다. 운반체는 적의 선제공격으로부터 물리적으로 자신을 보호해야 하며, 그러한 보호는 몇 가지 형태 가운데 하나를 택할 수 있다. 가장 간단한 방법은 필수적인 것을 모두 복수로 갖추어 놓고 잘 분산시키는 것이다. 그 다음, 운반체를 한 지역에서 다른 지역으로 자주 이동하고, 항상 공중에서 초계 비행을 하고, 아주 견고한 지하 격납고에 배치하고, 바다 밑에 숨겨 두거나 또는 훨씬 더 비밀스러운 기술을 사용함으로써 적이 운반체를 명중시키는 것을 어렵게 할 수 있다. 물론 각 군마다 독자적인 운반체를 가지려는 의지와 충분한 자원을 갖고 있으므로 저마다 핵무기 보유를 주장한다면, 이러한 방법들을 한꺼번에 적용하는 것을 막을 방도는 없다. 각 군의 개별 방법이 최소한의 국가안보를 확보하지 못한다면 각 군이 보유하고 있는 방법들을 함께 동원하여 이를 해결할 수 있다. 만약 자국의 모든 운반체를 보호하는 것이 불가능하다면, 적대적인 국가의 운반체계를 한꺼번에 파괴하지 않고 수차에 걸쳐서 공격할 수 있도록 운반체 가운데 필요한 수만큼 별도로 보호할 수 있다.

이리하여 철의장막 시대에 미소 진영이 서로 다른 의미로 해석한 안보 문제는, 1960년대 의사 결정자들이 해결해야 하는 명분상의 선전 문구가 되었다. 안보문제는 아주 성공적이어서 그 때 만든 주요한 골격은 오늘날까지 존속되고 있다. 그러나 다른 측면에서 보면 미소 초강대국의 안보상태는 그 전보다 다소 약하다. 평화라고 하는 것은 현대판 디모클레스의 칼(the Sword of Damocles;역자 주, 그리스 신화. 디오니소스 왕은 머리카락으로 칼을 매달아 놓은 연회석 자리 밑에 신하인 디모클레스를 앉혀서, 왕위에 있는 자는 언제나 위험이 따른다는 것을 깨닫게 하였다)을 설치하는 것처럼 위험에 대비해야만 이루어지기 때문이다. 수십 내지 수천 메가톤 위력을 가진 디모클레스의 칼은 핵무기 경쟁을 하고 있는 국가들의 머리 위에 매달려 있고 순식간에 전쟁으로 치달을 수 있다. 더구나 핵무기 수가 증가하고 핵무기가 제3의 국가나 범죄조직들의 수중에 들어감에 따라, 사고나 비합법적인 핵무기 사용 위험이 더욱 증대되었다. 미국은, 아마 소련도 마찬가지이겠지만 이러한 유형의 사고를 방지하기 위하여 여러가지 매우 복잡한 조치를 취하고 있다. 국가 지휘 센터를 연결하는 직통전화를 가설하여 만약 사고가 일어나더라도 피해를 최소화할 수 있도록 예방조치를 취하고 있다. 그럼에도 불구하고 사고나 오판에 의하여 핵 방아쇠가 당겨진다면, 우리가 알고 있다시피 단 한 번의 실수로 문명세계가 끝날 수 있다. 현대과학에서 말하는 평균의 법칙이 개연성의 사건을 지배한다면, 그러한 가능성이 조만간 일어난다고 주장할 수도 있다.

원인이야 어떻든 핵전쟁으로 인하여 세계의 종말이 온다는 가능성은 또 다른 결과를 만들었다. 초강대국 어느 쪽도 국내외 여론을 완전히 무시할 수 없고 상대편 전력을 제한하려는 방법을 모색하였기 때문에, 1958년 이래 다양한 종류의 군비제한 회담이 계속 열렸다. 이러한 노력은 핵실험 금지 조약, 핵확산 금지 조약, 전략무기 제한조약(SALT) Ⅰ, Ⅱ(Ⅱ는 체결이 안 되어 양측이 다소 관망만 하였다) 등과 같이 일부 결실을 보고 있다. 조약 내용 중 가장 중요한 것은 초강대국의 핵무기 보유 규모와 실전 배치될 핵탄두 종류와 운반체계에 대하여 제한을 두는 것이다. 미국 내에서는 이 조약들에 대하여 70년대 초 이후 소련이 누리고 있는 핵무기 수와 운반체계의 이점을 동결시키려는 경향이 있다고 비판하고 있다. 이와 반대로 이 조약의 지지자들은 조약들이 기존 무기에만 국한되어 있기 때문에 기술적 혁신 측면에서 유리하게 작용할 수 있다고 강조하였다. 양측 주장은 모두 타당할 것이다.

전략 무기 제한 조약(SALT Ⅰ)이 복잡하게 된 것은 1960년대의 과학기술을 반영하고 있기 때문이다. 그 당시에는 지상 혹은 잠수함 발진 미사일이 선제공격에 손상을 입지 않을 것이라고 양측 모두 확신하고 있었으므로 상호 억제 - 상호확증 파괴(MAD) - 는 확실히 확보되었다. 그러나 과학기술이 발전하여 선제공격에 손상받지 않을 것이라는 믿음이 깨어지기 시작하자 SALT Ⅰ의 이행이 어려워지게 되었다. 그 중 가장 중요한 과학기술상의 진보는 다탄두 개별 목표 재돌입 미사일(MIRV)의 개발이었다. 1970년대 초 실전 배치됨에 따라 MIRV는 SALT Ⅰ 및 앞의 두 가지 가정에 대하여 정면으로 배치되었다. 첫째는 새로운 MIRV 탄두들이 도시 및 산업시설 뿐 아니라 지하 격납 시설을 충분히 파괴할 수 있고 정확하다는 것이었다. 두 번째는 미사일의 탄두에 장착된 수 개의 재돌입 수단 가운데 한 개만으로도 적의 미사일을 파괴하고 계속해서 목표를 타격할 수 있는 능력이 있다는 데 있다. 고도의 정확성에다 방어에 불리한 교전비율(exchange rate)이 더하여 2차 보복공격 부대의 생존이 위험하다고 인식하게 하였으며, 적어도 지상 발사무기의 대부분은 MIRV의 위험 아래에 놓이게 되었다.

양국의 대륙간 탄도 미사일 (ICBM)을 위협한 두 번째 기술 개발은 순항 미사일이었다. 순항 미사일은 최초 제2차 세계대전 중 독일이 개발하였으며, 곧 이어 여러 국가들이 개발을 시도하였으나 오랫동안 전략폭격기나 ICBM에 비해서 특별한 이점이 없는 것으로 인식되었다. 그렇지만 1970년대에 이르러 몇 가지 새로운 신기술 개발이 완성되어 제트 엔진으로 비행하는 소형 무인 항공기를 제작할 수 있었으며, 탑재체를 사정거리 2,000Km 이상 운반할 수 있게 되었다. 유인 전략 폭격기와 달리 순항 미사일은 저공으로 비행하기 때문에 엄청나게 복잡하고 비싼 항공기 탑재 탐지체계만 이를 탐지할 수 있다. 또한 대륙간 탄도탄(ICBM)과 달리 순항 미사일은 관성 유도장치에 의존하는 것이 아니고 TERCOM(Terrain Contour Mapping)이라는 것을 이용하여 목표를 찾아 가는데, 이 TERCOM 체계는 비행 지형을 포착하는 레이더와 포착된 지형을 비행체 안에 저장된 디지털 지도와 대조하는 기능으로 구성되어 있다. 순항 미사일은 개별 목표에 재돌입하는 대륙간 탄도미사일과 같이 매우 정확하다. 또한 지하격납고에 숨겨 둔 미사일을 정확하게 격파할 수 있다.

새로운 과학기술이 탄생할 때마다 항상 그러했듯이, 이에 대한 반응들은 여러가지였다. 일부 사람들은 지하 격납고에 있는 미사일을 파괴하여 적의 억제 전력을 제거(비록 제거해야 할 것이 지상에 배치된 억제 전력뿐이라고 하더라도)하는 것이 너무 소름끼쳐서 시계를 거꾸로 돌려서 1960년대에 사용하던 하나의 미사일에 한 개의 탄두를 장착하기를 원했다. 보다 현실적인 또 다른 사람들은 특히 순항 미사일이 전쟁 억제력을 강화할 수 있다고 강조하였다. 순항 미사일은 규모가 작고 자체 유도체계를 갖고 있기 때문에 고정된 지하 격납고 뿐 아니라 지상 차량이나 항공기, 함정 그리고 잠수함의 어뢰 발사관에서도 발사가 가능하였다. 순항 미사일은 탐지하기 어려웠기 때문에 선제공격으로 파괴할 수 없었다. 더욱이 순항 미사일은 지하 격납고를 명중시킬 수 있는 정확도를 갖고 있으므로 적대적인 국가의 지휘소를 파괴할 수 있었다. 순항 미사일이 지휘소를 강타할 수 있다는 전망이 나오자 전쟁이 일어나면 제일 먼저 지휘소가 타격 및 증발 대상이 될 것이기 때문에 이는 각국의 의사 결정권자들이 전쟁을 방지하려는 가장 강력한 동기가 되었다는 주장을 하였다.

상호 확증파괴(MAD)가 근거하고 있는 기본 가정 – 즉, 핵무기가 너무 많게 되면 어느 국가도 전쟁을 결정한 국가의 핵무기 공격으로부터 완전히 구제할 수 있는 방법은 없고, 이로 인하여 안정이 유지되기 때문에 좋은 일이다 – 이러한 가정 자체에도 비판이 있다. 1960년대 후반부터 미소 초강대국은 탄도 미사일 방어망 구축을 시작했으며, 특히 다탄두 개별 목표 재돌입 미사일이 개발된 이래 SALT I에 의거하여 다탄두 개별 목표 재돌입 미사일(MIRV)을 제한할 수 없었기 때문이다. 10년 후 "별들의 전쟁"이라고 명명된 아주 고도의 과학기술의 도움으로 대륙간 탄도탄을 파괴시킬 수 있다는 전망이 나왔다. 만약 별들의 전쟁(Star Wars)이 구축된다면 탄도 미사일 방어체계(BMD)는 지상이나 우주공간에 있는 위성에 설치될 것이다. 이 탄도 미사일 방어체계는 매우 복잡한 센서와 컴퓨터로 구성되어 있는데, 이것의 임무는 발사한 미사일을 식별하고, 미사일과 레이더를 속이기 위한 교란물(decoy)을 구분하며, 미사일을 추적한다. 이것이 완성되면, 레이저나 소립자 빔, 또는 소위 말하는 전자 포(rail-gun) 등으로 미사일을 격추할 것이다.(전자 포는 아주 작은 금속 조각을 재래식 대포가 낼 수 있는 속도보다 어마어마하게 빠른 속도로 쏠 수 있는 장치이다.) 발사대를 떠난 미사일이나 탄두는 모두 현재 개발중인 지상 기지에서 유도하는 미사일에 의하여 격추될 것이다.

탄도 미사일 방어체제 구축의 장점에 대하여 여러가지 논란이 많다. 찬성 측 주장은 위기 발생시 없는 것보다는 부분적으로라도 대비하는 것이 나으며, 이러한 방어체제를 보유하는 측이 핵위협 게임에서 보다 나은 위치를 차지한다는 것이다. 반대 측은 이런 방어체제를 만들어도 제대로 작동하지 않을 것이라고 반박한다. 비록 작동할 수 있다고 하더라도 사전에 정교하게 협조된 선제공격에는 그 효과가 미미할 것이다. 따라서 탄도 미사일 방어체제는 기껏해야 들쭉날쭉한 2차 공격에만 유효할지 모른다고 주장한다. – 그렇지만 문제의 심각성은 보복 능력을 없애기 위하여 어쩔 수 없이 선제공격 전략을 채택한다는 것인데 이는 미국이 가장 걱정하는 바이다. 이러한 찬반 논쟁은 끝없이 계속되었으나 그 중 어느 것도 실제적으로 입증되지 못하고 계속되고 있다. 겨우 전문 잡지의 페이지를 채우고 방위력 건설 위원회의 일거리를 만들어 주는 것에 불과하다.

개념적인 수준에서 상호 의견이 일치하지 않기 때문에 – 즉, 전략방위구상(SDI)이 정말로 미국의 도시를 방어할 것인지 미사일 기지만을 방어할 것인지 조차 분명하지 않아서 – 현재의 탄도 미사일 방어체계(BMD)는 많은 과거의 군사 기술혁신과 같은 운영이 될 것 같다. 왜냐하면 이는 유용성이나 효율성 측면에서 명확한 아이디어를 갖고 태어난 것이 아니고 강대국 자체가 갖고 있는 결함 때문에 생겨난 것이다. 일을 더 꼬이게 만드는 것은, 강대국들이 이러한 사업에 막대한 연구 개발 자원을 투입하여 교묘하게 제도적으로 지원하려는 의도를 갖고 있다는 것이다. 그러나 사업의 규모와 연구개발의 우수성 어느 것도 결코 미사일 방어체계(BMD)의 궁극적인 유용성을 보장하지 못하고 있다. 사실 전략방위구상(SDI)을 파괴하는 방법은 쉽다. 공격자가 아주 많은 미사일로 한꺼번에 SDI를 공격하는 것이다. 특히 미사일이 도입하는 단계에서 더 높은 가속도를 낼 수 있도록 강력한 연료를 사용함으로써 로켓 추진단계(Boost Phase)의 길이를 단축할 수 있다. - 또는 탄두를 사전에 우주궤도에 올려 놓음으로써 이러한 추진단계를 완전히 제거할 수도 있다. 또 다른 것으로는 우주기지 방어의 비효율성에 대비하여 순항 미사일 의존도를 증가하거나 높은 압력으로 발사체를 투사하는 잠수함 발사 미사일에 의존할 수도 있다. 잘 알려져 있듯이 이러한 해결책은 구상하고 있는 미사일 방어체계(BMD) 보다 훨씬 저렴할 수 있다.

개발 초기부터 핵무기는 두 가지 다른 방법으로 인식되었다. 하나는 핵무기가 기존 무기와 질적으로 다르고 위력이 엄청나기 때문에 단순한 전쟁 억제력을 제외한 어떤 목적으로도 사용할 수 없다는 인식이다. 또 하나는 위력이 매우 크지만 과거 모든 무기와 근본적으로 다를 것이 없다는 인식이다. 지난 40년 동안, 그리고 개발이 임박한 과학기술이 모든 것을 변화시킬 수 있다는 반복적인 경고에도 불구하고 대부분 전자의 견해가 우세한 것처럼 보였다. 결국 나가사키에 핵무기가 투하된 이래 어떤 핵무기도 사용되지 않았으며, 이로 인해 세계는 상당히 안정된 공포의 균형(a fairly stable balance of terror)으로부터 많은 덕을 보게 되었다. 위기가 없는 것도 아니고 그중의 일부는 본인이 잘 알지 못하고 주의를 별로 기울이지 않은 사태에 운명을 맡겨야 하는 참가자들과 구경꾼들이지만, 어쨌든 이러한 균형은 강대국들이 전쟁에 핵무기를 사용하는 것을 방지하고 있다.

핵무기가 존재한다는 위협 때문에 전략적 안정이라는 현상이 발생하였으며, 전략적 안정은 어느 한순간에 붕괴될 수 있지만 모든 사람들에게 현실적인 것으로 보였다. 전략적 안정이 유지되고 있기 때문에 의사결정자들은 전략적 안정을 깨지 않고 얼마나 지속될지 궁금하게 여기고 있다. – 특히 공포의 균형이 어떤 환경 조건하에서라도 핵무기 사용을 배제시킬 수 있는지 여부가 궁금하였다. 폭탄이 너무 크고 전략 폭격 운반체계(strategic delivery systems)가 도시보다 작은 표적을 명중시킬 수 없는 한 이 문제는 학문적 연구 수준에 머물러 있을 것이다. 그렇지만 1960년대 중반 이래 운반체계의 정확도가 증가하여 탄두가 작은 핵무기를 야전에 배치하게 되었으며, 결과적으로 그 문제는 전략적 사고의 중심부에 놓이게 되었다. 미국에서 그리고 정도가 덜 심하기는 하지만 소련에서도 "유연 선택(flexible options)", "외과 수술적 타격(surgical strikes)"에 대하여 논의하였는데 이는 완곡한 표현에 불과하다. 근본적인 개념은 초강대국의 인구 중 수백만 명을 살상하는 공격은 상대방의 보복 능력을 자극시키지 않을 것이라는 것이다. 풍미하고 있는 핵균형론에 관한 논쟁 가운데 이것이 어떤 면에서는 실현 가능성이 가장 적지만 위험도 가장 적은 것은 아니다.

사람들은 활주로에 있는 폭격기나 지하격납고에 있는 미사일을 공격할 때와 같은 외과 수술적 타격에 100킬로톤의 위력을 갖는 탄두를 생각할 수도 있다. 그러나 핵무기는 더욱 발전하여 소형 폭탄의 형태로 철의 장막 양측에 수천 개씩 배치되어 있다. 잘 알려진 바와 같이 전술 핵무기는 서부 유럽에서 사용하기 위하여 개발하였으며, 북대서양 조약(NATO) 회원 국가들은 항상 바르샤바 조약(WARSAW PACT) 회원 국가들의 압도적인 재래식 전력에 대하여 위협을 느꼈기 때문이었다. 전술 핵무기의 위력은 1킬로 톤(ton)으로부터 히로시마에 투하한 핵폭탄보다 약간 작은 규모까지 다양하다. 전폭기나 단 중거리 미사일, 순항 미사일, 또는 중형 포병 포탄으로도 사격할 수 있다.

이론상 전술 핵무기는 자국(自國) 지역의 전장을 포함한 전투지대에서 사용하려는 것이다. 따라서 폭발력을 극대화하는 한편 방사선 낙진을 최소화, 또는 그 반대로 방사선 낙진을 극대화하고 폭발력을 최소화 하는 등 전술 핵무기의 요구 조건을 충족시키기 위해 전략 핵무기 개발 때보다 더 많은 과학기술 인재들이 노력을 기울이고 있다. 또한 핵 전투지역에서 생존하여 작전을 계속할 수 있는 전술을 시도하고 있으며, 일부는 훈련에 돌입하였다. 그들은 실제 작전 조건하에서 시험하지 않았기 때문에 병력이 안전한지 어떤지를 모르며 핵무기 사용 위협만으로 적의 군대를 궤멸시킬 수 있는지에 대해서도 알려진 바가 없다. 핵무기 사용 위협만으로 적을 궤멸할 수 있다고 하더라도 공격자는 상대방의 지휘소, 핵무기 저장소, 보급기지 그리고 항공기지를 포함한 기반시설을 타격하기 위하여 가장 먼저 핵무기를 사용할 수 있다. 반면에 공격자의 제2제대 집결지나 병참선을 강타하는 것은 핵무기를 가장 방어적으로 사용하는 것이다.

전술 핵무기에 관한 논쟁은 전략 핵무기와 같이 때로는 비현실적인 특성을 가정하고 있다. 단계적인 확대 위험이 없이 전술 핵무기를 사용할 수 있다면 핵무기 사용 방법을 상정하는 것은 쉽다. 그러나 문제의 핵심은 단계적인 확대에 대한 우려이다. 반대를 주장하는 어느 누구도 공포의 원인을 몰아낼 생각을 하지 않는다. 따라서 전술 핵무기를 배치하는 합리적 방법의 하나로 땅속에 지뢰를 매설하는 것과 같은 형식을 시사해 왔다. 이러한 무기들은 침략시 그곳을 지나가는 사람을 제외하고는 아무에게도 위협이 되지 않기 때문이다. 그렇게 하더라도 대부분의 전쟁 시나리오에 따르면, 핵 지뢰에 의하여 희생당하는 우군 민간인에 비하여 적군의 살상 비율은 얼마 되지 않을 수도 있다.

현재까지 핵무기는 한 번만 사용되었지만 핵무기들이 무절제하게 사용될 수 있다는 두려움은 어떤 핵무기도 사용될 수 없다는 것을 의미하고 있다. 그렇지만 이것이 핵무기라는 존재가 전쟁 수행에 영향을 주지 않는다는 것은 아니다. 전쟁은 전쟁을 거치면서 급격하게 변해 왔다. 특히 프랑스 혁명이래 현대전은 총력전으로 가는 경향이 있다고 설명했던 사람들에게는 놀라운 일이지만, 핵무기는 그런 종류의 전쟁을 종식시켰는지도 모른다. 단계적 확산에 대한 두려움이 깊어져 모든 재래식 무기까지 동원될 수 있다는 공포 때문에 총력전이 자취를 감추었을 것이다. 핵 전쟁시대에는 1919년~1945년 전쟁의 특징이었던 총력전을 수행할 여유가 없다는 것이다. 따라서 전쟁을 준비하고 있는 선진 핵 국가들은 자국의 군사적 조치에 엄격한 제한을 가하라는 강요를 받고 있다. 완전한 승리를 얻기 위해 전력투구하는 것과는 별도로, 핵 공격을 받아도 생존 가능하다는 것을 상대편에게 인식시키는 것을 목표로 삼아야 한다. 이런 목표가 달성되지 않으면 막다른 골목에 몰린 적은 자신은 물론, 세계의 모든 사람들을 궤멸시킴으로써 종말을 맞이하려고 할 수도 있다. 제한된 목표에 대하여 제한된 무력을 사용하는 제한 전쟁(limited war)은 역설적으로 19세기 공상과학에 친숙한 사람에게는 놀라운 일이 아니지만, 무제한의 힘을 가진 무기를 무제한으로 가지려는 옛사람의 꿈을 실현시킨 결과가 되고 있다.

현재 지구상에 보유하고 있는 메가톤급 핵무기 90%가 두 국가의 수중에 집중되어 있지만, 제한전쟁은 결코 그들 국가에 한정된 것이 아니다. 다른 국가들도 핵무기를 보유하고 있다. 핵무기를 보유하고 있는 다른 국가들은 제한전쟁을 꺼려하거나, 또는 제한전쟁을 할 수 없기 때문에 핵 강대국과 동맹관계를 형성했다. 이들은 다양한 핵 게임의 준칙들을 따르게 되었다. 이러한 준칙들은 먹물이 번지듯이 확산되어 초강대국의 동맹국들은 물론 그 이외 다른 국가들에게도 영향을 주었다. 오늘날 복잡한 이 지구촌에서 강력한 재래식 무기를 야전에 배치할 수 있는 기반구조를 가진 국가라면 틀림없이 핵무기를 손에 넣을 수 있을 것이다. 핵무기를 획득하려는 국가는 그들의 행동 – 특히 그러한 행동이 결정적인 승리를 추구하는 것처럼 보인다면 – 이 자국뿐 아니라 그 밖의 다른 국가도 파괴하는 핵전쟁으로 비화될 수 있다는 것을 반드시 고려해야 한다. 1990~1991년의 걸프전 위기가 분명히 말해주듯이 이러한 주장이 있은 이래 새로운 역설이 나타났다. - 만약 어떤 정치 조직이 별다른 방해를 받지 않고 총력전을 수행할 수 있다면, 이것은 바로 국제 정치사회에서 총력전이 별로 중요하지 않다는 것을 입증하는 것이다.

지난 40년 동안 핵 공포의 균형이 이루어졌고, 현재도 대부분의 국가에서 어느 정도 유효하다. 물론 미묘한 문제로서 절대로 공포의 균형이 파괴되지 않을 것이라는 보장은 없지만 지금까지 이런 균형은 제3차 세계대전을 방지해 왔다. 더욱이 핵전쟁으로 확산될 수 있다는 우려는 지금까지 일어났던 전쟁에서 제한을 부과하는 역할을 하였다. 한쪽이 상대방을 일방적으로 끝까지 몰아부칠 수 없기 때문에, 클라우제비츠 전쟁론의 첫 페이지 구절에 나오는 극한적인 폭력 행위를 추구하는 현상이 다시 나타날 것인가 하는 것은 의문이다.

핵공포의 균형 상황이 되었다고 만족해서는 안 된다. 전략적 균형이 안정상태에 도달하였다고 해서 전쟁 폐지 목표에 종지부를 찍어서는 안 되며 만약 이것이 실패하여 전쟁이 발발한다면 전쟁에 철저히 대처해 나가야 한다. 더욱이 전쟁 분석가들이 단지 지난 40년간 일어난 전쟁을 제한전쟁으로 규정했다고 해서 앞으로 이전보다 덜 포악하고 더 인간적인 전쟁이 일어난다는 보장은 없다. 결과적으로 상존하고 있는 핵 위협 아래에서 일어나고 있는 전쟁은 이전보다 더 많이 정치에 관심을 기울이도록 강요하고 있지만, 이러한 사실은 정치적 목적을 실현시키는 데 있어서 전쟁의 효과가 감소하였다는 것을 의미하는 것은 아니다. 올바른 수완으로, 특히 올바른 과학기술 수단을 활용한다면 전쟁은 진정으로 아주 효과적인 수단이 될 것이다.

제18절 통합된 전쟁

1830년부터 제2차 세계대전 발발까지 군사 과학기술이 기여한 것 중 가장 중요한 것은 점점 더 위력이 강한 무기 사용 추세일 것이다. 이러한 추세는 제1차 세계대전 기간의 소모전투에서 절정에 달했다. 베르덩, 솜므, 그 밖의 수많은 대규모 교전에서 공격자와 방어자 모두 수백만 발의 포탄과 수천만 발의 소총탄을 소비하였다. 탄약 소모가 종전에 비해 상상할 수 없을 정도로 많았기 때문에 결과적으로 군수분야 혁명의 역사적인 전환점이 되었으며 그 전과 그 후를 분명하게 구분해 놓았다.

돌이켜 볼 때 빠른 속도로 사격하는 강선식 자동소총 및 비처럼 쏟아지는 포병 포탄 속에서 어떻게 생물들이 생존할까 궁금할 수도 있다. 당시 이러한 문제에 대하여 여러가지 해결책이 발견되었다. 이 중에서도 가장 중요한 것은 극단적으로 소산시키는 것이었으며, 이로 인하여 각개 병사나 부대들은 전 보다 더 많이 퍼져나가게 되었다. 소산이 이번에는 지휘통제의 어려움을 발생시켰고, 특히 이동 중 그리고 공격작전 시 유선을 사용하는 통신체제는 어려움이 많았고 때로는 전혀 불가능했다. 어떤 역사가들도 이런 문제점들에 대해 긴 논의를 하지 않았지만, 이러한 문제점들은 철조망이나 기관총 출현과 같이 제1차 세계대전이 참호전으로 진전되는 데 많은 기여를 했다.

1917년 파센데일 전투(battle of Passchendaele)로부터 베트남 전쟁까지 공격부대의 생존에 필요하였기 때문에 막대한 양의 탄약을 소모하는 것이 정당화되었다. 집중포화는 때로는 그 목표를 달성했으나 군사적인 무기력함을 인정하는 것이나 다름없었다. 문제의 핵심은 조준 장치가 있었지만 조준 장치의 부정확성 때문에 멀리 떨어져 있는 표적을 명중시킬 수 없었다는 사실이다. 소산과 참호가 전투지대를 을씨년스럽고 텅 빈 상태로 만들어, 엄폐물에 찰싹 들어붙어 있는 적을 명중시킨다는 것은 거의 불가능하였다. 이것은 그 유명한 제2차 세계대전 몬테카지노 전투에서도 그 진실이 입증된 바와 같이 참호나 축성을 파괴시킨 폭탄의 구덩이는 방어자에게 더 나은 은신처가 되었기 때문이다. 제1차 세계대전이 끝날 무렵 사거리는 늘었어도 정확도는 향상되지 않아, 사거리와 정확도 간의 갭이 커져서 장갑의 중요성을 거듭 주장하게 되었다. 전차는 전투에서 자신을 보호할 뿐 육중하고 둔하여 간접사격에는 비효과적이었다.

현대전에서 해상이나 공중에서의 문제점은 원칙적으로 지상전에서 경험한 문제점과 비슷하였다. 통달거리나 통신 속도 면에서 성능이 향상된 이래 특히 무선장치는 통신수단에서 가장 중요한 것이 되었다. 정확하게 목표를 명중하는 것에 관하여 미국과 소련은 서로 약간 다른 문제 해결 모습을 보여주었다. 해상에서는 기계식 계산기와 광학 거리 측정기를 결합하여 포수로 하여금 표적과 발사대의 상대적인 이동을 보정하도록 하였으나, 어둠, 안개, 연기 그리고 목표물을 못 맞히고 바다에 떨어져 생긴 물보라 등에 의하여 형성된 악시정의 제한점을 해결해 주지는 못했다. 한편 공중에서 적을 명중시키는 문제는 다양한 시정 조건뿐 아니라 각도 있는 높은 속도를 포함하고 있었다. - 공대공 전투에서 사용해야 하는 무기의 규격이나 중량의 제한 때문에 이러한 어려움은 심화되었다. 결과적으로 제1차 세계대전을 통하여 모든 유형의 항공기는 대지공격이나 공대공 전투에서 단순하고 원시적인 광학 설비 때문에 한계가 있었다. 제2차 세계대전이 발발할 즈음 이러한 광학장비의 굴절을 교정하는 데에는 많은 진전이 있었으나 근본적으로는 별다른 변화가 없었다. 결국 많은 탄약 소비를 초래하였으며 폭격기들이 표적을 공격함에 있어서 수 마일의 오차를 냈고 전투기들도 출격 후 한발도 맞추지 못하고 되돌아오는 경우가 정상이라고 할 정도였다.

대포 포탄 떨어지는 지점도 분산되었다. 바다와 공중, 그리고 육지에서 일부분 발생한 이러한 피탄지의 분산 때문에, 과거에 볼 수 없었던 새롭고 강한 엔진으로 빠르고 포착하기 힘든 기동 방법을 채택하게 되었다. 어떤 기동 방법을 사용하더라도 소산, 기동하는 측은 심각한 통신 문제에 직면했다. 반대로 다른 쪽은 전혀 적을 명중시킬 수가 없었다. 이러한 상황을 해결하기 위해 여러 국가들은 시대마다 다양한 접근방법을 시도했다. 이러한 문제들을 해결하는 데 결정적인 역할을 한 것은 19세기에 페러데이, 맥스웰, 헤르츠, 그리고 마르코니들과 같은 사람들이 발견한 새로운 기술, 즉 전자의 세계였다.

통신 분야에서 무선의 도입은 정말 혁명적이었다. 역사상 처음으로 군대가 무선 장비를 보유하여, 원칙적으로는 거리, 지형 장애, 날씨, 시간, 그리고 지휘부의 이동에 무관하게 어떤 경우에도 의사소통이 가능했다. - 결국 나중에 “실시간 처리” 라는 것으로 알려진 환경에서 의사소통을 하게 되었다. 표적탐지 분야에서 전자공학 기술은 유도무기라는 옛날의 꿈을 실현시켰으며 마술을 부리는 무기를 만들었다. 처칠이 회고록에서 지적하였듯이 유도무기란 그 속에 있는 복잡한 내용을 이해하지 못하는 사람들에게는 마술로 보였다.

사용 목적에 상관없이 최초에는 전원 및 회로 상자가 너무 크고 다루기 힘들었다. 기동할 필요가 별로 없는 주요 부대의 사령부에 한하여 사용하였다.

또한 최초 장비들은 약한 전력 때문에 고통을 받았고, 이에 따라 통달거리도 제한되었으며, 제2차 세계대전 시 레이더 장비들은 해상도가 낮아서 애를 먹었다. 제한 사항을 개선하는 과정은 느리고 고생스러웠지만 극복하였다. 제2차 세계대전이 끝날 무렵에는 함정은 물론 차량이나 경항공기에도 무선장비를 설치하는 것은 당연한 일이 되었다. – 호출 신호기를 보유하고 있는 것은 높은 신분의 상징으로 간주되었다. 수년 간에 걸친 기술 진보에 따라 표적탐지 장치의 크기가 작아지고 해상도가 개선되었는데 근본적으로 점점 더 짧은 파장으로 전환함으로써 대성공을 이루었다. 1943년 경 가장 우수한 레이더는 배터리를 재충전하려고 부상한 잠수함과 항공기 만큼 크기가 작은 표적을 탐지하고 포착할 수 있었다. 유명한 H2S 같은 레이더 세트를 장착할 경우 항공기 및 함정은 어둠이나 안개 혹은 구름 등의 장애물에 관계없이 공중이나 지상 그리고 해상에 있는 표적들이 가시거리에 들어오기 전에 탐지할 수 있었다.

사람이 조종하는 운반체 속에 전자 회로를 설치하여 표적으로 유도할 수 있다면, 이는 원리상 사람이 없는 운반체에도 사용할 수 있으며, 조종수 및 조종수 때문에 발생하는 어려움을 없앨 수 있다. 전자 회로를 작게 만드는 것이 힘들었으나 결국 해결되었다. 제2차 세계대전 중 영국은 대공포탄에 장착할 수 있을 정도로 작은 무선 작동 근접 신관을 발명하였다. 한편 독일은 엔진 유무에 관계없이 무선으로 작동하는 내장형 원격 조종 폭탄을 만들었다. 이 두 가지 장치들은 성공적이었지만 문제점이 있었다.(독일은 1943년 연합국에게 항복할 당시 이탈리아 전함을 침몰시키는 데 사용하였다.) 포탄 속의 폭약이 표적을 파괴하기에는 너무 적은 양이지만, 폭약을 많이 실을 수 있는 V-1과 같은 무인 유도 운반체는 전투기나 지상 화기에 취약하였다. – 게다가 V-1은 속도가 너무 느려 커다한 정지 표적 외에는 사용할 수 없었다. 따라서 제2차 세계대전 말 양측은 유도 미사일을 추진하는 수단으로서 로켓에 관심을 갖게 되었다. 항공기나 함정 또는 지상 등 어디에서 발사하든지 이러한 미사일들이 전자 장치에 의해서 표적으로 유도되었다.

전자 기술에 대한 군사적 이용의 핵심은 지속적인 소형화 개발이었다. 1945년 이후 수십 년간 전자 기술은 대단히 향상되었으며, 진공관은 트랜지스터로 대체되었고 나중에는 실리콘 칩에 에칭하거나 프린트하여 훨씬 더 저렴한 비용으로 제조할 수 있는 고체회로로 대체되었다. 소형화 추세로 인하여 점점 더 작은 무기체계에 전자 회로를 장착할 수 있게 되었다. – 따라서 동일한 공간에 감지능력과 계산능력이 훨씬 더 큰 전자 장치를 장착할 수 있게 되었다. 결과적으로 1950년대 이래 연이은 유도무기 후속 기종이 지상, 해상, 그리고 공중에 실전 배치되었다. 기지, 요새지대, 차량, 함정, 그리고 항공기 등 모두가 레이더 탐지 대포와 호밍 유도 미사일 위협 아래에 놓이게 되었다. 전자 기술의 발전에 따라 유도무기는 평균 10년마다의 새로운 모습을 보였고, 미사일의 수 및 형태가 다양하여 짧은 카탈로그일지라도 별도의 책자가 필요할 정도가 되었다.

유도무기의 원래 목적은 집중 포격을 정확성으로 대체하여 화력의 경제성을 달성하고, 초음속 항공기와 같이 빨라서 다른 방법으로는 공격할 수 없는 표적들과 싸우는 방법을 제공하는 것이었다. 새로운 무기를 도입함에 따라 전투 치사율은 극도로 증가했다. 1991년 걸프전은 지금까지 전자기기 개발에 투자한 것을 정당화시켜 주었다. 왜냐하면 이라크의 지휘통제 시설이 전자 기기들에 의하여 신속하게 제압당하였으며 발사한 유도탄의 90%가 표적에 명중하였다고 보도하였기 때문이다. – 그러나 두 가지 사항은 짚고 넘어가야 한다. 첫째, 이라크에서 연합국들은 자기들이 제작하여 보급한 장치에 대항하여 전투하게 되었다. 그러므로 그 장치에 내장된 전자 회로를 미리 연구할 수 있었다. 예를 들면 1987년 스타르크(Stark) 구축함을 격침한 프랑스의 엑조세 대함 미사일처럼 적절한 대응책을 강구할 수 있었다. 두 번째, 연합군은 완전히 평평하고 나무와 같은 은폐물이 없는 지형에서 노출된 적에 대하여 공격하는 평가할 수 없을 만큼 좋은 이점을 누렸다. 미래전의 양상은 반드시 이런 모습이 아닐 것이다.

전자전에서 사용하는 복잡한 장치의 세부적인 기술을 현재의 잣대로 분석할 수는 없다. 그러나 송수신 간 어떤 장치를 사용하든지 모든 것이 전자신호에 의존한다는 것을 이해하는 것은 필수적이다. 단일 방향 전자 통신 장치는 한쪽에 수신기, 다른 쪽에는 송신기가 필요하다. 양 방향 통신에서는 양쪽이 모두 송수신기를 갖추어야 한다. 표적 포착과 감시 활동을 하는 레이더에는 기술적으로 필요한 것은 아니지만 발신기와 수신기가 통상 나란히 장착되어 있다. 공대공이나 지대공 미사일에 있어서 가장 채택하기 쉬운 해법은 표적 자체를 전자적 신호를 발산하는 물체로 보고, 미사일에는 유도장치에 결합한 수신기만을 갖추면 된다. 그러나 가장 간단한 이 해결책이 최선의 방법은 아니다. 또 다른 방법으로서 발사대에 장착된 전자파 발생원으로부터 발사한 전자파가 표적에 반사되어 되돌아오는 전자빔을 미사일이 추적하는 것이 있다. 결과적으로 앞에서 언급한 근접 신관처럼 무기의 자체 전원과 발신 장치를 갖추고 표적을 조명할 수 있게 되었다.

송수신 장치를 어디에 장착하든지, 송수신 사이의 정확한 업무분담이 어찌되든지, 공중이나 우주를 통과하는 전자파 탐지를 한쪽만 할 수 있는 것은 아니었다. 이런 전자파를 통신에 이용하려면, 적의 감청을 방지하는 복잡한 암호문을 추가적으로 도입할 필요가 있었다. 이런 문제들이 성공적으로 해결되어 적의 침투를 방어할 수 있는 암호를 사용한다 하더라도 적은 방향 탐지 기기를 사용하여 송신 지역의 위치와 수를 통계적으로 분석하여 여러 지역과 시간대에서 일어나는 군사 활동에 관한 중요한 실마리를 획득한다. 통계방법을 이용하여 암호 숫자를 분석하고 방향 탐지장치를 사용하여 송수신 위치를 찾아내는 ELINT(Electronic Intelligence)라 알려진 전자 정보가 제2차 세계대전 기간동안 광범위하게 양측에서 이용되었다. 예를 들면 대서양 전쟁 시

ELINT를 사용하여 독일이 연합군 호위함에 관한 위치를 알아내었고 반면에 연합군은 아주 중요한 독일의 U-보트 함대에 대한 정보를 얻을 수 있었다. 양측이 다양한 비밀 기술을 이용하여 상대방의 ELINT를 방해하려고 노력했다. 이러한 경쟁은 훨씬 더 복잡한 수준에서 아직도 주야간 계속되고 있다. 따라서 이를 방지하는 유일한 방법은 오직 전자 장치의 전원을 끄고 무선침묵 상태에서 관찰하는 것이다.

만약 ELINT가 자신의 목적을 위해 상대방의 의사소통을 이용하는 것이라고 정의한다면, 전자전의 가장 간단한 형식은 경보를 발령하는 적의 방송을 탐지하는 것도 포함된다. 차량의 전조등을 켠 운전자가 전방을 볼 수 있기 전에, 다른 사람의 눈에 차량의 전조등이 먼저 보이듯이 유도무기나 표적 탐지 레이더의 빔이 탐지될 수 있는 거리가 그 시스템이 목표를 포착하는 거리보다 더 길다. 제2차 세계대전 중 이러한 현상을 독일 공군이 이용하였는데, 북해를 비행하면서 연합군 폭격기 조종사들이 실험적으로 레이더를 작동하자 독일 공군은 연합군 공격 임박에 대한 최초 경보를 발령하였다. 해상에서도 역시 독일 잠수함에 낙소스(Naxos)라 불리는 특별 장치를 장착하였다. 이것의 목적은 함장에게 연합군 레이더 빔에 자기 함정이 탐지되고 있다는 것을 알려주어 급속 잠항을 할 수 있도록 시간을 주는 것이었다.

전자전이란 적의 무선 송신을 단순히 탐지하는 것 이상이다. 당연히 탐지 다음 단계에는 전파를 방해하고, 교란시키며, 기만하는 것이다. 최초의 방해 형태는 제2차 세계대전으로 거슬러 올라가는데 "Window"라고 알려진 체프(Chaff)로서 요즈음도 가끔씩 사용된다. 체프는 얇은 은박지 금속판으로써 공중에서 비행기로 살포하여 레이더 빔을 반사시켜 레이더 운용자들을 혼란시키는 것이다. 교란은 적군과 동일한 주파수로 빔을 발사하여 수행하지만 주파수 위상이 다르다. 1914년 마르느(Marne) 전투에서 프랑스는 에펠탑의 정상에 송신기를 설치하여 독일군의 무선통신을 교란시키는 데 활용하였다. 제

2차 세계대전 중 연합군은 독일 공군으로부터 몰타 섬을 방호하기 위해 전자 교란을 실시하였다. 마지막으로 기만은 어떤 면에서는 가장 쉬운 방법이다. 수동적인 수단이지만 실제 표적을 가짜로 대체시키는 것이다. 예를 들면 폭격기가 공대공이나 지대공 미사일의 추격을 당할 때 폭격기 엔진에서 나오는 적외선보다 더 강한 적외선을 발산하는 섬광을 방출하는 것이다.

전자전의 원리는 이미 제2차 세계대전 중에 잘 알고 있었지만 그것으로 전자전이 끝났다는 것은 아니다. 월남전이 시작되었을 때 미국은 전자파 발산 장비를 표적으로 삼는 미사일을 개발하였다. 이러한 호밍 유도무기에 직면하자, 월맹군들은 가장 단순하고 유용한 해결책으로서 레이더 송신 장치의 전원을 끄는 방법을 사용하였다. 적의 전자 방해로부터 송신 전자파를 보호하는 다른 방법으로서 주파수 도약이 있다. 이것은 동일 주파수를 계속 송신하지 않고 레이더 및 전자 장비를 주파수 길이가 다른 주파수로 재빨리 전환하는 것이다. 당연히 예상 가능한 일이지만, 주파수 전환 작업이 인간의 손을 떠나 컴퓨터로 전환 조정할 수 있는 기술이 오래지 않아 개발되었다. 이번에는 이러한 주파수 전환을 찾아내어 여기에 대응하는 다른 컴퓨터의 도전에 직면하게 되었다. 이렇게 끝없는 게임은 계속되고 있다.

지금까지의 논의는 무선 전자 신호-발신에 의하여 작동되는 장치에 초점이 집중되었으나 가능한 방법은 이것만이 아니다. 전자 신호는 선로를 통하여 전송할 수도 있다. 선로를 통하여 전자 신호를 발송하면 적의 방해를 받지 않기 때문에 헬기나 차량, 혹은 대전차 보병 사격 무기와 같은 단거리 전술 미사일에 즐겨 사용한다. 최근에는 레이저에 많은 관심이 집중되었다. 레이저는 근본적으로 빛을 고도로 압축한 것으로 다른 전자파와 마찬가지로 통신, 탐지, 유도무기 등 신호를 전달하는 데 유용하게 이용될 수 있다. 전자파와 같이 레이저도 상대방에게 탐지되는데, 이를 이용하여 적이 레이저 거리 측정기로 거리를 계산할 때 적의 표적이 되고 있음을 전차 승무원에게 경고할 수 있다. 그러나 고도의 압축 레이저 빔은 방해하기 어렵다는 장점도 있다. 레이저 빔의 근본적인 결함은 두 가지이다. 첫째, 목표와 사용자 사이의 가시선(line of sight)이 가로막혀서는 안 된다. 둘째, 레이저 빔은 습기나 연기와 같은 기후 조건에 방해받을 수도 있다.

다시 말하면 모든 것이 동일할 경우 전쟁을 수행하는 환경이 단순할수록 첨단 기술의 장점은 더욱 커진다. 이것은 바로 전자전이 공중과 바다에서 가장 효과적이었다는 이유를 설명하는 것이다. 해상에서는 1967년 이스라엘 구축함 엘라스(Elath)가 상당히 원시적인 소련제 스틱스(Styx) 미사일에 격침되어 세계 각국의 해군들이 더 나은 미사일을 개발하고 이에 대응할 수단을 강구하는 전환점이 되었다. 공중에서는 1960년 소련이 미국 U-2 첩보기를 격추시켜 대공미사일의 위력을 발휘하였다. 베트남전이나 이스라엘과 이집트가 수에즈 운하에서 싸운 소모전은 전자전 대응 방책과 대규모로 미사일을 최초로 사용한 항공전이었다. 기술적으로 말하자면 이후 가장 중요한 전쟁은 1982년 포클랜드 전쟁, 그리고 1982년 이스라엘의 레바논 침공, 1991년 이라크 전쟁이었다. 이 각각의 전쟁에서 더욱 진보된 장비를 볼 수 있었으나 아무도 전자전의 혁신적인 원칙들을 발견하지는 못하였다.

다른 전쟁과 마찬가지로 전자전의 경우에도, 그 자체만으로 충분한 무기나 수단은 없다. 하나의 장비로서 모든 조건하에서 운용할 수 없고, 각각의 장비가 개별적으로 여러가지 대응책을 마련할 수 있다. 세계 각국의 군대가 연구개발에 집중 투자함에 따라 지난 40년간 새로운 기술이 개발되면 즉각 이를 무력화시킬 수 있는 또 다른 기술이 개발되었다. 이스라엘이 시리아의 미사일이나 레바논 공군을 성공적으로 타격함으로써 입증된 바와 같이 이전 세대의 무기는 다음 세대의 무기에 의해 항상 쓸모없게 될 위협에 처하게 된다. 통상 전자 표적 획득 및 유도 무기체계가 개발에 성공하더라도 독특한 전자파형을 생산하게 된다. - 다시 말하면, 독특한 전자파형 때문에 탐지 및 공격 당하기 쉽다. 결과적으로 새로운 무기체계에 대한 정보가 입수되자마자 곧바로 필요한 대응 방책이 뚜렷해진다. 비록 그 대응 방책 개발 및 개발을 완성하는 데 긴 시간이 걸리겠지만.

한편, 전자공학에 대한 강조는 발전이 더디었던 다른 분야의 군사 과학기술 발전의 원인이 되고 있다. 이러한 현상은 특히 지상전에서 두드러지게 나타나고 있는데, 오늘날 지상전에서 사용되고 있는 주요 무기체계들은 제2차 세계대전 때 야전에 배치되었던 무기체계의 후속 모델들이다. 예상과는 달리, 내연 기관이나 궤도를 기반으로 하는 현가장치를 대신할 혁신적인 발명은 찾아볼 수 없다. – 결과적으로 이제까지 가장 중요한 단일 무기는 전차이다. 물론 전차포의 위력, 전차 엔진의 힘, 전차 장갑의 질이 대단히 많이 향상되었다는 것은 논쟁의 여지가 없다. 제2차 세계대전 때 사용했던 전차와 비교하면, 현대의 전차는 많은 최첨단 기술들을 도입하였다. 가스 터빈 엔진(발전된 것이기는 하지만, 엄청난 연료 소모가 있음)으로부터, 포탑 안정화 장치, 레이저 유도 거리 측정 장치, 승무원을 보호하기 위한 자동 사격 발사 장치, 다른 기타 장치 등 그럼에도 불구하고 전차를 구성하고 있는 기본 구성 요소는 40년 전의 전차와 거의 같다. 전차의 크기가 전략적 기동의 지배를 받는다면, 전차의 최대 규격과 전반적인 성능도 마찬가지이다.

대부분의 다른 무기체계에도 동일한 고려 사항이 적용된다. 정찰 차량은 제2차 세계대전 때 사용하던 차륜에서 궤도 차량으로, 인원 수송차 장갑은 반궤도 반 폐쇄 차량에서 완전 궤도 완전 폐쇄 인원 수송 장갑차로 바뀌었고, 야포는 견인에서 자주화, 그리고 전자회로를 장착하여 표적 획득, 조준, 피해 통제를 하게 되었고, 소총이나 기관총, 박격포와 같은 대부분의 소화기도 마찬가지며, 휴대용 대전차 무기는 1943년 독일의 판저 파우스트 또는 1950년 프랑스가 개발한 유선으로 표적을 유도하는 휴대용 대전차무기, 제2차 세계대전 당시 독일이 시도하였던 적외선 야시 장비, 물론 대부분의 공병장비도 포함된다.

해상에서 거함의 임박한 퇴조 및 항공모함의 대체가 적어도 1942년 분명해졌기 때문에, 그 후 발전은 보수적이었다. 그 발전에서 가장 눈에 뜨이는 것은 항공모함의 크기가 3배가 된 것이며, 어떤 시각에서 볼 때 부분적으로는 단순한 군사적인 효용성 이상의 고려사항이 반영되었다. 이러한 거대한 항공모함은 점진적으로 보다 크고 위력이 있는 전투기를 적재할 수 있었지만 항공모함에 탑재한 항공기 수는 감소되었다. 현재 핵추진 항공모함은 목표에 대하여 며칠 동안 매일 70회 정도 출격할 능력을 보유하고 있다. 제3의 군사력으로서 손색이 없다.

항공모함이 바다의 강력한 무기체계가 된 이래, 소수의 거함이 재 취역을 하고 있지만 대부분의 거함은 퇴역하고 쓸모없는 것으로 간주하였다. 남아 있는 작은 함정들은 항공모함 자체를 방호하기 위해 대공전이나 대잠전에서 특수한 역할을 하도록 전문화하였다. 이러한 함정들의 함포는 대부분 유도 미사일로 바뀌었고, 최근에는 포를 장착한 함정을 다시 도입하는 경향이 있지만 함포는 레이더 유도장치로 개선되었다. 함정의 주 무장이 무엇이든 간에 프리깃함이나, 구축함 그리고 순양함 등은 점점 커졌다. 규모가 커지는 것을 감당할 수 없는 작은 국가의 해군은 전적으로 함대함 또는 함대지 미사일 함정에 의지하려고 결정하였다. 이러한 노력에도 불구하고 해상전의 근본적인 것은 이전과 동일하였다. 1941~1945년 간의 태평양 전쟁에서 해상 전투의 핵심이었던 항공모함을 주축으로 한 특수임무가 오늘날까지 계속되고 있는 이유이다.

잠수함 역시 혁명적이라기보다는 점진적으로 발전하였다. 부분적이지만 핵추진 기관의 도입으로 공격 잠수함의 사거리나 잠항 시간 및 깊이가 현격히 향상되었다. 가장 중요한 것은 잠수함의 수중 속도가 대부분의 수상 함정들과 같거나 오히려 역전시킬 수 있다는 것이다. 잠수함에 탑재한 컴퓨터를 이용하여 수중 음파 탐지기가 수집한 해양 소음을 신속히 처리함으로써 해양 소음으로부터 표적을 구별하여 수중 표적 탐지에 획기적인 진전을 이룩하였다. 정확도와 특히 무기의 사거리 면에서 잠수함이 수상함을 앞지르고 있으며, 그 중 일부 잠수함은 수중에서 보다도 수상에서 우수한 성능을 발휘하고 있으며, 표적이 수백 킬로 떨어진 게 아니라면 수십 개의 표적을 명중시킬 능력이 있다. 일부의 시각에서는 이러한 잠수함의 발전은 장차 주력함으로서 곧장 항공모함의 자리를 차지할 수 있을 것으로 보고 있다.

한편, 잠수함에서 사용하고 있는 것과 동일한 무기 및 컴퓨터를 항공기, 헬리콥터, 수상함에 탑재하여 잠수함을 탐색 및 파괴하는 데 사용하고 있다. - 이에 추가하여 특히 미국 해군은 바다 밑에 설치한 음향 탐지 네트워크로써 세계의 가장 중요한 대양 접근로를 감시하는 거대한 사업에 착수하였다. 탄도미사일이나 SLBM을 발사할 수 있는 잠수함은, 핵무기 선제공격에 대하여 가장 안전한 운반수단이므로, 어느 국가든지 잠수함 및 대잠수함 개발에 대하여 극도의 비밀을 유지하고 있다. 적의 모든 잠수함을 찾아서 파괴할 수 있는 확실한 방법은 개발되지 않았으며, 가까운 장래에도 변화를 기대할 수 없다.

비록 제트 엔진과 헬리콥터가 1944년에 이미 실전 배치에 들어갔지만, 겉으로 보기에는 지상이나 해상보다 항공 분야의 과학기술이 신속하게 발전하였다. 제트 엔진이 출현함으로써 전투기의 속도, 비행거리, 견고성, 그리고 기타 능력들이 혁명적으로 발전하였으며, 이 모든 것은 제2차 세계대전 당시보다 월등하게 향상되었다. 그러나 1960년 이후, 마하 2등급의 속도는 제한된 비행 환경에서만 유용할 뿐 다른 분야에서는 장애가 되었다. 따라서 속도 위주의 개발 방향을 바꾸었다. 항공기의 기동성을 향상시키는 데 많은 노력을 기울였으며, 이를 위하여 필연적으로 신소재를 개발하고 항공기 조종술을 컴퓨터에 일임하게 되었다. 훨씬 더 중요한 것은 미사일 분야에서의 진보이며,

무엇보다도 비행체의 전자공학이었다. 결과적으로 가장 현대화된 항공기는 미사일과 컴퓨터로 구성된 비행 복합체라고 묘사하는 것이 가장 적합하다. HUDs(Head Up display; 전시장치), FLIRs(Forward Looking Infra Red; 전방 관측 적외선), 소위 "look down, shoot down"(보는 대로 격추) 장치를 갖춘 비행복합체는 가시거리 이내 또는 밖에 있거나, 단일 표적 또는 집합 표적, 공중 또는 지상의 움직이는 모든 것을 포착하여 파괴할 수 있다고 제작회사는 말한다. 걸프전 당시 이러한 장치의 대부분은 실제로 전문가들이 예상했던 것보다 훨씬 잘 작동하였다. - 그러나 이러한 장치들은 제공권 장악을 포함하여 이상적인 여건 아래에서 작동되었음을 간과해서는 안 된다.

이 책을 쓰고 있는 지금, 공대공 전투에 사용된 헬리콥터는 걸음마 단계에 있다. 최초의 헬리콥터는 부서지기 쉽고, 작고 그리고 탑재 능력이 제한되었다. 그리하여 헬리콥터의 주요 용도는 정찰, 전령, 그리고 부상자 후송, 공중 지휘소 등이었다. 월남전이 시작될 때 미국은 좀 더 큰 기종의 헬리콥터를 제작하여 공중 기갑 사단을 창설함으로써 경무장한 부대에 유례가 없는 기동성을 부여하였다. 헬리콥터는 전투지대 안팎으로 인원과 장비를 실어나를 수 있었기 때문에, 제2차 세계대전 때의 낙하산과 글라이더를 대체하였으나 공정 작전 대 지상 작전에 대한 일반적인 고려사항을 근본적으로 변경하지는 않았다.

1975년 이후 헬리콥터의 역할은 바뀌고 있다. 전폭기가 지상 표적, 특히 미사일 발사대와 같은 기동 차량을 공격하기에는 너무 빠르고 직선적이고 크다. 또한 전폭기는 민첩하고 기동성이 좋은 헬리콥터를 공격하기에도 부적합하였다. 결국 지상군이 야전에 배치한 것과 비슷한 단거리 유도 미사일(유선 또는 레이저 유도)을 헬리콥터에 장착하기 시작하였다. 걸프전에서 헬리콥터는 전투지대 상공을 선회하다가 갑자기 떠올라 전차, 장갑차, 기타 차량 등 선정된 표적을 사격, 기동 통로를 만듦으로써 대단히 성공적임을 증명하였다. 제1차 세계대전 시 최초의 항공기는 무기를 장착하지 않고 정찰 및 전령 임무 비행을 하다가 나중에 무장을 했었는데 그러한 사실에 의하여 판단하건대 헬리콥터 대 헬리콥터 전쟁을 보는 것은 시간문제일 뿐이다. 사실 그런 전쟁은 이미 TV 정규 방송에 나오는 어린이용 모험 프로의 일부분이 되었다.

군사 과학기술의 진보는 여러가지 면에서 도약하고 있지만, 20세기 후반 재래식 전쟁이 일어나고 있는 곳에서 볼 수 있는 과학기술의 충격은 거대한 청사진을 보고 기대하였던 것보다 훨씬 덜 혁명적이다. 세밀한 분야까지 끝없이 발전함에도 불구하고 또는 그러한 발전 때문에 1990년대 초 주요한 무기체계의 카테고리는 근본적으로 1973년, 심지어 1945년과 동일하다.

결과적으로 전술, 작전술, 그리고 전략은 거의 바뀌지 않고 있다. 그런 주장을 입증하려면, 걸프전을 기획하는 몇 주 동안, 전문가들은 여전히 1940~1942년 독일의 전격전을 놓고 표방해야 할 최고의 모델이라고 논의하고 있었던 사실을 주목하면 된다. 더구나 실제로 재래식 전쟁 수행에 대한 요즈음의 토론은 1939년 이전의 길리오 듀헤(Guilio Douhet), 에릭 루덴도르프(Ericl Ludendorff), 한스 폰 잭(Hans Von Seeckt), 존 폴러(John Fuller), 그리고 바실 리델(Basil Liddell) 등의 군사사상가들이 처음 만들었던 용어로써 진행되고 있다. 아깝게도 세계대전 이후에는 이러한 전략가를 계승할 만한 후계자가 없었다. 이러한 사실은 대규모 재래식 전쟁이 한계점에 도달하고 있다는 징표가 될 수 있다.

이러한 제안에 대하여, 물론 우리의 전망이 우리가 채택한 역사적 접근방법에 의하여 왜곡되었다고 반대할 수도 있다. 의문시 되고 있는 많은 무기들이 대규모 전투에서 신중하게 시험한 적이 없기 때문에, 그런 무기 성능에 대한 기대치는 과거에 운용하였던 유사무기에 근거하는 경향이 있다. 다음 전쟁에서는 일련의 과학기술적인 기습 효과를 보이면서 공개될 것이며, 전혀 새로운 무기가 도입될 뿐 아니라 기존 무기의 예상치 않았던 효과 및 상호 작용도 포함될 것이다. – 무력이 없으면 반대할 수도 없다. 전쟁의 역사를 보면, 오늘날 우리가 안고 있는 것과 비슷한 문제들을 과거에 어떻게 해결하였는지 알 수 있다. 과거 전쟁의 역사를 이론 수립의 기초로서 사용한다면, 전쟁과 과학기술에 대하여 사고하는 방법을 배울 수 있다. 과거의 전쟁 역사는 더 이상의 주장을 할 수도 없고 주장하지도 않는다.

미래에 대한 이야기는 접어두고, 실제 관측할 수 있는 사실로 돌아가자. 아마 주목받을 만한 최초의 발전은, 전자 공학 분야에서의 깜짝 놀랄 만한 진보와는 대조적으로 다른 분야에서의 군사 과학기술은 더디어질 뿐 아니라 새로운 특성을 갖게 되었다는 것이다. 1830년~1945년 기간 동안, 기술 혁신으로 인하여 몇 년 주기로 교체하는 무기체계 계통 형태가 나타났다. 1960년 이후 아주 고가의 무기체계는 동체 또는 플랫홈 위에 검정색 회로 상자를 올려놓은 것으로 간주하였다. 이것은 후속 기종의 출현으로 인하여 전차, 함정, 항공기 등이 고철더미로 넘어가는 것이 아니고, 검정색 회로 상자를 다른 것으로 교체 장착함으로써 새롭게 개량할 수 있음을 의미하였다. 이러한 방식의 성능 개량은 새로운 무기체계를 제작하는 것보다 쉽기 때문에, 보다 큰 기종을 만들기에 앞서 방위 산업을 일으키려는 제3세계 국가들에게 매력적이었다. 더구나 미래에도 과학기술 진보가 연속될 것은 당연하다고 생각한다. 그리하여 때가 되면 쉽게 개량할 수 있는 방법으로 무기 체계를 설계하는 데에 제재를 가하게 되었다.

최근 몇십 년 동안, 가속화된 과학기술의 진보 때문에 구식 기종을 새로운 기종으로 교체하던 속도의 증가는 멈추었다. 오히려 반대쪽으로 결과가 진행되고 있다. 즉, 이전 기종과 다음 기종 사이의 간격이 점점 더 길어지고 있다. 그러므로 무기와 무기체계에 적용하고 있는 "수명주기(life cycle)"라는 용어는 새로운 의미를 얻었다. 전자기기나 자동차 분야에서 볼 수 있듯이 업그레이드하지 않고 교체해야 하는 것처럼, 요구되고 있는 무기 개발 접근 방법은 종전의 개발 방식과 다르고, 또한 최신 민수용 제품과도 다르다.

항상 그렇듯이 새로운 무기의 개발을 지배하는 중요한 고려사항은 비용이었다. 무기체계를 항상 교체해야 할 회로 상자를 담는 컨테이너로 변화시키는 과정에서, 산처럼 치솟는 비용이 결정적인 역할을 하였다. 비록 그렇다 하더라도 기종별로 점점 더 적은 양의 무기가 야전에 배치되는 것은 피할 수 없는 결과였다. 대부분의 경우, 바로 앞의 기종에 일대일 방식으로 대체하는 것보다는 많은 후속 기종이 전차, 함정, 항공기 분야에서 나왔다는 것은 의심할 바 없다. 그러나 무기의 수효를 고려할 때, 적은 수의 첨단 무기가 많은 수의 구식 무기보다 반드시 우세하다고 할 수는 없다. 어떤 것을 하이로 "hi-lo" 개념으로 혼합 편성해야 최소의 비용으로 최대의 전투력을 얻을 것인가 하는 질문에 대한 답을 얻는 것은 쉽지 않다. 특히 그 문제는 과학기술에만 의존하는 것이 아니라 거기에는 교리, 훈련, 편성, 기타 많은 요인들이 포함되어 있기 때문이다. 그리하여 각국마다 하이로 개념에 대하여 국방 소요와 잠재력에 가장 적합한 것으로 인식되는 균형을 선택하고 있다.

어떤 국가라도 새로운 기종이 나오자마자 이전 기종의 무기체계를 모두 폐기할 수 없기 때문에, 가속화된 과학기술 진보의 결과 십년 마다 점점 더 많은 기종의 무기들을 야전에서 사용하고 있음을 볼 수 있다. 보다 다양한 무기들이 주변에 깔려 있고, 각종 무기들에 대하여 각기 다른 대응 방책을 강구하고 그리고 다시 거기에 대한 대응 방책을 강구함에 따라 체계 속으로의 통합(integration - into - system)은 오늘날의 일상사가 되었다. 무기체계를 개별 단위로 운용하지 않고, 전자파 신호 네트워크로써 서로를 연결시키는 경향이 있으며, 발음하기 어려운 전자파 약어 생성을 군에서 주도하고 있다. 전자파 신호로 연결하는 네트워크는 지상, 해상, 공중, 심지어 우주에까지 확대되었으며, 우주에 있는 인공위성은 항해, 통신, 감시, 정찰, 그리고 표적 획득 용도로 사용되고 있다. 거미줄의 거미처럼, 이러한 시스템의 심장부에 위치한 것이 지휘 센터이며, 지휘 센터는 고정 설치 또는 이동, 조기 경보기(AWACS aircraft)와 같은 항공기에 설치할 수도 있다. 지휘 센터 안에서는 수신된 정보 융합을 컴퓨터에 의지하였다. 거기서도 역시 장교들은 여러 개의 텔레비전 스크린 앞에 앉아서 지휘하고 있는 자신들의 모습을 발견하게 된다. 현실과 동떨어진 곳에서 마이크로폰으로 새로운 언어를 말하고, 무기체계를 작동시키는 버튼을 누른다.

통합으로 가는 경향 뒤에는 역설적인 것이 점차 그 모습을 드러내고 있다. 야전에서 사용 중인 무기는 이전 기종보다 성능이 좋다는 것은 의심할 여지가 없다. 그럼에도 불구하고, 냉혹할 정도의 통합 추진 정책은 개별 요소의 효율성 저하의 징후일 뿐 아니라 동시에 개별 요소의 효율성을 저하시키는 원인으로 작용하고 있다. 제2차 세계대전 말 전차 및 대형 폭격기와 같은 항공기는 이미 통합함으로써 반대 여론의 고조에 대응하기 시작하였다. 미소 양 진영에서 동시에 일어나는 현상으로서, 여러가지 기능이 통합된 최종 무기체계는 이전 기종보다 융통성이 떨어지고, 장기간의 소모전에 각각 투입되었다. 1945년 이후 몇십 년 동안, 비슷한 이유 때문에 추진된 통합은 다른 무기체계에 영향을 주어 비슷한 결과를 가져온 것으로 보인다.

특히 독일의 전격전과 연합군의 전격전 기간 동안 전폭기가 놀랄 만한 효과를 보여줄 수 있었던 것은 필요한 것을 모두 갖춘 항공기였기 때문이었다. 외부의 별다른 도움을 받지 않고 단 한 사람의 파일럿이 전투지대 선회, 정찰 수행, 표적 획득, 그리고 탑재한 무기로써 표적을 명중할 수 있었다. 1967년 후반기에도 이스라엘(기관총보다는 미사일로 항공기를 무장하라는 프랑스의 조언을 적극 반대하였다)은 이러한 방법의 효과를 입증하였다. 그때에 이르러 현대식 대공방어의 위협과 진보된 과학기술의 압력이 조합되어 실체를 드러내고 있었다. 그 후 20년 전술 항공기는 점차 전자 항법 장치 및 통신 체계,

전자전 항공기, 그리고 RPV로 알려진 무인기 항공기 등과의 협조체제에 의존하게 되었다.

완전 통합을 추구하는 가운데 또 다른 역설적인 결과가 출현하였다. 첨단 과학기술은 파일럿에게 인간 능력의 한계를 요구하여, 어떤 항공기는 적합한 자질을 보유한 파일럿의 가용한 수에 따라 제작 여부가 결정될 정도였다. 한편 항공기는 유인 미사일에 아주 근접한 것으로 변해가고 있었다. 한 때 비행에서 주된 매력을 끌었던 자동 비행 분위기는 크게 감소하였다. 파일럿은 자신이 감옥에 갇혀 있다는 것을 발견하였으며 정말 문자 그대로 알 수 없는 복잡한 기계에 둘러싸여 있었다. 파일럿을 둘러싸고 있는 기계들의 용도는 공중에 떠서 파일럿이 결코 볼 수 없는 표적에 미사일을 발사하는 것이다. 1991년 그러한 시스템 접근 방법은 이라크전에서 잘 작동되었으며, 표적이 너무 뚜렷해서 놓칠 리가 없었다. - 그러나 베트남 전(1964~1972)과 레바논 전(1982~1985)의 상공에서는 완전한 제공권이 확보되었지만 성공할 수 없었다. 이미 재앙의 징조가 임박하고 있다. 훨씬 더 복잡한 "스텔스(stealth)" 항공기라는 새로운 기종이 개발 중이었지만, 많은 스텔스 항공기가 야전에 배치되기 이전에 박물관에 갖다놓아야 될 것처럼 보인다.

전폭기 사례로부터 일반화하면, 새로운 무기의 효과는 무기 자체에 내재되어 있는 위력에서 비롯되는 것이 아니다. 그것보다는 새로 나왔기 때문에 아직까지 다른 것에 통합되지 않았고 그리하여 상당한 정도의 자율성과 융통성을 보존하고 있다는 것에 기인한다. 어떤 무기도 독자적으로 그리고 지원 없이 승리할 수 없기 때문에 분명히 어느 정도의 통합은 항상 요구된다. 한편, 반대 여론의 힘에 의하여 생겨나든지 또는 내재한 과학기술의 본질에 의하여 생겨나든지에 상관없이 통합 현상이 감소하는 전환점이 존재한다. 물론 동일한 법칙이 민간 산업에도 적용된다. 그러나 전쟁은 아주 높은 수준의 불확실성에 의해서 좌우되는 특성이 있기 때문에, 감소하는 전환점은 훨씬 더 빨리 도래한다.(일부 정교한 적의 행동에 의하여 나타나는 결과이기도 하다.)

통합 가능성 및 이에 따른 위험의 또 다른 사례로서 전차의 역사를 살펴보자. 제1차 세계대전 시, 전차라는 참신한 개념이 전차와 다른 무기 간의 원만한 협조를 방해하는 요소로서 작용하였다. 그러므로 제1차 세계대전의 대부분 기간 동안 전차는 전투에서 결정적인 역할을 할 수 없었다. 제2차 세계대전 초 오랜 기간에 걸친 과학기술 및 군대 편성상의 발전에 따라 독일은 자율성과 통합 사이에서 이상적인 타협점을 발견하였다. 독일은 이러한 타협점을 판저 사단(Panzer division) 속에서 구현하였고, 이로써 대륙을 유린할 수 있는 도구를 손에 넣게 되었다. 그러나 나중에 판저 사단이 유지했던 균형이 전도 되었다. 첫째 이유는 대전차 무기 성능 향상 때문에 독일과 상대편 모두 보다 큰 전술적 통합으로 이행하지 않을 수 없었다. 두 번째 이유는 전쟁의 요구사항 내에서 발견되지 않고 일반적으로 과학기술에 잠재되어 있는 자질에서 발견되었다. 특히 급속하게 발전하는 전자 광학 기술 안에서 발견되었다. 전차, 야포, 대전차 무기, 차량화 및 도보 보병, 그리고 기타 부대가 통합된 병과 팀으로 편성되었다. 전차가 개활지에서 점점 더 생존하기 어렵다는 것을 알게 되자, 참호를 구축하는 공병을 보병부대에 포함하여 보병부대를 확장하게 되었다. 최초에는 참호 구축 공병을 몰아내기 위하여 전차가 등장하였으니 얼마나 아이러니한 반전인가. 점차 팀 멤버 중 어느 것도 팀의 나머지와 사전 협조 없이 이동할 수 없는 상황이 일어났다. 단순함과 융통성은 둘 다 전쟁의 주요한 원칙이지만 사라졌다. 결과적으로 오늘날의 아브람, 레오파드, 첼린저, 그리고 T-72 전차는 제2차 세계대전 당시의 셔먼, 타이거, 크루저, 그리고 T-34 전차보다 개별적으로 훨씬 더 위력이 크지만, 정복 및 전쟁 수단으로서의 효율성은 떨어진다.

결론적으로 제2차 세계대전의 수십 년 동안, 과학기술 진보 상의 가장 중요한 결과는 전쟁을 일으키는 데 사용하였던 쇠조각 폭풍에 점차 전자파 칩 폭풍을 첨가 – 어느 정도까지는 전자파 폭풍이 쇠조각 폭풍을 대체할 정도가 되었다. – 하게 되었다는 사실이다. 이러한 발전이 2개의 가능한 시나리오에 대한 길을 열었다. 먼저, 한쪽 편이 훨씬 복잡한 전자 기기를 사용하고 그로 인하여 전자 기기에 훨씬 더 많이 의존하고 있는 상황을 상상해 보자. 그런 상황하에서, 열등한 편이 우세한 쪽의 전자회로를 무력화시키는 데 딱 맞는 장비를 개발하여 사용하고 싶은 유혹이 생길 것이며, 한 번 공격으로 우세한 쪽을 귀머거리, 눈먼 장님으로 만들고 적의 무기체계를 못쓰게 만들거나 심지어 생존할 수 없도록 만드는 것은 상상할 수 있는 일이다. 그러한 무기는, 강력한 EMP(전자파 펄스)를 발산하도록 고안된 핵탄두 형태로 이미 존재하고 있다. 핵탄두에 전자 칩이 포함된다면 핵무기는 더욱 효과적이고, 발전하고, 작아질 것이라고 논문에서 제시하고 있다. 결국 방패가 오늘날의 일상적인 일이다.

다른 시나리오는 이와 대조적으로 전자파가 너무 많아서 양쪽 신호가 상호 무력화되는 환경이다. 각 편이 별도로 사용한 대량 생산 체제이지만, 적합하지 않은 도로망에 반대편 방향에서 진입하는 과중한 교통량이 빚어내는 것과 유사한 결과를 초래할 위험이 존재하고 있다. 그러한 환경 아래에서는 복잡한 과학기술에 의존하는 정도가 큰 쪽이, 구식의 단순한 탄도 미사일의 희생물이 될 것이다. 군사적인 상황을 나타내 주는 전자 영상의 능력이 구식 무기의 복잡성과 반비례하여 나타나므로 그 밖에 모든 것의 위험 수준이 동일하다면 공중에서보다 바다에서, 바다에서보다 지상에서, 재래식 전쟁에서보다 게릴라전에서 반비례하는 정도가 크게 나타난다.

전쟁에서 항상 그렇듯이, 이쪽에 위기가 되는 것은 반대쪽에게는 호기가 된다. 첫 번째 시나리오는 미래에 일어날 것이다. 두 번째 시나리오는 몇 가지 사례에서 이미 실현되고 있다. 비록 전부는 아니지만, 현대의 군사적인 활동은 복잡성의 초입 단계에서 이루어지고 있으며, 많은 종류의 군사 과학기술이 현실적인 전쟁에 사용하기에는 지나치게 복잡하고, 너무 위력이 강하고, 무차별적이다. 결론의 일부이지만, 그러한 과학기술로 인하여 전쟁은 공허하고 속빈 게임으로 전환되는 길에 들어선 것처럼 보인다.

제19절 겉꾸밈 전쟁

중세 이래 서구문명에서 전쟁에 관한 지배적인 견해는 정치적 편의주의였다. 마키아벨리 시대부터 키신저 시대까지 전쟁이라는 것은 주권 국가 사이의 무력 행동으로 정의되어 왔다. 16세기 후반 보댕은 주권이란 국민 전체가 아닌 정치적 조직이 독점적으로 소유하는 특성이 있다고 정의하였다. 간단히 말해서 문제가 되는 정치적 조직은 그 정치적 조직 위에 어떤 권한도 인정하지 않으며, 이것을 속박하는 어떤 법도 인정하지 않는다는 것이다. 그러나 이러한 이유는 바뀔 수도 있다. 규칙에 얽매이지 않기 때문에 주권을 가진 정치 조직은 다른 정치 조직으로부터 무력을 행사하고 전쟁을 수행할 권리를 갖고 있는 것으로 인식될 수 있다. 다시 말하면, 정치조직은 단순히 방편이나 존재 이유만으로도 전쟁을 할 권리를 갖고 있음을 말한다.

다른 측면에서 보면, 전쟁이라는 것은 정의된 바와 같이 어떤 규칙도 지키지 않는 무력 행동으로 간주되어 전쟁에서의 모든 행위는 정당하다. 이런 관점은 이론적인 측면에서 손색이 없지만, 정상적인 생각을 갖고 있는 사람은 실제로 어떤 강력한 편향이 있다는 것을 부정하지 않는다. 추상적인 추론으로부터 끌어내온 정의를 끝없이 다양한 인류 역사에 적용한다면 그것이 전반적인 진실을 포함하지 않는다는 것은 곧장 명백해진다. 역사적으로 말해서 전쟁이라는 것은 명백하거나 묵시적인 규칙에 따라 수행되었고 그 규칙은 깨어져도 존중되었다. 조한(Johan Huizinga)이나 다른 사람들이 주장하는 바와 같이 전쟁의 개념은 개인적인 복수나 단순한 살인과 명백히 구별되는데, 어떤 환경 조건 아래에서 누구에게 무엇을 행할 것인가에 대한 규칙의 존재를 이미 가정하는 것이다.

전쟁이 전적으로 편의주의적 고려사항에 의존하여 수행되지 않는 한, 규칙을 존중하고 극도의 무력사용을 배제하게 되어 경주나 게임과 매우 유사하다. 게임은 결투로 정의될 수 있는데 폭력적일지라도 그것이 취하는 형태는 임의 규칙에 따라 진행되며 어느 정도 평상시의 생활과 거리를 두어야 한다. 이런 게임이 진행되기 위해서 당사자가 서로 규칙을 인정하고 또 규칙은 고정되어야 한다. 규칙이 없으면 게임이 있을 수 없다. 상대를 속이는 플레이어 일지라도 구속력을 인정한다는 사실에 의하여 두 사람의 친밀한 관계가 특별한 힘을 발생한다. 결론적으로 게임을 망치는 것은 속이는 사람이 아니라 게임을 훼방놓는 사람이다. 규칙을 인식하는 것을 거부함으로써 플레이어는 게임이 아닌 다른 것으로 바뀌든가 게임이 끝나게 된다.

특히 동일한 문명권의 시대나 장소에서, 공통된 문화적 배경을 갖고 양측 모두 합법적인 것으로 간주되는 목적을 위하여 전쟁을 할 때 규칙이 존중되고 게임처럼 진행되는 경향이 있다. 문제의 역사적인 시대에는 이런 규칙들은 신, 정의, 이성, 본성, 인간성에 의해 규정되어 왔다고 말한다. 이것들의 기원을 탐구한다는 것은 사실상 문명 그 자체를 연구하는 것과 비슷하다. 예를 들면 그리스 시대에는 전쟁이 게임과 같은 요소라는 증거가 많이 있다. 그리스 시대에 "코이네(Koine)"라는 언어가 동 지중해 지역에서 공통으로 사용되었다. 그 이후 다음 세대 국가들 사이에는 선택의 여지가 없이 모두 전제국가나 왕조국가가 되었다. 세력 확장이나 자존심 대결 때문에 전쟁을 하면서 왕들은 전쟁에 대하여 개인적인 목적이 없는 상비군으로 구성된 군대를 유지하였다. 따라서 이러한 국가들 사이에는 상당히 엄격한 법이 적용되었으며, 이 법에는 포로의 대우, 점령지역의 시민을 노예화, 군사적인 목적으로 신을 모시는 신전 약탈 등등에 대하여 허용되는 것과 허용되지 않는 것에 대하여 규정하였다. 전쟁에 대한 규칙들은 이보다 더욱 확대하여 적용하였다. 사용할 수 있거나 사용할 수 없는 군사 기술 유형에 관하여 국제적인 명백한 협정이 존재한다고 확실하게 말할 수는 없지만, 서로 대결하는 사람들은 상호 공통적인 물질 문명을 공유하며 서로 기대하고 있는 것이 무엇인지 알고 있었다. 그들은 거의 비슷한 무기와 장비를 실전 배치하고 있었으며 지휘관이나 기술자들은 자주 여러 부대로 전속을 다니기 때문에 대체적으로 비슷한 전술과 전략을 사용하게 되었다. 전투를 개시할 때 경 보병의 역할, 대열 중앙에 위치하는 밀집대형의 장소, 양 측면에 있는 기병의 임무 등은 얼마간 고정되어 있었다. 결과적으로 대부분의 그리스 전투들은 이미 결정된 유형에 따라 전개되었으며 체스 게임에서 노출된 조각들을 움직이는 것과 같았다. 비록 자신의 장점을 살리기 위하여 기선을 제압하려고 하였지만, 양쪽 모두가 이러한 사실을 분명하게 알고 있었다.

다른 요인의 탓도 있지만 기술의 발전 때문에 전쟁이 게임과 유사하게 된 것은, 기원전 300~200년의 시대가 결코 마지막인 것은 아니었다. 동일한 현상에 대한 좋은 예가 중세 봉건시대라 할 수 있으며 당시 게임은 토너먼트의 형태를 하고 있지만 전쟁과 게임은 너무 닮아서 종종 거의 구분할 수 없었다. 이 책의 앞부분에서 보았듯이, 중세 시대의 전쟁은 국가마다 동일 부류의 귀족 계층이 독점하였다. 기사들이 전사 계층을 이루었으며, 기사들은 말, 창, 갑옷 등을 포함한 잘 정비된 전쟁 도구들을 살 능력이 있다는 것 때문에 기사 계급의 권리를 주장하였다. 통상적인 기술은 통상적인 전술을 창조하게 되었고, 통상적인 전술은 시간이 지남에 따라 형식화되고 의식화되는 경향이 있었다. 더구나 형식화되고 의식화된 것은 공통적인 군대 윤리 뒤에서 기사 자격으로 싸우는 사람과 그렇지 않은 사람을 구분해 주는 기준으로서 작용하였다. 전투 시 기사들에게 허용된 것과 허용되지 않은 것은 상당히 잘 구분되어 있었으며, 심지어 허용 여부를 전문적으로 정의하는 전령관(herald 역자 주; 중세 무예 시합을 진행하는 사람) 신분이 등장하기까지 하였다. 동일한 장비를 사용함으로써 기사들 간에 동질성과 결투에서 전력을 다하는 않으려는 경향이 생겨났고, 초국가적인 기독교 문화 유입과 초국가적인 봉건시대 법에 의하여 이러한 경향은 강화되었다.

전쟁이 왕들의 게임으로 알려지게 되자 무력 충돌에 종종 등장하는 행동 요소들은 결코 18세기에서처럼 불려지지 않았다. 볼테르(Voltaire)에 따르면 이 시기의 모든 유럽인들은 동일한 제도 아래에서 살았고, 동일한 사고를 하였으며, 동일한 종류의 여자들과 간통하였다. 대부분의 국가는 절대군주가 통치하였다. 절대군주의 통치를 받지 않는 사람들에게는 나중에 민족 사상과 연관되어지는 감정에 목이 메어 눈물을 흘리는 타입의 충성을 기대하지도 요구하지도 않았다. 몇몇 국제적인 귀족들이 군대를 통제하였으며 이들은 국제 혼성어로서 프랑스어를 사용하고 측근들을 자기에게 어울리게 장식하였다. 군대에 동원된 사람들은 종종 속임수에 의하여 징집되어 부대 행렬에 끼게 되었는데, 명예, 의무, 혹은 조국에 대하여 아무런 관심도 없었다. 일반적으로 전쟁, 특히 공성 전투는 일부 관습적이고 일부는 법률적인 정교한 규범의 지배를 받게 되었다. 천천히 발전하였지만 예외적으로 동질적인 군사 과학기술은 길들이기 과정에서 중요한 역할을 하였다. 그것은 단지 사용해야 할 무기와 사용해서는 안 될 무기를 정의할 따름이며, 그 정의에 의거 고정된 의식에 따라 전투가 펼쳐졌다. 결국 빌헬름 백작(Count Wilhelm zu Schaumburg-Lippe-Bueckburg)은 일종의 국제 사관학교를 세우게 되었고, 거기서 모든 국가의 장교들이 훈련을 받고, 그들의 경험을 모으고, 다음 세대에 게임의 법칙을 전수하였다.

앞의 세 가지 기간(역자 주; 기원전~1500년, 1500~1830년, 1830~1945년)의 각각은 동일한 현상을 목격한 다른 시대의 사건으로서, 전투가 게임과 비슷한 것으로 변화한다고 논평하지 않을 수 없다. 어떤 사람은 경건, 이성 또는 진보적인 징표로 간주하는 것을 다른 사람들은 어리석고, 나태하고, 신뢰하는 징조로 보았다. 프랑스 혁명 전 몇 년 동안, 기봉(Gibbons)은 현대 전쟁이 절제되었다고 칭찬하였으며 곧장 전쟁이 모두 사라지기를 희망하였다. 동시에 프랑스 귀족 콩테 드 뀌베르(Comte de Guibert)는 그 당시 유행하고 있던 군사 훈련이 타락했다고 비난하고, 나약한 유럽의 규정을 북풍이 갈대를 꺾듯이 찢어버릴 수 있는 지휘관을 목소리 높여 요구함으로써 상류층 여성 모임에서 두각을 드러내었다. 물론 두 개의 견해는 극단적인 것이다. 그 규칙을 적용하는 정치가나 군인을 포함한 대부분의 당시 사람들은 문명화된 전쟁이 인간의 이익을 위하여 개선되고 있다는 사실에 대하여 자부심을 갖고 있었다. 한편, 전쟁이 규칙에 빠져서 게임처럼 가장된 특성을 갖는 것에 대하여 반대할 것임을 의심할 바 없었다.

1830년 경 클라우제비츠가 전쟁이란 오직 방편의 지배를 받는 순수한 힘의 작용이라고 정의하였을 때, 그것은 일찍이 본인이 군에 복무하던 당시에 실제로 유행하였던 상황에 역행하고 있었던 것이다. 클라우제비츠 본인도 잘 알고 있듯이, 역사적인 기록을 조사해 보면 규칙이 깨어진 경우에도 규칙에 따라 전쟁을 했던 경우가 많이 있었음을 알 수 있다. 또한 전쟁이 수행되었을 때 정치적인 도구가 아니라 전쟁 그 자체의 목적을 위하여 전쟁이 수행된 경우도 있었으며 이리하여 게임과 비슷한 점을 더 강화시켰다. 효용성 및 주력 부대보다는 규칙에 의하여 전쟁을 치루는 경향은, 동일한 문화 및 문명권에서 전쟁이 발생할 때 특히 크게 나타났다. 불가피하게 이러한 규칙들은 동일한 기술에 뿌리를 두었고, 그 다음에는 전술이나 전쟁이 벌어지는 양상으로 발전하였으며 양측이 인식하고 존중하는 약정된 패턴에 따라 전개되었다. 물론 시민전쟁은 예외이며, 이때는 일방 또는 쌍방이 모두 무력에 의존하려는 주장에 반대한다.

이러한 고려사항을 비추어 볼 때, 1945년 이후의 시대를 어떻게 분류할 것인가? 정통한 독자들은 오늘날의 세계에서 서로 다른 국가, 지방, 권력 구조를 갈라놓는 중요한 차이점을 잘 알고 있다. 그러나 국가, 지방, 권력 구조가 아주 발달된 경우, 동일한 기술은 이러한 기준이 되는 차이점을 가려서 애매모호하게 만들고 있다. 동일한 기술은 그 기술을 사용하는 사람에 대하여 백인이냐 흑인이냐, 기독교인이냐 이슬람교인이냐, 우익 또는 좌익, 자유주의자인가를 구분하지 않는 특징이 있다. 기술에 의존한다고 해서 "무신론 공산주의자" 러시아인을 "우익 사고"의 미국인으로 바꿀 수는 없지만, 지금까지 동일한 절차, 방법, 형태를 부과할 수 있었고 부과하고 있다. 사람이 기술을 고안하고 사용한다는 것은 사실이며, 훨씬 더 중요한 것은 기술 그 자체가 공유하고 있는 가치의 원인이며 결과라는 것이다. 그러한 가치의 중심에는 능력, 혁신, 우월, 그리고 전문 직업주의 등에 대한 신념이 있다. – 간단히 말해서 사회 문제 해결에 있어서 기술이 효율성을 발휘하는 데 필요한 모든 것을 말한다. 중요한 것은 이러한 신념은 실제로 하드웨어를 소유하고 있는 사람들에게 국한되는 것은 아니다. 반대로, 기술면에서 미개발된 국가에서도 아주 강렬하게 집착하는 것이 일부 발견되고 있다.

좋은 점이든 나쁜 점이든, 기술의 효과에 대한 믿음은 현대 군대 생활 뿐 아니라 시민 생활에서도 명확하며, 제2차 세계대전의 대표적인 유산 중의 하나이다. 한 국가의 군대가 무기를 도입하면 다른 국가의 군대가 그 무기를 획득하는 것을 정당화시켜 줄 수 있는 근거가 되기 때문에 현대 군사 과학기술은 동질화 되어가는 경향이 있다. 물론 중요한 차이점이 존재한다는 것을 부인하는 것은 아니다. 예를 들면 겉모습이 닮았다 하더라도 미국의 전차, 함정, 미사일, 그리고 전폭기가 결코 소련의 그것과 동일하지 않다. 우연의 일치는 아니지만 이러한 차이점들은 가끔 설계 철학 상의 차이를 상당히 반영하고 있으며, 이러한 설계 철학은 각국의 다양한 군사력 소요에 그 뿌리를 두고 있을 뿐 아니라 각국이 선호하는 생산 방식의 차이에서부터 궁극적으로는 정치, 사회, 경제적 구조에 뿌리를 두고 있다. 결국 동서양이나 나토와 바르샤바 동맹국 사이의 군사 과학기술의 유사성은 그 차이점만큼 중요하다. 이것은 양측이 보유한 장비를 비슷한 분류 기준에 의하여 분석할 수 있다는 것을 보아도 알 수 있다.

오늘날 사용되는 군사 과학기술의 본질이 전쟁 수행에 결정적인 영향을 미치지는 못하지만, 어떤 효과가 있다는 것은 의심할 여지가 없다. 과학기술이 유사하고 환경의 차이가 없다면 능력이나 방법 그리고 임무가 비슷하게 수렴될 것 같다. 현재 맥락에서 훨씬 더 중요한 것은 이런 방정식들이 반대 방향으로 작용될 수 있다. 주요 국가들의 수중에 있는 유사한 군사 과학기술들이 재래식 전쟁 수행시 동질의 전쟁 유형으로 끌고 가더라도, 상대편 기술의 결정적인 우위를 용인하지 않을 만큼 양쪽 기술이 동질적인 것이라면 재래식 전쟁이 일어난다는 사실은 이론의 여지가 없다. 이러한 것들이 우리가 살고 있는 세대의 역설이다.

오늘날의 세계는 어디서나 단 하나의 동질적인 군사 과학기술이 지배하고 있다는 점에서 과거의 세계와 다르다. 재래식 전쟁이 일어난다는 사실 그 자체가 이미 적대국 간의 어떤 기술적인 균형이 존재함을 지적하는 것이다. 역사가 보여 주듯이, 동일한 기술은 예상된 유형에 따라 전쟁이 진행되도록 하는 여러 요인들 가운데 하나였다. 전쟁 유형이 존재한다는 것은 서로 약속을 파기한 경우에도 지키는 규칙이 있음을 전제로 한다. 양측이 일련의 공통된 규칙에 따라 그들의 무력을 사용할 경우, 전쟁은 이미 자의적이고 편의에 의해 수행된다거나 극한적으로 무력을 사용한다고 볼 수 없다. 이러한 의미에서 전쟁은 게임의 특성을 갖고 있다.

현재 재래식 전쟁의 게임과 같은 성격이 기술 발전의 결과만은 아니라고 성급하게 주장한다. 전례 없이 무모하고 기계화된 대량 학살로 인하여 제1차 세계대전 뒤에는 무력 충돌 및 거기에 관련된 모든 것에 대한 반감이 뒤따랐다. 이런 감정은 발전이나 퇴보의 징조로 해석될 수 있다. 대체로 승전국들은 - 그들 중 대부분은 프랑스처럼 전쟁 이전에는 군사 문화에 빠져 있었다. - 진보적인 견해를 취했다. 30년대까지 이런 견해는 정치를 유화적으로 표현하는 광범위한 평화 분위기를 몰고 가서 1940년의 패전을 초래하였다. 이런 관점에서 볼 때 파시즘이나 국가 사회주의는 시대를 역류시켜 군대를 유지 및 회생시키려고 필사적인 노력을 했던 것으로 보인다. 이런 운동은 일시적인 성공을 거두었지만, 히틀러조차도 독일 국민이 보여준 호전적인 열광에 만족하지 못하고 결국 1945년 결정적으로 패배하고 말았다.

여기서 제2차 세계대전 후 군사 문제에 관한 사회적인 태도를 구체적으로 언급하는 것은 불가능하다. 단지 소련 진영과 유럽 진영 사이에 현격한 차이가 나타나고 있음을 알 수 있었다. 소련 진영에서는 호전적인 전쟁 준비 정신을 살리려는 활기찬 시도가 있었다. - 핵무기 공격 이후에도 원기를 차리고 묘지까지 서서히 걸어가야 한다는 당시 모스크바 사람들의 농담으로 판단하건대 소련 진영 전체가 전쟁 준비에 좋은 결과가 있었던 것은 아니다. 유럽에서는 끊임없는 단기간의 변화가 있었음에도 불구하고 전반적으로 군대에 대한 반감이 일어났다. 이런 감정들이 유럽에서는 오래전부터 영향을 주었으나, 미국에서는 베트남 전쟁이 반전론 감정의 전환점이 되었으나 지금은 전쟁에 대한 흥미가 다시 일고 있다. 각국 사이의 차이점 때문에 반전사상의 기본적인 유사점을 간과해서는 안 된다. 소련 군대가 누린 지위와 서방 국가의 군대가 누린 지위는 상이하지만, 철의 장막의 양쪽 모두 상대방을 비방하는 단어로서 군국주의자라는 용어를 사용하는 것은 일치했다. 소수의 개발도상국만이 군국주의 남용에서 제외되었다.

1945년 이후 전쟁이라는 용어에는 불미스러운 의미가 함축되었다. 불쾌감을 주는 단어들을 다루는 상례에 따라 어휘 목록에서 제거하고 완곡어법으로 인용하였다. 1950년 초 이념에 관계없이 대부분의 정부는 전쟁 문제를 다루는 부서나 사무실, 조직 등이 있다는 것을 더 이상 인정하지 않았다. 대신 단어 원래의 뜻과는 전혀 무관한 맥락에 있는 방위라든지 안보에 대하여 이야기하였다. 그러나 부분적으로는 핵 공격에 대한 위협을 느낀 나머지 당연한 변화가 일어났는데, 그것은 여러 부서의 사무실이나 조직에서 핵과 관련된 업무를 수행하도록 한 것이었다. 전에는 전쟁이 일어났을 때 전투할 준비를 했었다. 선언적 수준이지만 어쨌든 새로운 정책은 전쟁을 하지 않기 위하여 전투 능력을 갖추는 것이었다. 대부분의 정부들은 억제에 의한 전쟁방지 필요성으로서 자신들의 군비 강화를 합리화시켰으며, 이러한 말로 연막을 치고 전쟁에 대비한 활동이 과거의 전쟁 준비와 전혀 다를 바 없었다.

따라서 명칭을 고친다는 것은 군사 문제를 현대적 취향에 맞게 가미하는 대표적인 방법이었다. 또 다른 중요한 방법은 무기를 장난감("무기"라는 용어는 우연하게도 점차 "체계"라는 용어로 바뀌고 있으며, "체계"는 부여된 임무에 "최적화"하고 있다.)으로 전환시키는 것이다. 불합리한 기술의 토의에서 지적한 바와 같이 이러한 이상한 현상은 역사적 전례가 없는 것이 아니다. 그렇지만 무기의 성능에 집착하였던 것처럼 지금의 시대가 무기의 진면목을 체계적으로 위장하는 최초의 시대인 듯하다. 그러한 시도는 소년들을 위한 모델이나 출판물로부터 소위 전문잡지로 확대되고 있다. 사람들은 현대 군사 과학기술에 관한 수많은 논문이나 방산 업체들이 발행한 광고들을 읽고난 후, 무기의 목적이 여러 가지 면에서 사람들의 생활과 관계가 없고, 또 그들 대부분 불쾌하다고 생각하지 않는다. 즉 무기를 스테레오 세트, 잔디 제거기, 오토바이와 같은 것으로 생각한다. 다른 기계 장치와 마찬가지로 무기도 공학 기술적인 매력에서 생겨났다고 간주한다. 물론 군사 과학기술의 위력에 끌려서 관심을 갖는 점도 있다.

고도로 전문화되고 복잡한 군사 전문용어 사용이 또 다른 경우이다. 이런 군사 전문용어에서 무기들은 가끔 치명적인 것으로 묘사되지만 결코 살상에 이용되지는 않는다. 대신 무기 소유자들에게 절실하게 필요한 "인명 살상의 능력"이 부여되어 있다고 인식한다. 적의 무기를 파괴하기보다 현대 군사 과학기술(아군의 무기와 근본적으로 비슷한 많은 기계 장치들로 구성되어 있다.)은 적과 교전하여 제압하고 무력화시키는 데 기여한다. 특히 생생한 묘사가 필요하다면 "적을 패배"시키고 "적을 몰아냄"이라는 표현을 사용하는데, "적을 몰아냄"은 어린아이들이 하는 술래잡기 게임 같은 것에서 직접 유래하였다. 누구나 알고 있듯이 핵무기의 효과를 위장할 때는 특히 강한 완곡어법을 사용한다. 여기서 "clean bomb"은 방사선보다는 폭풍으로 사람을 죽이는 것을 의미하고, "countervalue" 공격은 도시를 잿더미로 만드는 것을 의미하며, "collateral damage"는 헤아릴 수 없는 수많은 남녀의 어린아이의 사람들의 죽음을 상징한다.

모순을 은폐하려는 것처럼 훈련 목적은 논문에서 거의 사라지고 있다. 적이라는 말이 너무 인간적으로 간주되어 죄의식을 불러일으킬 수 있기 때문에, "적"이라는 명사는 "비우호적"이라는 형용사로 대체했다. 이것으로 인하여 펜타곤이 "비우호적인 사람"이란 신조어를 쓰게 되었는데, 이것의 진정한 목적은 사람이 피와 살로 만들어져 있다는 사실을 감추기 위한 것이다. 한편에서 보면 완곡어법은 잠복해 있는 죄의식을 보상함으로써 모든 것을 마음 편하게 해준다. 엄격한 군대의 검열 아래 이루어졌기 때문에 TV는 이라크 전쟁을 마치 비디오 게임처럼 방영하였다. 파리 떼가 뒤덮고 있는 아군의 시체는 고사하고 적군의 죽은 모습을 담은 사진을 거의 찾아볼 수 없었다.

또 다른 위장의 예로써 국군의 날 행사의 쇼를 들 수 있다. 전통적인 군대 기능의 하나는 육군 및 해군의 날을 만들고 공군의 에어쇼를 함으로써 그들의 세력을 과시하는 데 있으며, 이 모든 것은 군에서 사용하고 있는 과학기술에 대하여 중요한 지위를 부여하였다. 제2차 세계대전 후 수십 년간 방위산업은 군대와 결합하였다. 방위산업체는 정기적으로 자신들의 제품들을 국제 및 국내 바자회, 박람회, 전시회를 통하여 광고하였고 어떤 경우에는 최고급의 관광을 유치하곤 했다. 행사에 앞서 며칠간 진행하는 최고급 관광 행사의 구실꺼리는 “상품 구매”이다. 최고급 관광이 끝난 뒤 관중들에게 문을 연다. 관중들은 초대되어 군악대나 음료수, 핫도그를 대접받고 전시품의 위용에 눈이 휘둥그레지고 때로는 실제 무기를 작동하는 군인들의 시위에 찬사를 보낸다. 모든 것이 문제가 되고 있는 과학기술의 본질을 평범하게 보이도록 위장하고 있다. 좋은 인상을 갖고 부모들은 무기를 칭찬하고 아이들은 그 위에 올라가서 기웃거린다. 쇼를 떠나기 전에 아버지는 무기에 관한 수많은 그림이 들어 있는 책을 사고, 아이들은 특별 선물로 혼자서 부품을 조립하는 모형을 받는다. 그러나 아주 젊은이들만 모형 무기에 관심을 갖고 있는 것은 아니다. 서구의 군대는 모형 무기를 징집 정책에 사용하고 있으며, 모든 국가의 국방 관련 인사들의 사무실을 장식하고 있다.

자라나는 어린애들이 순경과 도둑 게임을 할 때 사용하는 장난감처럼 무기를 사용하는 것은 물론 요즈음 시대에 한정된 것은 아니다. 그러나 종전의 어떤 무기와는 다르고, 너무 강력하여 사용할 수조차 없는 무기의 그늘 아래에서 첨단 전쟁이 점차 일어나고 있다. 이러한 강력한 무기의 존재 아래에서 이 무기를 보유하고 있는 국가들은 상호 이익 즉 물리적인 생존을 확보하기 위하여 어쩔 수 없이 공통 규칙을 개발하고 있다. 긴장 증폭에 대한 두려움이 이러한 규칙을 아래 및 위로 계속 확산시키는 원인이 되고 있다. 공통 규칙은 핵전쟁에만 국한된 것이 아니고 재래식 전쟁에도 마찬가지로 영향을 미치고 있다. 잠재적인 적대국들은 대규모 기동 훈련이 있음을 사전에 상대방에게 통지하고 관찰자로서 장교들을 참여시켜줄 것을 요청하는 수준에까지 도달하였다.

따라서 종전처럼 단순하게 게임과 비슷한 요소를 포함하는 것이 아니라, 현대의 재래식 전쟁 – 특히 초강대국들이 준비하고 있는 – 은 게임의 일종으로 전환되었다. 다른 곳에서는 이런 특징이 잘 나타나지 않았지만 사적인 생활은 심각하게 핍박받고 있다. 전쟁이라는 게임은 실제 재래식 무기의 도움으로 실행되지만 일정한 규칙에 따라 진행된다. 명시적이든 암시적이든 이런 규칙의 목적은 적국이 해야 될 것과 해서는 안 될 것에 대하여 수용하도록 제한을 가하는 것이고, 보다 중요한 것은 핵무기로 무장한 동맹국들에게도 제한을 가하는 것인데, 동맹국들은 지나치게 완전한 승리를 전망하고 있다가 놀라게 될 수 도 있다. 규칙만을 따른다면 불필요한 상호 자멸의 공포 없이 전쟁이 일어날 수 있다. 규칙에 따라 전쟁이 진행되므로 더 이상 극단적인 무력을 사용할 수 없다. 따라서 게임의 유사성이 다시 한 번 대두된다.

핵무기의 실질적인 지구 파멸 위협에 직면하여 애써 이를 외면하면서 재래식 전쟁으로 치닫고 있다. 많은 경우, 재래식 전쟁은 지구 파멸을 초래할 능력이 없는 국가간의 분쟁에 한정되는 경향이 있다. 핵우산이 초강대국 뿐 아니라 그들의 우방이나 동맹국에게 확산됨에 따라 전면전이 일어날 기회가 줄어들었다. 역설적인 상황이 스스로 증명하고 있다. 많은 재래식 전쟁과 재래식 전쟁의 준비는 겉꾸밈이라는 특성을 가지게 되었다. 인간에 의해 고안된 가장 교묘하고 비싼 장난감(핵무기)의 도움으로, 멀리 떨어져 고립되고 아주 중요하지 않은 지역(포클랜드처럼), 또는 이라크처럼 핵 억제 능력을 보유하지 못한 제3세계 교전국들에서 전쟁이 일어나고 있다. 그런 한편 대부분의 핵무기 보유 강국들은 옆에 서서 약소국들을 스스로 자위할 수 있도록 허락하거나 고무하였다. 강대국들은 종종 볼을 가로채서 따로 놀다가 그들의 중요한 이익에 손해가 가지 않도록 항시 조심하면서 조정하였다.

전쟁의 겉꾸밈 특성에 대한 논쟁은 방향을 바꿀 수도 있다. 실제 전쟁과 게임의 차이점은 전쟁에서는 무절제한 폭력 요소가 항상 존재한다는 사실이다. 청명한 하늘에 번쩍이는 번갯불 같이 무절제한 폭력은 여러 가지 규칙들을 통해 산산이 부수겠다고 위협한다. 역사적으로 보면 전쟁이 게임을 닮아가기 시작한 경우가 있다. 전쟁이 게임을 닮아갈 때마다 많은 사람들은 이런 현상으로 문명이 발달하고 영원히 평화가 가능하며, 아마도 평화의 천년시대가 도래한다는 징조로 해석하였다. 그러나 그러한 경우마다, 동일한 규칙에 따르지 않는 사람이 곧장 나타나곤 하였다. 그는 예리한 칼을 휘둘러 정교한 옷을 찢고, 전쟁의 참모습을 드러내 보여 주었다.

때가 되자 네메시스(Nemesis 역자 주; 복수 응보의 여신)는 여러 가지 형태를 취하였다. 폴리비우스의 인용에 의하면 동 지중해를 지배했던 고대 그리스 국가들은 폭력을 사용하여 모든 문제를 해결하였던 로마인에 의해 멸망되었다. 프랑스와 브르군디의 궁전에서 자주 벌어졌던 기사들의 마상 창 시합과 전쟁놀이들은 봉건체제를 경험하지 못한 비문명 야만 국가인 스위스의 창 및 스페인의 화승총에게 무참하게 파괴되었다. 프랑스 혁명이 일어나 많은 군대를 동원하여 옛날의 훌륭했던 전쟁 규칙을 가르치지 못하고, 당시로서는 조잡하지만 효과적인 전투대형으로 적군을 향하여 사람들을 몰아붙였을 때, 유럽의 구체제는 종말을 맞이하였다. 기대한 바와 같이 이런 사태 중에서 생존한 사람들은 야만주의에 복귀하느냐, 아니면 진보적인 방향으로 나가느냐 하는 열띤 토론에 참가하곤 했다. 비록 그 사건 이후 글을 쓴 공정한 역사가들은 아마도 이것이 이런 두 가지 양상을 대표한다고 하지만 이것이 바로 그 시대의 희생자들에 대한 충분한 위로가 될 수 없었다.

징후들을 들여다보면 오늘날에도 이런 증상들이 역시 나타난다. 부분적으로는 핵 위협 때문에, 부분적으로는 고도의 과학기술 개발에 매혹되어, 부분적으로는 뿌리 깊은 사회적인 이념 문제 때문에 무기들이 장난감으로, 그리고 재래식 전쟁은 정교하지만 근본적으로 무의미한 게임으로 바뀌고 있다. 게임이 지속되는 동안 게임 그 자체는 유쾌하지만 오늘날에도 역시 야만인들이 그 게임을 뒤엎어버릴 위험이 도사리고 있다. 즉 야만인들이 규칙을 무시하고 놀이판을 집어 들고, 상대편의 머리통을 갈겨버릴 수가 있다는 것이다. 귀 있는 사람은 모두 들을지어다. – 새로운 전쟁의 형태가 가냘픈 지구 문명을 끝내 주겠다고 위협하고 있다.

제20절 실제 전쟁

군사 과학기술의 진보가 전쟁 수행방식을 계속해서 변화시키고 있지만 무력 충돌의 원인에 영향을 주는 것은 아니다. 고대 이래 신으로부터 악마에 이르기까지, 경제적 목적으로 경쟁하였던 외부적인 압력으로부터 인간의 마음속에 자리잡고 있는 파괴 충동이라는 내부적인 요인에 이르기까지 다양한 요인에서 전쟁의 원인을 찾고 있다. 특히 지난 수십 년간 전쟁이 일어나는 원인에 대하여 과학기술 자체를 비난하려는 시도도 적지 않았다.

이런 주제에 관한 수많은 출판물 가운데 실제적으로나 과학적 의미에 있어서나 칼, 대포 혹은 미사일이 전쟁의 원인이 된다고 주장하는 사람은 별로 없다. 그러나 군산 복합체 자체가 속성상 무기를 판매할 수 있는 호전적인 분위기와 이해관계를 맺고 있다고 주장하고 있다. 더구나 이러한 무기들의 존재, 무기가 생산되어 전투 준비태세 상태에 놓여 있다는 사실이 호전적인 분위기를 조성한다는 것이다. 또한 제1차 세계대전에서 보았듯이 이러한 무기들은 위기 확산을 어렵게 만드는 압력으로 작용할 수도 한다. 핵 단추를 누르면 삼십 분 이내 지구가 멸망할 수 있는 오늘날 이 문제는 훨씬 더 민감하다.

상기 내용들이 대부분 진실이라고 하더라도 이러한 것들이 전반적인 내용을 대표하는 것은 아니다. 과학기술은 인간의 호전적인 활동을 형성하고, 전쟁을 하는 데 있어서 수많은 방법을 제시하지만, 다른 측면에서 보면, 목적을 실현하기 위해 과학기술을 설계하고 생산하며 사용하는 주체는 사람이다. 결정론자와 자유주의자 사이의 의견 충돌에 있어서 13세기 스페인의 위대한 철인 마이모니데스(Maimonides)가 말한 "알려진 모든 것은 허락된다." 보다 나은 것은 없다. 이러한 논쟁은 오늘날에도 계속되고 있다.

존재 그 자체가 타당하다는 논리를 당면한 문제에 적용함에 있어서, 과학기술의 결정론적 견해와 인간이 항상 전쟁을 일으킨다는 신념 사이에 근본적인 모순은 없다. 인간이 전쟁을 일으킨 이유는 많이 있고, 그러한 이유들이 절망적으로 얽혀 있거나 인간 스스로의 호전성으로 인해 오판되는 경우도 많이 있다. 때때로 자신이 신의 임무를 수행하도록 임명된 사람이라고 생각하였기 때문에 전쟁이 일어나기도 하였다. 어떤 경우에는 권력을 갖기 위해, 어떤 경우에는 그들의 이웃들이 부강해지기 때문에, 또 어떤 경우에는 재미로 전쟁을 일으켰다. 20세기에는 과학기술이 자신에게 불리 또는 유리한가를 판단하여 전쟁 여부를 결정한 경우도 종종 있었다. 예를 들면 20세기 초 독일 참모부는 러시아와의 전쟁이 예상되어 러시아가 전략 철도망을 완성하기 전에 전쟁을 일으켜야 한다고 생각했다. 1937년 그 악명 높은 호스바흐(Hossbach)회의에서도 히틀러는 독일이 1943~45년 사이에 전쟁을 일으켜야 하며, 그렇지 않으면, 재무장한 일등국으로서 획득한 과학기술적 장점을 상실할 것이라고 언급하였다. 이와 유사한 논쟁이 오늘날에도 가끔 들리고 있다. 핵 문제와 관련될 때에는 정말 무서운 일이다.

전쟁의 원인이 무엇이든지 간에 도시를 파괴함으로써 전쟁의 원인이 제거되는 것은 아니다. 오늘날 핵무기는 인간의 자멸 가능성을 직면하도록 함으로써 세계대전과 재래식 전쟁이 발발하지 않도록 뚜껑을 덮어 억제하고 있다.

그러나 뚜껑 아래에서 계속 끓고 있다. 뚜껑을 덮는 것은 압력을 증가시키는 원인이 되고 있지만 이를 증명할 길이 없다. 지난 40여 년간 현재의 세계 질서에 만족하지 못하는 단체들이 많이 있었다. 그들은 현상 유지 정책을 부당하거나 혹은 자신과 상대편에게도 해로운 것으로 간주하여 핵 위험을 증폭하거나 핵전쟁을 일으키지 않고 현행 질서를 변경시킬 여러 수단들을 모색해 왔다. 그 이외에도 우리가 알고 있는 지구의 종말을 맞이하기를 희망하여 폭력에 의존하는 단체들도 있다.

지난 40년 동안 핵전쟁의 문턱에서 일어난 전쟁은 다음의 두 가지 형태를 전제하고 있다. 핵무기를 보유하지 않거나 핵무기를 보유하려고 꼼꼼하게 준비하지 아니한 국가들 사이에 일어나는 재래식 전쟁은 아주 중대하고 잔인하였다. 1967년 이스라엘과 아랍국가 간의 전쟁처럼 세계 곳곳에서 일어나는 재래식 전쟁은 완전 승리로 끝이 났다. 현대식 무기는 엄청나게 비싸기 때문에 쌍방의 보급창이 바닥이 나고 대외 신용이 떨어지면, 재래식 전쟁은 쇠퇴하여 소멸되는 경향이 있었다. 이라크와 이란의 국경 전쟁에서 보듯이 쌍방은 최초 선진국들이 제공한 최신 무기로 싸웠다. 결국 이런 무기를 계속 유지하고 운용할 능력이 부족하여 이후에는 여러 면에서 제1차 세계대전의 전투와 비슷한 원시적인 전쟁 양상으로 수행되었다. 그러한 회귀의 일부로서 비 재래식 수단으로써 난관을 타개하려는 시도가 있었으니 이란과 이라크 전쟁에서 독가스를 사용한 것이 좋은 사례이다.

아마도 더욱 복합적이고 정치적인 면에서 재래식 전쟁보다 효과가 크고, 횟수가 많은 것은 게릴라전이나 테러, 그리고 쿠데타 같은 하위 개념의 재래식 전쟁이다. 게릴라전이나 테러는 재래식 전쟁만큼이나 오래된 무력 충돌이다. 게릴라전과 테러의 특징은 이들의 신분이 무엇이든지 군대를 소유한 합법적인 체제에 의하여 폭력 수단을 사용하도록 허락 받지 아니한 집단들의 투쟁이라는 것이다. 이런 경우 투쟁은 비정상적인 것으로 간주된다. 게릴라전과 테러는 정치 체제에 상관하지 않고 수행하며 종종 전쟁에 적용된 규칙을 터무니 없이 무시하였다. 역설적으로 모든 반란군은 충돌이 전쟁으로 치달아가는 것을 거부할 수 있는 현대 군대생활의 까다로운 특징을 공유하고 있지 않다. 대신 그들이 벌이는 충돌을 "게릴라전" 혹은 "테러" 등의 다양한 이름으로 부르고 있지만 최근에는 우연하게도 이러한 충돌이 전쟁의 보완물이 되고 있다.

정치적인 정통성은 별도로 하더라도 그 정통성 부재로 게릴라들이나 테러리스트들은 숫자, 조직, 그리고 기술면에 있어서 취약하다. 결과적으로 그들은 외부 지원을 필요로 하는데 이러한 지원은 사실상 어떤 경우라도 없어서는 안 될 필수적인 것이다. 더욱이 물리적인 폭력 행사 못지않게 정치적 선전에도 의존하고 있다. 승리라는 것은 압도적으로 우세한 군사력의 결과가 아니고 상대편의 의지나 전투력을 분쇄시킬 수 있는 자신감의 극치인 것이다. 게릴라들이나 테러리스트들은 자신의 전력보다 강한 상대와 대응해서 싸워야 한다. 따라서 그들은 통상 직접적인 공격보다는 집요하게 괴롭히고, 한 번의 공격으로 끝내기보다는 장기간에 걸쳐서 상대의 사기를 떨어뜨리는 것을 선호한다. 직접 공격에 대한 자체 방어가 불가능하기 때문에 파멸을 피하는 수단으로서 소산이나 잠복 또는 이동 등을 사용한다. 소산과 잠복이라는 수단을 선택함으로써 소규모 작전을 할 수밖에 없으며, 따라서 중무장이나 대규모 항구적인 병참 조직이 없어도 작전이 가능하다.

앞의 원칙들이 간단하기 때문에 게릴라 전투나 테러 활동에 모두 적용 가능하다. 이 둘 사이의 차이점은 미세하며 가끔 냉소적인 비판자들이 말하듯이 한쪽은 다른 쪽에 의지할 수밖에 없는 상황이라는 것이다. 역사적으로 볼 때 게릴라들은 가끔 테러 활동에 의존해 왔고, 반면에 성공적인 테러 활동가들은 때때로 대규모 게릴라 전투를 수행했다. 그렇지만 구태여 구분을 하자면, 그 기준은 전투가 자행되는 지리적인 환경의 형태에 달려 있다. 유대의 마카베우스(Maccabeus)부터 모택동 시대까지 게릴라들은 인구가 드물고 문화적으로 뒤떨어진 산악지역, 산림지역, 늪지대, 사막지대에 거점을 설치하는 경향이 있었다. 이런 곳에 피난처를 마련함으로써 비정규전에서 중요시하고 있는 일시적이고 국지적인 우세를 유지하려고 노력해 왔다. 로빈 후드의 전설과는 반대로 비정규전에서는 다른 전쟁에서처럼 국지적이고 일시적인 우세가 중요하다.

소규모 공격과 지속적인 교란을 일으키며, 정규군이 들어가기를 싫어하는 곳에 기지를 구축한 후, 게릴라의 전형적인 다음 활동은 매복, 그리고 물리적인 장애물을 설치함으로써 병참선을 교란하는 것이다. 이런 것이 성취되면 제일 먼저 산발적인 공격으로 인구 밀집지역을 공격하고 점차 대규모 게릴라부대로써 군사적인 점령을 시도한다. 나폴레옹 시대의 스페인으로부터 베트남까지 수많은 실례가 보여 주듯이 유명한 게릴라들은 막대한 외부 지원 없이 대규모의 정규군과 교전할 수 있는 단계에 도달할 수 없었다. 외부 지원을 받더라도 게릴라전이 너무 오랜 시간이 걸려 어떤 경우에는 게릴라 활동이 인내력을 상실하고 너무 일찍 "세 번째 단계"로 진행하여 결국 패배를 자초하곤 했다. 1949년 중국과 1975년 베트남에서 보았듯이 정규군으로 전환 시기가 도래하자 그들은 정규군과 거의 분간할 수 없을 정도가 되었다.

예외는 있지만, 역사적으로 볼 때 게릴라들이 사용한 무기와 장치들은 그들의 목적 자체를 위해 특별히 발명된 것이 아니다. 최초에는 일상적인 도구들로써 작업이나 사냥의 목적으로 사용하다가 위급한 경우 무장 저항 게릴라전에 사용하였다. 이러한 것들은 너무 단순하여 어디에서나 제조할 수 있었다. 따라서 별도의 게릴라 조병창이라고 말할 수 있는 것은 19세기에 무기의 정확도가 좋아지고 공장에서 제조된 공용화기가 생긴 이후의 일이다. 이런 것들은 대부분 정규군이 사용한 무기 가운데 가볍고, 작고, 약한 종류의 무기였으며 종종 정규군이 사용하지 않은 신통찮은 변형 무기들도 포함되어 있다. 19세기 후반부터 20세기까지 게릴라들의 주요 목표의 하나는 자기들의 무기를 버리고 정규군과 같은 무기를 획득하는 것이었다. 기술적인 측면에서 볼 때 이러한 정규군 무기 획득 능력이 바로 비정규전의 성공 여부를 가늠하는 척도가 되었다.

정규군과 게릴라부대 사이의 과학기술적 균형이 무엇이든지 간에 정규군들은 게릴라를 다루는 데 있어서 정상적인 전쟁을 한다면 별 문제점이 없었다. 질서정연한 정규군이 당면한 문제는 경제적으로 낙후된 지역에서 작전을 할 수도 생존할 수도 없다는 것이었다. 부대 규모와 기계화되기 이전의 통신 및 수송 수단의 특성에 따라 이런 약점은 크게 나타난다. 정규군은 어쩔 수 없이 부대를 더욱 소규모로 분리하였는데 이것이 바로 전술적으로 취약한 점이며, 그들의 주요 장점인 중무장을 하지 못하고 작전을 수행해야 되었다. 이런 상황 아래에서 대게릴라전 부대의 승리는 항상 게릴라를 고립시켜 각각 고정시키는 것인데, 그 과정은 여러가지 형태를 취할 수 있다. 제일 첫 단계에서는 인력, 자원면에서 막대한 우위를 점령하여 영국이 남아프리카에서, 프랑스가 알제리에서 한 것처럼 작전지역에 인간이나 물리적인 장벽을 세우는 일이다. 이런 것이 성취된 후, 다음 단계는 게릴라들이 사용할 수 있는 병참 지원을 체계적으로 파괴하고 제거하는 것으로서 여기에는 가끔 양민도 포함된다. 모든 자원들을 고갈시키면 게릴라 기지는 소규모 구역으로 구획지을 수 있다. 마지막 단계에는 기동 특공대를 운용하여 이 구역을 하나씩 소탕하고 그들의 최후 은신처를 찾아내어 교전을 한다.

지난 수세기 동안 지리적인 분야에서 발생했던 게릴라전의 변화는 기술적 요인에 의존한다. 18세기의 도로망이나 운하, 지도, 통계 정보, 그리고 수기 신호가 유럽을 휩쓸기 전에는 유럽대륙에서 게릴라전이 자주 발생하였다. 프랑스 혁명 말, 게릴라 활동은 벤티 지역을 장악하고 수년간 프랑스군을 가까이 오지 못하게 묶어 두었다. 게릴라라는 명칭은 스페인 전투에서 명명되었으나 저개발지역인 러시아와 스페인에서의 투쟁을 제외하면 벤티 사건은 이런 종류의 마지막이 되었다. 열차와 전보가 확산되자 이전에는 접근할 수 없는 지역까지 정부에서 대규모 부대를 보낼 수 있게 되었다. 열차와 전보가 연결되자 현대적 수송수단에 의거 부대를 무제한 유지할 수 있게 되었고, 수확기에 게릴라 지역을 뚫고 들어가서 그 지역을 포기하도록 만드는 전형적인 산업혁명 이전의 대게릴라 전투는 끝났다. 현대식 수송수단 덕분에 무거운 장비와 공용화기로 무장하게 된 정규군들은 게릴라부대를 제압하는 데 별로 어려운 점이 없었다. 반면에 게릴라전은 더 멀리 떨어진 지역이나 저개발 지역으로 옮겨가는 계기가 되었다. 제2차 세계대전 말까지 그리스나 유고의 산악지대, 폴란드나 러시아의 산림지역은 독일이 사용한 도로나 철도 그리고 통신수단으로는 게릴라를 공격할 때 접근하기가 상당히 곤란하였다. 이와 달리 제2차 대전 당시 나치 독일군(Wehrmacht)에게 유린 당했던 기술적으로 진보한 서구 세계에는 온통 도로망과 통신망이 설치되어 어떤 게릴라 운동도 일어나거나 유지할 수 없게 되었다.

제2차 세계대전 이후에는 과학기술적 요인으로 인하여 고도 문명 대륙에서 게릴라전이 성공할 수 없는 상황이 되었다. 그러나 아시아, 아프리카, 일부 중남미 지역에서는 게릴라전이 지속되어 외세나 박해자를 제거하려는 불만 세력의 수단으로 사용되었다. 말레이시아로부터 앙골라에 이르기까지 수없이 많은 민족 해방운동의 수단으로 사용된 게릴라전은 정글, 늪지대, 산악지대 그리고 사막지역에서 사용하는 데 유리하였다. 수많은 민족해방 운동이 항상 패배하였던 과거와 비교해 볼 때 1945년 이후의 게릴라전의 승리는 현저하였다. 지난 20~30년 동안 게릴라전은 수세기에 걸쳐 건설한 제국을 붕괴시키는 데 결정적으로 기여했다. 군사적으로 가장 중요한 성공 요소의 하나는 소련이 온 사방에 깔아놓은 전 세계적인 지원이었는데, 소련은 지난 수년간 소련식 혁명운동과 함께 무기와 장비 그리고 고문관을 제공하였다. 기타 게릴라전이 성공한 요소는 과거 식민지 세력 지역에 일어난 제국주의에 대한 이념적 도전과 모택동, 보구엔 지압 같은 사람들의 게릴라 전술의 교리화도 역시 포함될 것이다.

제3세계 게릴라전의 성공과 관련된 가장 중요한 과학기술적 고려사항은 통합 전쟁의 출현과 연관되어 있는데, 복잡한 환경에서 현대화된 중장비를 효과적으로 운용할 수 없다는 점이다. 베트남전에서 미국이 경험한 바와 같이 이러한 무능력은 산업혁명 이전의 군대가 직면한 것과 판이한 것이었다. 현대 무기는 동력으로 움직이고 궤도화 되었으며, 특히 항공 세력은 거리와 지형 장애에 관계없이 어느 곳이나 도달할 수 있기 때문에 국방자원이 부족하지 않다면 아무리 험난하고 먼 지역이라도 전개하여 운용될 수 있다. 어려움은 다른 요소에서 비롯되었다. 주요 현대 무기체계가 대부분 사람보다는 장비와 싸우기 위해 설계되었다. 이로 인하여 위력이나, 사거리, 그리고 속도와 더불어 감시, 정찰, 표적 포착, 사거리 판단, 포 조준, 손실 평가 등등 모든 것을 전자기술 수단에 의존하게 되었다.

이 글을 쓰는 순간에도, 다가오는 모든 표적에 대하여 무차별적으로 사격하는 무기를 사용하는 데 문제가 없는 것은 아니지만, 감시, 정찰, 표적 포착, 사거리 판단, 포 조준, 손실 평가 등의 과업이 부과된 센서나 컴퓨터들이 대부분 공중 및 해상 등과 같은 단순한 환경에서 잘 작동될 수 있다. 센서와 컴퓨터들은 게릴라전이 수행되는 아주 복잡한 환경에서는 잘 작동하지 않는다. – 주위 배경과 사람을 구분하고 적군과 아군을 구분할 정도로 정교한 것이 아니다. 더욱이 대부분은 작동 원리를 이용하여 만든 단순한 대응 조치에 취약하다. 그 좋은 예로써 미군들이 개발한 "people sniffer"를 다른 곳으로 유도하기 위해 베트콩들이 오줌에 적신 헝겊을 사용하였다. 일반적으로 어떤 사물의 징표를 위장, 가장, 변조하는 것이 사물 자체를 만드는 것보다 쉽고 값이 싸다. – 센서가 충분히 능력을 발휘할 만큼 보다 정교하게 만들 수 있는가 하는 것도 의문스럽다.

미국이 베트남 전쟁에서, 소련이 아프가니스탄 전쟁에서, 그리고 이스라엘이 레바논 전쟁에서 발견한 또 다른 것은, 대부분의 현대 무기가 파라솔(역주: 양산으로 햇빛을 가릴 수는 있지만 근본적으로 피할 수 없음. 즉 전쟁의 근본 목적을 달성치 못함을 뜻함)과 같은 역할을 하고 있다는 것이다. 자신들이 보유한 전자식 장비의 지원을 받는 무기들이 대게릴라전에서 낭비되고 있는 반면, 그들 스스로 정교한 무기체계라고 말하는 시대에 게릴라전과 테러가 일어나도록 허용하고 있다. 포착하기 어려운 표적(베트남 전쟁에서 미국이 즐겨 사용하던 어구)은 명중하지 못하고, 표적을 명중하더라도 환경 파괴나 인구 밀집지역에 엄청난 피해를 주어 정치적으로 역효과를 자행하였다. 물론 정규군은 중무장을 버리고 적과 대등한 입장에서 싸우려고 시도할 수 있다. 이런 경우 그들은 자신들의 기술적 우위를 박탈당하게 되는데, 특히 게릴라들이 자국 무기에 의존하지 않고 외부에서 공급해 주는 무기를 갖는 경우에는 더욱 그러하다.

요약하면, 게릴라들은 소모전과 교란 작전에 의존하여 목적을 달성한다. 게릴라들은 지리적으로 멀고 지형적으로 어려운, 정규군이 작전하기에 불편하고, 정규군의 무기가 효과적으로 운용될 수 없는 지역에 정착하여 활동한다. 게릴라 작전은 공간과 시간면에서 제한되지만 전력의 우위 달성을 목표로 하고 있다는 점에서 다른 전쟁과 닮은 점이 있다. 도시화 및 산업화가 확산됨에 따라 게릴라전을 성공적으로 수행할 수 있는 장소는 감소되고, 많은 국가에서 게릴라 자신들이 이를 완전히 인식하고 있는 듯하다.

도시화 및 산업화와 같은 발전이 일어난다는 것을 가정할 때 현존 질서에 불만을 품고 있는 사람들이 택할 수 있는 또 다른 형태의 전쟁은 테러 활동이다. 테러 활동은 여러 면에서 게릴라전과 유사하다. 두 가지 사이의 차이점은 테러 활동은 시골 지역과 같은 먼 곳이 아니라 인구가 밀집된 지역에서 자행된다는 것이다. 이런 경우 게릴라전의 성공 요소라고 볼 수 있는 제한된 지역의 일시적인 우위를 달성하기 어렵다. 그 대신 모든 것은 은폐와 익명으로 처리하는데, 그런 요소는 일반 범죄행위와 비슷하며 테러와 범죄를 구분하기 어려운 이유가 되기도 한다.

외딴 벽지나 미개발 지역에서 대부분의 작전을 수행하는 게릴라전과 달리, 테러분자들은 주요 도심 속에서 활동하고 국가 원수나 그 보좌관을 포함한 주요 인사들을 공격할 수 있다. 수없이 많은 폭군 살해의 일화에서 보듯이 이러한 방법은 오래된 그리고 명예로운 역사를 갖고 있지만 그렇다고 오늘날 없는 것은 결코 아니다. 그러나 대부분의 선진국에서 수행되고 있는 테러는 복잡한 조직과 그 조직이 의존하고 있는 방대한 과학기술체계가 고립된 테러 공격을 흡수한다는 사실 때문에 쓸모없게 되었다. 현대화의 가장 중요한 특징은 정치 조직이나 다른 조직들이 한 사람에 의하여 좌우되지 않는다는 사실이며, 결국 어느 누구 한 사람을 제거함으로써 얻을 수 있는 것은 별로 없다. 케네디로부터 사다트 암살에 이르기까지 수없이 많은 사례가 보여 주듯이 오늘날 선진국 지도자들이 살해되거나 불구가 되어 능력을 발휘할 수 없으면 신속히 다른 사람으로 교체되어 임무를 수행하고 있으며, 이러한 사례는 현대화 정도의 좋은 지표이다. 새로운 지도자는 전임자와 같은 운명을 피하기 위해 모든 수단을 동원해 테러분자들을 소탕할 것이다.

유명 인사들에 대한 테러 공격 성공에 문제가 있음을 인식하고 19세기 후반부터 테러분자들은 그들의 전략을 바꾸기 시작했다. 중앙 정부에 대해 단 한 번의 공격으로 승리를 달성하기보다는 지지부진한 작전으로 공포 분위기와 불안정을 확산시킴으로써 정상적인 정부 기능을 교란시키는 것을 목표로 삼고 있다. 19세기 후반의 러시아처럼 주요 공직자들을 대상으로 자행된 테러 공격은 정부의 무기력으로 나타났다. 그러나 엄중하게 경호를 강화하게 되자, 테러는 종종 무차별 살상으로 변했고, 바쿠닌(Bakunin)과 추종자들은 이데올로기를 만들어 테러리스트 편에 가담하지 않는 사람이 죽어야 하는 이유를 증명하였다.

모든 것을 파괴하는 이념은 대중의 호응을 받지 못하였기 때문에 역사적으로 테러활동들은 적극적인 소수 핵심 요원들로 구성되었다. 은밀한 행동이 절대적인 전제 조건이기 때문에 어떤 과학기술을 선택할 것인가가 관건이었다. 테러분자들의 무기는 게릴라보다도 더 작고, 가벼우며, 그리고 당국의 눈으로부터 쉽게 숨길 수 있는 무기에 국한되었다. 요세퍼스(Josephus)가 말하였던 시카리(Sicarii)의 경우처럼 17세기 이전의 천년 동안에는 비수가 가장 인기 있는 무기 중의 하나였다. 17세기에는 권총과 폭탄이 있었는데, 전자는 획득하기가 쉬웠고 후자는 제조하기가 용이하여 테러분자 무기 품목으로 등록되었다. 그 후 300년 간 테러 무기의 목록은 그대로 지속되었다. 20세기에 이르러 과학기술이 발전하여 규모가 작으면서 강력한 위력을 갖는 장치를 만들 수 있게 되었다. 전 세계 테러분자의 무기는 보통 자동소총, 휴대용 유도 또는 비유도 대전차 무기, 대공미사일을 포함한다. - 유무선 원격 조종 폭탄, 그리고 안전하고 다양한, 전자파 신호를 발산하지 않는, 그들이 원하는 형태대로 폭탄을 변형시켜 제작할 수도 있다.

앞에서 언급한 테러 무기들은 첨단 무기들이지만, 대부분 정규군에서 찾아볼 수 있다. 테러를 지원하고 테러분자의 활동을 후원하는 국가를 찾아 낼 수 있다면, 이런 무기를 쉽게 획득할 수 있다. 테러분자들은 현대 사회에서 이용할 수 있는 통상적인 수송수단이나 통신방법을 활용할 수 있어야 한다. 테러분자들 가운데 기술 자격증이 있고 고등교육을 받은 사람에게 의지하므로, 전화로부터 자동차에 이르기까지 여러가지 기술을 자유롭게 사용하여 테러 활동을 협조, 공격, 도피한다. 기술에 관한 문제는 아니지만, 특히 서구의 언론 매체가 광범위한 지역에 전파되고 있다는 이점을 테러 분자들이 작전에 사용한다. 테러분자들의 목적과 작전을 언론 매체를 통하여 전파하기도 하며 실제보다 강한 인상을 주어 불안과 공포 분위기를 조성하기도 한다.

1960년대 후반부터 국가가 지원하는 테러 활동이 부활하여 수많은 공격으로 수천 명의 사상자가 발생하였다. 더욱 큰 문제는 과학기술의 발전에 의해 다듬어지고 조성된 현대생활에서 대부분의 사람들은 자기 방어, 또는 벗어날 수 없는 좁은 공간 속에 밀집되어 있다는 것이다. 관점에 따라 행운 또는 불행이겠지만 이런 상황에서 한 번의 공격은 테러 분자의 숫자보다 많은 사상자를 낼 수 있다. 예를 들면 비행기가 이륙하거나 착륙할 때 휴대용 대공 미사일로 점보 제트 비행기를 사격하면 적어도 400명 정도 살상할 수 있다. – 지난 세기동안 염세주의자들과 무정부주의자들에게 이런 정도의 살상 가능성은 한낫 꿈에 지나지 않은 얘기였다.

첨단 과학기술은 현재의 사회를 과거보다 테러 활동에 더욱 취약하도록 만들었지만, 테러 이외의 활동에도 취약하다고 할 수는 없다. 전화국, 발전소, 연료 저장소 등과 같은 중요한 장소의 첨단 과학기술 문명에 대한 의존도에 관해서 많은 논문들이 저술되고 있으며, 전화국과 같은 곳을 없앤다면 직접적인 물리적 손실을 포함한 모든 면에서 처참한 결과를 가져 올 것이다. 전문가들이 쓴 시나리오 가운데 일부는 테러분자들이 고층 건물의 냉방 시스템에 독가스를 주입하다거나 도시에 공급되는 수돗물에 박테리아를 넣는 그런 이야기도 있다. 대규모 기술 시스템 특히 극단적으로 전문화되고 상호의존가 높은 특징을 갖고 있는 시스템이 테러에 취약하다고 보는 견해에는 장점도 있다. 대규모 기술 시스템이 아직까지 테러의 표적이 되지 않았다는 것이, 결코 테러 표적이 될 수 없다거나 되지 않을 것이라는 것을 의미하는 것은 아니다

한편, 현대 기술 시스템의 두드러진 특징은 복수의 중복된 통신 및 수송 네트워크의 존재이다. 신속하게 사건 발생 지점으로 구조를 요청하고, 지역 우회 도로를 세우고, 대체 수단 모색을 비교적 쉬운 방법으로 해결할 수 있게 해

준다. 선정된 점표적을 공격하여 발생하는 엄청난 피해를 거부할 수는 없다. 한 국가의 기능을 마비시킨다는 것이 어렵다는 것의 좋은 예로써 제2차 세계대전 중 연합국이 독일 경제구역에 대해 취한 공중 공격을 들 수 있는데 우연하게도 괴벨(Goebbels)은 이것을 테러 활동이라고 비난하였다. 그 당시 수년에 걸쳐 수백만 톤의 폭탄을 투하하여 마침내 독일의 붕괴를 초래하였다. 그러므로 소규모 테러 단체가 그와 같은 수단을 이용해서 국가 전복을 꾀할 수 있는 기회는 사실상 없다.

대체로 어떤 사회에서 첨단 과학기술의 무기나 장치들을 광범위하게 사용하면 테러 분자를 돕게 된다고 하는데 그것은 사실이 아니다. 오히려 대테러 부대들은 테러 분자들이 사용하는 무기와 유사한 기술, 폭탄을 처리하는 원격조종 로봇, 무능력하게 만드는 가스, 실신케 만드는 수류탄 등과 같은 특수 무기를 사용하여 테러 분자들을 지체없이 처치해야 한다. 그러나 이렇게 하려면 몇 가지 조건이 충족되어야 한다. 군대는 반드시 자발적으로 부대 성격을 바꾸고 즐겨 사용하는 무기의 일부 또는 대부분을 버려야 한다. 왜냐하면 그 무기들은 너무 강력하여 현실적으로 대부분의 전쟁에 사용할 수 없기 때문이다. 대테러 부대 사용 무기가 불법이거나 무차별적으로 공격하는 폭력으로 퇴보해서는 안 되고 적절한 정치적 지원과 법적인 행동의 자유를 반드시 가져야 한다. 더욱이 사람들은 불편함을 감수하고, 인질 구출작전의 경우 다소의 사상자가 불가피한 것임을 용인해야 한다. 마지막으로 그러나 적지 않게 중요한 것은 전쟁의 목적에 대하여 마음속에 간직하고 있는 생각과 전쟁에서 허용될 수 있는 것을 반드시 위원회에 상정하여 결정해야 한다는 것이다. 전쟁이 나더라도 테러와의 전쟁은 한정된 범위 내에서 수행하고 매우 신속하게 끝내야 한다. 만약 그렇지 않으면, 테러와의 전쟁으로 인하여 국가의 성격이 바뀌고 점차 테러 분자화될 위험이 있다.

핵무기나 핵 전문가의 확산으로 언젠가 테러 단체가 핵폭탄을 손에 넣거나 그들 스스로 핵폭탄을 제조할 가능성이 있는 시나리오를 무시할 수 없다. 테러 단체를 지원하는 국가가 테러 단체에게 핵폭탄을 넘겨 줄 위험은 매우 희박하지만 완전히 배제할 수도 없다. 세계 도처에 저장되어 있는 수만 개의 핵탄두 중의 하나가 인가되지 않은 사람의 수중에 들어가서 평상시처럼 안전장치를 열거나 무능화하는 것도 상상해 볼 수 있다. 핵 물질을 훔치는 것은 방사능에 노출될 위험이 있고, 숨길 수 있을 만큼 작은 핵무기를 만드는 것도 어렵지만 절대로 과소평가 되어서는 안 된다. 그러한 것들이 극복될 수 없는 것도 아니다. 과학기술적인 측면에서 볼 때 테러분자들의 핵무기 사용을 전혀 배제할 수는 없다.

만약 테러 단체가 핵무기를 보유하고 있다고 가정할 경우, 협박이나 엄청난 규모의 파괴를 일으킬 목적으로 사용할 수 있다. 화학무기나 생물무기 사용 목적과 같이 테러 수단으로써의 핵위협은 테러 단체가 보유하고 있는 핵무기의 위력이 엄청나게 크거나 그들의 요구를 수용한 뒤 번복할 수 없는 경우에 그 위협의 목적이 달성된다. - 두 가지 모두 실현 가능성이 다소 희박한 상충되는 요구이다. 어떤 개인이나 단체가 핵폭탄을 이용하는 것은 자신의 목적을 달성하기보다는 단순히 대혼란을 야기시키는 데 그 목적이 있을 수도 있다. 과거부터 이런 목적으로 자신을 정당화시키려는 일관된 사고가 있었다. 이제는 자신들의 꿈을 무시무시한 현실로 바꿀 수 있는 수단을 획득할 수 있게 되었으며, 그것이 바로 핵무기이다.

그 사회가 도달한 과학기술 발전 수준과 관계없이 현재 또는 미래에도 현재 상황에 만족하지 못하는 국가, 단체, 그리고 사람들이 일부 있다는 것을 반드시 명심해야 한다. 현재 상황을 타파하기 위해 무기 사용을 결심한 이상 그들은 가용한 모든 수단을 사용할 것이다. 이런 국가나, 단체 그리고 사람들이 자신들의 목적을 추구하는 데 있어서 핵무기의 전략적 사용이 전면적으로 억제당하더라도, 크고 작은 핵무기를 제한된 전구(theater) 정도의 지역에 사용할 수 있는 시나리오는 생각해 볼 수 있다. 핵무기를 사용하는 사태가 일어나지 않고, 테러는 지난 수십 년간 지속적으로 확산되었듯이 계속될 것이라고 가정할 때, 위기를 고조시킬 우려가 있음에도 불구하고 과거와 같이 재래식 전쟁이 진행될 수 있는 경우는 있다. 그런 경우가 있어서는 안 되겠지만 정치적 목적을 달성하는 데 효과적이지 못하더라도 특히 게릴라들이나 테러분자들은 자기들 스스로 전체 사회를 분열시킬 수 있음을 증명해 보이는 수단을 계속 만들어 낼 것이다.

과학기술의 발전이 전쟁을 변화시키는 데 계속 조력할 것이라는 사실은 의심할 바 없지만, 불행하게도 전쟁 자체를 없앨 수 있는 전망은 거의 없다. 현대 무기의 위력이 전쟁을 소멸시키더라도 또 다른 전쟁이 나타날 것이다. 이런 새로운 전쟁에 의지하는 사람들 특히 테러 분자들은 현대 군사 과학기술의 위대한 힘에 의해 방해받기보다는 오히려 도움을 받고 있다는 것이다. 왜냐하면 현대 군사 과학기술의 위력이 너무 커서 실제로는 사용할 수 없고 겉꾸밈 전쟁에 사용하려고 계획하기 때문이다. 아마 테러 분자들은 자신들에게 퍼부어지는 비난에 결코 흔들리지 않을 것이다. 전쟁이 어떤 형태를 취하든, 전쟁이 어떤 과학기술을 사용하든 머지않아 전쟁은 규칙을 깨뜨릴 것이다. 사람들을 죽이고 사지를 절단하는 혼란스럽고 소름끼치는 사건들이 과거에도 있어 왔고 앞으로도 계속 존재할 것이다. 그러므로 군사력을 건설하려는 우리의 최선의 노력은 어떤 종류의 기술에 의해서도 변경되지 않을 것이며, 사회는 지속적으로 군사력 건설과 절충해야 할 것이다.

제5부

결론 : 전쟁과 과학기술의 논리 (the logic of technology and war)

결론: 전쟁과 과학기술의 논리

모든 길이 입구로 나있는 정원을 걸어가듯이 이 책의 마지막 장은 처음으로 되돌아간다. 처음 시작할 때의 가정은 전쟁의 모든 분야에 과학기술이 스며들어 있어 과학기술 요소의 지배를 받거나 적어도 연결되어 있다는 것이었다. 전쟁을 일으킨 원인과 전쟁을 하는 목적 – 전쟁을 개시한 공격과 전쟁을 매듭짓는 승리, 그들이 몸 담고 있는 군대와 사회 간의 관계, 전쟁 기획 · 준비 · 수행 · 평가, 작전과 정보, 조직과 보급, 목표와 방법, 능력과 임무, 지휘와 통솔, 전략과 전술, 전쟁을 수행하고 사고하기 위하여 지적인 지도자들이 도입한 개념적인 사고의 틀까지 – 이 모든 것이 과학기술의 영향을 받고 있고, 그리고 앞으로도 영향을 받을 것이다.

만약 전쟁의 모든 분야가 과학기술과 접촉하고 있다는 것이 진실이라면, 과학기술의 모든 분야가 전쟁에 영향을 미친다는 것도 그에 못지않게 진실이다. 도로, 자동차, 통신수단, 시계 등과 같이 통상 군사적인 것으로 취급되지 않는 과학기술의 산물들이 전쟁의 모습을 만드는 데 있어서 무기나 무기체계 만큼 많은 역할을 하고 있다. 이러한 과학기술들이 소위 전쟁의 기반시설이라고 부르는 것을 지배하고, 구성하기도 한다. 그러한 기반시설은 조직, 군수, 정보,

전략 등의 특성, 그리고 전투 개념 그 자체까지도 좌우할 만큼 길게 영향을 미쳐 왔다. 기반시설 없는 무력충돌은 불가능하고, 그 존재는 상상 할 수도 없다.

이러한 과학기술과 달리, 대부분 무기의 효과를 추정하는 것은 주로 전술적인 것에 국한되어 왔다. 핵무기와 같이 전략에 큰 영향을 주는 무기들은 너무 강력하여 사용할 수 없기 때문이다. 따라서 이러한 상황은 전쟁을 어떤 게임같이 가장된 전쟁의 연습으로 몰아넣는 계기로 만들었다. 재래식 전쟁의 세계에서 모든 것이 동일할 경우, 군사 과학기술과 비군사 과학기술 사이에 어느 것이 중요한가는 전쟁 기간에 달려 있다. 전쟁의 기간이 길수록 싸우는 것보다는 군사적인 활동이 더 큰 역할을 하고, 군사적인 활동을 침해하거나 지배하는 과학기술의 역할이 더욱 커진다.

그러나 모든 비군사적인 장치들을 포함시키더라도 과학기술의 범위가 한계를 드러낸 것은 아니다. "~의 열매", "~의 산물"이라는 통상적인 어구에서 분명히 알 수 있듯이, 하드웨어 자체보다 과학기술에 더 많이 관련되어 있다. 과학기술은 축약된 지식체계, 삶과 문제 해결에 대한 태도라고 보면 가장 잘 이해될 수 있다. 초기 석기시대 문화에서도 이미 어떤 종류의 기술을 가지고 있었으며, 여러가지 기술로 만든 도구들을 전쟁터에서 사용했던 것은 의심의 여지가 없다. 전쟁은 주로 과학기술에 관한 문제이며, 그래서 과학기술자에 의하여 전쟁이 수행되어야 한다는 관념, 전쟁은 과학기술적인 방법을 사용해야 하고, 그리고 과학기술적 우위를 획득하고 유지함으로써 승리를 모색해야 한다는 등의 관념, - 이러한 관념은 자명한 것이 아니고 반드시 옳은 것도 아니며, 그렇다고 낡은 사고방식이라고 말하는 것도 아니다. 그럼에도 불구하고 이러한 사고의 발상은 산업혁명 이래 과학기술의 발전에 의하여 나타난 가장 중요한 발전 가운데 하나이며, 최악의 경우 가장 위험스러운 것 중의 하나일 수도 있다.

결국 세상을 합리적으로 내다보는 사람들에겐 평화롭지만, 과학기술이 전쟁에 끼친 영향을 전적으로 과학기술이 작용한 물리적인 양 만으로 측정할 수 없다. 그보다는 전쟁과 평화 둘 사이의 관계는 비실용적이고 비기능적인 분야를 추가적으로 포함하고 있다. 또한 대부분 신비스러운 점이 있고, 비용 대 효과에 근거한 분석에 따르지도 않는다. 그럼에도 불구하고 비실용적이고 비기능적인 분야는 전쟁과 같은 심리적인 요소가 속속들이 배어 있는 활동에서 가장 중요한 역할을 하고 있다. 이를 무시한다는 것은 전쟁에 있어서 과학기술의 역할을 완전히 오해할 소지가 있을 뿐 아니라 최악의 경우 패배의 위험도 각오해야 한다.

앞에서 열거한 과학기술과 전쟁 사이의 몇 가지 접합점을 놓고 볼 때 장기적인 추세 판단은 상당히 어려우며, 과학기술을 정확하게 이해한다는 것은 세상이 돌아가는 현실을 이해하는 것이고, 전쟁이 세상의 여러가지 일과 연관되어 있고, 상호 작용하고, 교환 가능하다는 것을 이해하는 것이기 때문에 더욱 그러하다. 이 사실의 몇 가지 안 되는 실례를 들면, 누구나 알고 있듯이 옛날부터 지금까지 다양한 수송 수단들이 서로 대체하고 있다. 마찬가지로 무기의 위력은 정확도, 사거리, 발사속도, 그리고 심리적인 효과 등과 맞바꿀 수 있는 경우가 많다. 기동, 분산, 은폐, 그리고 장갑 등은 모두 방호의 목적으로 사용될 수 있다. 이번에는 기동이 속도, 가속도, 사거리, 지표면 횡단 능력, 장갑, 기타 요소들로 구성되어 있다. 직면한 문제가 무엇이든 간에 이미 결정된 목표를 획득하는 데 항상 한 가지 방법만 있는 것이 아니다. 이런 이유로 인해 똑같은 과학기술이라도 사용하기에 따라서 여러가지 다른 방법으로 이용될 수 있다.

역사적인 사실을 더듬어 보는 것은 가끔 이런저런 문제의 해결점을 찾기 위한 객관적인 압력으로 작용하지만, 어떤 시대라도 기술과 전쟁 사이의 상호작용은 불가피하고 어쩔 수 없는 만큼 우연적이고 논쟁의 소지가 있다. 결과적으로 전쟁과 과학기술의 상호작용을 더 이해하고 완전히 숙지할수록 어떤 경향을 식별하고 미래를 예측한다는 것이 더욱 어렵다는 느낌은 피할 수 없다.

미래의 발전으로 인하여 나타나게 될 형태를 예측할 수 없다 할지라도, 우리는 적어도 그것에 관하여 사고할 수 있는 틀을 만들 수 있지 않을까? 전쟁에서 과학기술 변화에 손상되지 않는 어떤 요인들을 찾아내고 또한 이것이 세월이 지나도 남아 있을 수 있을까? 이러한 의문을 해결하기 위해서 클라우제비츠 전쟁론의 제1장 첫 페이지, 첫째 단락으로 되돌아 가보자. 여기서 무력충돌은 상대방을 파괴하기 위하여 폭력을 사용하는 행위로 정의하고 있다. 무력 충돌은 전쟁을 고난, 고통, 긴장, 공포, 죽음으로 몰아가고 있다. 따라서 전쟁수행은 중요한 지적 요소도 포함하지만 결국에는 이런 요소들에 대처하는 능력에 불과하다.

총을 내려놓고 목숨을 버리도록 요구하는 상황에서 사람들은 합리적인 계산을 할 수 없다. 개인적이거나 집단적 수준에서 전쟁 그 자체는 근본적으로 마음의 문제이다. 그러므로 전쟁은 용기, 명예와 사명감, 그리고 충성심과 희생정신과 같은 비합리적인 요소의 지배를 받는다. 결국, 원시 사회이든 복잡한 사회이든, 그 중 어느 것도 사람의 마음과 과학기술사이에는 관련이 없다. 전쟁이 5만 년전 동굴 속의 인간들이 곤봉을 들고 얼굴을 맞대고 싸우는 것에 국한되었을 때도 사람의 마음과 과학기술 사이에는 관련이 없었고, 행성간의 거리가 100, 500, 1000광년 떨어진 우주에서 레이저를 쏘는 비행접시가 전쟁을 하는 시대에도 그러할 것이다.

과학기술이 변화시키지 않았고, 변화시키지 않을 것이며, 변화시킬 수 없는 전쟁의 분야는 전쟁의 기능이다. 이런 기능들의 정확한 본질에 대해 논란의 여지가 있다. 한 전문가는 타격과 보호, 기동을 전쟁의 기능이라 할 것이며, 반면에 어떤 전문가는 적을 고착 또는 견제, 정보 수집, 통신, 보급 등등으로 전쟁 기능의 목록을 확대할 것이다. 우리가 선택한 목록이 무엇이든지 간에 중요한 점은 바로 전쟁의 기능이 전쟁에 본질에 뿌리를 두고 있다는 것이며 과학기술의 변화나 기술자체에 영향을 받지 않는다는데 있다. 보급이나 통신 – 정보수집과 기습 공격에 대한 안전장치, 적을 고착, 기동, 방호, 타격, 이런 모든 것은 오늘날의 군대에서와 같이 석기시대 무기들에게도 아주 중요한 요소이었다.

결국 싸움의 논리와 그런 행위의 기본적인 원칙을 지배해 온 논리는, 적용되거나 사용된 기술의 양에는 관계없이 불변의 논리인 것 같다. 과학기술이 전쟁의 논리와 연관짓고 있는 관계와 과학기술 사용 방법을 설명하는 것이 이 책의 마지막 장의 과제이며 가장 중요한 것이기도 하다.

과학기술이 물리적 특성에 뿌리를 두고 있는 한, 과학기술은 선형적으로 묘사될 수 있다. 그 사회의 하드웨어가 원시적이든 복잡한 것이든 간에 제구실을 할 수 있는 능력은 객관적이고 물리적인 세계의 존재에 의존한다. 이런 세계에서 2 더하기 2는 4이고, 결과는 투입한 노력의 양에 직접적으로 비례한다. 더군다나 그 정도는 점점 더해가는 세상이다. 얼마나 노력했든 어떤 행동이 취해졌던 간에 동일한 원인은 항상 동일하다고 확신하기 때문이다. 그 밖의 모든 것이 동일하다면 어제 작동되었던 것이 오늘도 작동되고, 내일도, 그리고 언제든지 작동될 것이다.

선사시대로부터 기술을 가능하도록 만든 것은 물리적 자연의 균일하고, 반복되고, 예측 가능한 특성이다. 예를 들면, 망치와 같은 아주 간단한 기술이 구축될 수 있는 이유는 못에 대한 망치의 효과가 항상 동일하기 때문이다. 만약 그렇지 않다면, 망치는 물론 다른 어떤 도구나 기계도 상상할 수 없을 것이다. 일을 세부 과제로 나누고 이들 각각에 대한 별도의 도구를 제작함으로써 전문화의 첫 걸음을 내딛는다. 기술의 진보는 전적으로 여기에 의지하는 것은 아니지만 이러한 전문화에 주로 기초하고 있다.

문명이 발달하고 일이 세분화됨에 따라 전문화는 또 다시 통합을 유도했다. 가용한 도구나 기계의 수가 더 많아지고 분화될수록 하나의 시스템을 이루기 위해서는 모든 부분이 순차적이고 긴밀하게 연관되며, 잘 맞물려 동시성을 갖도록 하는 것이 더욱 중요하게 되었다. 따라서 피라미드 시대부터 가장 강력한 기술적인 사업은 낭비 없이 능률화된 것이었다. 수단과 목적 사이에 완벽한 1 대 1 대응이 이루어져 왔다. 낭비 요소를 제거하고, 불필요한 중복을 걷어내고 완벽한 시간 맞춤과 협조가 이루어졌다. 협조는 시스템의 일부분 및 각각의 행동을 예측할 수 있는 관리능력에 따라 좌우된다. 궁극적으로 얻고자 하는 것은 인위적인 세계를 창조하기 위하여 시스템을 불확실성으로부터 차단하는 것에 불과하다. 이런 노력은 실제로는 불완전한 것으로 나타나지만, 대규모 철강 공장이나 석유 화학 공장에서 효율성이라는 등식으로 나타내는 자질처럼, 능률이라는 이름으로 알려져 있다.

과학기술이 기반을 두고 있는 사고는, 우리의 모든 현대 사고방식 중 가장 기본적인 것이기 때문에 과학기술을 인정하지 않을 수 없지만, 이러한 사고는 원인과 결과의 1 대 1 연결, 반복, 전문화, 통합, 확실성, 그리고 효율성 등으로 요약할 수 있다. 전쟁이 대체로 극단적인 파괴력 생성 및 적용으로 구성되어 있는 한 과학기술적인 방법들이 거기에 적절하다. 예를 들면 전쟁의 목표는 포병부대가 최대의 화력을 발사한다든지 항공기가 최대 출격을 한다든지 일 것이다. 현대의 과학기술 지향적인 문헌에서 받는 인상과는 달리 전쟁에는 단순히 목표에 전력을 적용하는 것 이상의 것이 있다. 보다 큰 전력을 보유하고 있는 쪽이 항상 승리한다는 것은 사실이 아니다.

과학기술을 활용하는 것과 별개의 것으로 전쟁은 주로 두 개의 교전 국가간의 투쟁이다. 따라서 그 수행 방식에 대한 원칙들이 전적으로 다르다. 축구 경기로부터 체스 게임에 이르는 모든 경기에서처럼 경쟁 참가자는 독립적인 의지를 갖고 있고 아주 제한된 범위에서만 상대방에 의해 통제를 받을 뿐이다. 상대방이 목표 달성하는 것을 서로 방해하면서 자신들의 목표를 달성하려 하기 때문에 전쟁은 대부분 서로 속이는 행동의 상호작용으로 구성되어 있다. 그래서 전쟁의 기본 논리는 선형적이 아니고 역설적이다. 동일한 행동이 언제나 같은 결과를 낳지 못하며, 이의 반대도 마찬가지이다. 상대방이 학습능력을 가졌다고 가정할 때 한 가지 행동으로 두 번 승리할 수 없는 현실적인 위험이 항상 존재한다.

더군다나 전쟁의 결과가 사전에 결정되어진다면 결코 싸울 필요가 없다. 클라우제비츠가 통렬하게 지적한 대로 불확실성이 전쟁에 내재되어 있을 뿐만 아니라 전쟁의 기본적인 부분을 형성하고 있고 싸움을 제스처 게임(역자 주; 한 사람이 몸짓으로 나타내는 말을 다른 사람이 알아맞히는 놀이)으로 바꾸는 대가를 치루고 난 뒤에야 불확실성을 제거할 수 있다. 따라서 군사적 우월성의 기준은 기술적 표준과 다를 뿐만 아니라 그들 자체의 등급을 구축하고 있다. 어느 유명한 지휘관이라도 당연히 자기 부대, 적, 환경 등에 대한 자신의 지식을 최대한 활용하도록 노력하겠지만, 그것이 궁극적으로 전쟁에서 다루어야 할 모든 것은 아니다. 무력 충돌시 불확실성을 참고 대처하고 이용하는 능력이 없다면 승리할 수 없다.

전쟁의 지원 분야에 과학 기술을 정착시키는 데 있어서 과학기술의 기본적인 특성들이 영향을 미치는 방식을 예시하기 위하여 대부대 전쟁의 지원에 운용되고 있는 군수시스템을 생각해 보자. 만약 효율성이 가장 중요한 문제이고 인원, 보급창, 차량 등을 최소화하면서 최대의 보급품 수송 달성이 목표라면, 바로 그 시스템은 기술적 원칙에 따라 조직되어야 한다는 것은 분명하다. 군수 시스템은 고도의 능률적인 조직으로 구성되고 그 조직은 전문화되어야 한다. 중복되거나 유휴 자원이 있어서는 안 되고, 엄격하고 중앙집권화 된 지시를 받고, 군수 시스템의 목표는 서로 다른 구성요소를 통합하고 낭비 및 마찰을 최소화하여 일을 성취시키는 것이어야 한다.

실제 전투시 중앙집권화는 오히려 쓸모없고 상황을 더욱 악화시킬지도 모른다. 만약 적이 지휘부를 제거하든가 통신수단을 못 쓰게 만든다면, 시스템이 중앙집권화 될수록 마비될 위험이 더욱 커진다. 다양한 구성 요소들을 엄격히 통제할수록, 구성 요소 가운데 하나의 파괴가 그 시스템 전체에 영향을 주어 시스템이 정지할 가능성은 더 높아진다. 이런 요소들은 전문화 될수록 상호 대신해 줄 가능성이 낮아진다. 예를 들면, 자동차 공장 설계의 기본 논리와 부대를 동원하여 전개하고 운용하는 전쟁 수행 방식과는 밀접한 관련이 있다. 만약 문제가 되는 군수 시스템이 조금 취약하지만, 변화하는 환경에서도 잘 기능하고 한 목표에서 다음 목표로 전환한다면, 간단히 말해서 전쟁의 본질이나 적의 행동에 따라 발생하는 불확실성에 잘 대처한다면, 그런 경우에는 어느 정도의 중복이나 느슨함 그리고 낭비는 감수해야 할 뿐 아니라 용의주도하게 조성해야 한다.

지원 부대에서 적과 실제 교전하는 전장 지역으로 이동하면, 전쟁은 과학기술에 기초를 두고 있는 물리적 세계와 다르다. 전쟁의 세계는 2 더하기 2가 반드시 4가 되지 않고, 두 지점 사이의 최단 거리가 반드시 직선이 되는 것은 아니다. 반대로 적과 균형을 유지할수록, 선택할 것이라고 가장 적게 기대하는 선을 택하는 것이 보다 더 중요하다. 이 선은 두 지점 사이의 가장 짧은 거리가 아니고 가장 긴 거리일 수도 있다. 가장 긴 선은 적이 가장 길다고 생각하기 때문에 가장 짧은 거리의 길이 될 수도 있고, 그 반대의 경우도 성립한다. 도로의 길고 짧음이나 지형의 어려움 등과 같은 기술적 고려사항이 전쟁에 중요하지 않다고 말하는 것이 아니라, 오히려 이런 객관적 상황이 실제 존재한다는 것이다. 이것의 의미는 전쟁이나 게임 같은 직접적인 싸움에서는 도로의 실제적인 길이(객관적인 방법)는 가끔 계산하지 않는다는 사실이다. 대신 실제 문제는 기만하고, 현혹시키며, 기대한 것을 예상 못하도록 만들고, 예상 못한 것을 기대하도록 만드는 능력이다. 승리는 적당한 시간과 장소에 번개처럼 나타나서 기습으로 적을 공격함으로써 달성된다.

많은 정보에 대한 저술에서 받는 인상과 달리, 적을 기만하고 현혹시키는 것은 쉽게 이루어지는 것은 아니다. 의도를 숨긴다는 것은 그 진행이 밤에 이루어지며 어떤 측면에서 상당한 효율성 감소를 부담해야 하며 혼란의 위험을 감수해야 한다. 적이 알아차릴 정도의 대규모 양동작전을 수행하기 위해서는 주 전투지역으로부터 멀리 떨어진 곳에 군수지원부대의 운용이 필수적이다. 기습을 달성하기 위해서는 병력을 기동하기에 부적합한 곳으로 보내야 하는데, 좋은 예로써 1940년 독일군은 그들의 기갑부대를 아르덴느 삼림지역을 통해 진격시켰다. 역설의 본질에 하일라이트를 비추는 것처럼, 협조를 달성하기 위하여 통상적으로 사용하는 가장 중요한 단일 수단은 제거되어야 할 첫 번째 대상이며 거기에 첨단 과학기술이 기초를 두고 있다. 강화된 무선침묵은 극단적인 방법이지만 역사적으로 볼 때 통상적으로 사용하는 것이다.

사람들이 어떤 방법으로 보든지 결론은 항상 동일하다. 능률과 효과면에서 지능을 가진 적과의 전쟁은 대형 기술 시스템을 관리하는 것과 다르다. 단기적인 면에서 볼 때 한편에서 최대 병력 집중 및 운용, 다른 편에서 군사적인 승리 등이 동일하지 않다. 오히려 군사적인 효과를 달성하기 위하여 능률을 떨어뜨릴 뿐만 아니라 희생을 강요하는 경우도 있다.

군사적인 효과와 과학기술의 능률이 균형을 갖추어야 할 필요성은 다른 방법의 일부에도 역시 적용해야 하며 그에 따라 능률을 달성해야 한다. 따라서 비용 대 효과 계산은 몇 개의 작은 것보다 한 개의 큰 것이 우세하다는 것을 가리키는데, 그 이유는 톤 대 톤, 승무원수 대 승무원, 비용 대 비용 등으로 한다면 큰 것이 주어진 시간에 한 개의 표적에 보다 많은 고폭탄을 퍼부을 수 있기 때문이다. 그러나 전쟁에서 이런 장점은 모든 계란을 한 개의 바구니에 담는 것처럼 위험하고, 융통성을 상실하게 되고, 소심해질 수 있다는 사실과 균형을 맞추어야 한다. 역사적으로 볼 때 소심한 것으로 인하여 가장 강력한 무기체계를 사용하지 못하는 경우가 종종 있었다. 이번에는 과학기술의 능률을 향상하기 위하여 의지하는 표준화를 들어 보자. 효율성 측면에서 표준화는 바람직하고 필요한 것이지만, 전쟁에서 표준화의 결과는 적이 이에 대응하기 쉽도록 만들어 준다. 적이 직면하는 불확실성이 감소되는 것이다. 적은 자신의 자원과 관심을 종류가 다른 여러가지 다른 위협이 아닌 한 가지 위협에 대응하는 데 집중할 수가 있는 상황에 놓여지게 된다. 결국 적은 한 번에 두 개의 모순된 일을 처리해야 하는 딜레마를 덜 수 있는데, 그것은 바로 전쟁에서 승리를 얻기 위하여 과학기술을 이용하는 가장 중요한 단 하나의 방책이다.

과학기술과 전쟁이 작용하는 논리는 서로 다를 뿐 아니라 상반되는 경우도 있기 때문에, 과학기술적인 원칙에 입각하여 전쟁을 수행하는 것은 승리하는 데 별로 이바지하는 것이 없다. 과학기술적인 원칙에 따라 접근하는 것은 운영 분석(operations research), 체계 분석(systems analysis), 혹은 비용대효과 분석(cost/benefit calculation)이라는 이름 아래 전쟁을 순전히 과학기술의 연장으로 간주하는 것이다. 이는 맨손으로 전투에 임해야 된다는 것이 아니고 더욱이 군사력 보유를 원하는 나라가 그것을 구상하는 데 가장 적합한 과학기술이나 그 방법론을 무시해야 한다는 것을 뜻하는 것도 아니다. 과학기술이 전쟁의 목표에 기여하도록 만드는 것은 통상적으로 그럴 것이라고 생각하는 것보다 훨씬 복잡하다는 것을 의미한다. 문제의 핵심은 과학기술이 효과성에 기여하는 것과 별도로 능률을 떨어뜨릴 수도 있다는 것이다. 따라서 지나치게 강조할 수 없는 것이지만, 전쟁에서 과학기술의 활용은 종종 능률이 감소되는 대가를 치루고 있다.

기술과 전쟁은 상이할 뿐만 아니라 실제 반대되는 논리에 의하여 작용하기 때문에 "과학기술의 우위"라는 개념을 전쟁의 맥락에 적용할 때 다소 오해의 소지가 있다. 프랑스 남부의 부르군디(Burgundy) 기사를 패배시킨 것은 스위스 창의 기술적 정교함이 아니라 오히려 라우펜(Laupen), 샘파치(Sempach), 그랜손(Granson)에서 부르군디 기사들이 사용했던 무기에 딱 맞아 떨어지는 운용방식 때문이었다. 크레시 전투에서 승리한 것은 장궁(longbow)의 본질적 우수성이 아니라 오히려 그날 그 자리에서 프랑스 군대가 사용한 장비와 장궁간의 상호작용 방식에 있었다. 보다 멀리, 보다 강한 화력, 보다 좋은 기동성, 보다 나은 방호 등 보다 나은 것을 획득하기 위해 과학기술을 사용한다는 것은 아주 중요하고 결정적일 수도 있다. 그러나 그것은 궁극적으로 내가 보유하고 있는 과학기술과 적이 전장에서 사용하고 있는 과학기술 사이에 빈틈없이 "끼워 맞출 수 있는 것"보다는 중요성이 떨어지고 결정적이지 못하다. 가장 좋은 전술은 독일에서 유래된 소위 "강점과 빈틈"이라는 방법으로서 적 사이의 취약점을 이용하는 한편 적의 강점을 회피하는 데 기초를 두는 것이다. 마찬가지 방법으로 최선의 군사 과학기술은 절대적 의미에서 우세한 것이 아니다. 오히려 적의 강점을 견제하거나 무력화하면서 적의 취약점을 이용하는 것이다.

능력이라는 면에서 과학기술을 참고하는 공통적인 습관을 전쟁이라는 맥락에 적용할 때, 득보다는 실이 많을 수도 있다. 과학기술이 전쟁에서 할 수 있는 것들이 대단히 크고 중요하다는 것을 부정하는 것은 아니다. 그러나 결국 과학기술이 할 수 없는 것이 더 중요할 것이다. 우리는 어떠한 환경에서도 승리를 추구해야 하고, 과학기술적인 우세를 달성하지 못하더라도 승리할 것이다. 좋은 예로써 한 쌍의 물림기어를 들 수 있는데 완전한 조화는 톱니의 모양뿐 아니라, 동일한 정도로 톱니를 분리시키는 공간에 달려 있다는 것이다.

요약컨대 과학기술과 전쟁이 작용하는 논리는 서로 다를 뿐 아니라 상반되는 경우도 있기 때문에, 어느 한 쪽을 다루는데 유용하거나 필수적인 개념의 틀이 다른 쪽을 방해하도록 해서는 안 된다. 국방 예산, 군사 문제에 대한 태도, 그리고 군사사상으로 간주되는 것 등이 종종 과학기술적인 고려사항에만 집중되고, 과학기술에 치우쳐 있는 시대에서 이러한 구별은 대단히 중요하다. 유명한 유태의 격언이 말해 주듯이,

> 생각으로 시작한 것을 행동으로 매듭짓는다.

과학기술과 전쟁

(Technology and War)

초판인쇄일 | 2006년 11월 1일
초판발행일 | 2006년 11월 11일

지은이 | 마틴 반 클레벨트
옮긴이 | 이동욱
펴낸이 | 김영복
펴낸곳 | 도서출판 황금알

주간 | 김영탁
실장 | 조경숙
편집 | 칼라박스
표지디자인 | 칼라박스
주소 | 100-272 서울시 중구 필동2가 124-11 2F
전화 | 02)2275-9171
팩스 | 02)2275-9172
이메일 | tibet21@hanmail.net
홈페이지 | http://goldegg21.com
출판등록 | 2003년 03월 26일(제10-2610호)

값 15,000원

ISBN 89-91601-33-2-03500